rapid biological : inventories 11

Perú: Yavarí

Nigel Pitman, Corine Vriesendorp,
Debra Moskovits, editores/editors
Noviembre/November 2003

Instituciones Participantes/Participating Institutions:

 The Field Museum

 Centro de Conservación,
Investigación y Manejo de Áreas
Naturales (CIMA–Cordillera Azul)

 Wildlife Conservation Society–Peru

 Durrell Institute of Conservation
and Ecology

 Rainforest Conservation Fund

 Museo de Historia Natural de la
Universidad Nacional Mayor de
San Marcos

LOS INVENTARIOS BIOLÓGICOS RÁPIDOS SON PUBLICADOS POR /
RAPID BIOLOGICAL INVENTORIES REPORTS ARE PUBLISHED BY:

THE FIELD MUSEUM
Environmental and Conservation Programs
1400 South Lake Shore Drive
Chicago, Illinois 60605-2496 USA
T 312.665.7430, F 312.665.7433
www.fieldmuseum.org

Editores/Editors: Nigel Pitman, Corine Vriesendorp,
Debra Moskovits

Diseño/Design: Costello Communications, Chicago

Mapas/Maps: Willy Llactayo, Richard Bodmer

Traducciones/Translations: EcoNews Peru, Hilary del Campo,
Alvaro del Campo, Nigel Pitman, Tyana Wachter, Guillermo Knell

Esta publicación ha sido financiada en parte por la
Gordon and Betty Moore Foundation./This publication has been
funded in part by the Gordon and Betty Moore Foundation.

Cita Sugerida/Suggested Citation: Pitman, N., C. Vriesendorp,
D. Moskovits (eds.). 2003. Perú: Yavarí. Rapid Biological
Inventories Report 11. Chicago, IL: The Field Museum.

Créditos fotográficos/Photography credits:

Carátula/Cover: El sapo *Hyla granosa*, colectado en la
localidad de Quebrada Curacinha. Foto de Heinz Plenge./
The frog *Hyla granosa*, collected at the Quebrada Curacinha site.
Photo by Heinz Plenge.

Carátula interior/Inner-cover: Río Yavarí. Foto de/Photo by
Heinz Plenge.

Interior/Interior pages: Figs. 1, 8 (mono/monkey) M. Bowler;
Fig. 6B, H. Burn, Princeton University Press; Figs. 2F, 6A, 9C, 9E,
9H, A. del Campo; Fig. 9G, H. del Campo; Figs. 3C-H, R.B. Foster;
Figs. 2D-E, 7D, Roosevelt García; Figs. 4A, 7E, 9A, 9D, 10, D. Meyer;
Fig. 7A, G. Neise; Fig. 3A, N. Pitman; Figs. 2A-C, 3B, 4C, 4E-F,
5A-H, 6D, 7B-C, H. Plenge; Figs. 4B, 4D, 6C, C. Vriesendorp.

CONTENIDO/CONTENTS

INTEGRANTES DEL EQUIPO

EQUIPO DEL CAMPO

Manuel Ahuite Reátegui *(plantas)*
Universidad Nacional de la Amazonía Peruana
Iquitos, Perú

Miguel Antúnez *(logística de campo, mamíferos)*
Wildlife Conservation Society-Perú
Iquitos, Perú

Hamilton Beltrán *(plantas)*
Museo de Historia Natural
Universidad Nacional Mayor de San Marcos
Lima, Perú

Gerardo Bértiz *(conservación, peces)*
Rainforest Conservation Fund
Reserva Comunal Tamshiyacu-Tahuayo
Iquitos, Perú

Richard Bodmer *(mamíferos, coordinador)*
Durrell Institute of Conservation and Ecology
University of Kent, Canterbury, Reino Unido

Mark Bowler *(mamíferos)*
Durrell Institute of Conservation and Ecology
University of Kent, Canterbury, Reino Unido

Arsenio Calle *(caracterización social)*
Wildlife Conservation Society-Perú
Iquitos, Perú

Alvaro del Campo *(logística de campo)*
Environmental and Conservation Programs
The Field Museum, Chicago, IL, USA

Hilary del Campo *(caracterización social)*
Center for Cultural Understanding and Change
The Field Museum, Chicago, IL, USA

Mario Escobedo Torres *(murciélagos)*
Universidad Nacional de la Amazonía Peruana
Iquitos, Perú

Jorge Flores Villar *(aves)*
Universidad Nacional de la Amazonía Peruana
Iquitos, Perú

Robin B. Foster *(plantas)*
Environmental and Conservation Programs
The Field Museum, Chicago, IL, USA

Roosevelt García *(plantas)*
Universidad Nacional de la Amazonía Peruana
Iquitos, Perú

Max H. Hidalgo *(peces)*
Museo de Historia Natural
Universidad Nacional Mayor de San Marcos
Lima, Perú

Guillermo Knell *(anfibios y reptiles)*
CIMA-Cordillera Azul
Lima, Perú

Daniel F. Lane *(aves)*
LSU Museum of Natural Science
Louisiana State University, Baton Rouge, LA, USA

David Meyer *(conservación)*
Rainforest Conservation Fund
Chicago, IL, USA

Debra K. Moskovits *(coordinadora)*
Environmental and Conservation Programs
The Field Museum, Chicago, IL, USA

Hernán Ortega *(peces)*
Museo de Historia Natural
Universidad Nacional Mayor de San Marcos
Lima, Perú

Tatiana Pequeño *(aves)*
Museo de Historia Natural
Universidad Nacional Mayor de San Marcos
Lima, Perú

Nigel Pitman *(plantas)*
Center for Tropical Conservation
Duke University, Durham, NC, USA

Heinz Plenge *(fotografía)*
Foto Natur, Lima, Perú

Pablo Puertas *(mamíferos)*
Wildlife Conservation Society-Perú
Iquitos, Perú

Maribel Recharte Uscamaita *(mamíferos)*
Universidad Nacional de la Amazonía Peruana
Iquitos, Perú

César Reyes *(conservación, mamíferos)*
Oficina Regional de Medio Ambiente
Consejo Transitorio de Administración Regional
Iquitos, Perú

Lily O. Rodríguez *(anfibios y reptiles)*
CIMA-Cordillera Azul
Lima, Perú

Kati Salovaara *(mamíferos)*
University of Turku
Turku, Finlandia

Zina Valverde *(caracterización social)*
Universidad Nacional de la Amazonía Peruana
Iquitos, Perú

Corine Vriesendorp *(plantas)*
Environmental and Conservation Programs
The Field Museum, Chicago, IL, USA

Alaka Wali *(caracterización social)*
Center for Cultural Understanding and Change
The Field Museum, Chicago, IL, USA

COLABORADORES/COLLABORATORS

**Comunidades de Angamos, Fray Pedro, Las Malvinas,
San José de Añushi, Paujil, Jorge Chávez, Nueva Esperanza,
San Felipe, Carolina, El Chino y San Pedro**
Loreto, Perú

Instituto Nacional de Recursos Naturales (INRENA)
Lima, Perú

**Herbario Amazonense (AMAZ) y
Departamento de Post-Grado
Universidad Nacional de la Amazonía Peruana**
Iquitos, Perú

Policía Nacional del Perú

The Field Museum

Field Museum es una institución de educación y de investigación, basada en colecciones de historia natural, que se dedica a la diversidad natural y cultural. Combinando las diferentes especialidades de Antropología, Botánica, Geología, Zoología y Biología de Conservación, los científicos del museo investigan asuntos relacionados a evolución, biología del medio ambiente y antropología cultural. El Programa de Conservación y Medio Ambiente (ECP) es la rama del museo dedicada a convertir la ciencia en acción que crea y apoya una conservación duradera. ECP colabora con el Centro de Entendimiento y Cambio de Cultura en el museo para involucrar a los residentes locales en esfuerzos de protección a largo plazo de las tierras en que dependen. Con la acelerada pérdida de la diversidad biológica en todo el mundo, la misión de ECP es de dirigir los recursos del museo—conocimientos científicos, colecciones mundiales, programas educativos innovadores—a las necesidades inmediatas de conservación a un nivel local, regional, e internacional.

The Field Museum
1400 S. Lake Shore Drive
Chicago, Illinois 60605-2496
Estados Unidos
312.922.9410 tel
www.fieldmuseum.org

Centro de Conservación, Investigación y Manejo de Áreas Naturales (CIMA-Cordillera Azul)

CIMA-Cordillera Azul es una organización peruana privada, sin fines de lucro, cuya misión es trabajar en favor de la conservación de la diversidad biológica, conduciendo el manejo de áreas naturales protegidas, promoviendo alternativas económicas compatibles con el ambiente, realizando y difundiendo investigaciones científicas y sociales, promoviendo las alianzas estratégicas y creando las capacidades necesarias para la participación privada y local en el manejo de las áreas naturales, y asegurando el financiamiento de las áreas bajo manejo directo.

CIMA-Cordillera Azul
San Fernando 537
Miraflores, Lima, Perú
51.1.444.3441, 242.7458 tel
51.1.445.4616 fax
www.cima-cordilleraazul.org

Wildlife Conservation Society

Wildlife Conservation Society (WCS) conserva la vida silvestre
y su hábitat. Lo hacemos a través de escrupulosos programas
científicos, iniciativas de conservación en el ámbito internacional,
proyectos de educación ambiental, y como administrador del
mayor sistema de parques urbanos del mundo, liderado por el
Bronx Zoo. El objetivo de estas actividades es lograr un cambio
en las actitudes hacia la naturaleza, y ayudar al público imaginar
un mundo en el que el ser humano y la vida silvestre interactúen
de manera sostenible a escalas locales y globales. WCS está
comprometido en este esfuerzo porque creemos que es esencial
para mantener la integridad de la vida en la Tierra.

Wildlife Conservation Society-Perú
Malecón Tarapacá 332
Iquitos, Perú
51.65.235.809 tel/fax
www.wcs.org

Durrell Institute of Conservation and Ecology

Durrell Institute of Conservation and Ecology (DICE)
tiene como objetivo construir capacidades y llevar a cabo la
investigación necesaria para conservar la biodiversidad y los
ecosistemas que sustentan a la población humana. DICE se fundó
en 1989 como el primer centro de entrenamiento especializado
del Reino Unido para investigadores y graduados en la ciencia
de la conservación, y fue nombrado en honor al destacado
investigador Gerald Durrell. DICE busca integrar la conservación
y el desarrollo de una manera sostenible; transferir la capacidad de
los países desarrollados a los países en vías de desarrollo; y diseñar
y promover incentivos para la conservación de la biodiversidad.
Para el cumplimiento de estos objetivos, DICE ha capacitado
hasta el momento a graduados de más de 70 países, muchos de
los cuales hoy ocupan importantes posiciones en el campo de la
conservación. La investigación realizada por DICE es reconocida
internacionalmente por su excelencia y su aplicación práctica.

The Durrell Institute of Conservation and Ecology
Department of Anthropology
Eliot College
University of Kent at Canterbury
Canterbury, Kent CT2 7NS, Reino Unido
44.0.1227.823.942 tel
44.0.1227.827.289 fax
www.kent.ac.uk/anthropology/dice/dice.html

Rainforest Conservation Fund

Rainforest Conservation Fund (RCF) es una organización
con sede en Chicago, Estados Unidos, que se dedica a la
conservación de los ecosistemas de bosque húmedo tropical y
al apoyo de los pueblos cuya forma de vida depende de ellos.
Desde su fundación en 1989, RCF se ha involucrado activamente
en proyectos de campo dirigidos a la conservación y la educación
ambiental. Durante la última década, RCF ha concentrado su
esfuerzo en la cuenca amazónica del nororiente peruano,
colaborando con las pequeñas comunidades vecinas a la Reserva
Comunal Tamshiyacu Tahuayo (RCTT), un área protegida de
300.000 ha establecida por el gobierno regional. A través de
proyectos locales enfocados a la agricultura, silvicultura y otras
actividades, RCF y las poblaciones locales han logrado disminuir
significativamente la presión de extracción sobre los bosques de
la RCTT, una de las zonas biológicamente más diversas en
el planeta.

Rainforest Conservation Fund
2038 North Clark Street, Suite 233
Chicago, IL 60614
Estados Unidos
773.975.7517 tel
www.rainforestconservation.org

**Museo de Historia Natural de la
Universidad Nacional Mayor de San Marcos**

El Museo de Historia Natural, fundado en 1918, es la fuente
principal de información sobre la flora y fauna del Perú. Su sala
de exposiciones permanentes recibe visitas de cerca de 50.000
escolares por año, mientras sus colecciones científicas—
de aproximadamente un millón y medio de especímenes de plantas,
aves, mamíferos, peces, anfibios, reptiles, así como de fósiles y
minerales—sirven como una base de referencia para cientos de
tesistas e investigadores peruanos y extranjeros. La misión del
museo es ser un núcleo de conservación, educación e investigación
de la biodiversidad peruana, y difundir el mensaje, a nivel nacional
e internacional, de que el Perú es uno de los países con mayor
diversidad de la Tierra y que el progreso económico dependerá de
la conservación y uso sostenible de su riqueza natural. El museo
forma parte de la Universidad Nacional Mayor de San Marcos,
la cual fue fundada en 1551.

Museo de Historia Natural de la
   Universidad Nacional Mayor de San Marcos
Avenida Arenales 1256
Lince, Lima 11, Perú
51.1.471.0117 tel
www.unmsm.edu.pe/hnatural.htm

AGRADECIMIENTOS

Con un equipo de campo de más de 40 personas, el inventario biológico de Yavarí fue el más grande que se haya hecho hasta el momento. Su éxito se lo debemos al inmenso equipo de investigadores y colaboradores que hizo posible su realización. Queremos agradecer especialmente a nuestros anfitriones durante el viaje, Richard Bodmer, Pablo Puertas, la Wildlife Conservation Society-Perú y el Durrell Institute of Conservation and Ecology, cuyas naves de investigación (la *Nutria* y el *Lobo de Río*) fueron nuestra base y medio de transporte a lo largo del río Yavarí, y cuyo conocimiento y experiencia sobre la región nos facilitaron innumerables aspectos del inventario. La tripulación de las naves trabajó tanto en el campo como en las naves, por lo que estamos muy agradecidos a Lizardo Inuacari Mozombite, Edwin Pinedo, Juan Huanquiri, Juan Huayllaha, Julio y Jimmy Curinuqui, Gilberto y Pablo Asipali, Reyner Huaya, Teddy Yuyurima, Gonzalo Pezo, Jorge Pacaya, Justin Pinedo y Alejandro Moreno. Agradecemos profundamente al Comandante PNP Dario Hurtado, quien coordinó a la perfección nuestros viajes de helicoptero, a pesar de las lluvias y los cambios de último minuto. Richard Alex Bracy brindó viajes adicionales en hidroavión. Agradecemos también la colaboración de Roxana Peso, Renata Leite Pitman y Carlos Rannenberg, quienes proveyeron un invalorable apoyo logístico radial desde Iquitos. Como siempre, Tyana Wachter fue el apoyo fundamental del equipo, resolviendo con facilidad toda clase de problema logístico.

La Intendencia Forestal y de Fauna Silvestre de INRENA otorgó las autorizaciones respectivas para la colecta de especímenes. El equipo botánico agradece a Felicia Díaz y Manuel Flores por su gentileza durante el trabajo de investigación en el Herbario AMAZ. También agradecemos la colaboración de Hilter Yumbato Arimuya, quien tuvo a su cargo el secado de las muestras botánicas obtenidas, y a Manuel Ahuite, Ricardo Zárate, Carlos Amasifuén, Elvis Valderrama y Jean Vega, quienes montaron las muestras. Agradecemos a Glenda Cárdenas y Hanna Tuomisto por la identificación de nuestra colección de helechos; a Rosario Acero por su ayuda en las gestiones con INRENA; a Asunción Cano por su apoyo en el Herbario USM; y a Tyana Watcher por su infatigable apoyo de siempre. El equipo ictiológico agradece a Luis Montoya del INADE por la bibliografía entregada y a la profesora Norma Arana Flores de la UNAP por el préstamo de las redes de pesca. El equipo herpetológico agradece a Pekka Soini, Ron Heyer (USNM), Bill Duellman (KU), Taran Grant, Julian Faivovich, Claude Gascon (CI) y en especial a Marinus Hoogmoed (RMNH), por su ayuda en la identificación de algunas de las especies aquí documentadas. Jorge Luis Martínez, Ceci Meléndez y Alessandro Catenazzi contribuyeron de muchas maneras en el reporte herpetológico. El equipo ornitológico agradece a Tom Schulenberg, Alfredo Begazo, Bret Whitney, J.V. Remsen, Jr., José Álvarez A., Kevin Zimmer y Mario Cohn-Haft; y a Robert Kirk de la Princeton University Press, Tom Schulenberg y Hilary Burn por permitir la reproducción de las ilustraciones del Loro de Abanico; Robert Kirk nos facilitó el escan de alta resolución. El equipo de mamíferos está profundamente agradecido a Miguel Antúnez, Mark Bowler y Pablo Puertas por su ayuda durante la realización del censo de mamíferos en el Yavarí y a todos los participantes en la expedición quienes reportaron sus valiosas observaciones de especies raras. El equipo también está agradecido a Nicole Gottdenker, Jessica Coltrane, Alfredo Begazo, Rolando Aquino y Jorge Hurtado por su asistencia en los censos de transectos en el Yavarí Mirín. Quedamos en deuda con la Wildlife Conservation Society y la Chicago Zoological Society por los fondos otorgados para la realización del censo de mamíferos en el río Yavarí Mirín y en Lago Preto. También estamos en deuda con las comunidades ribereñas de Quebrada Blanca y del río Yavarí Mirín; a Tula Fang y Etersit Preto, quienes ayudaron con la información de mercado; a K. Redford, J. Robinson y A. Novaro por sus aportes sobre los sistemas de *source-sink*; y a la Wildlife Conservation Society, la Chicago Zoological Society y la Universidad Nacional de la Amazonía Peruana por el apoyo logístico y financiero para la obtención de la información reunida con anterioridad al presente inventario biológico, incluyendo registros de caza y censos previos. Robert Voss (American Museum of Natural History) nos proporcionó los detalles del reciente censo de murciélagos río arriba de las localidades inventariadas.

El equipo social está en deuda con los residentes de las poblaciones de Jorge Chávez, San José de Añushi, Fray Pedro, Las Malvinas, Paujíl, Angamos, Carolina, San Felipe, Nueva Esperanza, El Chino y San Pedro por darnos la bienvenida y acogernos durante la realización del inventario biológico. El equipo quiere agradecer especialmente a los residentes del poblado Nuevo San Felipe sobre el río Yavarí por compartir sus experiencias sobre la migración en la región; a David Meyer y Gerardo

Bértiz (Rainforest Conservation Fund) por organizar las visitas a las comunidades del río Tahuayo y acompañarnos en éstas; al equipo de regidores de la Alcaldía de Islandia por brindarnos información sobre los asentamientos existentes, población, actividades y medios de subsistencia de éstas; al equipo de CEDIA (Centro para el Desarrollo del Indígena Amazónico), con sede en Iquitos, por la información sobre las comunidades Matsés; y a Richard Chase Smith (Instituto del Bien Común) por proveernos de información sobre el panorama actual de las comunidades en la región y mapas actualizados de éstas.

En Iquitos queremos agradecer al Departamento de Post-Grado de la Universidad Nacional de la Amazonía Peruana, por encargarse de la presentación preliminar de esta expedición, y al Doral Inn por su atención durante nuestra estadía en Iquitos. Nélida Barbagellata y otros funcionarios del Gobierno Regional de Loreto nos proporcionaron una valiosa perspectiva de la conservación en el departamento. En Lima agradecemos a CIMA- Cordillera Azul por su ayuda en la coordinación de la expedición; al INRENA, por su ayuda en coordinar la presentación preliminar de la expedición; a Foto Natur, Heinz Plenge Pardo y Juan Carlos Plenge Pardo por su ayuda y colaboración para el uso de las espectaculares fotografías tomadas por Heinz Plenge; a Walter Peñaherrera y Rubén Carpio de Fauno Films por el trabajo de postproducción del vídeo de la expedición;

y al Hotel Señorial por su atención durante nuestra estadía en Lima. Lily Rodríguez (CIMA) hizo un trabajo magnífico en la presentación de los resultados y recomendaciones preliminares en las reuniones subsecuentes, y Willy Llactayo (CIMA) diseñó mapas oficiales maravillosos para los informes técnicos para INRENA. César Reyes, Dave Meyer y Pablo Puertas continuaron las conversaciones con las autoridades y ONGs para promover acción para la conservación. En Chicago agradecemos al personal del Field Museum, en especial a Edward Czerwin por su ayuda con el material gráfico y a Rob McMillan por su constante y extrordinaria ayuda. Jessica Smith de Futurity Inc. prestó gran ayuda en el procesamiento de las imágenes satelitales. Alvaro del Campo, aparte de su trabajo excepcional en coordinar la logística del inventario, produjo un video espectacular del inventario y promovió el área de Yavarí en la prensa. Guillermo Knell, Tatiana Pequeño, Tyana Wachter, y Lily Rodríguez fueron de una gran ayuda con las correcciones en la versión de español. Jim Costello, como siempre, puso un esfuerzo extraordinario en este informe, y con buen humor toleró la confusión y los retrasos causados por nuestros viajes constantes. Nuestro trabajo ha sido beneficiado muchísimo gracias al apoyo constante de John W. McCarter, Jr., y en lo financiero al Gordon and Betty Moore Foundation.

La meta de los inventarios rápidos—biológicos y sociales—
es catalizar acciones efectivas para la conservación en
regiones amenazadas, las cuales tienen una alta riqueza
y singularidad biológica.

Metodología

En los inventarios biológicos rápidos, el equipo
científico se concentra principalmente en los grupos
de organismos que sirven como buenos indicadores
del tipo y condición de hábitat, y que pueden ser
inventariados rápidamente y con precisión. Estos
inventarios no buscan producir una lista completa de
los organismos presentes. Más bien, usan un método
integrado y rápido (1) para identificar comunidades
biológicas importantes en el sitio o región de interés y
(2) para determinar si estas comunidades son de
calidad sobresaliente y de alta prioridad al nivel
regional o mundial.

En los inventarios rápidos de recursos y
fortalezas culturales y sociales, científicos y comunidades
trabajan juntos para identificar el patrón de organización
social y las oportunidades de colaboración y
capacitación. Los equipos usan observaciones de los
participantes y entrevistas semi-estructuradas para
evaluar rápidamente las fortalezas de las comunidades
locales que servirán de punto de inicio para programas
extensos de conservación.

Los científicos locales son clave para el
equipo de campo. La experiencia de estos expertos es
particularmente crítica para entender las áreas donde
previamente ha habido poca o ninguna exploración
científica. A partir del inventario, la investigación y
protección de las comunidades naturales y el
compromiso de las organizaciones y las fortalezas
sociales ya existentes, dependen de las iniciativas de
los científicos y conservacionistas locales.

Una vez completado el inventario rápido
(por lo general en un mes), los equipos transmiten la
información recopilada a las autoridades locales e
internacionales, responsables de las decisiones, quienes
pueden fijar las prioridades y los lineamientos para las
acciones de conservación en el país anfitrión.

Fechas del trabajo de campo	25 de marzo–13 de abril 2003 (equipo biológico); 17 de marzo–15 de abril 2003 (equipo social)
Región	Las cabeceras de los ríos Yavarí y Yavarí Mirín, en la selva amazónica del noreste del Perú (ver Figura 2), donde 1,1 millones de ha han sido propuestas como una Zona Reservada. El área comprende la frontera peruano-brasileña al este y la Reserva Comunal Tamshiyacu-Tahuayo (la cual se incluye en la propuesta) al oeste. Su límite occidental se encuentra a 60 km al sur de la ciudad de Iquitos.
Sitios muestreados	El equipo biológico visitó cuatro lugares a lo largo del río Yavarí, entre el pueblo de Angamos y la desembocadura del río Yavarí Mirín. En cada localidad se exploró una amplia variedad de hábitats y microhábitats, tanto en la tierra firme como en la planicie inundable del río Yavarí. Los bosques de tierra firme de la primera localidad estudiada crecen sobre escarpadas colinas de suelos relativamente pobres, mientras que en la segunda y la tercera localidad el terreno es ondulado y los suelos más fértiles. En la cuarta localidad una antigua terraza aluvial bordea un mosaico de bosques inundables y cochas cerca de la desembocadura del río Yavarí Mirín. El equipo social trabajó en 11 comunidades en tres regiones claves: los alrededores de Angamos, el río Yavarí Mirín, y el río Tahuayo.
Organismos estudiados	Plantas vasculares, peces, reptiles y anfibios, aves, mamíferos grandes y murciélagos.
Resultados principales	Esta región del Perú posee varias marcas mundiales en la diversidad de plantas y mamíferos, y todos los grupos de organismos estudiados presentaron una diversidad extraordinaria. A pesar de la explotación del área durante la época del caucho a finales del siglo XIX —recordada por los miles de árboles de caucho que todavía muestran las hendiduras que se hacían para extraer el látex— la vida vegetal y animal en la zona parece haberse recuperado completamente. El estado intacto de los bosques de la región es comparable a las otras zonas reconocidas por sus condiciones inalteradas, como el Parque Nacional del Manu.

Plantas: El equipo botánico registró más de 1.650 especies de plantas en el campo, estimándose la diversidad regional en alrededor de 2.500 a 3.500 especies. Los bosques ubicados a orillas del río Yavarí poseen una flora semejante a la que se encuentra en las cercanías de Iquitos (aunque no tienen parches de arena blanca), por lo que pueden dar una idea de cómo debió ser la zona que ocupa la ciudad hace muchos años. Sin embargo, muchas especies de plantas comunes en el Yavarí aparentan ser nuevas para Loreto y el Perú. Los bosques de tierra firme son extremadamente diversos y heterogéneos, en particular en las zonas donde el suelo es más pobre y la composición de las especies arbóreas varía en escalas muy pequeñas.

Resultados principales

Peces: A pesar que no se pudo tomar muestras en el río Yavarí por ser época de inundaciones, los ictiólogos encontraron una comunidad de peces muy diversa en las lagunas de aguas mixtas y en los tributarios del río Yavarí. Por lo menos diez de las 240 especies registradas durante el inventario son nuevas para la ciencia y cerca de 20 son nuevas para el Perú. La mayoría de las especies nuevas son peces pequeños y llamativos con potencial como ornamentales. Los ictiólogos estiman la diversidad de peces de la región en más de 400 especies.

Reptiles y anfibios: El equipo herpetológico registró 77 especies de anfibios y 43 especies de reptiles en el curso del inventario, estimándose un total combinado de 215 especies. Cinco de las especies de anfibios estudiadas aparentan ser nuevas para la ciencia, destacándose entre éstas una rana negra con manchas blancas y amarillas, perteneciente a un género hasta ahora monoespecífico (*Allophryne*) del cual no se conocía un representante en el Perú. Con la excepción de las tortugas de río y caimanes—los cuales no son comunes en las orillas del Yavarí y cuyas poblaciones pueden estar recuperándose de la caza indiscriminada a que han sido objeto—la herpetofauna de la zona parece estar intacta.

Aves: Se registraron más de 400 especies de aves en tres semanas, estimándose la avifauna local en cerca de 550 especies. El Loro de Abanico (*Deroptyus acciptrinus*, ver Figura 6B), conocido en el Perú a partir de un único reporte y cuya presencia no había sido documentada en el país desde hace más de medio siglo, fue observado en repetidas ocasiones en la planicie inundable del río Yavarí. Muchos otros registros, como del Tororoi Elusivo (*Grallaria eludens*), constituyen importantes extensiones de rango. Durante el inventario, el equipo ornitológico presenció un singular evento migratorio de aves boreales, australes y amazónicas, lo que hace suponer la importancia de esta zona como ruta de paso para las aves migratorias.

Mamíferos grandes: Los censos de vida silvestre confirmaron lo que una década de trabajos previos han documentado en detalle para esta zona: niveles récord en diversidad de especies, y poblaciones saludables de muchas especies amenazadas de extinción a nivel global. Existen 13 especies de primates en los límites de la propuesta Zona Reservada, y otras dos más en las cercanías. Al menos 11 poblaciones del mono huapo colorado—*Cacajao calvus*, una especie que no está protegida en ninguna área protegida del Perú—han sido encontradas en el área, algunas de las cuales cuentan con más de 200 individuos. Durante el trabajo de campo se avistaron varios mamíferos raros de la Amazonía, incluyendo jaguares, tapires, osos hormigueros gigantes, perros de oreja corta y lobos de río.

Comunidades humanas

A pesar de la proximidad de la región con la ciudad de Iquitos, no existen asentamientos humanos al interior de los 1,1 millones de ha de la propuesta Zona Reservada. El pueblo ribereño de Nueva Esperanza (Figura 2), con apenas 179 habitantes, limita con el área propuesta por el este. Algunas otras comunidades establecidas en la zona durante las últimas cuatro décadas han sido abandonadas por diversas razones, incluyendo el endemismo de la malaria resistente a la cloroquina y el difícil acceso a los mercados de Iquitos y Leticia. El equipo social constató el gran interés de los pobladores de los pueblos ribereños y del cercano territorio indígena Matsés ubicado aguas arriba del Yavarí, para el desarrollo de acciones de conservación que involucren y beneficien a la población local. La Reserva Comunal Tamshiyacu-Tahuayo, ubicada dentro de los límites de la propuesta Zona Reservada, ha sido manejada exitosamente por las comunidades de los ríos Blanco y Tahuayo desde hace 12 años (Figura 2).

Amenazas principales

Las comunidades naturales del Yavarí y Yavarí Mirín se encuentran impresionante-mente bien preservadas por el momento, pero se ciernen sobre ellas dos grandes amenazas: la extracción forestal y la inmigración. Un área en el norte de la propuesta Zona Reservada se sobrepone a territorios contemplados para concesiones forestales que estarían en una subasta este año (ver Figura 8). Otras posibles concesiones forestales se encuentran a lo largo del río Esperanza y el bajo Yavarí Mirín, justo afuera del límite norte de la propuesta Zona Reservada. Al mismo tiempo, algunas comunidades del bajo Yavarí están contemplando proyectos de migración hacia las zonas no ocupadas del Yavarí Mirín.

Estado actual

El establecimiento de una Zona Reservada cuenta con el visto bueno del Instituto Nacional de Recursos Naturales (INRENA), entidad a cargo de la administración de las áreas naturales protegidas en el Perú. Sin embargo, un área grande en la esquina noreste de la propuesta Zona Reservada (ver Figura 8)— de importancia biológica fundamental y parte de una propuesta de AIDESEP (Asociación Interétnica de Desarrollo de la Selva Peruana) para proteger a un grupo indígena en aislamiento voluntario—está contemplada para concesiones forestales.

Principales recomendaciones para la protección y el manejo

01 *Proveer una protección de largo plazo para los bosques de la propuesta Zona Reservada del Yavarí,* asegurando la protección estricta de la cuenca alta del Yavarí Mirín y promoviendo los usos ecológicamente compatibles en sus zonas de amortiguamiento.

02 *Revocar o minimizar el impacto de las concesiones forestales próximas a ser entregadas* en el área crítica de las "tres cabeceras" entre los ríos Esperanza y Yavarí Mirín.

03 *Recategorizar la Reserva Comunal Tamshiyacu-Tahuayo,* elevándola al estatus de Reserva Comunal a nivel nacional en el Sistema Nacional de Áreas Naturales Protegidas del Perú (SINANPE).

Beneficios de conservación a largo plazo	01 *Una nueva área de conservación de importancia global,* que protegerá especies y comunidades actualmente sin protección en la Amazonía y que atraerá inversiones en conservación y ecoturismo a Loreto y al Perú.

01 *Una nueva área de conservación de importancia global,* que protegerá especies y comunidades actualmente sin protección en la Amazonía y que atraerá inversiones en conservación y ecoturismo a Loreto y al Perú.

02 *Preservación permanente de un área fuente para la reproducción de especies* de peces y mamíferos grandes, muchas de las cuales son de importancia fundamental para la economía rural de Loreto.

03 *Protección de las cabeceras* de seis ríos principales de Loreto.

04 *La participación de la población local en el manejo de los recursos naturales,* como protagonistas y beneficiarios de la protección a largo plazo y uso sostenible del valle del río Yavarí.

¿Por qué Yavarí?

FIG.1 El huapo colorado (*Cacajao calvus*) todavía no está protegido en el Perú. / Red uakari monkeys (*Cacajao calvus*) are not yet protected anywhere in Peru.

Los famosos bosques de Iquitos, su fauna agotada por la caza, respiran un silencio perturbador. Pero al otro lado del Amazonas, a sólo 60 km de la ciudad, los bosques vibran con vida. Aquí, donde el Yavarí Mirín y otros seis ríos nacen en las colinas del Arco de Iquitos, jaguares, tapires y manadas de huanganas prosperan en un paraíso de un millón de hectáreas, donde la población humana es casi cero. En ningún lugar del trópico existe un área natural tan grande e intacta tan cerca de un centro urbano. La geografía explica esta incongruencia. El alto Yavarí Mirín se encuentra a sólo 100 km de la ciudad de Iquitos en línea recta, pero para vender su cosecha en el mercado, un pescador tendría que recorrer más de 600 km de ríos, bordear las fronteras con Colombia y Brasil, y remar corriente arriba a través del río Amazonas.

Durante los sobrevuelos por encima del mosaico de bosques, vimos incontables bandadas de guacamayos. En tierra, los inventarios en el valle del Yavarí Mirín han documentado la existencia de poblaciones saludables de mamíferos que se encuentran amenazados a través de la Amazonía, incluyendo 13 especies de primates y las especies de caza que sustentan la población rural de Loreto. Para los organismos nunca antes estudiados en detalle en el valle del Yavarí—plantas, peces, anfibios y reptiles, aves y murciélagos—nuestro inventario ofreció un primer vistazo de la exuberancia natural a cuatro grados de la línea ecuatorial.

Un centro importante durante el auge del caucho, hoy la zona se encuentra prácticamente despoblada; el único testimonio de su historia siendo los árboles antiguos marcados por caucheros. Pero ahora que los bosques del Yavarí han recuperado su esplendor, el hombre ha vuelto a interesarse en ellos. Se contemplan concesiones forestales en el bajo Yavarí Mirín y el bajo Yavarí sigue atrayendo a inmigrantes.

Afortunadamente, existe una alternativa para asegurar la conservación de los bosques de la zona. Si se lograra extender al valle del Yavarí Mirín el éxito de los pueblos ribereños que ya manejan la Reserva Comunal Tamshiyacu-Tahuayo—combinando el manejo local con la investigación para beneficiar las comunidades naturales y humanas—se protegería intacta un área de sumo valor no solo para Loreto, pero para el Perú y la Amazonía.

*fig.*2 La planicie aluvial del Yavarí es un rico mosaico de bosques inundados y pantanos. Las comunidades de árboles de la reserva propuesta (línea punteada en blanco) se encuentran entre las más diversas del planeta. En esta imagen compuesta de satélite (1999/2001) resaltamos la Reserva Comunal Tamshiyacu-Tahuayo (línea punteada en gris) junto con los ríos y pueblos cercanos a los sitios del inventario biológico rápido. The Yavarí floodplain is a rich mosaic of flooded forest and swamps. Tree communities of the proposed reserve (dotted white line) are among the most diverse on the planet. In this composite satellite image of 1999/2001 we highlight the Reserva Comunal Tamshiyacu-Tahuayo (dotted grey line) along with the rivers and towns close to the rapid inventory sites.

Bosque de tierra firme
Terra-firme forest

Llanura del río
Floodplain forest

Pantanos con aguaje
Swamps with *Mauritia* palms

Áreas urbanas
Urban areas

• • • • • Zona Reservada propuesta
Proposed Reserved Zone

*fig.*2A Las raíces con zancos estabilizan a la *Symphonia globulifera* en la dinámica planicie del río Yavarí. Stilt roots stabilize *Symphonia globulifera* in the dynamic Yavarí floodplain.

*fig.*2B Enormes árboles emergentes son un componente de la flora hiperdiversa del Yavarí. Gigantic emergents are one component of Yavari's hyperdiverse flora.

*fig.*2C Algunos bosques a lo largo del Yavarí quedan inundados por varios meses durante la época de lluvias. Some forests along the Yavarí remain underwater for months during the rainy season.

*fig.*2D Árboles de caucho (*Hevea*), muchos con marcas antiguas de extracción, son comunes en el Yavarí. Rubber trees (*Hevea*), many still marked from historical tapping, are common in Yavarí.

*fig.*2E Quebradas cristalinas drenan las colinas empinadas del Arco de Iquitos. Upland streams drain the steep hills of the Iquitos Arch.

*fig.*2F Pantanos con aguajes son el hábitat preferido del huapo colorado, mono amenazado a nivel mundial. Swamps with *Mauritia* palms are the preferred habitat of the globally threatened red uakari monkey.

3G

3H

*fig.*3A Suelos radicalmente diferentes ocurren entremezclados, en los bosques de tierra firme. Radically different soils occur side by side in Yavarí's upland forests.

*fig.*3B El equipo botánico todavía no encuentra en ningún herbario esta liana de *Aristolochia* con flores tan vistosas. The botanical team has yet to find this *Aristolochia* vine and its distinctive flowers in herbaria.

*fig.*3C Plántulas recién germinadas, como *Vatairea guianensis*, cubrían el bosque inundado. Germinating seedlings, such as the enormous *Vatairea guianensis*, carpeted the flooded forest.

*fig.*3D Irapay, o *Lepidocaryum tenue*, forma manchas densas en el sotobosque de las áreas mal drenadas. *Irapay*, or *Lepidocaryum tenue*, forms dense understory patches on poorly drained sites.

*fig.*3E Muchas especies, como *Besleria aggregata*, eran comunes en un sitio pero remplazadas por parientes cercanos en sitios próximos. Many species, like *Besleria aggregata*, were common at one site but replaced by close relatives at nearby sites.

*fig.*3F Durante el inventario, los botánicos encontraron este arbusto poco colectado, *Stachyococcus adinanthus.* During the inventory, botanists encountered the rarely collected *Stachyococcus adinanthus.*

*fig.*3G Nueces moscadas, como *Virola decorticans,* son una de las familias más diversas y abundantes de árboles en el Yavarí. Nutmegs, like *Virola decorticans,* are one of the most diverse and abundant tree families in Yavarí.

*fig.*3H Especímenes con frutos del árbol raramente colectado, *Froesia diffusa* (Quiinaceae), serán enviados a herbarios alrededor del mundo. Fruiting specimens of the rarely collected tree *Froesia diffusa* (Quiinaceae) will be sent to herbaria worldwide.

*fig.*4A El equipo de peces muestreó 24 cochas, quebradas y bosques inundados. The fish team surveyed 24 lakes, streams, and flooded forests.

*fig.*4B Una inmensa anguila eléctrica—de más de un metro de largo—fue registrada en el Yavarí. Sightings included a giant electric eel, measuring more than a meter long.

*fig.*4C Colectamos el raro canero (*Pseudocetopsis* cf. *gobioides*) durante el inventario. During the inventory we collected the rare whale catfish (*Pseudocetopsis* cf. *gobioides*).

*fig.*4D Se estiman más de 450 especies de peces en la propuesta Zona Reservada. More than 450 fish species are estimated for the proposed Reserved Zone.

*fig.*4E Encontramos 10 especies de peces nuevas para la ciencia, muchas de ellas pequeñas y llamativas. We found 10 fish species new to science, most of them small and showy.

*fig.*4F Las cabeceras de la región albergan poblaciones saludables de más de 30 especies de peces comestibles. The region's head-waters support healthy populations of more than 30 food fish.

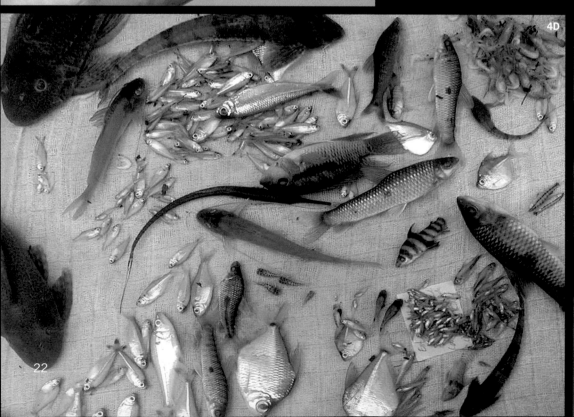

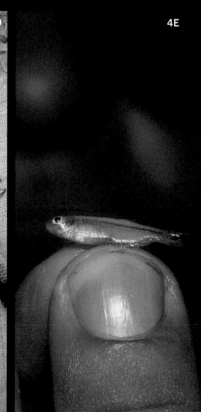

5F

*fig.*5A La recientemente descrita *Stenocercus fimbriatus* es una lagartija común en el Yavarí. The recently described *Stenocercus fimbriatus* is a common lizard in Yavarí.

*fig.*5B *Bufo* sp. nov., un sapo verdadero, es una de las cinco especies nuevas de sapos descubiertas durante los pocos días en el campo. This toad, *Bufo* sp. nov., is one of the five new frog species discovered during our few days in the field.

*fig.*5C Esta nueva rana es la segunda especie de *Allophryne*, un género nunca antes registrado en el Perú. This undescribed frog is the second species in *Allophryne*, a genus never before registered in Peru.

*fig.*5D Ranas de cristal, como esta especie nueva de *Hyalinobatrachium*, se reproducen en quebradas de bosques intactos. Glass frogs, such as this new species of *Hyalinobatrachium*, breed in streams flowing through intact forest.

*fig.*5E Esta nueva especie de *Hyla* parece ser restringida a la región entre los rios Ucayali, Yavarí y Yavarí Mirín. This new species of *Hyla* may occur only in the region between Ucayali, Yavarí, and Yavari Mirín rivers.

*fig.*5F La afaninga, *Xenoxybelis argenteus*, es característica de los bosques amazónicos. The diurnal vine snake, *Xenoxybelis argenteus*, is characteristic of Amazonian forests.

*fig.*5G El equipo tuvo suerte de ver la escasa y venenosa coral de dos colores, *Micrurus putumayensis*. The team was rewarded with a sighting of the rare two-toned coral snake, *Micrurus putumayensis*.

*fig.*5H La charapa, la más grande de las tortugas de río, *Podocnemis expansa*, se encuentra en extremo peligro de extinción. Amazonia's largest aquatic turtle, *Podocnemis expansa*, is now extremely endangered.

5G

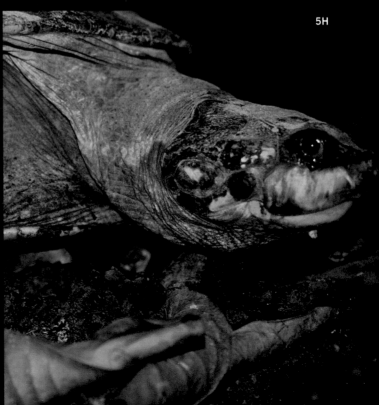

5H

6A

6B

6C

6D

*fig.*6A El atardecer es espectacular en la frontera Perú-Brasil. Evening falls over the Peru-Brazil border.

*fig.*6B Visto cerca de cochas, el loro *Deroptyus accipitrinus* había sido registrado una vez en el Perú, hace más de medio siglo. Spotted around lakes, the Red-fan Parrot, *Deroptyus accipitrinus*, had been spotted once before in Peru, more than half a century ago.

*fig.*6C Las quebradas, ríos, cochas y pantanos del Yavarí contienen una avifauna rica en especies, incluyendo el Martín Pescador Pigmeo (*Chloroceryle aenea*). The streams, rivers, lakes, and swamps in Yavarí support a rich avifauna including the Pygmy Kingfisher (*Chloroceryle aenea*).

*fig.*6D Gallinazos Reales (*Sarcoramphus papa*) limpian rápidamente un cadáver de sajino en el bosque. King Vultures (*Sarcoramphus papa*) clean up a carcass in the forest.

hi

*fig.*7A La sachavaca, especie vulnerable a nivel mundial, es común en el Yavarí. The globally vulnerable lowland tapir is common in Yavarí.

*fig.*7B El murciélago *Carollia perspicillata* es un dispersador importante de semillas. The bat *Carollia perspicillata* is an important disperser of seeds.

*fig.*7C Yavarí Mirín es un área fuente de monos, incluyendo *Callicebus cupreus.* Yavarí Mirín is a source area for monkeys, including *Callicebus cupreus.*

*fig.*7D La serpiente *Bothrops taeniata* come un *Monodelphis emiliae* que ya está siendo consumido por las abundantes hormigas. A pitviper (*Bothrops taeniata*) eats an opossum (*Monodelphis emiliae*), with ever-present ants already at the carcass.

*fig.*7E Arañazos de tigrillo confirman su presencia en el bosque. Ocelot scratches confirm its presence in the forest.

fig.8 **La región de Iquitos, Yavarí y Yavarí Mirín** The Iquitos, Yavarí, and Yavarí Mirín region.

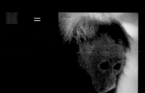

Zona Reservada Propuesta
Proposed Reserved Zone

Traslapo con la zona designada para concesiones madereras
Overlap with area slated for logging concessions

Cuadros rojos marcan las poblaciones conocidas del globalmente vulnerable huapo rojo (*Cacajao calvus*). La distribución en manchas de esta especie lo hace más vulnerable a la caza excesiva, aunque por el momento la presión de caza es mínima en el Yavarí Mirín. Red squares mark known populations of the globally vulnerable red uakari monkey (*Cacajao calvus*). The species' patchy distribution makes it especially vulnerable to overhunting, although at the moment hunting pressure is low on the Yavarí Mirín.

Las líneas indican las zonas fuente y sumidero de animales de caza importantes para la región rural al sureste de Iquitos. Las líneas amarillas muestran el área fuente, donde la presión de caza es mínima. Las líneas punteadas negras muestran el sumidero, donde la presión de caza es alta y donde el aprovechamiento de la caza depende de la protección a largo plazo de las áreas fuente. Colored lines indicate the approximate extent of source and sink areas for economically important game mammals in the rural region southeast of Iquitos. Yellow lines show the source area, where hunting pressure is low. Dotted black lines show the sink area, where hunting pressure is high and where harvest of game species depends on long-term protection of the source areas.

El peligroso traslapo de la zona designada para concesiones madereras (gris/verde claro) con el área fuente hace necesario desarrollar soluciones que creen un balance entre los beneficios económicos inmediatos pero fugaces y los beneficios durables, a largo plazo, para los pobladores locales, la región y la biodiversidad global. The dangerous overlap of the slated logging concession (grey/light green) with the source area calls for solutions that balance the immediate economic gains with the long-term benefits for local residents, for the region, and for global biological diversity.

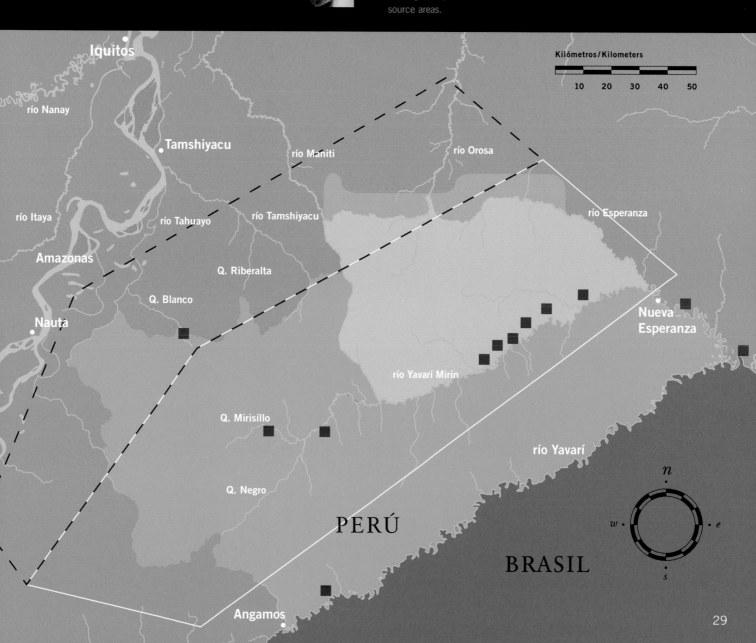

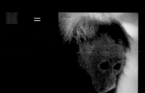
=

Kilómetros/Kilometers
10 20 30 40 50

Iquitos

río Nanay

Tamshiyacu

río Maniti

río Orosa

río Tahuayo

río Tamshiyacu

río Esperanza

río Itaya

Amazonas

Q. Riberalta

Q. Blanco

Nueva
Esperanza

Nauta

río Yavarí Mirín

Q. Mirisíllo

Q. Negro

río Yavarí

PERÚ

n

w   e

BRASIL

s

Angamos

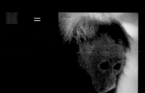

*fig.*9A El poblado de Angamos queda cerca de la propuesta Zona Reservada, en la frontera Perú-Brasil. The town of Angamos is just outside the proposed Reserved Zone, on the Peru-Brazil border.

*fig.*9B Las comunidades locales dependen de los abundantes recursos naturales de la zona y se unen para trabajar en mingas. Local communities rely on the area's abundant natural resources, and often unite for community work efforts.

*fig.*9C Antropólogos visitaron chacras comunitarias y encontraron una diversidad de cultivos. Anthropologists visited community gardens and found a diversity of crops.

*fig.*9D El proyecto de reforestación en la Reserva Comunal Tamshiyacu-Tahuayo (RCTT) ha tenido buen éxito. A community-based reforestation project has been successful in RCTT.

*fig.*9E Un niño vuelve con plátanos cosechados en su chacra río abajo. A boy returns with plantains harvested from garden plots downriver.

*fig.*9F El equipo social visitó 13 comunidades durante el inventario. The social team visited 13 communities during the inventory.

*fig.*9G Oportunidades para la conservación se vuelven en el enfoque de diálogos con las autoridades locales. Opportunities for conservation become a focused topic with local community leaders.

*fig.*9H Cuatro generaciones de la familia Huanaquiri viven en Nueva Esperanza. Four generations of the Huanaquiri family live in Nueva Esperanza.

9E

9F

9G

9H

*fig.*10 El equipo vivió en este barco de investigación durante las tres semanas en el campo. This research vessel housed the rapid inventory team for three weeks.

Panorama General de los Resultados

PAISAJE Y SITIOS VISITADOS

El equipo del inventario biológico rápido evaluó los bosques inundables y de tierra firme, además de lagos, ríos y pantanos, a lo largo de una franja de 125 km de longitud en el alto río Yavarí, el cual forma el límite fronterizo entre el Perú y Brasil, y el límite sureste de la propuesta Zona Reservada del Yavarí, de 1,1 millones de ha (ver Figura 2). Durante tres semanas el equipo trabajó en cuatro localidades ubicadas entre el poblado de Angamos y la desembocadura del río Yavarí Mirín, una región que no había sido visitada con anterioridad por biólogos. Mientras la mayoría de los investigadores se dedicó a explorar los bosques alejados del río, el equipo ictiológico visitó varios hábitats acuáticos a lo largo del Yavarí y sus tributarios. El equipo social visitó las comunidades en el área de influencia de la propuesta Zona Reservada.

Esta área del Perú—el amplio interfluvio comprendido entre los ríos Ucayali, Amazonas y Yavarí—es relativamente homogénea en su clima y geología, pero presenta una mezcla de topográfica, suelos y tipos de bosque. Mucha de esta heterogeneidad es atribuible a una estructura geológica elevada en la zona, conocida como el Arco de Iquitos, en cuyas colinas tienen sus cabeceras seis grandes ríos—el Blanco, Tamshiyacu, Manití, Orosa, Esperanza y Yavarí Mirín. El Yavarí Mirín constituye el corazón de la propuesta Zona Reservada, recorriendo la principal gradiente abiótica del área, desde las colinas escarpadas y poco fértiles ubicadas hacia el sur, hasta las colinas onduladas y más fértiles situadas en el norte.

VEGETACIÓN Y FLORA

La comunidad de árboles más diversa del mundo crece en las cercanías de Iquitos y el número de especies de los árboles y arbustos en la propuesta Zona Reservada probablemente excede las 2.000. Esta altísima diversidad de especies, muchas de ellas sumamente raras e irregularmente distribuidas, y algunas respondiendo a las variaciones topográficas y de drenaje de la zona, fue todo un reto para un inventario de tan corto plazo. El equipo botánico colectó más de 2.500 muestras de plantas y realizó inventarios cuantitativos de cerca de 1.700 árboles durante el trabajo de campo, pero aún así la impresión es que apenas se ha 'arañado' la superficie de la biodiversidad florística del área.

Las 1.650 especies de plantas registradas durante la expedición tal vez representan la mitad de la flora existente en la propuesta Zona Reservada. Aunque éstos son cálculos apresurados, fundados en experiencias previas en otras partes de la Amazonía y en los inventarios botánicos realizados en las cercanías de Iquitos, se puede estimar que la flora de la propuesta Zona Reservada está entre 2.500 y 3.500 especies. La mayor parte de éstas son árboles, arbustos y lianas; las plantas epífitas y terrestres tienen una presencia moderada para el estándar amazónico. Las plantas acuáticas están notablemente poco representadas, quizás porque las aguas negras y pobres en nutrientes dominan los lagos de la región.

La mayoría de los especímenes colectados durante el inventario biológico rápido no han sido revisados por los especialistas, así que todavía no es posible definir cuántos taxones constituyen nuevos registros para el Perú, nuevos registros para la ciencia, o especies amenazadas a nivel global. A nivel de familias y géneros, la composición de estos bosques es esencialmente idéntica a aquellos que rodean la ciudad de Iquitos, con la sola excepción de los taxones especializados a los suelos de arena blanca (presentes en Iquitos pero ausentes en la región del Yavarí). Sin embargo, cabe destacar que un sorprendente número de especies comunes a lo largo del Yavarí no figuran en el herbario de Iquitos. Nuestra expectativa es que varias docenas de las especies colectadas resulten ser nuevas para Loreto y el Perú.

Los bosques de tierra firme del Yavarí son estructuralmente típicos de los trópicos húmedos, con un sotobosque denso, un dosel ubicado a unos 25 m de altura, con grandes árboles emergentes esparcidos en el bosque sobre los 40 m. La diversidad de especies arbóreas en la tierra firme es extraordinariamente alta. En una de las parcelas que establecimos, ubicada en una zona de suelos pobres, los primeros 50 árboles representaban a 45 especies. Del mismo modo en los

alrededores de Iquitos, la familia más importante de árboles es Myristicaceae, representada principalmente por los géneros *Iryanthera* y *Virola* en las zonas de suelos más pobres e incluyendo también *Otoba* en los suelos más ricos. En conjunto, Myristicaceae, Sapotaceae y Lecythidaceae representan más de un cuarto de los árboles muestreados en las parcelas de tierra firme. A nivel de especies, las diferencias de composición entre los diferentes tipos de suelo son especialmente notorias en las localidades más pobres en nutrientes, donde es posible encontrar composiciones completamente diferentes entre una colina y la próxima. Las especies más comunes de tierra firme son la palmera *Astrocaryum murumuru*, el caucho (*Hevea* sp., Euphorbiaceae [Figura 2D]), *Senefeldera inclinata* (Eurphorbiaceae), *Iryanthera macrophylla, I. juruensis, Virola pavonis* y *Osteophloeum platyspermum* (estas últimas pertenecientes a la familia Myristicaceae).

Muy pocas plantas se encontraron con frutos o flores al interior del bosque durante esta época del año, con la excepción de algunas áreas de la planicie inundable, donde se encontró una fructificación muy intensa y alfombras de plántulas recién germinadas. Aquí los árboles más comunes fueron *Virola surinamensis* (Myristicaceae), *Maquira coriacea* (Moraceae) y *Pseudobombax munguba* (Bombacaceae), así como las palmeras *Socratea exorrhiza, Euterpe precatoria* y *Astrocaryum murumuru*.

Los bosques pantanosos son dominados por palmeras pero presentan una comunidad arbórea mixta y relativamente diversa (ver Figura 2F). En la parcela establecida en un pantano, sólo tres familias— las palmeras, Clusiaceae y Lepidobotryaceae—representaron el 53% de los árboles. Además de la conocida *Mauritia flexuosa* (aguaje), son elementos comunes del bosque pantanoso *Symphonia globulifera* (Clusiaceae [Figura 2A]), *Ruptiliocarpon caracolito* (Lepidobotryaceae), *Virola surinamensis* (Myristicaceae) y las palmeras *Euterpe precatoria, Socratea exorrhiza* y *Attalea butyracea*.

PECES

Aparte del río Yavarí, el cual se encontraba en plena inundación durante el presente inventario, el equipo ictiológico cubrió todo el espectro de los hábitats acuáticos, colectando muestras estandarizadas en 24 estaciones. El equipo visitó seis cochas y 12 grandes tributarios a lo largo del Yavarí, tres pequeños tributarios ubicados tierra adentro, dos localidades en el bosque inundado y un pantano. Catorce de estas localidades fueron clasificadas primariamente como hábitats de aguas negras, siete de aguas blancas y tres de aguas claras.

Doscientas cuarenta especies fueron registradas en el inventario ictiológico, estimándose el número de especies existentes en la propuesta Zona Reservada de entre 450 y 500 especies. La gran diversidad de comunidades de peces a lo largo del Yavarí y las marcadas diferencias en la composición entre los hábitats de aguas negras y aguas blancas se evidencian en la baja proporción de especies compartidas por las tres localidades que se visitaron: apenas un 22%.

Aproximadamente una de cada diez especies de peces recolectadas durante el inventario biológico rápido constituye un nuevo registro para el país. Diez especies probablemente son nuevas para la ciencia, incluyendo taxones no descritos en los géneros *Characidium*, *Moenkhausia*, *Tatia*, *Ernstichthys*, *Otocinclus*, así como las familias Glandulocaudinae y Trichomycteridae. Muchas de estas especies posiblemente nuevas son pequeñas y coloridas, con un alto potencial como ornamentales.

Otro importante resultado del inventario biológico rápido fue el descubrimiento de gran número de especies de importancia económica, como *Arapaima gigas* (paiche), *Osteoglossum bicirrhosum* (arahuana) y los bagres grandes *Brachyplatystoma flavicans* (dorado), *Pseudoplatystoma fasciatum* (doncella), *P. tigrinum* (tigre zúngaro) y *Phractocephalatus hemioliopterus* (peje torre). Muchas de estas especies fueron encontradas en estado juvenil en el bosque inundado, lo que sugiere que los hábitats acuáticos del bosque estacionalmente inundado

a lo largo del Yavarí y el Yavarí Mirín son zonas de cría en los ciclos de vida de los peces migratorios grandes.

ANFIBIOS Y REPTILES

El inventario fue realizado durante el pico de la estación de lluvias; por lo tanto, los reptiles y anfibios fueron abundantes en la hojarasca y vegetacion arbustiva de los hábitats muestreados en la mayor parte de los hábitats. En apenas 20 días de trabajo de campo, el equipo herpetológico registró cerca de 70 especies de anfibios y 45 de reptiles, incluyendo 15 especies de serpientes. Se estima que la herpetofauna regional debe alcanzar unas 115 especies de anfibios y 100 especies de reptiles, incluyendo 60 especies de serpientes.

La composición de la herpetofauna del Yavarí es típica de las comunidades hiperdiversas de las localidades de tierra firme del alto río Amazonas. Sin embargo, difiere en muchos aspectos de la herpeto-fauna de la cercana localidad de Jenaro Herrera. Se registraron 14 de las 18 especies de *Eleutherodactylus* esperadas aquí y todas salvo cuatro de las especies de lagartijas que se esperaban en la zona—sin duda entre las tasas más altas de diversidad de estos grupos en las tierras bajas del Perú. En contraste, sólo se encontró una especie de microhylido, tres ranas del género *Phyllomedusa*, tres gekkos y relativamente pocas ranas *Hyla*, lo que indica la ausencia del hábitat *várzea* y de vegetación acuática flotante. Las especies arbóreas y los anfibios de reproducción de tipo explosivo fueron menos diversos de lo que se esperaba, quizás por la variabilidad estacional en sus actividades.

Quizás el hallazgo más importante entre los anfibios—e indudablemente el más llamativo—fue una pequeña rana negra con manchas amarillas y blancas (ver Figura 5C), colectada en una corriente de agua en la localidad de Lago Preto. Inicialmente identificada en el campo como una especie no descrita del género *Hyla*, el espécimen ahora ha sido clasificado como una especie no descrita de un género monotípico conocido en Venezuela pero nunca antes colectado en el Perú (*Allophryne*).

También fue registrada una nueva especie para el Perú del género *Scinax* y al menos cuatro especies posiblemente nuevas para la ciencia de los géneros *Scinax*, *Hyla*, *Hyalinobatrachium* y *Bufo*.

Debido a su baja densidad y hábitos poco conspicuos, es difícil hacer un muestreo exitoso de los reptiles durante un inventario rápido. Sin embargo, la zona del Yavarí mostró ser excepcionalmente rica en lagartijas arbóreas (*Anolis*, *Enyaloides*) y lagartijas de orilla, y en dos ocasiones se encontró la serpiente rara *Porthidium hyoprora*. Las tortugas terrestres (*Geochelone denticulata*) parecen tener poblaciones saludables; individuos fueron avistados en tres de las cuatro localidades visitadas. En contraste, las taricayas (*Podocnemis unifilis*), charapas (*Podocnemis expansa*, Figura 5H) y caimanes blancos (*Caiman crocodilus*), presas de caza frecuentes en los grandes ríos, son raros a lo largo del río Yavarí y sus tributarios, requiriéndose una especial atención en el área protegida.

AVES

A pesar de su proximidad a Iquitos, el interfluvio comprendido entre los ríos Ucayali, Amazonas y Yavarí ha sido muy poco estudiado por los ornitólogos. Las pocas localidades estudiadas hasta la fecha sugieren que la avifauna de la región es una mezcla de especies con grandes afinidades con las del sureste peruano y el suroeste de Brasil, complementada por especies típicas de la ribera norte del río Amazonas. Las localidades visitadas a lo largo del río Yavarí durante el presente inventario biológico rápido están muy lejos de aquellas localidades estudiadas extensivamente por los ornitólogos, y nos dan mucha información respecto de la distribución de la avifauna de este interfluvio. Se encontró algunas especies pares de las cuales una especie aparentemente ocupa la región norte del interfluvio y la otra ocupa la región sur, entre las cuencas de los ríos Amazonas y Juruá.

Durante las tres semanas de trabajo del inventario fueron registradas 400 especies de aves,

estimándose la avifauna regional en 550 especies. Un descubrimiento particularmente importante fue el de la segunda población conocida del Loro de Abanico (*Deroptyus accipitrinus*, Figura 6B) en el Perú. Otras novedades incluyen los registros más septentrionales de *Grallaria eludens* (Tororoi Evasivo) y *Hylexetastes stresemanni* (Trepador de Vientre Rayado). También se descubrió lo que parece ser el límite entre los rangos de distribución de dos especies de *puffbirds* emparentados: *Malacoptila semicincta* (Buco Semiacollarado) y *Malacoptila rufa* (Buco de Cuello Rufo).

Los ecosistemas más importantes para la avifauna local al interior de la propuesta Zona Reservada incluyen los bosque inundados y de tierra firme, aguajales (pantanos dominados por *Mauritia flexuosa*), lagos, cursos de agua y hábitats ribereños a lo largo del Yavarí y Yavarí Mirín. Las aguas negras de los hábitats acuáticos a lo largo del Yavarí son poco comunes en otras partes de la ribera sur del Amazonas peruano, lo mismo que influye en la composición de la avifauna. El resultado es la presencia de especies que no se registran con regularidad en el lado sur del Amazonas, como *Hemitriccus minimus* (Tirano-Todi de Zimmer) y *Conopias parva* (Mosquero de Garganta Amarilla).

Durante la primera semana de trabajo de campo nuestro equipo fue testigo de un impresionante evento migratorio, en el que miles de aves—una mezcla de especies boreales, australes y amazónicas—atravesaron con rumbo norte el río Yavarí. Entre las especies migrantes se encontraban chotacabras, vencejos, golondrinas y atrapamoscas. Algunas de estas especies son poco conocidas en la Amazonía peruana, y algunas no eran reconocidas como especies migratorias, como *Cypseloides lemosi* (Vencejo de Pecho Blanco).

Especies comercialmente importantes, como los guacamayos, loros y crácidos (pavas) parecen tener aquí poblaciones saludables. Aunque no fue registrado durante el presente inventario, existen evidencias de que el Paujil Carunculado (*Crax globulosa*) se encuentra en la región del río Yavarí. De ser encontrada, la propuesta Zona Reservada se convertiría en solo la segunda área protegida del Perú en albergar a esta especie amenazada.

MAMÍFEROS

A diferencia de lo poco que se conoce acerca de la avifauna de este sitio, las comunidades de mamíferos de la región del Yavarí están entre las mejor estudiadas de la Amazonía. Richard Bodmer y sus colegas de WCS-Perú y DICE se han ocupado de la investigación de los mamíferos del valle del Yavarí Mirín desde 1990. Su trabajo se ha enfocado en la dinámica poblacional de las especies de caza de importancia económica, como los pecaríes, venados, primates y tapires, y ha contado con la activa colaboración de los cazadores locales, que registran la presión de caza y colectan los cráneos de los animales aprovechados. Un enfoque reciente de la investigación es entender cómo y por qué la composición y densidad de las comunidades de mamíferos varían de lugar en lugar en la región, tanto entre los diferentes tipos de bosque como entre los diferentes regímenes de caza.

Uno de los resultados claves de este trabajo, descrito en este informe (ver "Uso y Sostenibilidad de la Caza de Especies Silvestres Dentro y en los Alrededores de la Propuesta Zona Reservada del Yavarí"), se desprende de una cuidadosa comparación de la sostenibilidad de la caza dentro y fuera de los limites de la propuesta Zona Reservada. Los resultados indican que todos los animales cazados cerca o por encima de los niveles sostenibles en las inmediaciones de la propuesta Zona Reservada son cazados muy por debajo de los niveles sostenibles dentro de la misma. Por lo mismo, el valle del Yavarí Mirín es actualmente un área fuente para los mamíferos grandes; los excesos de sus poblaciones migran a las zonas adyacentes, sosteniendo así las poblaciones sujetas a caza. Dado el hecho que la caza de especies silvestres representa cerca del 25% de la economía rural en esta área del Perú, la producción de mamíferos grandes del Yavarí Mirín es vital para el mantenimiento y estabilidad a largo plazo de la economía rural en la región.

Durante el inventario biológico rápido el equipo de mamíferos censó más de 500 km de trochas en las tres primeras localidades a lo largo del río Yavarí. La comunidad de mamíferos en este tramo del río no había sido estudiada hasta ahora, por lo cual una de las metas principales era conocer el estado de las poblaciones de mamíferos grandes en esta región, que se presumía afectada por los cazadores que recorren el río Yavarí. Los censos revelaron que la comunidad de mamíferos grandes en el área mantiene densidades muy altas y se encuentra poco impactada por la actividad de los cazadores locales. La densidad de la mayoría de las especies está dentro de los rangos documentados en las áreas más remotas y de menor actividad de caza del río Yavarí Mirín. Si bien el tapir y la huangana son más raros a lo largo del Yavarí, el mono choro y el maquisapa negro son más abundantes.

Registramos 39 especies de mamíferos terrestres grandes durante el inventario biológico rápido. Apoyados en un trabajo más detallado y extenso, desarrollado en la adyacente quebrada Blanco, en los límites de la propuesta Zona Reservada (Figura 2), se estima que aproximadamente 150 especies de mamíferos—incluyendo murciélagos y pequeños mamíferos terrestres—están presentes en el área, lo que la convierte en un candidato a la zona con mayor diversidad de mamíferos a nivel mundial.

La propuesta Zona Reservada es el refugio de un gran número de especies de mamíferos en peligro de extinción en otras áreas de sus rangos. Existen 24 especies confirmadas o por confirmar que están registradas como amenazadas en la lista de la UICN o en los apéndices del CITES. Entre estas especies consideradas amenazadas a nivel mundial, se cuenta el lobo de río, el perro de monte, el tapir, el armadillo gigante, el oso hormiguero gigante y el mono huapo colorado. Asimismo, un gran número de especies de mamíferos actualmente listadas como carentes de información por la UICN mantienen poblaciones saludables en esta zona.

De las 13 especies de primates presentes en la propuesta Zona Reservada, el huapo colorado (*Cacajao calvus*) es de gran interés para la conservación y la investigación. Los grupos avistados en el Yavarí Mirín hasta la fecha—algunos compuestos por más de 200 individuos—son entre los mayores avistados para este primate. Esta especie constituye una pieza clave de la conservación por varias razones. La mitad de las poblaciones conocidas vive en zonas contempladas para concesiones forestales (ver Figura 8), por lo que correrán el peligro de ser cazadas indiscriminadamente cuando los extractores madereros inicien sus operaciones. Asimismo, la especie se encuentra restringida a una pequeña porción de este paisaje inmenso: los pantanos, donde crece su principal fuente de alimentación, la palmera de aguaje (*Mauritia flexuosa*; ver Figura 2F). La especie se distribuye de manera dispersa a lo largo del área, con pocas poblaciones aparentemente inconexas a lo largo de los ríos Yavarí Mirín y Yavarí y la quebrada Blanco. Por último, el huapo colorado no se encuentra protegido en ninguna parte de la red de áreas protegidas de la Amazonía peruana. Sólo sobre la base de esta especie, el valle del Yavarí Mirín amerita una protección estricta y a largo plazo.

Además del censo de mamíferos grandes efectuado durante el inventario biológico rápido, el equipo de trabajo condujo una evaluación preliminar de la comunidad local de murciélagos. Durante diez noches se colocaron dos redes de neblina, tanto en los bosques de tierra firme como en los bosques inundados, al nivel del suelo y en el estrato medio, capturándose así 20 de las 60 especies de murciélagos estimadas para el área.

COMUNIDADES HUMANAS

La propuesta Zona Reservada no presenta población humana, y la región que la circunda está escasamente poblada. Esto no fue siempre así. A finales del siglo XIX e inicios de la década de los veinte, cuando llegó a su fin el auge del caucho, el área fue ocupada por comerciantes y extractores de caucho, y los vapores fluviales recorrían los ríos Yavarí y Yavarí Mirín regularmente. En la década de los sesenta, cerca de 1.000 personas aún vivían en el alto y bajo Yavarí Mirín, en el corazón de la propuesta Zona Reservada, cosechando palo de rosa y otras especies maderables y realizando la caza comercial. Durante las décadas siguientes, estas poblaciones iniciaron un éxodo gradual de la región

por causa de epidemias de malaria resistente a la cloroquina y por la dificultad de salida de sus principales productos a los mercados.

En la actualidad, el último vestigio de la antigua ocupación de la zona es la pequeña comunidad de Nueva Esperanza, habitada por 179 personas y vecina de la propuesta área protegida (ver mapa en la Figura 2). La mayoría de los habitantes de Nueva Esperanza son ribereños (Figura 9H), cuya economía se basa en la agricultura de subsistencia y el comercio de carne y cueros (especialmente de huangana y sajino), que se exportan a los mercados distantes en Leticia (Colombia), Benjamín Constant y Tabatinga (Brasil). La malaria continúa siendo un problema, con más de 340 casos registrados entre 2001 y 2002. Durante la visita del equipo social a Nueva Esperanza una epidemia de malaria estaba en pleno apogeo.

Además de los asentamientos, se cree que hay un grupo indígena no contactado viviendo en la propuesta Zona Reservada. AIDESEP ha pedido la protección del sector noroeste, como un refugio para esta población.

La población humana en un rango de 20 km desde los límites de la propuesta Zona Reservada es más grande y heterogénea, probablemente de unas 1.000 a 2.000 personas. Los asentamientos más grandes son el pueblo fronterizo de Angamos (Figura 9A) y las comunidades indígenas Matsés, ubicadas al sur de la propuesta Zona Reservada; y los pueblos a lo largo de los ríos Tamshiyacu y Tahuayo, al oeste de la misma, región donde una gran porción de la propuesta Zona Reservada ha sido manejada con éxito por las comunidades como la Reserva Comunal Tamshiyacu-Tahuayo desde 1991 (Figura 2). El equipo social visitó 11 comunidades en total y condujo reuniones en ellas con el objeto de evaluar la organización social e identificar oportunidades para el manejo colaborativo de un área protegida nueva (Figura 9A-H).

AMENAZAS

Las amenazas que enfrentan los bosques del valle del río Yavarí son las mismas que ponen en peligro al resto de los bosques de la Amazonía: la colonización y deforestación descontrolada, la gestión inadecuada de la industria forestal, y la caza no sostenible que generalmente acompaña a las primeras. En la actualidad estas amenazas no son fuertes o inmediatas en el Yavarí porque la población humana es tan pequeña y las concesiones forestales contempladas para el Yavarí Mirín aún no han entrado en operaciones. Sin embargo, las tres amenazas podrían concretarse en graves peligros en cuestión de meses, dada la historia episódica de migración, extracción maderera y caza comercial en ambos lados de la frontera peruano-brasileña.

La extracción de madera es la amenaza más inmediata, pues una porción muy grande del límite norte de la propuesta Zona Reservada ha sido declarada por el estado como área apta para concesiones forestales. Las concesiones proyectadas se sobreponen en más de 300.000 ha con la propuesta Zona Reservada, entre los ríos Esperanza y Yavarí Mirín (ver Figura 8), es decir, en más de un cuarto de la futura área protegida. Esta zona en el bajo Yavarí Mirín es inapta para la extracción maderera, ya que (1) sirve de acceso a la totalidad de la cuenca (el corazón del área protegida propuesta), y hasta un manejo adecuado de las concesiones en este lugar podría traer consigo graves alteraciones ecológicas; (2) más de la mitad de las poblaciones del amenazado mono huapo colorado vive en esta zona (Figura 8); (3) el área incluye las cabeceras de tres ríos—el Orosa, Manití y Esperanza—vitales en la reproducción de peces de importancia comercial; y (4) el endemismo de la malaria y la lejanía a los principales mercados haría muy difícil realizar operaciones madereras de bajo costo y eficiencia que cumplen con las leyes de control ambiental.

La amenaza de la migración a gran escala es difícil de cuantificar, en parte porque la mayor parte de los inmigrantes pertenecen a una secta religiosa conocida como los Israelitas, con quienes no se conversó durante la visita a la región. Esta secta ha formado varias comunidades en el bajo Yavarí, cerca de Islandia, y aparentemente contempla una expansión hacia el alto Yavarí y Yavarí Mirín.

La amenaza de la caza es relativamente fácil de cuantificar, gracias a los detallados estudios de densidad animal e impacto de caza realizados en la zona (ver "Uso y Sostenibilidad de la Caza de Especies Silvestres Dentro y en los Alrededores de la Propuesta Zona Reservada del Yavarí"). Los resultados de estos estudios hasta la fecha sugieren que la apertura de la región a más cazadores podría llevar el área rápidamente a niveles de caza insostenibles.

OBJETOS DE CONSERVACIÓN

El siguiente cuadro resalta las especies, los tipos de bosque y los ecosistemas más valiosos para la conservación que comprende la propuesta Zona Reservada del Yavarí. Algunos de los objetos de conservación son importantes por estar amenazados o raros en otras partes del Perú o de la Amazonía. Otros se destacan por ser restringidos a esta región de la Amazonía; por su papel en la función del ecosistema; por su importancia para la economía local; o por su importancia en el manejo a largo plazo.

GRUPO DE ORGANISMOS	OBJETOS DE CONSERVACIÓN
Comunidades Biológicas	Comunidades megadiversas de plantas y animales, totalmente recuperadas de los impactos históricos de la época de caucho. Bosques inundados y pantanos intactos a lo largo de la amplia llanura inundable del río Yavarí, un tipo de hábitat que no se encuentra protegido en Loreto. Hábitats acuáticos estacionalmente inundados, de importancia clave en los ciclos reproductivos de la ictiofauna regional.
Plantas Vasculares	Comunidades de árboles y arbustos de tierra firme, entre las más diversas del mundo. Bosques de llanura inundable y bosques de pantanos intactos a lo largo de los ríos Yavarí y Yavarí Mirín. Poblaciones de especies maderables de importancia comercial, las cuales han sido diezmadas en otras zonas de la Amazonía.
Peces	Una ictiofauna intacta y diversa y una gran variedad de hábitats acuáticos bien preservados. Poblaciones de peces comercialmente valiosos, entre ellas el paiche (*Arapaima gigas*). Áreas de desove en las cabeceras de los seis ríos en la región.
Reptiles y Anfibios	Comunidades excepcionalmente ricas de *Eleutherodactylus* y lagartijas arbóreas. Cinco nuevas especies de anfibios, incluyendo una rana del género *Allophryne*. Poblaciones de caimán negro (*Melanosuchus niger*) y tortugas acuáticas (*Podocnemis* spp.).
Aves	Extensiones grandes de bosque y hábitat ribereño que constituyen un importante corredor para migrantes boreales, australes y transamazónicos. *Deroptyus accipitrinus* (Loro de Abanico) y otras especies amenazadas en el Perú. *Crax globulosa* (Paují Curunculado), amenazada a nivel mundial. Aunque no confirmada en el área, ha sido registrada en el bajo Yavarí.

OBJETOS DE CONSERVACIÓN

Mamíferos

El mono huapo colorado *(Cacajao calvus,* Figura 1*)*, vulnerable a nivel mundial.

Veinticuatro especies de mamíferos que se encuentran en vías de extinción a nivel mundial (ver Apéndice 6).

Un área fuente de especies de importancia comercial amenazadas por la caza insostenible en otras partes de la Amazonía peruana, como la huangana *(Tayassu pecari)* y el tapir *(Tapirus terrestris).*

Comunidades Humanas

Una experiencia a largo plazo en la administración de áreas protegidas en las comunidades alrededor de la Reserva Comunal Tamshiyacu-Tahuayo.

Rotación de áreas de caza y pesca para el mantenimiento de la vida animal en la zona, y prácticas de pesca artesanal de bajo impacto ecológico.

Agricultura rotativa y a pequeña escala, y reforestación de chacras con árboles frutales.

El área de conservación que proponemos para la región del Yavarí brindaría **protección a largo plazo** para una porción importante de la región con **la más alta biodiversidad del Perú,** incluyendo cientos de especies no protegidas en el sistema de áreas de conservación del país, así como **un gran número de especies amenazadas a nivel mundial.** La creación de la Zona Reservada también beneficiaría al departamento de Loreto y a todo el Perú por razones económicas, culturales y políticas, que incluyen:

01 Monitoreo y protección a largo plazo de esta **área fuente de vida silvestre de gran importancia para la economía rural de Loreto,** especialmente los sajinos, huanganas, sachavacas y peces de consumo;

02 **Oportunidades económicas para las comunidades rurales aisladas de la zona,** además del control de los recursos naturales por parte de los moradores locales;

03 **La más alta protección de territorios posiblemente habitados por grupos indígenas en aislamiento voluntario;**

04 Mayor interés internacional para invertir en conservación en Loreto; esta área se presenta como **una nueva opción y atracción ecoturística,** a solo 60 km de la ciudad de Iquitos; y

05 **Colaboración binacional con Brasil** para la conservación, manejo y desarrollo sostenible de la zona fronteriza.

RECOMENDACIONES

Nuestra visión a largo plazo del paisaje del Yavarí propone una mezcla de varias categorías de uso de la tierra, que juntas promoverán la salud a largo plazo de los ecosistemas y comunidades locales. Algunas áreas se destinarían para la protección estricta de la flora y fauna megadiversa y económicamente importante, mientras otras serían designadas para el uso sostenible de los recursos naturales; ambas serían manejadas por las comunidades locales. Esta no es una visión nueva, sino la misma planteada—y puesta en práctica con éxito— por las comunidades locales que han manejado la Reserva Comunal Tamshiyacu-Tahuayo por una década.

En esta sección ofrecemos algunas recomendaciones preliminares para extender esta visión a los valles de los ríos Yavarí y Yavarí Mirín, incluyendo notas específicas para la protección, manejo, inventarios biológicos adicionales, investigación y monitoreo.

Protección y manejo

01 **Establecer la Zona Reservada del Yavarí dentro de los límites delineados en la Figura 2.** Los límites ahora propuestos presentan algunas modificaciones a los del expediente técnico entregado a INRENA en enero de 2003. En el nuevo mapa excluimos de la propuesta Zona Reservada el poblado de Nueva Esperanza y la propuesta estación biológica en Lago Preto.

02 **Elevar la categoría de protección de la Reserva Comunal Tamshiyacu-Tahuayo (Figura 2), del nivel regional al nivel nacional,** y asegurar que las comunidades que la han manejado exitosamente desde hace más de una década mantengan control de su manejo. Buscar fuentes de financiamiento sostenibles para proveer la ayuda técnica pedida por las comunidades para mejorar la administración y viabilidad a largo plazo de la reserva (ver "Comunidades Humanas" y "Reporte sobre la Reserva Comunal Tamshiyacu-Tahuayo").

03 **Garantizar la protección estricta y de largo plazo para el resto de la propuesta Zona Reservada, mediante el establecimiento de un parque nacional (Figura 2).** Esta zona merece la protección más estricta bajo la legislación peruana, basado en su riqueza biológica extraordinaria, su inmensa extensión de bosques intactos, su aislamiento y la escasa presencia humana en el área. En la actualidad, menos de la mitad del 1% de la selva baja megadiversa de Loreto se encuentra bajo protección estricta. Con un aumento de un solo 2%—el tamaño del parque nacional que proponemos aquí—miles de especies que actualmente carecen de protección en los bosques más ricos del Perú recibirían protección de largo plazo. Esta propuesta concuerda con las recomendaciones de AIDESEP (Asociación Interétnica de Desarrollo de la Selva Peruana) para proteger las comunidades indígenas en aislamiento voluntario que se cree habitan las zonas más aisladas del Yavarí Mirín (ver abajo).

04 **Involucrar plenamente las comunidades locales en el manejo de la nueva área protegida, para que las poblaciones locales se beneficien de la misma directa e indirectamente.** Trabajar con las comunidades y autoridades locales en los alrededores de la Zona Reservada propuesta—principalmente en Angamos, en las comunidades Matsés, y en aquellas en los ríos Yavarí Mirín, Tamshiyacu y Tahuayo—para asegurar que participen en la categorización de la nueva área protegida a corto plazo, en su manejo y protección a largo plazo, y en el diseño y manejo de usos compatibles dentro y fuera de sus límites. Proveer a las comunidades locales de programas educativos y contratar a la mayoría de los guardaparques dentro de las comunidades locales.

05 **Trasladar las concesiones madereras contempladas entre los ríos Yavarí Mirín y Esperanza (Figura 8).** Proteger esta sección de bosque es un paso fundamental para un área protegida viable, ya que controla el acceso a toda la cuenca del Yavarí Mirín, el corazón de la Zona Reservada propuesta; constituye una zona fuente crucial para la caza y pesca sostenible de las comunidades rurales de Loreto; incluye las cabeceras de tres ríos importantes (el Orosa, Manití y Esperanza); y alberga la mitad de las poblaciones conocidas en la región del mono huapo colorado (*Cacajao calvus*), una especie en peligro de extinción (Figura 8).

06 **Minimizar el impacto de las concesiones forestales y otras actividades en las zonas limítrofes y de amortiguamiento de la propuesta Zona Reservada.** Proveer asistencia técnica para monitorear los impactos directos e indirectos de la extracción forestal y para mejorar la gestión. Buscar opciones para que el área ahora contemplada para concesiones forestales al noreste de los ríos Yavarí Mirín and Esperanza fuese incluida en el área protegida, logrando así la protección de la cuenca entera del Yavarí Mirín. Trabajar con el Centro para el Desarrollo del Indígena Amazónico (CEDIA) para establecer la Reserva Comunal Matsés, al suroeste de la propuesta Zona Reservada.

07 **Prohibir la tala, caza y pesca en un trecho significativo de los bosques inundados intactos en el río Yavarí, entre Angamos y la desembocadura del Yavarí Mirín.** Los bosques inundables intactos son cada día más raros en Loreto y la alta cuenca amazónica. Recomendamos dar similar protección a los bosques inundables en las cabeceras de los seis ríos que se originan en el zona, por ser zonas de reproducción de especies migratorias de peces, sumamente importantes para la economía regional.

08 **Minimizar los impactos a las terrazas aluviales antiguas a lo largo de los ríos Yavarí y Yavarí Mirín.** Estas pocas y pequeñas terrazas son atractivas para la colonización humana pero podrían albergar especies de plantas y animales que no se encuentran en otras partes de la propuesta Zona Reservada.

09 **Minimizar las incursiones ilegales en la nueva área protegida mediante el apoyo y participación de las comunidades locales.** Establecer estaciones y garitas de control, marcar los linderos con placas informativas, y mantener un patrullaje frecuente en las zonas más susceptibles. La participación de los residentes locales como guardabosques, administradores y educadores en programas ambientales es fundamental para maximizar la protección de la nueva área protegida.

10 **Determinar el estatus de los pueblos indígenas en aislamiento voluntario del área,** que vivirían en la cuenca del Yavarí Mirín. Incluir en el plan de manejo de la nueva área protegida las recomendaciones de AIDESEP en este asunto, incluyendo un plan de contingencia para el contacto voluntario y otro para evitar el contacto involuntario.

11 **Establecer contacto con las comunidades Israelitas del bajo río Yavarí** para discutir sus planes para nuevos asentamientos en la región.

12 **Promover la acción de conservación binacional** con autoridades, comunidades, investigadores y organizaciones gubernamentales y no-gubernamentales brasileñas (especialmente INPA, FUNAI y las FF. AA. de Brasil). La cooperación binacional es importante porque las bases militares brasileñas en el área son los únicos actores actualmente monitoreando la extracción de recursos del área, mediante un estricto control fluvial.

Inventario adicional

01 **Continuar el inventario de plantas y animales en el corazón de la propuesta Zona Reservada,** el cual no visitó el equipo que realizó el presente inventario rápido. Hábitats de interés especial, y que no fueron bien muestreados durante el inventario rápido, incluyen las terrazas aluviales antiguas a lo largo de los ríos Yavarí y Yavarí Mirín, y cerca de Lago Preto.

02 **Realizar inventarios básicos durante la estación seca, entre junio y septiembre,** cuando el acceso a algunos de los hábitats que no podíamos muestrear durante el inventario rápido es más fácil. Llevar a cabo un inventario ictiológico del canal principal del río Yavarí, así como del río Yavarí Mirín y de Lago Preto, lugares que no han sido visitados por los ictiólogos.

03 **Realizar inventarios binacionales con investigadores brasileños** para entender las similitudes y diferencias entre los bosques del lado peruano y brasileño del río Yavarí, y buscar oportunidades para la conservación binacional.

04 **Confirmar la presencia o ausencia de especies de gran interés para la conservación,** como el amenazado Paujil Cornudo *(Crax globulosa)* y la caoba *(Swietenia macrophylla)*, especie listada en el Apéndice II de CITES.

05 **Continuar el análisis sistemático de las fotos satelitales de la región del Yavarí** con vistas de poner en un contexto regional lo aprendido de los inventarios locales, e identificar áreas para adicional exploración científica. Este tipo de análisis para la cuenca del Yavarí Mirín actualmente está siendo realizado por K. Salovaara y otros.

Investigación

01 **Diseñar y llevar a cabo investigación sobre la interacción de las plantas y las comunidades de mamíferos grandes.** Los sajinos, huanganas, venados y tapires consumen una gran proporción de las semillas y plántulas en los bosques amazónicos, y la densidad y comportamiento de estos animales influyen en la composición y estructura de las comunidades vegetales. Ya que existen datos detallados sobre las densidades poblacionales de varias especies de mamíferos grandes (ver "Uso y Sostenibilidad de la Caza de Especies Silvestres Dentro y en los Alredededores de la Propuesta Zona Reservada del Yavarí"), hay una gran oportunidad de trabajo conjunto para investigar los vínculos entre la conservación de la flora y la conservación de la fauna en la Amazonía.

02 **Realizar estudios adicionales sobre el uso y manejo local de los recursos naturales de la región,** centrándose en aspectos poco estudiados hasta la fecha, como el uso de las plantas, la pesca, y actividades alternativas y económicamente viables a la explotación forestal.

03 **Reunir información sobre la flora local para entender mejor la distribución de los mamíferos en el valle del Yavarí.** Una prioridad es establecer si la singular distribución del mono huapo colorado se debe a la variación florística en los pantanos de la región, o a otros factores, como la historia. También será importante establecer cuáles plantas en los bosques de tierra firme contribuyen a la variación en la densidad de los mamíferos observada en diferentes tipos de suelo y condiciones topográficas (ver "Diversidad y Abundancia de Mamíferos").

04 **Combinar información temporal y espacial sobre la dinámica de las inundaciones, la fenología de los árboles y la densidad animal en los bosques inundados para un mejor entendimiento de cómo y cuándo los animales usan los bosques inundados** y cómo y por qué la composición florística varía a través del paisaje inundado.

RECOMENDACIONES

Monitoreo

01 **Continuar el monitoreo de largo plazo de la caza en la región,** para asegurarse que los usos actuales siguen siendo sostenibles, y para poder modificar el manejo si el caso lo amerita (ver "Uso y Sostenibilidad de la Caza de Especies Silvestres Dentro y en los Alrededores de la Propuesta Zona Reservada del Yavarí").

02 **Monitorear el impacto directo e indirecto de las concesiones forestales en el límite norte de la propuesta Zona Reservada,** y ayudar a regular las prácticas de los trabajadores forestales para minimizar su impacto negativo (ver la recomendación número seis en Recomendaciones de Protección y Manejo).

Informe Técnico

DESCRIPCIÓN DE LOS SITIOS MUESTREADOS

El inventario biológico rápido realizado entre marzo y abril de 2003 centró su atención en tres localidades situadas a lo largo de un tramo de 125 km del río Yavarí, entre el poblado de Angamos hasta la desembocadura del río Yavarí Mirín, en la frontera peruana-brasileña. Unos pocos miembros del equipo, hacia el final del inventario, visitaron una cuarta localidad ubicada en la desembocadura del río Yavarí Mirín. En esta sección se presenta una breve descripción de cada localidad visitada por el equipo del inventario biológico, así como una breve reseña de las características físicas de la cuenca de los ríos Yavarí y Yavarí Mirín. Las descripciones detalladas de la flora y fauna estudiada en cada localidad serán presentadas en los capítulos siguientes.

GEOLOGÍA, CLIMA E HIDROLOGÍA

Si bien la geología del valle del Yavarí no ha sido estudiada en detalle, se piensa que es relativamente poco compleja. Los mapas publicados por el Instituto Geológico, Minero y Metalúrgico del Perú muestran que el área se encuentra dominada por la misma formación geológica que cubre gran parte de la región nororiental del Perú—la formación Pebas, una gruesa capa de arcilla y arenas depositadas en el lecho de antiguos lagos y ríos (Räsänen et al. 1998, Sánchez et al. 1999, de la Cruz et al. 1999). La totalidad del área de la propuesta Zona Reservada, y en especial el sector sur cercano al poblado de Angamos, está asociada a un levantamiento geológico conocido como el Arco de Iquitos, que se extiende cientos de kilómetros a través del departamento de Loreto hasta Colombia. Vista desde del aire y en imágenes satélites, gran parte del Arco de Iquitos se ve como una franja de topografía accidentada que se extiende hacia el noroeste de Angamos.

Los suelos de la región son más variables a los que su geología sugiere (Figura 3A). Debido a que la formación Pebas es una mezcla de depósitos geológicos de todo tipo, desde casi pura arena hasta casi pura arcilla, la textura del suelo puede variar dramáticamente incluso a escalas espaciales muy reducidas. Esto fue especialmente evidente en la primera localidad visitada, donde las conspicuas torres de barro construidas por las cigarras y esparcidas por el bosque mostraron un rango de colores que variaba del gris al naranja al púrpura. No obstante su variabilidad, la mayor parte de los suelos de la propuesta Zona Reservada, así como los del resto de esta región del Perú, comparte las mismas características de extrema acidez, escasez de nutrientes y un alto contenido de elementos tóxicos para las plantas, como el aluminio. Los suelos en las colinas más altas del Arco de Iquitos son generalmente más antiguos y arenosos que los encontrados en las zonas menos colinosas alejadas del Arco.

No se dispone de información climatológica de la propuesta Zona Reservada, pero existen registros efectuados en localidades cercanas, como Jenaro Herrera (Gautier y Spichiger 1986), Angamos (ONERN 1976) y las estaciones climatológicas de la ciudad de Iquitos y alrededores (Marengo 1998). Se trata de un clima técnicamente no-estacional, caracterizado por precipitaciones significativas a lo largo del año y una tasa anual de precipitación de 2.000 a 3.000 mm. Sin embargo, es aparente una variación estacional pronunciada en la cantidad de lluvias. Los meses más secos son mayo, junio, julio y agosto, tiempo en que las lluvias disminuyen hasta en un 70% respecto de los meses más húmedos y la tasa mínima de precipitaciones se ubica alrededor de los 100 mm. La temperatura promedio fluctúa entre 24 y 26° C, pero puede descender hasta 10° C durante los "friajes" o "surazos" ocurridos durante la temporada seca.

Los niveles de los ríos y arroyos de la región aumentan y disminuyen estacionalmente, pero no se tiene un conocimiento cabal de la dinámica o los mecanismos del proceso. Los ríos presentan su cauce más bajo durante la época de estío, tiempo en que se forman grandes playas de arena blanca en los meandros. Durante la estación de lluvias el cauce de los ríos llega a su punto máximo, cubriendo todas las playas e inundando algunos bosques ribereños durante largos períodos. Este patrón sugiere que los niveles de agua están gobernados principalmente por las precipitaciones en las cabeceras del río Yavarí. Por otro lado, el incremento estacional de las aguas del río Amazonas entre abril y mayo también debe jugar un rol en la dinámica del cauce del Yavarí, ya que esto reduce la gradiente de elevación del Yavarí y represa su corriente.

Lo que parece claro es que, para la dinámica de inundaciones, los ríos del valle del Yavarí pueden ser considerados como una transición entre los ríos de las zonas altas y centrales de la cuenca amazónica. Si bien no se trata de los típicos ríos de la zona central de la cuenca, cuyas grandes extensiones de várzea son famosas por estar bajo el agua durante varios meses del año, algunos bosques ribereños del río Yavarí sí aparentan permanecer bajo el agua durante mayor parte de la estación de lluvias. El nivel de las aguas del Yavarí parece ser más estable que en la mayor parte de los ríos de su tamaño en la Amazonía peruana, especialmente aquellos más cercanos a los Andes, los cuales presentan variaciones en el nivel de las aguas según aumentan o disminuyen las precipitaciones locales e inundan los bosques ribereños solo durante unos pocos días o semanas en los períodos lluviosos.

SITIOS VISITADOS

Seleccionamos los tres sitios (Figura 2) principales del inventario por medio de imágenes satélites, por ser áreas que permitían un acceso rápido a una gran variedad de tipos diferentes de bosques, arroyos, lagos y otros accidentes geográficos del área. El equipo viajó de un sitio al otro y realizó su trabajo a bordo de los botes de investigación *Lobo de Río* (ver Figura 10) y *Nutría*, operados por DICE y WCS–Perú. En cada sitio los botes anclaron entre cinco y siete días en un recodo ribereño de fácil acceso al bosque. Durante el día (y parte de la noche, en el caso de los equipos de herpetología y de murciélagos) explorábamos un sistema de trochas de 15 km en cada sitio de estudio, mientras los ictiólogos visitaban los lagos, arroyos y aguajales. Para muestrear comunidades de mamíferos no impactadas por la presencia del resto del equipo, el equipo de mamíferos también trabajó en zonas un poco más alejadas. En la tarde nos reuníamos para discutir lo que habíamos visto y registrado, preparar las colecciones y hacer planes para el siguiente día.

Dado que las orillas de este tramo del río Yavarí están esencialmente deshabitadas, el equipo de investigación social centró su interés en las comunidades cercanas al primero y al último sitio inventariado. El trabajo se concentró en el pueblo fronterizo de Angamos, en varias comunidades Matsés al suroeste de Angamos sobre el río Gálvez, y en las comunidades ribereñas de Carolina y Nueva Esperanza en el río Yavarí Mirín, con unas breves visitas adicionales a las varias casas y cacerías ubicados entre Angamos y la desembocadura del Yavarí Mirín.

Quebrada Curacinha
(5°03'05"S, 72°43'42"O, ~95–190 m.s.n.m.)
Este es el primer sitio que se visitó y está ubicado aproximadamente a 20 km río abajo del Yavarí desde Angamos. El equipo exploró las colinas y valles fuertemente accidentadas de este sitio por seis días, a lo largo de unos 20 km de trochas. Este terreno fue el más disectado que muestreamos durante el inventario y está asociado con el Arco de Iquitos (ver arriba).

Los suelos de este lugar eran extremadamente variables en color y textura, incluso en una misma colina, en la cual se podría encontrar arcilla blanca, arcilla naranja, arcilla púrpura y suelos arenosos de color café. Se observó un depósito de arena blanca pura en el lugar donde atracó la embarcación, pero no se encontró nada igual en el resto del inventario. En líneas generales, los suelos en este sitio parecían ser pobres en nutrientes y mal drenados, cubiertos por una capa de raíces enmarañadas de unos 4 a 5 cm de grosor.

Estas colinas están drenadas por un gran número de arroyos, cada uno con una franja delgada de bosque inundable (bajiales). Una de las trochas en este primer sitio, subía y bajaba continuamente desde el punto de partida, cruzando arroyos y quebradas en 21 ocasiones en solo los primeros 2,5 km. Más adentro, las colinas más altas llegaban a 100 m por encima del nivel del río, aunque con las constantes subidas y bajadas de la trocha esto era difícil apreciar en el campo.

Al suroeste del punto de atraque, otro camino conducía a un pantano influenciado por el río Yavarí. En las zonas del pantano adyacentes a la tierra firme,

el terreno se encontraba saturado pero no inundado, siendo la vegetación muy semejante a la de las planicies inundables del río Yavarí. A medida que se continuaba avanzando la trocha, el suelo se hacía más húmedo, el terreno más pantanoso y el bosque dominado por los aguajes (la palma *Mauritia flexuosa*) y *Symphonia globulifera* (Clusiaceae), llegando el agua eventualmente hasta las rodillas o la cintura. Aun en las partes más inundadas, *Mauritia flexuosa* no llegaba a formar aguajales puros en este pantano (ver Figura 2F).

El nivel del río Yavarí era relativamente alto cuando el equipo llegó al lugar, luego descendió y volvió a aumentar después. Gran parte del bosque ribereño se encontraba inundado en el momento que se realizó el inventario. Sin embargo, grandes áreas del bosque no estaban inundadas y el equipo botánico encontró gran cantidad de frutos y plántulas germinadas hace poco en la zona—una verdadera explosión de actividad en comparación a la escasez de frutos en los bosques de tierra firme (ver "Flora y Vegetación").

Quebrada Buenavista
(4°50'04"S, 72°23'25"O, ~90–150 m.s.n.m.)
Este fue el segundo sitio que visitamos, aproximadamente a 45 km río abajo del primero y localizado en un punto equidistante entre Angamos y la desembocadura del río Yavarí Mirín. En este lugar hubo más evidencia de ocupación humana reciente, aunque la mayoría se encontraba a 200 m de la orilla. Cerca del punto de atraque se encontraron varias áreas cubiertas por bosque secundario de una antigüedad aproximada de 80 a 100 años, los que probablemente eran chacras abandonadas al final del boom del caucho. Este lugar estuvo habitado por algún tiempo en aquella época, ya que los mapas modernos todavía indican un asentamiento con el nombre "Buenavista" que ya no existe.

En este sitio el terreno no era tan accidentado como en el primer sitio y las colinas eran mayormente debajo de los 150 m. Los suelos parecían más uniformes, más fértiles y con un contenido más alto de arcilla, y carecían de la capa entretejida de raíces que caracterizaba los suelos de la Quebrada Curacinha. La composición de la vegetación también era totalmente distinta a la del primer sitio en algunos aspectos (ver "Flora y Vegetación"). Fue interesante notar que, mientras que los arroyos desecaban las tierras altas en el mismo grado que en el sitio anterior, la mayor parte de ellos presentaba fondos de arcilla roja en vez de los fondos de arena blanca que vimos en Quebrada Curacinha. Todos estos cambios están relacionados a un cambio importante en la geología subyacente, ya que nos habíamos alejado de la sección más antigua y colinosa del Arco de Iquitos y entrado en la cuenca deposicional adyacente. Sólo al noroeste del río había una sección de colinas muy disectadas que se parecía al terreno del primer sitio.

Otra característica que distingue al segundo sitio del primero es la extensión de los bajiales. A diferencia de las franjas delgadas de bosque inundable que se veían a lo largo de los arroyos en Quebrada Curacinha, la llanura inundada de la Quebrada Buenavista tiene cientos de metros de ancho, por lo tanto es fácil ver en las imágenes satélites.

A un kilómetro al suroeste del punto de atraque había un pantano enorme de 7 km^2, que cubre una gran proporción de la planicie inundable del Yavarí. Solo pudimos explorar sus márgenes, pero lo que vimos en el campo, en los sobrevuelos y en las imágenes satélites sugiere que el pantano es una mezcla de áreas permanentemente y ocasionalmente inundadas, muy similar al pantano que visitamos en Quebrada Curacinha. Aquí tampoco vimos aguajales puros, sino bosques mixtos dominados por las palmas.

Quebrada Limera
(4°30'53"S, 71°54'03"O, ~90–150 m.s.n.m.)
El tercer sitio visitado se ubica a 65 km río abajo de la Quebrada Buenavista, en un lugar donde se presentan los últimos barrancos de tierra firme antes de la desembocadura del río Yavarí Mirín. La mayoría del equipo pasó cuatro días y medio explorando el área, mientras que algunos miembros continuaron el viaje río abajo para inspeccionar los bosques que circundan el Lago Preto (ver abajo). El equipo social realizó las visitas y actividades en las comunidades de Carolina y Nueva Esperanza.

Los bosques de tierra firme en Quebrada Limera comparten más características con las colinas unduladas y suelos relativamente fértiles del segundo sitio que con las colinas disectadas y relativamente pobres del primero. La vegetación también es similar. Muchos de los árboles, arbustos y helechos dominantes aquí son característicos de bosques relativamente fértiles al pie de los Andes.

Debido a la topografía mucho menos accidentada, habían en este sitio un gran número de collpas visitadas por pecaríes y otros animales. De las colinas bajas salían numerosos arroyos estrechos pero con planicies inundables anchas. Durante los aguaceros fuertes, estos arroyos probablemente inundan cerca del 20% del terreno en esta zona. La quebrada Limera, que cruzaba todas las trochas en este sitio, había inundado gran parte de sus bosques ribereños cuando llegamos; tuvimos que esperar dos días para ver el bosque al otro lado. Aún cuando bajaron las aguas, grandes áreas de la planicie inundable cerca de la quebrada seguían saturadas.

No había pantanos grandes cerca del punto de atraque, pero sí grandes extensiones de bosque inundable a lo largo del río Yavarí. Este bosque, de suelos saturados y baja diversidad, estaba lleno de frutos y semillas nuevas, al igual que el bosque inundable que vimos anteriormente en Quebrada Curacinha.

Los impactos humanos fueron mucho más aparentes en este sitio que en cualquiera de los otros. Nos encontramos con una partida de pescadores y cazadores brasileños, y encontramos también los restos de un campamento de otra partida que había salido recientemente. Cerca al sitio de atraque encontramos un tronco de cedro (*Cedrela* sp.) que habría sido talado hace dos o tres años. En el bosque inundable río arriba, encontramos varios cartuchos usados, dos árboles grandes talados por su madera, y varios otros árboles más pequeños cortados para construir casas.

Lago Preto
(4°28' S, 71°46' O, ~90–100 m.s.n.m.)
Parte de los equipos de mamíferos, plantas, anfibios y reptiles continuaron viaje hasta Lago Preto, uno de los

12 canales ribereños abandonados (cochas) cerca de la confluencia del Yavarí y Yavarí Mirín. Los estudiantes e investigadores del DICE han explorado este lugar con frecuencia en los últimos años, centrando su atención en los animales grandes, especialmente el caimán y el mono huapo rojo (*Cacajao calvus*; ver Figura 1), el cual es localmente abundante. Lago Preto se encuentra a cuatro horas de camino desde la comunidad de Carolina, y sus residentes colaboran con los especialistas del DICE para minimizar el impacto de las actividades humanas en la flora y fauna del sitio.

El nombre del lugar (*preto* significa negro en portugués) hace referencia al color de las aguas —de bajo contenido en nutrientes y sedimentos suspendidos— que llegan al lago desde las terrazas cercanas de suelos pobres. El área es especialmente atractiva para los investigadores por los diferentes tipos de bosques que presenta —bosque inundable, bosque pantanoso y bosque de tierra firme— en una zona relativamente pequeña. Más información sobre Lago Preto es disponible en la página web www.kent.ac.uk/anthropology/dice/lagopreto/index.html.

SOBREVUELOS

En octubre de 2002 pasamos seis horas sobrevolando la Zona Reservada propuesta. El objetivo de los vuelos era el de investigar características que habíamos identificado en las imágenes satélites de la zona, buscar sitios para el inventario de marzo/abril 2003 y evaluar el impacto humano en la zona. Primero sobrevolamos los ríos Tamshiyacu, Esperanza, Yavarí Marín y Yavarí, y luego las localidades cerca de Angamos, Jenaro Herrera y Quebrada Blanco. Lo más sorprendente de esta inspección fue la casi total ausencia de señas de actividades extractivas en el área—un panorama alentador que contrasta con otras zonas remotas de la Amazonía peruana.

FLORA Y VEGETACIÓN

Participantes / Autores: Nigel Pitman, Hamilton Beltrán, Robin Foster, Roosevelt García, Corine Vriesendorp y Manuel Ahuite

Objetos de conservación: Flora megadiversa de tierra firme creciendo sobre un mosaico de suelos; bosques inundables y de pantano intactos a lo largo de los ríos Yavarí y Yavarí Mirín; poblaciones de especies arbóreas de valor comercial, amenazadas en otras regiones de la Amazonía peruana

INTRODUCCIÓN

La vegetación del valle del río Yavarí y la adyacente cuenca del Yavarí Mirín es poco conocida hoy en día, pero no siempre fue así. Durante el auge del caucho, los extractores y comerciantes exploraron estos bosques quebrada por quebrada en la búsqueda de caucho natural. Antes de ellos, el área estuvo habitada por grupos indígenas que indudablemente conocían y aprovechaban cientos de especies de plantas de manera regular. Durante nuestro breve inventario, cada árbol de caucho marcado con las huellas de los extractores (ver Figura 2D) nos recordó a aquellos exploradores que conocieron esta zona mucho mejor que nosotros, y cuyos conocimientos nunca fueron aprovechados por la ciencia.

Las únicas expediciones botánicas formales al área fueron breves viajes de colecta realizados en el bajo río Yavarí por Gentry, Revilla, Prance y Lleras en la década de los setenta; una evaluación forestal y de colecta en el bajo río Yavarí Mirín (Zapater Carlín 1986, R. Vásquez, com. pers.), y una evaluación reciente para estudiar helechos a lo largo del Yavarí Mirín (K. Salovaara y G. Cárdenas, datos no publicados). Este último estudio representa el único trabajo botánico realizado al interior de la propuesta Zona Reservada.

Mientras los bosques del valle Yavarí recién empiezan a ser explorados, los bosques de regiones cercanas, especialmente aquellos ubicados en las cercanías de la ciudad de Iquitos, son cada vez mejor conocidos. Nuestro trabajo sugiere que la vegetación de tierra firme del Yavarí es ecológica y composicionalmente similar a aquellos bosques (Vásquez-Martínez 1997). Trabajos botánicos efectuados sobre la margen este del río Ucayali (Ruokolainen y Tuomisto 1998) e incluso en Jenaro

Herrera (Spichiger et al. 1996), proporcionan una mejor aproximación a la flora local a diferencia de los trabajos en los bosques brasileños, ubicados hacia el este.

MÉTODOS

Durante las tres semanas de trabajo de campo, la meta del equipo botánico fue cubrir todo el terreno que fuera posible para explorar la mayor cantidad de tipos de bosque. Utilizamos una variedad de técnicas para caracterizar la flora, como inventarios cuantitativos, colecciones generales y observaciones cualitativas de campo. R. Foster tomó cerca de 1.500 fotografías de plantas que serán incluidas en una guía de campo preliminar del área. R. García, H. Beltrán C. Vriesendorp, M. Ahuite y N. Pitman inventariaron >1.700 árboles con un diámetro a la altura del pecho ≥10 cm en cuatro parcelas de árboles, así como cientos de otros árboles a lo largo de transectos informales y trochas. C. Vriesendorp y R. Foster llevaron a cabo inventarios cuantitativos de plantas en el sotobosque y C. Vriesendorp hizo observaciones sobre plántulas y biología de germinación. K. Salovaara hizo una muestra cuantitativa de la comunidad de helechos en una parcela de muestreo en Quebrada Buenavista. En total recolectamos unos 2.500 especímenes de plantas, los que están depositados en el herbario de Iquitos (AMAZ), el Museo de Historia Natural de Lima (USM) y el Field Museum (F).

RIQUEZA FLORÍSTICA Y ENDEMISMO

El Apéndice 1 proporciona una lista preliminar de las plantas del valle del Yavarí. Éste incluye plantas que fueron identificadas durante el trabajo de campo pero que no fueron colectadas, plantas que fueron colectadas o fotografiadas en el campo y luego identificadas en el herbario, así como también algunas plantas colectadas en expediciones anteriores en la misma área. Las cerca de 1.675 especies de plantas que registramos durante el trabajo de campo quizás representan la mitad de la flora de la propuesta Zona Reservada. El estimado es aproximado, pero basados en nuestra experiencia en otras partes de la Amazonía y en estudios botánicos en las proximidades de Iquitos (Vásquez-Martínez 1997), estimamos la flora total de la propuesta Zona Reservada entre 2.500 y 3.500 especies.

La diversidad local—el número de especies de plantas que crecen juntas en una determinada área del bosque—es astronómica para las plantas leñosas, tanto en el dosel como en el sotobosque de las localidades visitadas, ubicándolas entre las más diversas conocidas de esta afamada región del Perú (Vásquez-Martínez y Phillips 2000). Los primeros 50 árboles con diámetro ≥10 cm que examinamos en la primera localidad (con suelos pobres), resultaron pertenecer a 45 especies distintas. El inventario de árboles en la segunda localidad, con suelos más ricos, probó ser aún más diversa, representando uno de los mayores registros de diversidad en una hectárea de bosque tropical hasta la fecha. El trabajo de herbario desarrollado desde entonces sugiere que la parcela más rica contiene 27 especies de Sapotaceae, 19 especies de Moraceae (sin contar a los matapalos) y 11 especies de Sterculiaceae. La diversidad local de las plantas leñosas en el sotobosque fue similarmente alta. En un transecto de terra firme en la Quebrada Limera, 100 plantas con diámetro entre 1 y 10 cm incluyeron 80 especies diferentes.

A nivel de familia y género, la composición de los bosques a lo largo del río Yavarí es típica de los Neotrópicos húmedos. Sin embargo, algunos grupos son especialmente diversos o peculiarmente pobres en especies. Las familias Sapotaceae, Myristicaceae y Lecythidaceae son especialmente diversas (y abundantes) en las comunidades de árboles, tanto en zonas de suelo pobre como rico, representando cerca del 27% de los árboles inventariados en tierra firme. La familia Marantaceae, así como los géneros *Guarea* y *Pourouma*, son extraordinariamente diversos en todas las localidades. Las familias Lauraceae y Fabaceae y el género *Piper* parecen estar sub-representados en las localidades de suelos pobres, mientras que la familia Bignoniaceae parece estar pobremente representada en todas las localidades.

Las epifitas y hemiepifitas del sotobosque no son particularmente abundantes ni diversas, como es esperado en la llanura amazónica, y lo son aún menos en las tierras de suelos pobres. Las lianas son quizás menos diversas de lo que se esperaba, tal vez por la escasa representación de la familia Bignoniaceae, de la cual sólo observamos unas 12 especies. Entre las lianas son importantes las familias Hippocrateaceae, Malpighiaceae, Sapindaceae, Dilleniaceae (especialmente *Doliocarpus*), *Petrea* (Verbenaceae), *Bauhinia* (Fabaceae) y varias especies de *Machaerium* (Fabaceae). Las plantas acuáticas son escasas en los tributarios y las cochas a lo largo del Yavarí, probablemente debido al bajo nivel de nutrientes de las aguas.

La tasa de endemismo—la proporción de especies de plantas que existen aquí y quizás en ningún otro lugar del mundo—queda aún poco claro para el valle del Yavarí, debido a que el área ha sido tan pobremente explorada que cualquier especie endémica está aún por describirse y por ende no puede ser identificada en el campo o el herbario. Sin embargo, dada que condiciones de suelos y clima similares a los de Yavarí se extienden por gran parte del interfluvio comprendido entre el Amazonas y el Yavarí (y hacia el este hasta Brasil), es poco probable que esta área sea un centro de endemismo florístico.

TIPOS DE BOSQUE Y VEGETACIÓN

Nuestro inventario empezó en una formación geológica conocida como el Arco de Iquitos y avanzó hacia el interior de la cuenca depositaria que forma (ver "Descripción de los Sitios Muestreados"). Este cambio en la geología subyacente parece causar muy pocas diferencias en la composición de la vegetación de los bosques inundados a lo largo del río Yavarí, pero produce un cambio muy marcado en los bosques de tierra firme. A medida que bajábamos el Yavarí desde Angamos hacia la segunda y tercera localidad, parecía que nos movíamos a lo largo de una gradiente definida por colinas cada vez más bajas y suelos más fértiles. En este capítulo nos concentramos en describir los tipos de bosque que visitamos, así como la variación, a veces significativa, hallada entre las localidades.

Bosques de tierra firme

La astronómica diversidad y gran extensión de los bosques de tierra firme en el valle del río Yavarí representaron el mayor reto para el equipo botánico. Dado que un 80–90% de la región se encuentra en tierra firme (Figura 2), casi toda la flora regional crece allí. Además, la heterogeneidad florística y edáfica en escalas muy pequeñas puede ser extrema (ver Figura 3A). Por lo tanto, nuestra descripción aquí es básica. Nuestra impresión es que los estudios detallados de la heterogeneidad florística y edáfica de los alrededores de Iquitos (Ruokolainen y Tuomisto 1998) son probablemente una buena aproximación de los patrones que observamos en el área del Yavarí (con la excepción de los bosques de arena blanca, ausentes en Yavarí). Los bosques de suelos pobres a lo largo del río Yavarí parecen similares en composición a los de arenas marrones de Allpahuayo Mishana, mientras que los de suelos ricos se parecen a los bosques de suelos arcillosos ubicados en Explorama Lodge y Explornapo Camp cerca de Iquitos, así como a localidades bastante más cercanas a los Andes, como el Parque Nacional del Manu, en Madre de Dios, y el Parque Nacional Yasuni, en la Amazonía ecuatoriana.

En Yavarí, estos cambios de suelo se hacen evidentes con la presencia de algunas especies de palmeras grandes como *Oenocarpus bataua* y *Astrocaryum chambira* en suelos pobres e *Iriartea deltoidea* y *Euterpe precatoria* en suelos más ricos. Entre las especies relativamente indiferentes a los cambios de suelo y fáciles de hallar en toda la región son la palmera *Astrocaryum murumuru*, el caucho (*Hevea* sp., Euphorbiaceae [ver Figura 2D]), *Senefeldera inclinata* (Eurphorbiceae), *Iryanthera macrophylla*, *I. juruensis*, *Virola pavonis* y *Osteophloeum platyspermum* (todas pertenecientes a la familia Myristicaceae).

Bosques de tierra firme en suelos pobres *(Quebrada Curacinha)*

Los bosques de estas escarpadas colinas son de composición y estructura variable en pequeñas escalas espaciales. El ascenso a una de las empinadas y altas colinas empieza, a menudo, en un bosque de suelos ricos, dotado de un sotobosque relativamente abierto bajo la sombra de árboles gigantes y altas palmeras; mientras el ascenso continúa aparecen numerosos troncos delgados, los que sirven de preludio a la cima cubierta por la palmera arbustiva *Lepidocaryum tenue*, donde el suelo se encuentra cubierto por una capa de raíces entremezcladas, y el dosel es relativamente bajo y abierto. Algunas colinas más bajas tienen un bosque con el dosel alto y cerrado, con árboles inmensos, pocas lianas y un sotobosque abierto. En una colina anómala en Quebrada Curacinha encontramos varias especies características de suelos fértiles, como el helecho *Didymochlaena truncatula*, la palmera *Iriartea deltoidea*, además de muchas especies típicas de los bosques de planicie inundable.

Documentar el recambio de la composición arbórea entre los diferentes tipos de suelo a nivel de especie es difícil, en parte debido a que la diversidad de plantas es tan alta, y a que la composición a nivel de familia y género (pero no a nivel de especie) es más o menos consistente para cada tipo de terreno. Cerca del 15% de los árboles en estos bosques pertenecen a la familia Myristicaceae, mayormente a los géneros *Iryanthera* y *Virola*. Más de la mitad de los árboles en la hectárea que estudiamos en Curacinha pertenecen a las familias Myristicaceae, Sapotaceae, Moraceae, Euphorbiaceae, Lecythidaceae y Fabaceae. En la misma hectárea, las especies más comunes fueron *Senefeldera inclinata* (Euphorbiaceae), *Rinorea racemosa* (Violaceae), *Oenocarpus bataua* (Arecaceae), *Ecclinusa* cf. *lanceolata* (Sapotaceae), *Iryanthera macrophylla*, *Virola pavonis* e *Iryanthera tricornis* (todas Myristicaceae).

La tasa de cambio en el sotobosque es más obvio, debido a que los arbustos y hierbas en estos suelos pobres son relativamente pobres en especies. Grandes extensiones del sotobosque parecen estar dominadas por una sola especie, mayormente helechos y gramíneas habituados a la sombra, algunos clonales. Entre las especies localmente comunes y de amplia distribución en el sotobosque está una Poaceae pequeña color púrpura (*Pariana*), un helecho terrestre del género

Adiantum, el arbolito *Mouriri grandiflora* (Memecylaceae) y al menos tres especies de *Guarea* (Meliaceae) que alcanzan la madurez como arbustos no ramificados menores a 1,5 m de altura.

Bosques de tierra firme en suelos fértiles
(Quebrada Buenavista y Quebrada Limera)
En contraste con las altas y escarpadas colinas de la localidad de suelos pobres, los bosques aquí crecen sobre un terreno ondulado en el que apenas se puede distinguir su elevación entre los bajiales que los separan. Los suelos son mayormente de arcillas anaranjadas y blancas. No se encuentran cubiertos por una capa de raíces y en muchos lugares, tampoco por la hojarasca, ya que las lluvias las lavan de las colinas.

Las comunidades arbóreas en estos bosques están dominadas por las mismas familias importantes en la localidad de suelos pobres, pero con una mayor representación de aquellas familias de suelos ricos, como Meliaceae, Annonaceae y palmeras. La familia Myristicaceae es todavía la más abundante, fuertemente representada por *Virola* e *Iryanthera*, así como el género *Otoba*, típico de suelos ricos. Otros géneros importantes en estos bosques y más característicos de suelos fértiles son *Inga*, *Guarea* y *Trichilia*. Las especies más comunes en nuestra hectárea en Quebrada Buenavista son las palmeras *Astrocaryum murumuru* e *Iriartea deltoidea*, *Anaueria* cf. *brasiliensis* (Lauraceae), *Nealchornea japurensis* (Euphorbiaceae), *Otoba parvifolia* y *O. glycycarpa* (Myristicaceae), *Pseudolmedia laevis* (Moraceae), *Eschweilera* cf. *coriacea* (Lecythidaceae), *Iryanthera laevis* e *I. juruensis* (Myristicaceae). A pesar de algunas obvias diferencias de composición entre esta parcela y la de la localidad de suelos más pobres, al menos un cuarto de las especies son compartidas, y un tercio de los árboles pertenecen a especies comunes a ambas parcelas.

La vegetación del sotobosque es más densa y diversa aquí, con las zonas dominadas por una sola especie mucho más reducidas en tamaño y una gran diversidad en las familias Marantaceae y Rubiaceae. *Didymochlaena truncatula* y *Adiantum pulverulentum* son los helechos más frecuentes. Todas las especies de helechos colectadas en la parcela de una hectárea en Buenavista son indicadores de suelos arcillosos ricos o medianamente ricos (Tuomisto y Poulsen 1996), lo que sugiere que esta zona puede ser excepcionalmente rica en nutrientes para Loreto. Al igual que la flora arbórea, la flora de helechos aquí nos recuerda a aquella de localidades de suelos ricos, como por ejemplo, el Parque Nacional Yasuni, en Ecuador (Tuomisto et al. 2002).

Las dos localidades de suelos ricos—Quebrada Limera y Quebrada Buenavista—son más similares entre sí que con la localidad de suelos más pobres (Quebrada Curacinha), pero están lejos de ser idénticas. En Limera —pero no en Buenavista—encontramos muchas especies características de la llanura inundable, como *Calycophyllum spruceanum* (Rubiaceae), creciendo en las cimas de las colinas en tierra firme. El arbusto *Psychotria iodotricha* (Rubiaceae), una especie muy rara en Curacinha y Buenavista, abundaba por miles a lo largo de las trochas en Limera. *Hybanthus prunifolius* (Violaceae), un arbusto explosivamente dehiscente y la especie más común en la famosa Isla de Barro Colorado, en Panamá, cubría muchas hectáreas del sotobosque en Quebrada Buenavista, pero no en las otras localidades. Un subarbusto del género *Besleria* con flores glabras color anaranjado que fue común en las dos primeras localidades estaba ausente en la tercera, donde era reemplazado por otra especie del género muy similar, con flores amarillas pubescentes.

Antiguas terrazas aluviales (Lago Preto)
Mientras el resto del equipo botánico concentraba su trabajo en Quebrada Limera, R. García visitó este lugar. Los bosques que exploró cerca de Lago Preto representan una formación fisiográfica que no tuvimos la oportunidad de visitar en otro lugar. Se trata de bosques de tierra firme que crecen en antiguas terrazas aluviales, visibles en las imágenes de satélite como manchas dispersas en ambas orillas de los ríos Yavarí y Yavarí Mirín. En Lago Preto estas terrazas son drenadas (y erosionadas) por profundas quebradas. Los suelos parecen ser arcillosos, pobres en nutrientes, cubiertos por una espesa capa de raíces y pobremente drenados, formándose charcos y estanques después de las lluvias.

Extensiones grandes de la palmera arbustiva *Lepdocaryum tenue*, además de las pequeñas palmeras *Iriartella setigera*, *Bactris killipii* e *Itaya amicorum* cubren estas terrrazas. La comunidad de helechos es dominada por la familia Hymenophyllaceae. La composición del dosel es similar a la de la localidad de suelos más pobres, Quebrada Curacinha. Las familias Myristicaceae, Lecythidaceae, Fabaceae, Euphorbiaceae y Sapotaceae representan más de la mitad de los árboles en nuestra pequeña parcela en esta localidad. Los árboles más comunes son *Iryanthera tricornis* y *Virola elongata* (Myristicaceae), las palmeras *Oenocarpus bataua* y *Astrocaryum chambira*, *Hevea* cf. *brasiliensis* (Euphorbiaceae), *Eschweilera* cf. *coriacea* (Lecythidaceae), *Parkia igneiflora* (Fabaceae) y *Cespedezia spathulata* (Ochnaceae). Un pequeño número de géneros (e.g., *Ilex*, Aquifoliaceae) e incluso una familia (Anisophylleaceae) que no fueron observados en las otras localidades fueron registrados aquí. Debido a su presencia irregular y dispersa en el paisaje, y a sus características propiedades edáficas, estas antiguas terrazas aluviales merecen más atención de los botánicos.

Bosques inundados
Hay muchos tipos diferentes de bosques inundados a lo largo del Yavarí y sus tributarios, y éstos se entremezclan de una manera que dificultan su clasificación. El uso diferente de términos locales empleados en el Perú y Brasil para describir diferentes tipos de bosque inundado complica aún más esta situación. Mucho del bosque inundado en el Yavarí es localmente llamado *várzea* o *igapó*, pero ambos términos se aplican a tipos extremos de bosques inundados no muy comunes en el área. En esta sección describimos brevemente la composición y estructura de los tipos de bosque inundado que observamos durante la realización del inventario rápido.

Sucesión ribereña a lo largo del río Yavarí
El Yavarí es un río activamente meándrico, pero carece de las secuencias sucesionales que caracterizan a la mayoría de ríos de la Amazonía peruana, donde los bancos de arena que se forman por el retiro de las aguas son colonizados por una serie predecible de especies,

la cual a menudo se extiende de manera perpendicular al sentido del río. En el Yavarí, una secuencia bastante regular de vegetación de arbustos es aparente a lo largo de las orillas, iniciándose con *Alchornea castanaefolia* (Euphorbiaceae), o en algunos lugares *Adenaria floribunda* (Lythraceae), y luego prosiguiendo con manchales monodominantes del arbusto *Tabernaemontana siphilitica* (Apocynaceae), el arbolito *Annona hypoglauca* (Annonaceae) y *Margaritaria nobilis* (Euphorbiaceae). Esta vegetación, que alcanza unos 2–3 m de altura, es seguida por *Cecropia latiloba* (Cecropiaceae), *Triplaris weigeltiana* (Polygonaceae) y *Acacia* sp. (Fabaceae). El primer gran árbol en emerger es *Maquira coriacea* (Moraceae), el cual forma manchales casi uniformes detrás de las especies sucesionales pioneras. Detrás de *Maquira coriacea* es difícil percibir el siguiente paso en la sucesión, ya que parece ser una mixtura diversa de especies, probablemente dominada por *Virola surinamensis* (Myristicaceae).

No es clara la razón por la cual las secuencias sucesionales son mal definidas en el Yavarí, pero podría deberse a la dinámica de las inundaciones ribereñas. Una comparación entre los mapas de 1979 y las fotos satélites de 2002 sugiere que los meandros del Yavarí son lentos, pues la mayoría de las cochas y meandros mapeados en la década de los setenta aparece idéntica 23 años después. No ocurre así en otros ríos meándricos de la selva peruana, donde la migración lateral de docenas de metros por año produce nuevos bancos de arena e islas ribereñas mucho más rápidamente.

Bosques periódicamente inundados a lo largo del Yavarí

Nuestra limitada observación de campo sugiere que solo una pequeña proporción de los bosques de la llanura inundable a lo largo del Yavarí está bajo el agua durante los meses de lluvias. La mayoría de los bosques periódicamente inundados parecen estar bajo el agua sólo unos cuantos días durante crecientes especialmente fuertes, como es típico en las llanuras inundables a lo largo de los ríos de este tamaño en el alto Amazonas.

Estudiamos estos bosques riparios desde nuestro bote mientras viajábamos por el Yavarí, y los exploramos a pie en Quebrada Limera y Quebrada Curacinha. Los componentes más obvios de la vegetación son las palmeras *Socratea exorrhiza* y *Euterpe precatoria* (así como manchas clonales de *Astrocaryum jauari*), *Virola surinamensis* (Myristicaceae) y *Pseudobombax munguba* (Bombacaceae). En un tramo del río, entre Quebrada Limera y Quebrada Buenavista, avistamos una especie no identificada de *Tachigali*, la cual formaba un bosque casi monodominante por varios kilómetros en la orilla. No encontramos en la zona *Calycophyllum spruceanum* (Rubiaceae), común y conspicuo en muchos bosques inundables del alto Amazonas.

La composición y estructura de los bosques inundables que exploramos a pie variaba con sólo pequeños cambios de elevación del terreno, como es típico en la Amazonía. En las áreas altas, la similitud con la vegetación de tierra firme era evidente, mientras que en las zonas más bajas el dosel se presentaba más bajo y abierto, con grandes áreas cubiertas de lianas y arbolillos. En las partes altas los árboles más comunes fueron *Vochysia* sp. (Vochysiaceae), *Sterculia* sp. (Sterculiaceae), *Virola surinamensis* (Myristicaceae), *Hevea* cf. *brasiliensis* (Euphorbiaceae), *Socratea exorrhiza* (Arecaceae) y *Astrocaryum murumuru* (Arecaceae). A medida que el terreno se deprime, desaparecen gradualmente las palmeras grandes y empiezan a aparecer especies propias del hábitat acuático como *Vatairea guianensis* (Fabaceae), *Crudia glaberrima* (Fabaceae) y *Pseudobombax munguba* (Bombacaceae).

Bosques periódicamente inundados en los tributarios del Yavarí

En lo profundo de las colinas de tierra firme y lejos de la influencia del Yavarí, fajas de bosques periódicamente inundados siguen el contorno de los cursos de agua y los pequeños tributarios drenando el paisaje. Estos bosques, brevemente inundados durante las tormentas, pueden abarcar franjas de pocos metros de ancho a extensiones mayores a 100 m a ambas márgenes del canal ribereño. En la localidad colinosa y de suelos pobres, estas llanuras inundables al interior del bosque fueron generalmente estrechas, siendo los componentes más obvios de su vegetación los árboles *Pourouma* spp., *Astrocaryum* murumuru, *Iriartea deltoidea* y el abundante helecho terrestre *Thelypteris macrophylla*.

En la Quebrada Buenavista y en la Quebrada Limera encontramos bosques inundados mucho más extensos y distintivos. Algunos de estos están dominados por las palmeras de manera sorprendente, pues cerca de la mitad de todos sus árboles son *Astrocaryum murumuru, Iriartea deltoidea* y *Socratea exorrhiza*. También comunes fueron algunas especies típicas de las llanuras inundables como *Spondias* cf. *mombin* (Anacardiaceae) y *Ficus insipida* (Moraceae). Esta fue la única zona donde encontramos árboles de cedro, *Cedrela odorata* (Meliaceae).

Bosques pantanosos

Los bosques con suelos permanentemente saturados cubren menos del 10% del paisaje regional, pero cubren entre el 25 y el 50% de las planicies inundables en los ríos Yavarí y Yavarí Mirín. Los pantanos de esta región poseen una importancia crítica para la conservación, pues son el único lugar del paisaje donde se encuentra disponible el alimento principal del mono huapo colorado, los frutos de la palmera *Mauritia flexuosa* (ver "Diversidad y Abundancia de Mamíferos").

La mayor parte de los pantanos locales no son manchales puros de *Mauritia*, sino bosques mixtos cuya composición y estructura florística están determinadas por su elevación y régimen de inundación (ver Figura 2F). Dado lo complicado de estos hábitats pantanosos, es difícil saber cuán representativo puede ser el inventario de árboles de media hectárea que hicimos en un gran pantano en Quebrada Buenavista. Sin embargo, ya que los sobrevuelos realizados en la zona nos permitieron identificar las especies dominantes en varios pantanos (mayormente palmeras y *Symphonia globulifera* [Clusiaceae, Figura 2A], que estaba en floración), confiamos que las especies importantes en la parcela de Buenavista serían importantes también en muchos otros pantanos de la región, y que probablemente representan el 75% de los árboles que crecen en ellos. Estos incluyen, en orden descendente de abundancia, *Symphonia globulifera, Ruptiliocarpon* cf. *caracolito* (Lepidobotryaceae), *Euterpe precatoria*

(Arecaceae), *Mauritia flexuosa* (Arecaceae), *Virola surinamensis* (Myristicaceae), *Attalea butyracea* (Arecaceae), *Eriotheca macrophylla* (Bombacaceae), *Ilex* sp. (Aquifoliaceae), *Campsiandra* cf. *angustifolia* (Fabaceae), *Guatteria* aff. *multivenia* (Annonaceae), *Socratea exorrhiza* (Arecaceae) y *Buchenavia* sp. (Combretaceae). A pesar de que *Mauritia* resultó ser relativamente rara (apenas el 8% de los árboles), este no resultó ser un pantano especialmente diverso: la media hectárea contó con sólo 52 especies. Las palmeras, Fabaceae, Clusiaceae y Myristicaceae representaron 56% de las especies y 70% del total de árboles. Igual que en los bosques temporalmente inundados, varios tipos de pantanos se pueden encontrar también en tierra firme, pero quizás en mucho menor densidad.

FENOLOGÍA Y BIOLOGÍA REPRODUCTIVA
(Corine Vriesendorp)

Pocos botánicos han explorado el área del Yavarí, razón por la cual esta expedición nos dio una oportunidad de recolectar muestras de especies poco estudiadas y explorar los diversos regímenes de floración, fructificación y germinación. Encontramos pocas especies en estado de floración en la época que se realizó el inventario, por lo que pensamos que ésta se concentra durante la época de estiaje (entre junio y septiembre), que presumimos es más favorable para la polinización de las flores. Sin embargo, notamos una abundancia de flores a lo largo del río, incluyendo una campanilla blanca (*Ipomoea*, Convolvulaceae), una calabaza Cucurbitaceae y una *Acacia* (Fabaceae) con pétalos amarillos. Aunque encontramos pocas especies floreciendo en el bosque, las excepciones que encontramos fueron notables, como la *Palmorchis* (Orchidaceae) de delicadas flores blancas, la *Dracontium* (Araceae) y la *Caryodendron* (Euphorbiaceae) de flores amarillas y rosadas. En las pendientes de Quebrada Limera nos sorprendimos al encontrar *Stachyococcus adinanthus*, un género sumamente raro de la familia del café (Rubiaceae), con flores blancas tubulares (ver Figura 3F). Además de estas especies notables, encontramos algunas especies con flores poco llamativas o especímenes en estado de floración fuera de sincronía con el resto de la población de su especie.

A nivel comunitario, encontramos tasas mucho más altas de producción de semillas y frutos en las localidades de bosque inundable que en las localidades de tierra firme. En los bosques inundados encontramos muchas especies con frutos madurándose o reciente-mente caídos. En contraste, en tierra firme, encontramos pocos frutos en el suelo, aunque el estado de descom-posición en que hallamos algunas muestras (*Eschweilera* y *Cariniana*) nos dieron la pauta que la maduración debió ocurrir unos tres meses atrás, al menos en el caso de estas especies.

En las localidades inundadas encontramos en fructificación muchos árboles del dosel intermedio (1–10 cm de diámetro), como *Perebea* (Moraceae), *Coussarea* (Rubiaceae), *Swartzia* (Fabaceae), *Neea* (Nyctaginaceae) y *Tovomita* (Clusiaceae). En contraste, habían muy pocas especies de Violaceae (*Leonia* y *Gloeospermum* spp.) y Rubiaceae (*Palicourea* and *Psychotria* spp.) en fructificación en este estrato del bosque de tierra firme.

En el bosque inundado, las aguas habían cedido dejando un extenso manto de plántulas; algunas áreas de 5 x 10 m estaban cubiertas por plántulas de una solo especie. A menudo se encontraban amplios manchales de plántulas de *Simarouba amara* (Simaroubaceae) y de otras especies dispersadas por los animales, como *Virola surinamensis* (Myristicaceae), *Bauhinia guianensis* (Fabaceae), *Carapa guianensis* (Meliaceae) y *Tapura* sp. (Dichapetalaceae).

Las plántulas de especies con frutos grandes y dispersados por el agua aparecían en manchas más compactas que las dispersadas por animales, pero fueron encontradas con más frecuencia a través del paisaje. La enorme semilla esponjosa de *Vatairea guianensis* (Fabaceae) fue encontrada comúnmente flotando en los charcos, y la plántula que produce mide más de un metro de alto luego de la expansión inicial de las hojas. Increíblemente, todas las otras especies de *Vatairea* tienen frutos alados de tipo sámara, muy diferentes de este congénere de fruto grande (8 x 10 cm) dispersado por agua. Paralelamente encontramos una especie típica de áreas pantanosas de *Machaerium*, un género típicamente dispersado por el viento, que presenta una ala tan reducida que ya no soporta el peso de la semilla en el aire. Esta observación sugiere que la evolución de los frutos dispersados por agua a partir de los dispersados por el viento podría constituir una trayectoria evolutiva común, al menos en el caso de Fabaceae. Es probable que, como en otras localidades inundables de la cuenca del río Amazonas, muchas de estas plantas dependen de los peces para su dispersión (Goulding 1990).

Del gran número de especies poco conocidas que logramos colectar, quizás la más importante colección fértil se realizó en las márgenes del Yavarí. Tuvimos la suerte de encontrar varios individuos en fructificación de *Froesia diffusa* (Quiinaceae), una especie rara que existe en pocos herbarios del mundo, ya sea en estado fértil o estéril (ver Figura 3H). El equipo botánico preparó en el curso del inventario cerca de 30 colecciones de las largas hojas compuestas y los espectaculares frutos tricarpelados de esta especie, para distribuirlos en herbarios a nivel mundial.

PECES

Participantes / Autores: Hernán Ortega, Max Hidalgo y Gerardo Bértiz

Objetos de conservación: Especies de gran valor comercial y evolutivo, como *Arapaima gigas* (paiche) y *Osteoglossum bicirrhosum* (arahuana); especies migratorias de alto valor comercial, como *Pseudoplatystoma fasciatum* (doncella) y *P. tigrinum* (tigre zúngaro) que son objetos de sobrepesca en varias partes de la Amazonía; una comunidad muy diversa de especies ornamentales, como *Corydoras* spp. (shirui), *Hyphessobrycon*, *Hemigrammus*, *Thayeria* (tetras), *Otocinclus*, *Oxyropsis* (carachamitas) y muchas otras formas pequeñas, coloridas y atractivas para acuarismo, que en muchos casos pueden constituir nuevos registros y eventualmente especies nuevas

INTRODUCCIÓN

La cuenca amazónica comprende una extensa red de drenaje que funciona principalmente como fuente de agua, vía de comunicación y fuente de alimento.

Esta cuenca alberga una inmensa variedad de especies de peces, y de acuerdo con Schaefer (1998) podría incluir alrededor de 8.000 especies. El registro de especies validas para la ictiofauna de la Amazonía peruana alcanza a 750 especies, pero una moderada estimación podría superar las 1.100 especies (Chang y Ortega 1995, Ortega y Chang 1998). Sin embargo, en el Perú aun falta conocer la diversidad existente en muchas cuencas medianas y menores (Ortega y Vari 1986), como la del Yavarí, por ejemplo, que se comparte con Brasil.

El presente estudio fue realizado entre el 25 de marzo y el 12 de abril de 2003, comprendiendo tres secciones en un tramo de 125 km del río Yavarí entre Angamos y la boca del río Yavarí Mirín. La evaluación incluye el río Yavarí, sus tributarios y lagunas (cochas), siempre en la margen izquierda (territorio peruano). Las metas de la investigación se dirigen a la generación de información básica para una zona no conocida ictiológicamente.

DESCRIPCIÓN DE LOS HÁBITATS MUESTREADOS

El Yavarí es un rió de agua blanca que nace en la cordillera ultra oriental de Contamana, recorriendo un cauce sinuoso de 1.050 km, a lo largo del cual su principal afluente en el lado peruano es el río Yavarí Mirín. En el sector estudiado el río es notoriamente meándrico y tiene entre 80 a 150 m de ancho. La altitud del río es menor a 100 msnm, lo que condiciona un declive muy suave y una corriente con baja velocidad.

Durante el inventario rápido el río Yavarí se encontraba en plena creciente, con niveles muy elevados en los diversos ambientes acuáticos, inundando el bosque e incrementando el caudal de las quebradas. Estas condiciones hicieron difícil la recolección del material biológico de peces, no encontrándose facilmente zonas de orillas o playas que permitieran realizar muestreos, por lo que incluso en el mismo canal del río Yavarí no se realizaron capturas de peces.

Mediante una revisión preliminar de los mapas satélites y las cartas nacionales (1:100.000), se identificaron los ambientes acuáticos (lagunas y quebradas) más representativos para la evaluación ictiológica en cada campamento. La mayoría de los ambientes identificados pudieron ser evaluados, a excepción de algunos de difícil accesibilidad.

Los ambientes acuáticos estudiados se pueden clasificar en ambientes lénticos (cochas, bajiales) y ambientes lóticos (quebradas y caños), todos influenciados por el río Yavarí. Los ambientes acuáticos predominantes fueron aquellos de aguas tranquilas que presentan agua negra, en segundo lugar, los de agua corriente de agua blanca, y en tercer lugar los de agua de mezcla y excepcionalmente de agua clara (Apéndice 2).

Todas las cochas presentaron agua negra, solo en algunas hubo mezcla con agua blanca. El tipo de fondo fue generalmente blando compuesto por arcilla, arena, y detritus. El pH muestra una tendencia a la acidez (entre 6 y 6,5), la transparencia alrededor de los 30 cm y las temperaturas de 22 a 23° C. En ninguna de las cochas se detectaron presencia de plantas acuáticas del tipo *Pistia* (Araceae) o *Eichhornia* (Pontederiaceae), que son abundantes en ambientes similares como la Reserva Nacional Pacaya-Samiria. Algunas quebradas presentaron parches muy pequeños de *Lemna* (Lemnaceae).

Las quebradas, por lo general de agua blanca, presentaron agua ligeramente ácida, con fondo arcilloso y arenoso, menor cantidad de detritus que las cochas y una mayor velocidad de corriente. En sus cursos inferiores se asemejan mucho a ambientes lénticos de agua negra, debido a la influencia del río Yavarí, que no permite flujo continuo de la corriente del agua.

Dos puntos de muestreo fueron los bajiales y las pequeñas pozas temporales del bosque periodicamente inundados por el río Yavarí ("tahuampas"). La profundidad promedio en algunos sectores del bosque inundado era mayor de 3 m.

MÉTODOS

Realizamos ocho estaciones de muestreo en los tres primeros campamentos (Figura 4A), totalizando 24. En cada estación se registraron metadatos y características básicas del ambiente acuático. En total fueron evaluadas seis cochas, 12 quebradas de más de 2 m de ancho, tres quebradas de 2 m o menos de ancho, dos zonas de bajiales o "tahuampas" y un aguajal. Catorce de las estaciones de muestreo presentaron agua negra, siete presentaron agua blanca y tres agua clara.

Para la colecta de peces se emplearon redes de arrastre a la orilla de 5 x 1,5 m y de 15 x 2 m, con malla de 2 y 7 mm, respectivamente. Se repitieron los lances hasta que la muestra resultara, a nuestro criterio, representativa. Eventualmente se emplearon una red de espera de 30 x 2 m de 5 cm de malla, anzuelos y líneas para el registro de especies de consumo o de tallas grandes.

El material colectado fue fijado de inmediato, en una solución de formol al 10% durante 24 horas como mínimo, luego fue colocado en una solución de alcohol etílico al 70%. La identificación preliminar se realizó utilizando claves básicas (Géry 1977, Eigenmann y Allen 1942) y la experiencia adquirida analizando material similar de diversas cuencas de nuestra Amazonía. Un número considerable de los especímenes colectados fueron identificados hasta especie, principalmente aquellos que son comunes a cuencas vecinas en Loreto, Ucayali y Madre de Dios. Sin embargo, algunos de estos permanecerán como géneros y provisionalmente serán considerados como "morfoespecies", tal como se estableció para evaluaciones similares (Chernoff 1997). Una identificación más cuidadosa será realizada en el Departamento de Ictiología del Museo de Historia Natural UNMSM, donde finalmente se depositará adecuadamente este material.

RESULTADOS Y DISCUSIÓN

Durante el inventario biológico rápido se colectaron alrededor de 4.500 ejemplares de peces en total. De este material se ha obtenido una lista sistemática preliminar que comprende 240 especies de peces, reunidos en 134 géneros, 33 familias, y diez ordenes (Apéndice 3). En el primer campamento, Quebrada Curacinha, se registró la presencia de 148 especies; en el segundo, Quebrada Buenavista, 141 especies; y en el tercero, Quebrada Limera, 116 especies.

Los ambientes más productivos en número de especies fueron las quebradas de agua blanca, los bajiales de cochas y las zonas inundadas de quebradas. Las zonas de bosque influenciadas por la creciente del mismo río Yavarí también fueron muy diversas, siendo uno de estos bajiales el punto de muestreo con más especies de peces del inventario (49 especies, campamento Quebrada Limera). Al parecer, estos últimos constituyen lugares importantes para los procesos reproductivos y cría de numerosas especies. La mayoría de las especies colectadas (aproximadamente 65%) presentan una longitud total de los estadíos adultos y juveniles menores de 10 cm (Figura 4D). La época permitió detectar alevinos de especies de consumo que alcanzan tallas mayores (*Phractocephalus hemioliopterus*, pejetorre; *Mylossoma* spp., palometas; *Leporinus* spp., lisas; *Acestrorhynchus* spp., pez zorro; *Hoplias malabaricus*, fasaco; *Aequidens tetramerus*, *Bujurquina* spp., bujurquis; etc.).

La estructura de las comunidades ícticas registradas en el inventario biológico rápido destaca como los ordenes más diversos a los Characiformes (peces escamados) con el 64% del total, Siluriformes (bagres con cuerpo desnudo o placas) con el 22%, que corresponden a 154 y 53 especies respectivamente. Las familias más diversas entre los Characiformes son Characidae con 112 especies, Anostomidae con 13 especies, y Curimatidae con 8 especies. Entre los Siluriformes se tiene a Loricariidae con 17, Pimelodidae 12 y Callichthyidae con 8 especies. La familia Cichlidae (Orden Perciformes, peces con espinas en las aletas) presentó 16 especies.

En cuanto a la composición de especies, un 22% del total registrado durante el inventario biológico rápido (53 especies) fueron comunes en los tres sitios, mientras que el 53% (128 especies) eran únicas para un sitio (31 en Q. Curacinha, 43 en Q. Buenavista y 54 en Q. Limera). La similitud (el porcentaje de especies compartidas) entre Q. Curacinha y Q. Buenavista, como entre Q. Buenavista y Q. Limera fue de 38%, mientras que entre Q. Curacinha y Q. Limera fue de 34%.

Estudios previos (Ortega 1983, Sánchez 2002) han permitido el incremento de la lista sistemática hasta 301 especies, 168 géneros, 36 familias y diez ordenes, para la cuenca del río Yavarí en territorio peruano

(Apéndice 3). La estructura comunitaria por ordenes presenta a los Characiformes como el más diverso con 175 especies (58% del total) y en segundo lugar a los Siluriformes con 82 especies (27%). De igual manera, las familias con mayor número de especies entre los Characiformes son Characidae con 121, Anostomidae con 15 y Curimatidae con 12. Entre los Siluriformes están las Pimelodidae, Loricariidae y Callichthyidae con 25, 20 y 14 especies respectivamente. Cichlidae (Perciformes) aumenta a 21 especies.

Adicionalmente, si se incluyen especies del río Orosa (Graham 2000), cuyas cabeceras se ubican en el área de interés del inventario biológico rápido, la lista taxonómica se incrementa hasta 394 especies (Apéndice 3), que representa el 53% de los registros válidos para la Amazonía peruana. De esta cifra, 211 especies corresponden a Characiformes (54% del total), mientras que 116 para Siluriformes (29%) y 67 para otros ordenes (14%).

REGISTROS IMPORTANTES O NUEVOS

- Alrededor de diez especies nuevas para la ciencia (*Characidium* spp., *Moenkhausia* spp., *Tatia* spp., Glandulocaudinae, *Ernstichthys*, *Otocinclus*, Trichomycteridae). Probablemente el 10% de las especies encontradas durante el inventario representan nuevos registros para el Perú.

- Bagres grandes, de gran importancia económica en la pesca comercial: *Brachyplatystoma flavicans* (dorado), *Pseudoplatystoma fasciatum* (doncella), *P. tigrinum* (tigre zúngaro) y *Phractocephalus hemioliopterus* (peje torre), entre otros.

- Especies ornamentales, considerándose diversas especies de Characidae (*Chalceus* spp., tetras), Anostomidae (lisas), Callichthyidae (*Corydoras*, "shiruis") y Loricariidae (carachamas, shitaris), entre otros.

- Especies relictos (fósiles vivientes) como *Arapaima gigas* (paiche) y *Osteoglossum bicirrhosum* (arahuana), de gran importancia económica, ecológica y evolutiva.

DISCUSIÓN

La región en general es altamente diversa en peces (Figura 4D) y merece la atención en temas de conservación, especialmente en las áreas de las cabeceras y los ambientes laterales relacionados. Los ambientes acuáticos estudiados representan principalmente hábitats característicos de la época de creciente, muy importantes en la dinámica de reproducción y de cría para numerosas especies de importancia económica. Por lo tanto, adquieren interés de conservación las áreas de inundación ubicadas en la margen izquierda del río Yavarí, que en un futuro cercano podrían ser objetos de manejo pesquero estableciéndose posibles vedas temporales y/o espaciales.

Un total de 240 especies para una extensión menor de 60 km² representa una alta diversidad, especialmente si consideramos que la obtención de las muestras fue muy difícil por la época de creciente que impidió la colecta en el mismo canal del río o en áreas de playa. Una evaluación similar en el río Pastaza en agosto de 1999 alcanzó el registro de 292 especies, pero el esfuerzo fue mayor con 38 estaciones (14 más que en el inventario en Yavarí; Chernoff et al., in press). Una evaluación similar en la cuenca del río Putumayo (Ortega y Mojica 2002) reportó la presencia de 310 especies de peces, sobre la base de colectas previas del Museo de Historia Natural UNMSM y al de los registros de especies realizados en el lado colombiano. Si consideramos algunos antecedentes ictiológicos en la cuenca del Yavarí (Ortega 1983, Graham 2000, Sánchez 2002), la cantidad de especies que se registran para esta cuenca sería de 301 y para la región de interés llegaría a la cifra de 394 especies; precedente que significa el 53% de especies validas para la Amazonía peruana (Ortega y Chang 1998). Si se estudiara de forma integral la cuenca del Yavarí, las cifras obtenidas serían superiores, estimándose alrededor de 400 especies conservativamente.

AMENAZAS, USOS ACTUALES Y USOS POTENCIALES

Las amenazas reales a las comunidades de peces en la zona del río Yavarí son mínimas comparadas con la magnitud del ecosistema, que aparentemente se encuentra en un estado casi inalterado, donde es frecuente la captura de especies de grandes longitudes. Una amenaza potencial puede resultar del uso tradicional o la marcada costumbre de utilizar sustancias toxicas en la pesca como el "barbasco" (*Lonchocarpus* spp.) y "huaca" (Solanaceae), que si bien permite la captura inmediata de peces de consumo, también tiene la capacidad de envenenar a todas las formas presentes que incluye además de los juveniles, las crías de los peces de consumo. Otra amenaza potencial sería la extensiva extracción de pescados efectuada por pescadores comerciales que vienen desde localidades cercanas a la boca del Yavarí (Leticia, Tabatinga). La extracción de madera también puede afectar el recurso hidrobiológico mediante la perdida de recursos para los peces (alimento y microhábitat) e incremento de la erosión.

Entre las comunidades ribereñas y pueblos establecidos en el Yavarí, alrededor de 30 especies son empleadas en el consumo y la pesca comercial (Figura 4F), destacando marcadamente peces conocidos como paiche (*Arapaima gigas*), arahuana (*Osteoglossum bicirrhosum*), paco (*Piaractus brachypomum*), gamitana (*Colossoma macropomum*), lisa (*Leporinus* spp.), corvina (*Plagioscion squamossissimus*), acarahuazú (*Astronotus ocellatus*) y tucunaré (*Cichla monoculus*).

El uso potencial podría incluir mayor número de especies de consumo como alimento, pero principalmente puede ser dirigido hacia los peces ornamentales registrados en cada uno de los campamentos, especialmente los provenientes de las lagunas y algunas quebradas, cuyo número puede resultar el doble de los peces empleados en el consumo regional (Figura 4E). El uso de las especies se señala en el Apéndice 3.

ANFIBIOS Y REPTILES

Participantes /Autores : Lily O. Rodríguez y Guillermo Knell

Objetos de conservación : Comunidades complejas de bosques de colinas y llanuras aluviales y de bajiales; una comunidad diversa de dendrobátidos simpátricos (especialmente de los géneros *Colostethus* y *Dendrobates*); una especie nueva de *Allophryne*, el único representante del género en el Perú; especies de valor comercial como son las tortugas y caimanes; caimán negro (*Melanosuchus niger*)

INTRODUCCIÓN

La llanura amazónica es uno de los ecosistemas más diversos del planeta y el estudio de su biodiversidad aun mantiene ocupados a los investigadores que siguen recopilando información nueva cada año. El río Yavarí no escapa a esta realidad. A pesar de conocerse estudios preliminares sobre la herpetofauna en regiones cercanas (Dixon y Soini 1986, Lamar 1998, L. Rodríguez, sin publicar), se considera que aun la cuenca del Yavarí representa un vacío de información herpetológica. Una prueba de ello para este grupo taxonómico, es que con tan solo 20 días en el campo durante este inventario biológico rápido se hayan encontrado ya algunas especies nuevas para la ciencia, y algunos nuevos registros— incluyendo a un género nuevo—para el Perú.

MÉTODOS

Visitamos cuatro localidades en la margen izquierda del río Yavarí, entre Angamos y la desembocadura del río Yavarí Mirín. Durante 20 días registramos todos los anfibios y reptiles que encontramos en caminatas tanto diurnas como nocturnas. Muestreamos entre ocho y diez horas diarias durante la primera semana y entre ocho y catorce horas diarias durante las dos últimas semanas, por un total de más de 200 horas de trabajo de campo. La mayoría de los especimenes colectados fueron fotografiados en vivo y liberados. Para asegurar las identificaciones, realizamos una colección testigo de 77 individuos que serán depositados en el Museo de Historia Natural de Lima.

En cada sitio tratamos de cubrir todos los hábitats posibles. Las tres primeras localidades estaban conformadas básicamente por bosques colinosos de tierra firme muy heterogéneos y diversos con abundancia de quebradas. Como microhabitats se visitaron las charcas estacionales formadas en pequeños bajiales dentro del bosque, los claros, la hojarasca acumulada en ciertos puntos, las bases de los árboles con raíces tablares y las brácteas y ramas de palmeras muertas. En Quebrada Curacinha y Quebrada Buenavista también visitamos pequeños parches de aguajales mixtos, relacionados con otras comunidades de plantas. El cuarto punto, Lago Preto, ubicado en un bosque inundable y muy homogéneo, se presentó como un punto de muestreo muy diferente y de mucho interés, por presentar una mezcla de aguas blancas con aguas negras. En Lago Preto las observaciones y registros se realizaron casi en su totalidad en canoa.

La mayor parte de la información presentada en este capítulo proviene del equipo herpetológico, pero algunos datos complementarios y registros fueron aportados por otros miembros del inventario biológico rápido.

RESULTADOS

Diversidad herpetológica

Aunque la región comprendida entre el Yavarí y los ríos Tapiche, Ucayali y Amazonas aparece como una zona aparentemente homogénea en las imágenes satélite, con algunas pocas áreas de colinas (la zona alrededor de Angamos por ejemplo), es evidente que adentro existe un magnífico mosaico de hábitats y microhábitats que los anfibios y reptiles han sabido diferenciar y que se reflejan en su distribución y diversidad. Como resultado del trabajo de campo se registraron 77 especies de anfibios y 43 de reptiles. De los anfibios, 76 especies son anuros y una es una salamandra. De los reptiles, 22 especies son lagartijas, 15 son culebras, cuatro son tortugas y una es un caimán (ver Apéndice 4).

A pesar del poco tiempo de trabajo en el campo, estos registros nos dan una idea de la gran diversidad que alberga esta cuenca. Se presume que la lista es aun mayor por la diversidad de ecosistemas, por lo tanto habría que hacer más estudios y muestreos en hábitats adicionales y en la temporada seca.

Para toda la región de Iquitos se conocen unas 115 especies de anuros (Rodríguez y Duellman 1994) y unas 194 de reptiles (Lamar 1998). Para las cuatro localidades muestreadas a lo largo del Yavarí durante el inventario biológico rápido, las cuales parecen un poco menos heterogéneas en sus hábitats que la zona de Iquitos, estimamos una riqueza de alrededor de 100 especies de reptiles y de entre 100 y 115 especies de anuros.

Especies nuevas y registros de interés especial

Hasta la fecha cinco especies de anfibios colectadas en el inventario biológico rápido—tres hylidos, un bufónido y un centrolénido—han sido confirmadas por los especialistas taxonómicos como nuevas para la ciencia. Por lo menos una especie más, un dendrobátido, posiblemente resultará nueva también.

Sin duda la especie nueva más notable es un hylido negro, salpicado de manchas amarillas y blancas, el cual pertenece al género *Allophryne* (ver Figura 5C). Este género nunca había sido colectado en el Perú y era considerado como un género monotípico, representado solamente por la especie *A. ruthveni*, restringida al Escudo Guianés de Surinam y Brasil (Hoogmoed 1969, M. Hoogmoed, com. pers.). El nuevo registro, del bosque inundado de Lago Preto, extiende notablemente hacia el sur-oeste la distribución de este género de dudosa filogenia. *Allophryne* tentativamente fue asignado a la familia Hylidae aunque Lynch y Freeman (1966) consideraron la posibilidad de una relación con los dendrobátidos.

Otra especie de hylido colectada en el inventario rápido y nueva para la ciencia pertenece al género *Scinax* (W. Duellman y J. Faivovich, com. pers.). Esta especie, con un característico saco vocal amarillo, fue descubierta en un bajial en el campamento Quebrada Buenavista, en donde también se registraron dos otras especies del mismo género.

El tercer hylido no descrito registrado en el inventario rápido es una rana de singular coloración (piernas azules) del género *Hyla* (Figura 5F). Esta especie ha sido registrado anteriormente en la localidad de Jenaro Herrera (L. Rodríguez, sin publicar) y en la actualidad se la viene describiendo. Fue observada en las dos primeras localidades en amplexo.

Se registraron por lo menos tres especies de *Bufo* del complejo *typhonius*, entre ellas posiblemente *Bufo margaritifer*. Una cuarta especie, parecida a *B. dapsilis*, es nueva para la ciencia y actualmente en descripción por M. Hoogmoed (com. pers.). Esta especie (*Bufo* sp. nov. "pinocho"), notable por su piel aterciopelada y una "nariz" larga, era uno de los anfibios más abundantes en el campamento de Quebrada Buenavista (ver Figura 5B).

Una especie del género *Hyalinobatrachium*, colectada por el equipo ictiológico durante el día cerca del campamento Quebrada Buenavista, también ha resultado ser una especie no descrita (J. Lynch, com. pers.; ver Figura 5D). Este taxón ha sido colectado anteriormente en Colombia.

Otro grupo de interés fue el de los dendrobátidos, de los cuales se registraron nueve especies en total y tres del género *Colostethus*. Lo interesante de este registro es que al parecer dos de estas especies—*C. melanolaemus* y *C.* cf. *trilineatus*— comparten el mismo espacio o sus territorios están muy cerca el uno del otro. El registro de *Colostethus melanolaemus* en Yavarí es sólo el segundo de esta especie, descrita recientemente de una colección realizada cerca de la desembocadura del río Napo. Hasta ahora era un misterio cual sería su ámbito de distribución (hacia el norte o el sur del Amazonas). Esta especie también debería estar en Brasil, si el Yavarí no es una barrera geográfica.

Tres registros de *Dendrobates* del grupo *ventrimaculatus* llaman la atención. *D.* "*amazonicus*" lo citamos como referencia solamente para una especie que encontramos en los tres campamentos a lo largo del Yavarí, cuyo patrón dorsal son líneas muy finas rojas en la cabeza que se tornan doradas hacia la parte distal. Esta también podría ser una especie no descrita. También registramos *D. tinctorius igneus*, recuperando un nombre antiguo de Melin (1941) para esta morfo-especie detectada en el sector de Curacinha. Un registro sin *voucher* es el de *D. flavovittatus*, o algo parecido a *imitator*, una especie con manchas conocida sólo del río Tahuayo, la cual fue detectada bosque adentro en el campamento de Buenavista (D. Moskovits, pers. com.).

Entre los reptiles encontrados hay que resaltar la observación del vipérido *Porthidium hyoprora*. Aunque esta culebra es considerada muy rara (Schleser y Roberts 1998), fue observada en dos ocasiones durante el inventario rápido, en Quebrada Curacinha y Quebrada Buenavista. La rara *Micrurus putumayensis*, una coral de sólo dos colores, también fue registrada (ver Figura 5G). Esta culebra es conocida de los ríos Aucayacu, Tahuayo, Orosa, y la margen derecha del Amazonas y la desembocadura del Yavarí (P. Soini, pers. com.); sólo el tipo es conocido de la margen derecha del río Putumayo. Entre las lagartijas, registramos *Stenocercus fimbriatus*, conocida de las cuencas del Juruá, Purús, Manu, y del Itaya y Nanay en la región de Iquitos (ver Figura 5A).

Quebrada Curacinha

El trabajo de campo en este primer sitio de muestreo duró siete días. Se visitó todos los hábitats que circundaban la zona, tanto en el día como en la noche. Los hábitats que se visitaron fueron los bosques colinosos de tierra firme, separados por quebradas de aguas claras, pero con cierta turbidez por la época, y los aguajales mixtos ubicados a 4 km desde la base.

Las especies más abundantes registradas en este primer campamento fueron dos leptodactylidos (*Leptodactylus rhodomystax* e *Ischnocnema quixensis*), un dendrobátido (*Epipedobates hanheli*) y el complejo de *Bufo typhonius*. Las especies más relacionadas con cuerpos de agua fueron *Leptodactylus petersi* en las charcas estacionales y pequeños hylidos como *Hyla granosa*, *Hyla brevifrons* sp.1 y una especie de *Hyla* no identificada en el aguajal.

Quebrada Buenavista

El trabajo en esta segunda estación también duró una semana. Los hábitats muestreados fueron básicamente los mismos que en la primera estación pero con colinas no tan inclinadas. Tanto los bajiales como los claros en el bosque fueron relativamente más grandes. Las charcas que se visitaron tenían en cierta medida más agua y los claros conformados por las "supay chacras" mayor temperatura e intensidad de luz.

Las especies más abundantes registradas en este campamento fueron los sapos Bufonidae, sobretodo el *Bufo* sp. nov. "pinocho" (ver Figura 5B), el cual fue observado durante el día e inclusive en la noche, durmiendo sobre plantas pequeñas o arbustos a una altura mayor a 1 m por encima del suelo. Encontramos aquí varias salamandras de la especie *Bolitoglossa peruviana*, muchos individuos de los dendrobátidos *Epipedobates femoralis* y *E. hanheli*, y tres especies de hylidos del género *Scinax*, una de ellas nueva para la ciencia, en un solo bajial inundado. En las partes colinosas la especie más representativa fue *Osteocephalus planiceps*. Con respecto a reptiles se observaron en esta localidad muchos ejemplares de *Anolis trachyderma* en la vegetación arbustiva durante las caminatas.

En varios sectores de estos bosques grupos de *Eleutherodactylus toftae* fueron detectados por su canto durante el día. Esta representa una extensión de rango para una especie conocida previamente del sureste peruano, sólo hasta la cuenca del río Purús. Otro caso similar es el de *Eleutherodactylus buccinator*, una especie del grupo *conspicillatus* muy abundante en este sitio y en Quebrada Limera.

Quebrada Limera

El tercer campamento fue visitado por cuatro días y muestreado en zonas no más allá de 2 km del río Yavarí. Cien metros al este del campamento, una ciénaga conectada a las quebradas contenía poblaciones de *Hyla calcarata*, *Bufo typhonius*, *Scinax garbei* y *Hyla brevifrons*.

Lo más notable de este campamento fue la presencia de *Colostethus melanolaemus*, conocido hasta ahora solo del río Napo, y *Colostethus* cf. *trilineatus*, que se pensaba no ocurrían simpátricamente. *Dendrobates* "*amazonicus*" estuvo presente a lo largo de todas las trochas. También fue notable la abundancia de *Osteocephalus cabrerai*, sobretodo cerca a las quebradas. Individuos de esta especie fueron observados cantando sobre vegetación relativamente baja (2 m) y no en troncos gruesos como la hacen la mayoría de las especies de este género.

Dendrophryniscus minutus fue una especie abundante en este sitio en condiciones ribereñas. Una especie no descrita del género *Bufo* ("pinocho") estuvo presente en este campamento con individuos adultos espectaculares (ver Figura 5B). También se observaron en este sitio dos motelos (machos, juntos en el bosque) y un caimán blanco.

Lago Preto

Esta localidad fue visitada por cuatro días. Nuestra metodología cambió mucho por tratarse de un bosque inundado con mezcla de aguas negras provenientes de las cochas adyacentes y aguajales. Desde la ribera del río Yavarí se tenía que entrar por canoa hasta la orilla del bosque inundable. Desde ese punto se caminaba por una trocha que se comunica con la comunidad de Carolina. Este bosque es muy diferente en composición comparándolo con los otros campamentos visitados— de abundantes palmeras, al parecer de poco drenaje y muy homogéneo. Los muestreos se concentraron más que todo en el bosque inundable y en la vegetación a orillas de las cochas de aguas negras.

Las especies registradas con mayor abundancia en este sitio fueron los hylidos *Hyla geographica*, *Hyla leali* y *Scinax garbei*. En la hojarasca húmeda del bosque se encontró en varias oportunidades una especie del género *Adenomera*. Con respecto a reptiles se observaron varios individuos de *Caiman crocodylus*. Lo más notable fue el registro de *Allophryne*, especie nueva para la ciencia y nuevo género para el Perú (ver arriba y Figura 5C).

AMENAZAS Y RECOMENDACIONES

La diversidad de anfibios y reptiles está muy ligada a la diversidad de hábitats y microhabitats, por lo tanto no cabe la menor duda que el interés principal para este grupo es la conservación del bosque en general. Las especies de reptiles menores, al igual que los anfibios, se encontrarían amenazados si la extracción forestal se realiza sin un manejo adecuado, ya que la destrucción de hábitats y microhabitats sería inminente. Hay que resaltar que la extracción forestal en la zona implica una mayor presión de caza sobre los animales del área, por lo tanto, es posible que las tortugas tanto las acuáticas como las terrestres sufran las consecuencias directas.

Para la conservación a largo plazo de los reptiles de valor comercial, como son las tortugas y caimanes, es necesario realizar un trabajo preliminar con las comunidades que allí habitan para conocer mejor el estado de sus poblaciones y la presión de caza que hay sobre ellas. Aparte de la sobrecaza de adultas, una gran amenaza potencial sería la sobrecolección de huevos de tortuga. Se recomienda realizar viajes durante la temporada seca para coincidir con la época de reproducción de algunas tortugas amenazadas globalmente como las charapas (*Podocnemis expansa*; ver Figura 5H) y taricayas (*Podocnemis unifilis*) y ver en qué medida se impacta sobre las poblaciones y si la recolección de sus huevos por parte de las comunidades locales está afectando sus poblaciones.

Es sumamente importante conocer en qué estado se encuentran las poblaciones de caimanes (sobretodo las de *Melanosuchus niger*, que no fue observado en este inventario), si existe una disminución en su población, y si hay algún tipo de comercio con sus pieles. Dependiendo de los resultados a este sondeo, se podrían realizar planes de manejo con estas especies y quizás replicar las iniciativas de otras comunidades que ya se conocen en la Reserva Nacional Pacaya-Samiria.

AVES

Participantes / Autores: Daniel F. Lane, Tatiana Pequeño y Jorge Flores Villar

Objetos de conservación: Comunidades intactas de aves de tierra firme y bosques inundados; especies de rango restringido (*Hylexetastes stresemanni, Grallaria eludens*); *Deroptyus accipitrinus*; grandes aves de caza; *Harpia harpyja; Crax globulosa*

INTRODUCCIÓN

Es muy poco lo realizado en términos de trabajo ornitológico a lo largo del río Yavarí o en algún otro lugar del interfluvio comprendido entre los ríos Yavarí, Amazonas y Ucayali. Castelnau y Deville recolectaron especímenes del "Río Javarrí" para el Museo de París en 1846, pero es poco claro cuán lejos río arriba se aventuraron para conseguirlos (Stevens y Traylor 1983, T. Schulenberg, com. pers.). Bates entregó una colección del "Río Javari" al Museo Británico en 1857 y 1858, pero estos especímenes probablemente fueron recolectados en la desembocadura del río (Stevens y Traylor 1983, T. Schulenberg, pers. com.). En el Yavarí Mirín, Kalinowski reunió una pequeña muestra ornitológica en 1957 (Stevens y Traylor 1983). Finalmente, Hidasi hizo una colección desde el pueblo brasileño de Estirão do Equador entre 1959 y 1961 (Paynter y Traylor 1991).

En otras áreas del interfluvio, los Olallas colectaron distintas especies a lo largo del Amazonas en Orosa, en 1926. Desde entonces muchos coleccionistas han visitado Quebrada Vainilla (Powlison en 1966 y 1967, y Louisiana State University en 1983) y el cercano río Manití (Academy of Natural Sciences, en 1987). A lo largo del río Ucayali, otras colecciones han sido reunidas cerca de Contamana (Schunke en 1947 y Hocking entre 1960 y 1980) y en el río Shesha (Louisiana State University en 1987).

Más recientemente, en 1998, A. Begazo (com. pers.) condujo estudios en la Reserva Comunal Tamshiyacu-Tahuayo y en los ríos Yavarí y Yavarí Mirín. Finalmente, muchos ornitólogos han contribuido a incrementar la lista de especies registradas por el Palmarí Lodge, ubicado sobre la orilla brasileña del Yavarí cerca a su desembocadura en el Amazonas (A. Whittaker, B.Whitney, K. Zimmer y otros). En este capítulo todos los registros mencionados del Palmarí Lodge o del bajo Yavarí provienen de Whitney, a menos que se acredite lo contrario.

MÉTODOS

El trabajo de campo fue conducido a lo largo de un sistema temporal de trochas en cada localidad, empezando una hora antes del amanecer (si el tiempo lo permitía) y continuando de corrido hasta cerca del mediodía. Se empleó equipo de grabación para documentar las especies y reproducciones para realizar la confirmación de las identificaciones. Las grabaciones hechas durante el inventario serán entregadas a la Macauley Library for Natural Sounds en el Cornell Laboratory of Ornithology. Por las mañanas el equipo visitó todos los hábitats accesibles de cada localidad, incluyendo los bosques de tierra firme altos y bajos, cursos de arroyos, bosques inundados y cochas. En las tardes se hicieron observaciones ocasionales del cielo desde la orilla del río. No se realizaron censos estandarizados, pero sí estimados del número de individuos avistados por cada especie día a día y anotaciones acerca del hábitat donde se hizo la observación, los que luego fueron convertidos en aproximaciones numéricas de la abundancia y preferencia de hábitat de las especies (ver Apéndice 5). Nuestros registros fueron enriquecidos por las observaciones de los demás miembros del equipo de inventario biológico rápido, particularmente Álvaro del Campo y Kati Salovaara.

RESULTADOS

Diversidad y patrones geográficos

Durante las tres semanas que duró el trabajo de campo fueron observadas aproximadamente 400 especies de aves. Estimamos la existencia de unas 550 especies en el área de la propuesta área protegida—una avifauna particularmente rica para una región de selva baja (ver Cohn-Haft et al. 1997). Basados en las imágenes satelitales del área, se esperaba encontrar un bosque relativamente homogéneo; en cambio, quedamos sorprendidos por la sustancial heterogeneidad de hábitat. Esta heterogeneidad es la razón de la distribución irregular de muchas especies, lo que eleva la riqueza ornitológica total del área. De todos los tipos de bosques estudiados, los de tierra firme presentan la mayor riqueza de especies.

Fueron registradas entre 248 y 314 especies de aves en cada una de las tres localidades inventariadas. Hubo una tasa muy alta de recambio de especies registradas en cada una de las localidades visitadas, ya sea porque muchas de las especies escaparon al conteo a consecuencia de las imperfecciones del muestreo o porque los cambios reales en el microhábitat de localidad a localidad causaron la ausencia de algunas especies en ciertas zonas.

La avifauna del interfluvio comprendido entre los ríos Ucayali, Amazonas y Yavarí es un mosaico de elementos de diferentes regiones de la Amazonía. Con muy pocas excepciones, la avifauna total encontrada durante este trabajo fue típica de la Amazonía del Perú y el adyacente Brasil. Pero la distribución de la avifauna en la Amazonía no es uniforme, sino que muchas especies ocupan rangos territoriales limitados a porciones de la cuenca. Varios autores han observado que muchas especies de aves tienen distribuciones limitadas por grandes ríos amazónicos (e.g., Haffer 1969, 1974; Cracraft 1985, Capparella 1988, 1991). En muchos casos, las especies ocupan sólo la margen sur o norte del eje fluvial Marañon-Amazonas-Solimões, o son reemplazadas en la margen opuesta por especies emparentadas que ocupan el mismo nicho ecológico. Un ejemplo en el área del Yavarí es *Galbula cyanescens* (Jacamar de Frente Azulada), una especie típica de la margen sur del Amazonas que es reemplazada en la margen norte por *G. tombacea* (Jacamar de Barbilla Blanca; Haffer 1974). Otro ejemplo es el Jacamar de Mejilla Azul (*G. cyanicollis*), reemplazada en el oeste del río Ucayali y en la margen norte del río Amazonas por el Jacamar de Pico Amarillo (*G. albirostris*; Haffer 1974). De esta manera, se piensa que algunos ríos han evitado el flujo genético de especies emparentadas, favoreciendo la especiación (Capparrella 1988, 1991).

Sin embargo, existen especies cuya distribución sugiere lo contrario, es decir, que los ríos no son una causa definitiva de los patrones de distribución actuales en las aves amazónicas. Los pares de especies del área del Yavarí que rompen este patrón son *Pipra filicauda* y *Attila citriniventris*. Hacia el sur estas dos especies son reemplazadas dentro del mismo interfluvio por las especies emparentadas *Pipra fasciicauda* y *Attila bolivianum* (Haffer 1997). Cuál es el límite de distribución entre estos pares de especies y dónde se encuentra, es todavía una incógnita. Es necesario trabajo de campo adicional para determinar si ambos pares de especies se reemplazan en una misma área, sugiriéndose así una barrera física común, ya sea actual o histórica. Al menos un par de especies muy relacionadas, *Malacoptila semicincta* (Buco Semiacollarado) y *M. rufa* (Buco de Cuello Rufo), parecen tener su zona de recambio dentro del estrecho tramo del Yavarí que visitamos (ver abajo).

Algunas áreas de endemismo han sido identificadas dentro de la Amazonía sudamericana. La región de las cabeceras del Yavarí está comprendida dentro del área de endemismo del Inambarí (Cracaft 1985). Algunas de las especies de aves características del área de endemismo del Inambarí ocupan áreas extensas al suroeste y al oeste de la Amazonía, tales como *Psophia leucoptera* (Trompetero de Ala Blanca), *Galbula cyanescens* (Jacamar de Frente Azulada), *Pteroglossus beauharnaesii* (Arasari Encrespado), *Hylexetastes stesemanni* (Trepador de Vientre Rayado) y *Tachyphonus rufiventer* (Tangara de Cresta Amarilla; Haffer 1974, Cracaft 1985). Otras especies, incluyendo *Phaethornis philippi* (Ermitaño de Pico Aguja), *Brachygalba albogularis* (Jacamar de Garganta Blanca) y *Grallaria eludens* (Tororoi Evasivo)—todas registradas en el área del Yavarí—están más restringidas al núcleo de este centro de endemismo, que aparentemente se localiza en el sureste del Perú y sus zonas fronterizas con Brasil y Bolivia (Haffer 1974, Cracaft 1985).

Salvo una excepción, al parecer no existiría ninguna especie con una distribución limitada por el río Yavarí. En el Palmarí Lodge, sobre el lado brasileño del río, *Thryothorus griseus* habita una vegetación dominada por lianas en los bosques inundables. A pesar de las búsquedas de Whitney en el mismo tipo de hábitat en el lado peruano—y la propia investigación de este equipo en las localidades donde se realizó el inventario biológico rápido—todavía no existen registros de esta especie en el lado peruano. Sin embargo, la existencia del hábitat del *Thryothorus griseus* y el ancho modesto del río sugieren la posibilidad de su existencia en el lado peruano. Con búsquedas adicionales, quizá será encontrada allí.

Migraciones

Las migraciones fueron particularmente conspicuas durante la primera semana del trabajo de campo, pero durante la totalidad del viaje fue posible observar especies migratorias activas o forrajeando. En la tarde del 28 de marzo, inmediatamente después del final de una gran tormenta eléctrica, fuimos testigos de un impresionante evento migratorio en el río Yavarí. Alrededor de un millar de aves volaron de sur a norte, de la orilla brasileña a la peruana, durante cerca de dos horas. Algunas especies, particularmente las golondrinas y martines pescadores, descansaban poco tiempo en la vegetación de orillas del río para luego proseguir su vuelo al norte, mientras que otras aves—en particular los vencejos—seguían su camino a una gran altitud. La mayor parte de los individuos migratorios correspondía a las especies *Chordeiles minor*, *Cypseloides lemosi*, dos especies no identificadas de *Cypseloides*, una no identificada de *Chaetura*, *Tyrannus savanna*, *Tyrannus tyrannus*, *Tyrannus melancholicus*, *Hirundo rustica*, *Riparia riparia*, *Notiochelidon cyanoleuca*, *Progne modesta*, *Progne tapera* y *Tachycineta albiventer*. Los siguientes días se observaron pequeños grupos de vencejos y golondrinas, pero nada comparable con lo observado el día 28. *Tyrannus savanna* en especial se desplazaba en grandes cantidades desde nuestra llegada el 25 hasta el día 31. Luego, esta especie fue casi ausente, lo que sugiere que había concluido su período migratorio y que, localmente, existen pocas o ninguna población invernal.

Observamos que no todos los migrantes se movían entre las mismas áreas. Los migrantes australes volvían de sus campos de cría en el sur, cruzándose en el camino con los migrantes boreales que partían hacia Norteamérica. El movimiento migratorio de otras especies es poco conocido, pero se piensa que muchas pueden ser migraciones intratropicales (dentro de la Amazonía) o intercontinentales (dentro del subcontinente sudamericano). A continuación, presentamos la categorización de las especies migratorias observadas en el Yavarí:

Migrantes australes

Myiodynastes maculatus solitarius (Mosquero Rayado), *Empidonomus varius* (Mosquero Variegado), *Empidonomus aurantioatrocristatus*, *Tyrannus savanna* (Tijereta Sabanera), *Tyrannus melancholicus* (Tirano Tropical), *Notiochelidon cyanoleuca* (Golondrina Azul y Blanca), *Progne modesta* y *Progne tapera fusca*.

Migrantes boreales

Pandion haliaetus (Aguila Pescadora), *Falco peregrinus* (Halcón Peregrino), *Actitis macularia* (Playero Coleador), *Coccyzus americanus* (Cuclillo de Pico Amarillo), *Chordeiles minor* (Chotacabras Migratorio), *Contopus virens*, *Myiodynastes luteiventris* (Mosquetero de Vientre Azufrado), *Tyrannus tyrannus* (Tirano Norteño), *Pterochelidon pyrrhonota* (Golondrina Risquera), *Hirundo rustica* (Golondrina Tijereta) y *Riparia riparia* (Golondrina Ribereña).

Migrantes intratropicales

Cypseloides lemosi (Vencejo de Pecho Blanco), *Cypseloides* sp. (de cola corta), *Cypseloides* sp. (de cola larga), *Chaetura* sp. y *Tachycineta alibiventer*.

Otros patrones

Otras especies normalmente bien distribuidas y/o más comunes en la Amazonía occidental fueron sorprendentemente escasas durante el inventario, encontrándose sólo una o dos, y a veces ninguna. Quizás estas ausencias pueden explicarse por la falta de un microhábitat adecuado, o quizás por un movimiento migratorio estacional intra-amazónico. Cualquiera sea la razón, no podemos explicar la ausencia de especies como *Elanoides forficatus* (Gavilán Tijereta), *Ara chloroptera* (Guacamayo Rojo y Verde), *Columba cayennensis* (Paloma Colorada), *Brotogeris versicolurus* (Perico de Ala Amarilla), *Cotinga cayana* (Cotinga Lentejuelada), *Todirostrum chrysocrotaphum* (Espatulilla de Ceja Amarilla) y *Campylorhynchus turdinus* (Cucarachero Zorzal). El equipo botánico y ornitológico constató la escasez de flores y frutos, lo cual explica de manera potencial la baja densidad y limitado número de especies de picaflores y tanagras en el área. Lo más probable es que estas especies emprendan viajes de exploración estacionales y que estén irregularmente distribuidas al igual que su fuente de alimentación.

Localidades visitadas

Quebrada Curacinha

Trabajamos por una semana en esta localidad, registrando un total de 314 especies. Fue aquí, en Quebrada Curacinha, donde fuimos testigos del espectacular evento migratorio descrito líneas arriba. Entre las aves migratorias observamos a *Chordeiles minor* (Chotacabras Migratorio) y *Cypseloides lemosi* (Vencejo de Pecho Blanco), especies poco conocidas en el Perú. De esta última se sabe que migra a lo largo de la costa y la Amazonía peruana, pero sus movimientos no están bien documentados. *Cypseloides lemosi* es una de las varias especies de vencejos grandes que son poco estudiadas. Esta especie fue originalmente registrada en Colombia (Hilty y Brown 1986), pero también ha sido observada en Ecuador, en la selva norte del Perú (Collar et al. 1992, Ridgely y Greenfield 2001, Schulenberg 2002) y en el bajo Yavarí cerca del Palmarí Lodge en la frontera peruano-brasileña. No fue muy inesperado encontrar esta especie, pero nuestra observación tal vez sea la primera en considerarla como un posible migrante intra-amazónico.

No identificamos de manera concluyente otras especies de vencejos que vimos durante la migración; sin embargo, representan registros de interés. De las dos grandes especies de vencejos del género *Cypseloides* registradas, una de cola corta podría ser *Cypseloides cryptus* (Vencejo de Barbilla Blanca). Si bien ésta es una especie poco presumible tan lejos de su hábitat andino, se han observado ejemplares de *Cypseloides* no identificados en el Palmarí Lodge que han sido inicialmente identificados como *C. cryptus*. El otro vencejo, de cola larga, podría corresponder a una de las siguientes especies: *Cypseloides niger*, *C. fumigatus*, *C. rothschildi*, o *Streptoprocne rutila*, ninguna de ellas registrada con anterioridad en la llanura amazónicas del Perú o Brasil.

Los presuntos vencejos migratorios del género *Chaetura* fueron más grandes que las especies locales, *C. egregia* (Vencejo de Lomo Pálido) y *C. brachyura* (Vencejo de Cola Corta), además de parecer más oscuros en la rabadilla y más pálidos en el pecho y la garganta. Esta descripción coincide con *Chaetura*

meridionalis; sin embargo, otras especies como
C. pelagica (Vencejo de Chimenea) y *C. viridipennis*
(Vencejo Amazónico) no pueden ser descartadas (ver
Marín 1997). B. Whitney (com. pers.) reportó la
presencia del *Chaetura meridionalis* en el río Yavarí
cerca del Palmarí Lodge a principios de agosto de 2000,
siendo el primer registro de la especie en el Perú.

En Quebrada Curacinha encontramos otras
especies cuyo estatus en el Perú recién se conoce desde
hace una década. Entre estas especies están dos *Toit
purpurata*, que pasaron sobrevolando el bosque los dos
primeros días de trabajo de campo, las cuales escuchamos
pero no pudimos grabar. Esta especie es conocida en
muchas áreas del noreste del Perú, mayormente entre
Iquitos y Ecuador, habiendo sido observada en el bajo
Yavarí desde el Palmarí Lodge, en territorio brasileño
(Ridgely y Greenfield 2001; J. V. Remsen, Jr., B. Whitney
y T. Schulenberg, com. pers.). Esta especie ha sido
previamente registrada dentro de la propuesta Zona
Reservada por A. Begazo (com. pers.). De igual forma,
Hemitriccus minimus (Tirano-Todi de Zimmer) es
conocido en muchas áreas del noreste del Perú (Álvarez
y Whitney, en publicación). Este pequeño representante
de la familia de los tiránidos fue encontrado en las lomas
de terra firme, y ocasionalmente en los bosques de tierra
firme más bajos. También ha sido observado previamente
en la Reserva Comunal Tamshiyacu-Tahuayo (A Begazo
y J. Álvarez, com. pers.).

Nuestro registro de *Malacoptila semicincta*
(Buco Semiacollarado) constituye el más septentrional de
la especie hasta ahora, sugiriendo que esta especie y
Malacoptila rufa (Buco de Cuello Rufo) se reemplazarían
una a otra a lo largo del tramo del río Yavarí que
visitamos. En las orillas de los lagos encontramos a
Myrmotherula assimilis, una especie generalmente
asociada a las islas ribereñas (Ridgely y Tudor 1994).
Parece ser que el curso medio y bajo del Yavarí es la
única área del rango de esta especie que incluye un
hábitat distinto al de las islas ribereñas (B. Whitney, com.
pers.). *Nyctiprogne leucopyga* (Chotacabras de Cola
Bandeada), una especie poco conocida y de distribución
muy localizada en la Amazonía peruana, fue vista varias

veces a lo largo del Yavarí en la ruta hacia las cochas
cercanas y arroyos. Es una especie común en el bajo
Yavarí, en los alrededores del Palmarí Lodge. Finalmente,
nuestros registros de *Thripophaga fusciceps* (Cola-Suave
Simple) en Curacinha y el registro previo de A. Begazo en
la zona (com. pers.), son bastante lejanos del resto de los
lugares publicados para esta especie—el curso medio y
alto de los ríos Napo y Madre de Dios y la Amazonía
central de Brasil (Ridgely y Tudor 1994, Ridgely y
Greenfield 2001). La subespecie a la que puede
corresponder esta población no es clara. Podría tratarse
de *dimorpha*, de la Amazonía occidental, u *obidensis*,
conocida sólo en la Amazonía central brasileña.

Quebrada Buenavista
Nuestro equipo pasó una semana en esta localidad,
registrando un total de 304 especies. Buenavista mostró
la mayor heterogeneidad de hábitat de todas las
localidades visitadas, incluyendo los hábitats del bosque
de tierra firme alto y bajo, del bosque estacionalmente
inundado, de los pantanos mixtos de *Mauritia* y de los
lagos y orillas de los cursos de agua.

Fue particularmente llamativa la observación del
Deroptyus accipitrinus (Loro de Abanico; ver Figura 6B),
una especie conocida en el Perú unicamente por un
espécimen en el río Pastaza, cerca de la frontera con
Ecuador (Ridgely y Greenfield 2001). Nuestro nuevo
registro—probablemente correspondiente a la subespecie
fuscifrons—es muy lejos de cualquier otra población
conocida hasta ahora. Esta especie es más común en el
noreste de Sudamérica, llegando a Colombia en el oeste,
con poblaciones aisladas en el río Pastaza, en la frontera
peruano-ecuatoriana, y en Brasil, al sur del Amazonas y
al este del río Madeira. El presente registro, sumado al
avistamiento no reportado de A. Begazo en la confluencia
del Yavarí y el Yavarí Mirín (A. Begazo, com. pers.),
indicaría la existencia de una población aislada a lo largo
del río Yavarí. En Ecuador esta especie parece estar
asociada a las lagunas de aguas negras, como las que se
encuentran en esta zona (B. Whitney, com. pers.).

El trabajo de campo permitió el registro de
otras especies indicadoras de los bosques de aguas
negras, como *Conopias parva* (Mosquero de Garganta

Amarilla), observado una vez en Buenavista. Esta especie está considerablemente más extendida en la Amazonía de lo que señala la literatura, pero su distribución es irregular y restringida a los drenajes de aguas negras (Álvarez y Whitney, en publicación). Esta especie también ha sido reportada desde el Palmarí Lodge (K. Zimmer, com. pers.).

En esta localidad se obtuvo, además, el registro más septentrional de *Grallaria eludens* (Tororoi Evasivo), una especie descrita en 1969 (Lowery y O'Neill 1969) y conocida en menos de diez localidades en todo el mundo. Los registros más cercanos son al este de las localidades que visitamos, en Benjamín Constant, Brasil (M. Cohn-Haft, com. pers.), y el río Shesha, en el Perú (J. O'Neill, datos no publicados; Isler y Whitney 2002). De carácter excepcional fue también el registro más septentrional en el Perú—y probablemente el sexto para el país—de dos individuos de *Hylexetastes stresemanni* (Trepador de Vientre Rayado). Esta especie es muy rara y es casi nada lo que se sabe acerca de su distribución geográfica. Ha sido reportada también en el lado brasileño del bajo Yavarí.

Malacoptila rufa (Buco de Cuello Rufo), vista junto a un par de pichones recientes, es también un registro de esta localidad. Esto sugiere que tiene una relación simpátrica con *M. semicincta* en el río Yavarí o que cruzamos un límite parapátrico, entre Quebrada Curacinha y Quebrada Buenavista, donde una especie reemplaza a la otra. Sin embargo, el hecho que ambas especies se encuentren en el bosque de tierra firme, en lugar de que una esté en terra firme y la otra en la *várzea* (como se ha observado en localidades donde concurren las dos especies de *Malacoptila*; D. Lane, obs. pers.), sugiere la mayor probabilidad de la primera opción. Es posible que el Arco de Iquitos actúe como un límite entre estas dos especies (ver Patton y Nazareth F. da Silva 1998). En Buenavista también fueron encontradas especies particularmente interesantes registradas con anterioridad en Curacinha (ver arriba): *Chordeiles minor*, *Nyctiprogne leucopyga* y *Myrmotherula assimilis*.

Quebrada Limera

Pasamos cinco días en esta localidad, registrando un total de 248 especies. Debido al mal tiempo y las crecidas ribereñas, el trabajo de campo fue más corto y el acceso a los hábitats locales más limitado que en las localidades anteriores. La mayor parte de los registros notables fueron reportes adicionales de especies previamente observadas en las localidades anteriores (ver arriba): *Deroptyus accipitrinus*, *Chordeiles minor*, *Nyctiprogne leucopyga* y *Myrmotherula assimilis*.

Aquí se registró la única pareja de *Synallaxis gujanensis* (Cola-Espina de Corona Parda) del inventario. Esta población parece tener un canto de dos notas, como figura en las anotaciones sobre *gujanensis* de Ridgely y Tudor (1994), a diferencia de las poblaciones del bajo Marañón y el curso medio del Huallaga, en San Martín, Madre de Dios y Santa Cruz, Bolivia, que tienen un canto de tres notas que es más cercano a la descripción de la voz de *S. albilora* (D. Lane, obs. pers.). Esta observación no concuerda con los argumentos de Ridgely y Tudor, que sostienen que *S. albilora* debe mantenerse como una especie distinta de *gujanensis* (ver también Remsen 2003). Todo indica que la diferenciación de los tipos vocales ocurre dentro de las grandes poblaciones amazónicas de la última especie, no entre *gujanensis* y *albilora*.

Otras observaciones importantes fueron contribuciones de los miembros del equipo de inventario biológico rápido y los habitantes locales. Estas observaciones sugieren la presencia de especies raras y poco conocidas como *Harpia harpyja* (Aguila Harpía), *Morphnus guianensis* (Aguila Crestada), *Geotrygon saphrina* (Paloma-Perdiz Zafiro) y *Neomorphus* sp. (un cuco-terrestre) en la cuenca del río Yavarí. En el caso de *Neomorphus*, el observador tenía la certeza que tanto *N. geoffroyi* como *N. pucheranii* coexisten en el área. Si esto es cierto, se trataría de un raro caso de simpatría dentro del género (Ridgely y Greenfield 2001). Además, A. del Campo encontró especímenes cautivos de *Amazona festiva* (Loro de Lomo Rojo), *Brotogeris versicolurus* (Perico de Ala Amarilla) y *B. sanctithomae* (Perico Tui) en los poblados de Nueva

Esperanza y Carolina, en el río Yavarí Mirín. A pesar de no haber sido registradas por el equipo ornitológico, todas estas especies deben ocurrir en la región.

IMPORTANCIA PARA LA CONSERVACIÓN

Diversas especies documentadas en el río Yavarí— ya sea durante el inventario biológico rápido o a través de reportes confiables de terceros—poseen un interés especial para la conservación. Se trata de especies poco conocidas de la Amazonía occidental o de distribución global restringida, como *Touit purpurata*, *Nyctiprogne leucopyga*, *Cypseloides lemosi*, *Hylexetastes stresemanni*, *Thripophaga fusciceps* y *Grallaria eludens*. Los crácidos, a menudo las primeras especies en sentir los efectos de la caza indiscriminada, mantienen poblaciones relativamente saludables en el área, particularmente *Mitu tuberosa* (Paujil Común). Si bien no se registró *Crax globulosa* (Paujil Carunculado), un ave catalogada como Vulnerable por BirdLife Internacional (2000), esta especie ha sido registrada a lo largo del bajo Yavarí (J. V. Remsen, com. pers.) y podría estar presente en los bosques inundados de la propuesta Zona Reservada. *Crax globulosa*, especie que habita únicamente los bosques inundados de la Amazonía occidental (donde es un marco fácil para los cazadores), es particularmente vulnerable a la caza. Si se comprueba su presencia en el área, la propuesta Zona Reservada del Yavarí sería solo la segunda en el Perú en proteger esta especie, lo que es crítico para su supervivencia a largo plazo en el país.

Los habitantes de los poblados de Carolina y Nueva Esperanza aseguraron la presencia de *Harpia harpyja* (Aguila Harpía) en la zona, y dada la gran densidad de primates en el área, no existen motivos para dudar de su testimonio. Esta rara especie requiere grandes espacios de bosque intacto para la sostenibilidad de sus presas.

La pérdida de hábitat y la captura de las especies para su venta como mascotas tienen un gran impacto en la población de loros grandes y guacamayos. De particular interés para la conservación es *Deroptyus accipitrinus* (Loro de Abanico; ver Figura 6B), cuya distribución está restringida en la Amazonía occidental.

Esta ave no parece ser común en el tráfico de mascotas, pero podría ser capturada como mascota por los pobladores locales.

AMENAZAS Y RECOMENDACIONES

Las cuencas del Yavarí y Yavarí Mirín se encuentran bajo la presión de las concesiones forestales, de la migración humana y hasta de un proyecto de construcción vial. Si se aprueban las concesiones forestales contempladas para la zona, el efecto será mucho mayor que la pérdida de algunos árboles. La extracción forestal en bosques y ambientes acuáticos intactos traerá consigo la extinción local de varias especies de aves y la caza que le acompaña ocasionará el declive poblacional de especies comerciales de reproducción lenta, como los grandes crácidos y algunos tinámidos. Si se abren las zonas colindantes de la propuesta Zona Reservada al uso humano, los bosques inundados estacionalmente en las márgenes del Yavarí y Yavarí Mirín deberán recibir restricciones estrictas para la caza de crácidos, el establecimiento de nuevos asentamientos, y la tala.

Consideramos necesaria una nueva y más prolongada expedición ornitológica a la cuenca de los ríos Yavarí y Yavarí Mirín, para complementar nuestro inventario rápido. De especial importancia deberá ser el trabajo en el bosque inundado, para determinar, entre otras cosas, el estatus de *Crax globulosa* en la región. Asimismo, debe determinarse el estatus de otras especies poco conocidas y de rango restringido, como *Hemitriccus minor* y *Thryothorus griseus*. La presencia de esta última especie todavía no ha sido confirmada en el Perú, a pesar de su presencia en la margen brasileña del río Yavarí.

DIVERSIDAD Y ABUNDANCIA DE MAMÍFEROS

Participantes/Autores: Kati Salovaara, Richard Bodmer, Maribel Recharte y César Reyes F.

Objetos de conservación: Diversidad de mamíferos a nivel de récord mundial; frecuencia relativamente alta de numerosas especies raras y amenazadas en el resto de su rango; densas poblaciones de grandes especies de caza diezmadas en otras regiones de la Amazonía peruana; un mosaico de hábitats intactos

INTRODUCCIÓN

Las vastas extensiones de bosque de tierra firme entre los ríos Amazonas, Ucayali y Yavarí, tal como otras localidades de la Amazonía occidental con un clima no-estacional, acogen una gran diversidad de mamíferos. Dos inventarios previos en esta región del Perú, realizados a menos de 100 km de las localidades visitadas durante nuestro inventario rápido, confirmaron la existencia de 79 (Fleck y Harder 2000) y 84 especies de mamíferos no voladores en el área (Valqui 2001). La lista de especies elaborada por Valqui es probablemente la mayor jamás reportada para un área de muestreo tan pequeña (ca. 125 km²), lo que hace del valle del Yavarí uno de los lugares de mayor diversidad de mamíferos del Perú, de la Amazonía y, en realidad, del mundo entero.

Numerosos estudios sobre la ecología y el aprovechamiento de los mamíferos grandes han sido realizados dentro de la propuesta Zona Reservada. Muchos de estos trabajos se han enfocado en la cuenca del Yavarí Mirín, el corazón de esta región, donde la información sobre la densidad y la biomasa de mamíferos grandes ha sido evaluada desde hace muchos años (Bodmer et al. 1997a, 1997b). Debido a la inexistencia de trabajos similares en los bosques visitados por el presente inventario a lo largo del alto Yavarí, nuestro primer objetivo fue reunir información similar sobre la densidad de mamíferos en esa región.

En este capítulo presentamos los resultados de esos inventarios, discutimos su relevancia para la conservación y comparamos los nuevos datos obtenidos con los existentes del río Yavarí Mirín. El propósito de esta tarea es entender mejor cómo y por qué la abundancia, densidad y biomasa de mamíferos grandes

varían de localidad a localidad dentro de los límites de la propuesta Zona Reservada. Esta información puede ser utilizada para evaluar la importancia para la conservación de las diferentes áreas estudiadas, pues los mamíferos grandes son suceptibles a la caza y la presencia humana, y su densidad es un indicador que mide el impacto de la presión humana sobre ellos. La comparación de los datos entre localidades proporcionará, además, información base para plantear y ejecutar el manejo de la vida silvestre. En la Amazonía, los mamíferos grandes, especialmente los ungulados y los primates, son un recurso económico importante para los habitantes locales, y sus poblaciones son vulnerables a la sobrecaza (ver "Uso y Sostenibilidad de la Caza de Especies Silvestres Dentro y en los Alrededores de la Propuesta Zona Reservada del Yavarí"). Para la conservación y el manejo es importante analizar la variación de la densidad de vida silvestre en diferentes áreas, según la intensidad de la caza en cada una de ellas (Robinson y Bodmer 1999).

MÉTODOS

Nuestro equipo censó las comunidades de mamíferos grandes (ungulados, primates, roedores de más de un kilo de peso, edentados y carnívoros) a lo largo de un sistema de trochas establecidas en las tres primeras localidades de estudio en el alto Yavarí. Utilizamos el método de muestreo DISTANCE (Buckland et al. 1993) y realizamos las evaluaciones correspondientes entre las siete de la mañana y las tres de la tarde. Grupos de uno o dos observadores realizaron caminatas a través de los transectos a una velocidad aproximada de 1,5 km por hora. El total del territorio censado en las tres localidades fue de 507,2 km. Cuando un grupo de animales era hallado, se registraba el número de individuos y se medía la distancia perpendicular de la trocha hasta el primer individuo avistado. Analizamos los datos obtenidos empleando el software DISTANCE 4.0. Cuando el número de observaciones de una especie fue menor a ocho, no se calculó la densidad para esa especie. En su lugar, se desarrolló un criterio de abundancia (número de individuos observados por cada 100 km de territorio censado). Aunque el número de observaciones fue a veces reducido, este método de trabajo mostró ser relativamente bueno y los resultados bastante confiables.

La información sobre la densidad de mamíferos grandes en el Yavarí Mirín provino de estudios previos realizados con la misma metodología a lo largo de 1.827 km de trochas entre 1992 y 1999. Para análisis comparativos, se dividió la información del Yavarí Mirín en dos regiones, el alto y bajo Yavarí Mirín, con la quebrada Panguana como punto intermedio. El bajo Yavarí Mirín es una zona donde la presión de caza es leve; en el alto Yavarí Mirín la presión de caza es virtualmente inexistente, por lo que sus poblaciones de fauna silvestre mantienen densidades cercanas al punto de equilibrio natural. Esta información permitió al equipo evaluar el impacto de la caza en las localidades del alto Yavarí, que son más accesibles y que pueden ser mucho más vulnerables a la presión humana. Sin embargo, vale tener en cuenta que las diferencias de hábitat entre los tres sitios también podrían influenciar la densidad de la vida silvestre.

Tomamos en consideración las observaciones del resto del equipo del inventario biológico rápido, además de la información de los censos para compilar una lista de especies para las distintas localidades del alto Yavarí. Para la elaboración de la lista del Yavarí Mirín se utilizaron los datos obtenidos en los censos, así como los cráneos colectados por los cazadores locales (depositados en el museo de la Universidad Nacional de la Amazonía Peruana, Iquitos). Al presentar estas listas hemos incluido también los resultados de un inventario bastante completo efectuado en la cercana localidad de San Pedro (en la quebrada Blanco, en las afueras de la Reserva Comunal Tamshiyacu-Tahuayo; Valqui 1999, 2001), pues representa una lista de las especies que probablemente habitan dentro de las cuencas del Yavarí y del Yavarí Mirín.

La información sobre las especies globalmente amenazadas fue tomada de la Lista Roja de Especies Amenazadas de la UICN de 2002 (www.redlist.org). La información sobre los Apéndices de CITES es la actualizada al 13 de febrero de 2003 (www.cites.org).

RESULTADOS

Especies observadas

Los censos en el alto Yavarí y los estudios previos en el Yavarí Mirín muestran una diversidad muy alta de mamíferos no voladores (Apéndice 6). Nuestro equipo registró 39 especies durante el inventario en el alto Yavarí; 50 especies han sido registradas en el Yavarí Mirín. Todas las 39 especies registradas en el alto Yavarí también han sido registradas en el Yavarí Mirín, y es probable que las 11 especies encontradas en el Yavarí Mirín también serán encontradas en el alto Yavarí, una vez que se realicen inventarios más completos.

La totalidad de las especies encontradas en ambas localidades figuran en la lista elaborada por Valqui (1999, 2001) en la quebrada Blanco y en la de Fleck y Harder (2000) en el río Gálvez. Creemos que la mayoría de las especies registradas por Valqui está presente en el Yavarí y el Yavarí Mirín, con dos notables excepciones. Se trata de dos especies de primates que han sido observadas en lugares cercanos y que no parecen estar presentes en el área de la propuesta Zona Reservada: el pichico de Goeldi (*Callimico goeldii*), observado en el río Gálvez (Fleck y Harder 2000) y una segunda especie de mono ardilla (*Saimiri boliviensis*) avistada en el río Tahuayo (Valqui 2001). Ninguna de estas especies ha sido observada en el alto Yavarí o en el Yavarí Mirín a lo largo de los 2.300 km censados. A pesar de estas ausencias, las localidades en Yavarí aún ostentan una gran riqueza de primates, con 13 especies en total.

Los perezosos (Bradypodidae) y el manatí amazónico (*Trichechus inunguis*) no han sido registrados al interior de la propuesta Zona Reservada. Sin embargo, ambos son reportados por los habitantes de la zona, por lo que pensamos que deben encontrarse en bajas densidades. Los perezosos prefieren por lo general los bosques inundados de ríos de aguas blancas, donde los censos de mamíferos han sido menos intensos. Tanto el alto Yavarí como el Yavarí Mirín presenta una mixtura de aguas blancas y negras, por lo que es muy posible que las dos especies de perezosos citados por Valqui (2001) en su lista estén presentes en bajas densidades a lo largo de estos dos ríos. La confirmación de la presencia de los manatíes en el área requerirá de muestreos en los lagos y pequeños ríos, pues la escasez de vegetación acuática (ver "Flora y Vegetación") no ofrecería mucho hábitat para estos animales. Si la especie está presente, debe ser rara y distribuida de forma irregular.

Especies raras y amenazadas

Muchos mamíferos encontrados o que se espera encontrar en la región están considerados como especies globalmente raras o amenazadas. Veinticuatro especies incluidas en el Libro Rojo de la UICN de 2002 posiblemente se encuentran en el área (Valqui 2001), y 15 de ellas han sido registradas en las localidades del alto Yavarí y el Yavarí Mirín (Apéndice 6). Las mayores amenazas a estas especies a escala global—la degradación de su hábitat y la caza—son inexistentes o muy reducidas en las cuencas del alto Yavarí y del Yavarí Mirín, lo que convierte a esta zona en un área extremadamente valiosa para la conservación.

La única especie de primate del valle del Yavarí listado por la UICN es el huapo colorado *(Cacajao calvus)*, considerada vulnerable a causa de la intensa caza a lo largo de su rango de distribución (ver Figura 1). Esta especie es uno de los símbolos de la conservación en el alto Yavarí, ya que cuenta con poblaciones saludables—aunque irregularmente distribuidas—al interior de la propuesta Zona Reservada (ver Figura 8). Existen grandes poblaciones de esta especie en Lago Preto, cerca de la desembocadura del río Yavarí Mirín, pero fuera de esta zona los grupos parecen ser más pequeños y menos abundantes. La especie también ha sido observada en el curso medio del Yavarí Mirín, sobre la margen norte del río, y en la quebrada Blanco, en las afueras de la Reserva Comunal Tamshiyacu-Tahuayo. Por alguna razón la especie está ausente del lado sur del Yavarí Mirín (con excepción de una sola localidad), observación que ha sido confirmada por fuentes locales. Durante el inventario se encontraron ejemplares de huapo colorado en Quebrada Curacinha, cerca de Colonia Angamos, pero no en las dos otras localidades del alto Yavarí. Esta distribución heterogénea hace a la especie muy vulnerable a la caza, aunque por el momento la presión de caza en el Yavarí Mirín es muy

baja (ver "Uso y Sostenibilidad de la Caza de Especies Silvestres Dentro y en los Alrededores de la Propuesta Zona Reservada del Yavarí").

Aunque no están clasificadas como especies amenazadas, otras especies de primates de tamaño grande tienen densidades muy bajas en gran parte de la Amazonía peruana. La caza indiscriminada y bajas tasas de reproducción convierten a estas especies en blancos vulnerables del sobre aprovechamiento (Bodmer et al. 1997a). Las cuencas del alto Yavarí y el Yavarí Mirín poseen poblaciones sanas y numerosas de maquisapas negros *(Ateles paniscus)* y choros *(Lagothrix lagothricha)*, cuyas poblaciones están severamente disminuidas cerca de Iquitos y otros poblados.

A pesar del poco tiempo de estudio en las localidades del alto Yavarí, hubo observaciones de especies raras y amenazadas de carnívoros, como el poco conocido perro de orejas cortas *(Atelocynus microtis)* y el jaguar *(Panthera onca)*. Basados en las huellas y marcas de garras en los árboles, el jaguar parece ser común en la región (Wales 2002), y los pobladores locales dan testimonio de su recuperación luego de un período de intensa cacería. Los jaguares son todavía presas de caza ocasional de la población local a lo largo del alto Yavarí y el Yavarí Mirín, pero el número de individuos cazados debe ser poco significativo frente a la abundancia de presas, especialmente ungulados *(Mazama* spp., *Tayassu* spp.) y capibaras *(Hydrochaeris hydrochaeris)*, que son la principal fuente de alimentación del jaguar. El perro de monte *(Speothos venaticus)*, una especie vulnerable, ha sido observado en el Yavarí Mirín, pero su situación y distribución en la región no es conocida.

El lobo de río *(Pteronura brasiliensis)*, una especie en peligro a nivel global, fue observada tres veces durante el inventario: primero en la quebrada Curacinha del alto Yavarí, luego en Lago Preto, y finalmente cerca de la comunidad de Carolina, en el Yavarí Mirín. Isola y Benavides (2001) realizaron un inventario de lobos de río en el Yavarí Mirín, y reportaron un saludable número de grupos familiares e individuos solitarios en toda la cuenca. La población local reporta que el número de lobos se está incrementando y muestra preocupación por el impacto de que este hecho ocasionaría en la población de peces. Por ello, los lobos de río son ocasionalmente cazados cuando aparecen cerca de los pueblos ribereños. La nutría de río sureña (*Lutra longicaudis*) fue también observada en el alto Yavarí, y parece ser común en el Yavarí Mirín.

El tapir de llanura, o sachavaca (*Tapirus terrestris*; ver Figura 7A), es considerado vulnerable a nivel global debido a la pérdida de su hábitat y la caza por su carne. El tapir es una de las principales especies de caza y es sumamente vulnerable a consecuencia de su baja tasa de reproducción (Bodmer et al. 1997a), pero su caza parece ser poco frecuente en el Yavarí Mirín (ver "Uso y Sostenibilidad de la Caza de Especies Silvestres Dentro y en los Alrededores de la Propuesta Zona Reservada del Yavarí"). Fue observado muy poco en las localidades del alto Yavarí, ya que es una especie de hábitos nocturnos, pero basado en el gran número de huellas halladas, la especie parece ser bastante común en todas las localidades estudiadas. Su población puede ser mejor monitoreada usando contadores de huellas o algún otro método apropiado. En el Yavarí Mirín la población de tapires parece ser bastante saludable, y se les puede ver visitando las collpas (O. Montenegro, com. pers.).

El venado colorado y el venado gris (*Mazama americana* y *M. gouazoubira*) se encuentran listados por la UICN debido a la insuficiencia de datos acerca de sus poblaciones. Estas especies están entre las preferidas de los cazadores, aunque parecen mantener poblaciones saludables en la región. En el alto Yavarí la tasa de observación de estas especies era alta, así como en secciones a lo largo del Yavarí Mirín.

El armadillo gigante (*Priodontes maximus*) también está en la lista de la UICN como en peligro, mientras el oso hormiguero gigante (*Myrmecophaga tridactyla*) es considerado vulnerable por la creciente pérdida de sus hábitats y la caza. El armadillo gigante y el oso hormiguero gigante han sido observados con regularidad en la región, y existe una población saludable de armadillos gigantes en la región de Lago Preto del alto Yavarí (Drage 2003). Estas especies son muy poco cazadas en la región, por lo que sus poblaciones deben haber alcanzado un nivel de equilibrio natural. La zarigüeya de cola corta de Emilia (*Monodelphis emiliae*) también se considera globalmente vulnerable por la UICN por la reducción de su hábitat por parte del hombre. El equipo observó este marsupial siendo devorado por una víbora (Figura 7D) y su estatus amerita estudios adicionales en la reserva propuesta.

El manatí amazónico (*Trichechus inunguis*) puede estar presente en el área, pero es considerado vulnerable. En el pasado fué cazado intensamente y sigue siéndolo de manera ocasional en el presente. Si esta especie está presente en el área, debe ser muy rara y requerirá especial atención. Los delfines *Sotalia fluviatilis* e *Inia geoffrensis* son muy abundantes en el Yavarí y Yavarí Mirín y en la actualidad no enfrentan ninguna amenaza en la zona.

Tres especies de roedores amenazados serían registros potenciales para el área. El ratón espinoso, *Scolomys ucayalensis*, considerado en peligro, y dos equinómidos considerados como casi amenazados y carentes de información, respectivamente. La distribución de estas especies es poco conocida y su presencia y estatus en el área requieren estudios posteriores.

Variaciones en la densidad de los mamíferos grandes

Los resultados de los censos de diez especies de primates, cinco de ungulados y tres de roedores del alto Yavarí, el bajo y el alto Yavarí Mirín indican una alta densidad de mamíferos y una relativamente baja presión de caza en el alto Yavarí (ver Tabla 1).

La densidad de primates en el alto Yavarí se encuentra dentro del rango registrado en el Yavarí Mirín, con la excepción de las dos especies de mayor tamaño, el mono choro y el maquisapa negro, cuyas densidades son 1,3 y 2,6 veces más altas en el alto Yavarí que en el Yavarí Mirín, respectivamente. Estas especies de primates grandes son las más cazadas en la región y poseen una tasa de reproducción baja, por lo que sus poblaciones son vulnerables a la sobre explotación. Los maquisapas negros fueron especialmente

Tabla 1. Densidad, abundancia y biomasa comparativa de los mamíferos grandes más comúnes en los ríos Yavarí, bajo Yavarí Mirín y alto Yavarí Mirín.

	Densidad (ind./km²)			Abundancia (ind./100 km)		
	Yavari	Bajo Mirín	Alto Mirín	Yavari	Bajo Mirín	Alto Mirín
PRIMATES						
Ateles paniscus	4,06	n/a	1,58	28,39	1,24	7,24
Lagothrix lagothricha	32,68	27,61	24,50	181,78	114,26	28,31
Alouatta seniculus	n/a	0,77	0,76	1,77	3,83	3,94
Cebus apella	4,01	5,01	10,20	22,85	25,56	35,78
Cebus albifrons	2,63	2,23	5,58	19,47	13,40	28,43
Cacajao calvus	n/a	4,94	n/a	14,79	47,33	6,07
Pithecia monachus	7,18	4,41	10,51	23,86	23,76	33,12
Callicebus	11,84	5,08	11,72	23,85	12,72	23,55
Saimiri	18,63	33,07	45,90	54,23	199,05	192,96
Saguinus mystax / S. fuscicollis	30,49	22,63	28,52	97,60	70,15	80,10
Subtotales						
UNGULADOS						
Tapirus terrestris	n/a	0,31	0,31	0,20	1,35	1,17
Tayassu pecari	n/a	15,19	14,59	0,02	151,90	72,94
Tayassu tajacu	9,10	2,13	8,54	16,59	10,70	15,76
Mazama americana	0,70	1,05	0,96	2,37	2,59	2,13
Mazama gouazoubira	0,43	n/a	n/a	2,17	0,24	0,51
Subtotales						
ROEDORES						
Dasyprocta fuliginosa	1,71	1,24	2,91	5,12	4,60	5,95
Myoprocta spp.	0,90	0,79	3,95	1,97	1,35	3,94
Sciurus spp.	5,22	3,11	6,70	8,08	6,64	10,44
Subtotales						
TOTALES						

abundantes en la segunda localidad del alto Yavarí y en el curso medio del Yavarí Mirín (entre las quebradas Panguana y Miricillo), ambos sitios poseedores de suelos bastante fértiles. Esto sugiere una variación en la productividad como otra posible explicación para las diferencias en las densidades de los grandes primates.

Los únicos primates cuyas densidades son, de alguna forma, menores en el alto Yavarí que en las localidades del Yavarí Mirín son los monos ardilla (*Saimiri sciureus*) y los machines negros (*Cebus apella*). Ambas especies prefieren los bosques ribereños inundados, y su baja densidad se debería a que la muestra tomada en el alto Yavarí se centraba más en los bosques de tierra firme que en las muestras tomadas en las orillas del Yavarí Mirín.

En comparación con las áreas cercanas a Iquitos, el alto Yavarí y el Yavarí Mirín tienen poblaciones saludables de ungulados. Si bien las observaciones de tapires fueron escasas en el alto Yavarí, esto se debió principalmente al azar. Los censos diurnos pueden no ser el mejor método para estimar la abundancia relativa de una especie mayormente nocturna. Sin embargo, las huellas eran abundantes en el alto Yavarí, especialmente en la segunda y tercera localidad visitada, y fuera de los censos la especie fue observada en cada una de las tres localidades. La huangana (*Tayassu pecari*) también fue raramente observada durante los censos en el alto Yavarí, a lo que sumamos el hecho atípico de que las pocas

Peso (kg)	Biomasa (kg/km²)			Biomasa metabólica (BW 0.7/km²)		
	Yavarí	Bajo Mirín	Alto Mirín	Yavarí	Bajo Mirín	Alto Mirín
11,0	44,6	n/a	17,4	22,3	n/a	8,7
8,0	261,5	220,9	196,0	143,1	120,8	107,2
7,8	n/a	n/a	5,9	n/a	n/a	3,3
3,5	14,0	17,5	35,7	9,8	12,2	24,8
3,0	7,9	6,7	16,7	5,7	4,9	12,2
3,0	n/a	14,8	n/a	n/a	10,8	n/a
2.0	14,4	8,8	21,0	11,7	7,2	17,2
1,0	11,8	5,1	11,7	11,8	5,1	11,7
0,8	14,9	26,5	36,7	15,9	28,2	39,2
0,5	15,2	11,3	14,3	18,6	13,8	17,4
	384,3	**311,6**	**355,5**	**238,9**	**203,0**	**241,7**
160,0	n/a	48,9	50,0	n/a	11,22	11,48
33,0	n/a	501,3	481,5	n/a	181,86	174,66
25,0	227,5	53,3	213,4	89,4	21,0	83,9
33,0	23,0	34,6	31,6	8,3	12,5	11,5
15,0	6,5	n/a	n/a	2,97	n/a	n/a
	256,9	**638,1**	**776,5**	**100,7**	**226,6**	**281,5**
5,0	8,5	6,2	14,5	5,4	3,9	9,1
1,0	0,9	0,8	3,9	0,9	0,8	3,9
0,8	4,2	2,5	5,4	4,5	2,7	5,7
	13,6	**9,5**	**23,9**	**10,7**	**7,3**	**18,8**
	654,9	**959,2**	**1155,8**	**350,3**	**436,9**	**542,0**

observaciones que se hicieron registraron grupos muy pequeños, siendo el resultado una baja tasa de observación de esta especie. Por el contrario, la especie abunda en el Yavarí Mirín. El sajino (*Tayassu tajacu*) abunda en el alto Yavarí y en el alto Yavarí Mirín, pero es menos común en el bajo Yavarí Mirín. Los venados colorado y gris (*Mazama americana* y *M. gouazoubira*) fueron particularmente abundantes en las localidades del alto Yavarí.

De las tres especies de roedores comparadas, el añuje negro (*Dasyprocta fuliginosa*) fue similarmente común en las tres regiones, mientras que los añujillos (*Myoprocta* sp.) y las ardillas rojas (*Sciurus igniventris* y/o *S. spadiceus*) fueron más abundantes en el alto

Yavarí Mirín. Estas especies raramente son cazadas, por lo que la variación en las densidades poblacionales probablemente tenga su origen en las diferencias de hábitat entre estas regiones.

Biomasa y biomasa metabólica

La importancia de los mamíferos grandes en un ecosistema se puede determinar por medio del análisis de la biomasa cruda y la biomasa metabólica. Ambas fueron calculadas tomando como referente las especies herbívoras más abundantes en las localidades visitadas en el alto Yavarí y en el Yavarí Mirín (Tabla 1). Estas especies son altamente frugívoras, aunque su dieta incluye además una proporción de hojas y otros materiales de origen vegetal (como flores) y animal.

La biomasa cruda corrige la variación del tamaño del cuerpo de las diferentes especies y mide cuánta energía deja disponible una especie o comunidad para el siguiente nivel de la cadena trófica, i.e., para los carnívoros y humanos. La biomasa metabólica (el peso corporal elevado al factor exponencial 0,71 y multiplicado por la densidad) proporciona la medida del gasto de energía de cada especie y sirve como una medida para calcular cuánto de la producción primaria del ecosistema es consumida por cada especie. La biomasa metabólica es un factor de corrección del tamaño corporal, pues las especies más grandes necesitan menos energía por kilo de peso corporal que las especies más pequeñas.

El alto Yavarí Mirín parece tener la mayor productividad de mamíferos grandes, seguida por el bajo Yavarí Mirín y el alto Yavarí. Esto sugiere que los hábitats del alto Yavarí Mirín poseen una combinación de atributos que los hace particularmente productivos para los mamíferos grandes.

En todas las localidades estudiadas, los primates representan casi un 40% del total de la biomasa cruda y más del 50% del total de la biomasa metabólica de la comunidad. Sin embargo, dos tercios de la biomasa de primates está formada por una sola especie, el mono choro, seguido en términos de biomasa y consumo de energía por el maquisapa y los monos ardilla.

Los mamíferos grandes frugívoros y terrestres, como los tapires, pecaríes y venados, dependen de los frutos no consumidos por las especies arbóreas y que caen al suelo del bosque. Ellos representan aproximadamente un 60% y un 46% de la biomasa cruda y metabólica de la comunidad, respectivamente. Los pecaríes son los primeros consumidores entre los mamíferos frugívoros terrestres, representando un 85% de la biomasa cruda y metabólica terrestre en las localidades del Yavarí Mirín. De ese valor, gran parte corresponde a las huanganas en las localidades del Yavarí Mirín. La biomasa cruda y metabólica de la huangana es mucho menor en las localidades del alto Yavarí. Los tapires y venados colorados presentan términos de biomasa cruda y metabólica similares en

las localidades. En el caso de las tres especies de roedores, éstos sólo representan menos del 3% de la biomasa cruda y metabólica de la comunidad de los mamíferos.

DISCUSIÓN

Estatus actual de las poblaciones de fauna silvestre en las cuencas del alto Yavarí y del Yavarí Mirín

La propuesta Zona Reservada del Yavarí podría tener la mayor diversidad de mamíferos del mundo. Aunque los mamíferos pequeños y los murciélagos no han sido estudiados en detalle (ver "Murciélagos"), es probable que el número total de especies alcance aproximadamente 150. La propuesta Zona Reservada conserva su comunidad de mamíferos intacta (i.e., no ha sufrido ninguna extinción local), pero muchas de las especies que alberga están amenazadas a nivel global (ver líneas arriba).

La densidad poblacional de los mamíferos grandes en el alto Yavarí y el Yavarí Mirín es relativamente alta en comparación a otras áreas con mayor población humana y presión de caza. Esto sugiere que el impacto humano en la vida silvestre y sus hábitats en esta zona es actualmente marginal. La caza permanente está restringida a las áreas cercanas a las comunidades en el área del bajo Yavarí Mirín, siendo ocasional en otras áreas y más frecuente cerca de los grandes ríos. El área total de cultivos o de bosque secundario dentro de la zona es probablemente menor del 0,5%. Actualmente, la pequeña población humana de la zona y los pocos foráneos que entran a la zona a cazar y pescar no son una mayor amenaza a la vida silvestre.

Esta situación podría cambiar drásticamente si la población local crece o las operaciones de extracción forestal se inician en la zona. Está probado que la degradación de la vida silvestre va de la mano con las operaciones de extracción forestal, que induce al aumento de la caza ilegal (Bodmer et al. 1988). Las compañías madereras dependen de la caza para la subsistencia de sus trabajadores y como una fuente secundaria de ingresos, pues se le sugiere a los empleados el dedicarse a la caza como medio de subsistencia y generación de ingresos hasta que la compañía pueda vender la madera y pagarles sus salarios. En realidad, la mayor parte de la caza en zonas donde existen operaciones madereras es hecha por los propios empleados de las madereras. Ya que las ganancias financieras son los mayores incentivos para las empresas forestales, los madereros a menudo cazan por subsistencia, vendiendo la carne de tapires, venados y pecaríes en los mercados locales. Las operaciones de extracción de madera también suelen estar vinculadas al tráfico ilegal de pieles de jaguar y lobo de río. En consecuencia, el impacto de caza de la extracción maderera es drástico y causa un rápido declive de las poblaciones de mamíferos grandes vulnerables a la sobrecaza, como los primates y los tapires. Incluso la tala controlada podría incrementar la presión de caza hasta alcanzar niveles insostenibles en un reducido período de tiempo.

Para la mayor parte de las especies, la variación regional en su densidad está más influenciada por la calidad del hábitat que por la presión de la caza. La calidad del hábitat puede variar de acuerdo a la fertilidad del suelo, la productividad local y la composición de las especies arbóreas. Entender esta variación en las interacciones fauna silvestre-hábitat es vital no sólo para los animales, sino para el funcionamiento del ecosistema, pues las poblaciones saludables de dispersores de semillas y depredadores son importantes en la dinámica natural de la diversidad vegetal del bosque. El análisis de la biomasa metabólica indica la especial importancia de los grandes primates y los pecaríes en el mantenimiento de estos bosques intactos.

Importancia del área para la conservación de vida silvestre

Las cuencas del Yavarí y del Yavarí Mirín ofrecen la oportunidad de proteger un bosque primario básicamente intacto con comunidades de mamíferos sanas y muy diversas. El paisaje mismo es un mosaico diverso que varía en la tierra firme desde zonas de suelos arenosos y pobres en nutrientes hasta los ricos suelos arcillosos (ver Figura 3A), además de varios tipos de bosques inundados a lo largo de los ríos y arroyos. Mantener la integridad del paisaje asegurará la existencia de estos hábitats y las especies necesarias para la supervivencia de las diversas poblaciones de mamíferos, porque el área es lo suficientemente grande para sostener

poblaciones viables de la mayoría de las especies, aún si se altera totalmente el paisaje que la rodea. La Reserva Comunal Tamshiyacu-Tahuayo es la única unidad de conservación que protege la diversidad extremadamente alta de mamíferos en la región; sin embargo, su zona de protección estricta no es lo suficientemente extensa para proteger las grandes poblaciones de mamíferos a largo plazo.

Muchas especies amenazadas a nivel global viven en la propuesta Zona Reservada. La región del Yavarí y el Yavarí Mirín es una de las pocas áreas de la Amazonía peruana donde las amenazas que enfrentan estas especies a nivel mundial—la pérdida de hábitat y la caza—se mantienen en niveles mínimos. Existen pocas oportunidades para la conservación de estas especies en otras zonas de la Amazonía, como las cercanas al río Ucayali, donde el impacto de la población humana es más alto. La propuesta Zona Reservada ofrece un paisaje extenso e intacto para la viabilidad a largo plazo de especies como el mono huapo colorado, el jaguar, el lobo de río y otros carnívoros. En el caso del huapo colorado, el esfuerzo de conservación es de extrema gravedad por su irregular distribución y baja densidad poblacional (ver Figuras 1 y 8). Para la supervivencia de la especie a largo plazo, no es suficiente la protección de poblaciones individuales, las cuales quedarían así aisladas.

Un área especialmente importante para la conservación es el curso medio del río Yavarí Mirín, en la margen norte del río (ver Figura 8). Allí existe una gran densidad de mamíferos grandes como maquisapas y venados, quizás por su suelo fértil y su alta productividad (K. Salovaara, datos no publicados). Esta es también un área de gran importancia en los esfuerzos de conservación del lobo de río (Isola y Benavides 2001) y el mono huapo colorado, ya que permite la conectividad entre las poblaciones orientales y occidentales de esta especie en el Yavarí Mirín. Si este estrecho corredor entre el Yavarí Mirín, el Orosa y el Tamshiyacu se torna inhabitable para este primate, se formarán dos subpoblaciones cuya supervivencia no se podrá sostener en el tiempo. Por lo tanto, este corredor es fundamental para la conectividad de la población y la supervivencia a largo plazo del mono huapo colorado, no sólo en el ámbito regional sino también a nivel global.

RECOMENDACIONES

Recomendamos la conservación de la totalidad de la cuenca del Yavarí Mirín, incluyendo el río Esperanza, para asegurar la supervivencia a largo plazo de las comunidades y especies de mamíferos del área. Aunque el área está ahora intacta, enfrenta varias amenazas potenciales que pueden ser mejor controladas mediante su administración como una unidad de conservación. Proteger toda el área propuesta es vital, debido a que diversas especies poseen una distribución restringida dentro de la región, y sólo podrían persistir en grandes secciones de bosque continuo.

El estatus de muchos mamíferos grandes del área es bien conocido; sin embargo, existe la necesidad de realizar inventarios y estudios ecológicos posteriores. Por ejemplo, diversos mamíferos grandes amenazados han sido observados en el área, pero no se conoce el tamaño de sus poblaciones. Tal es el caso de los carnívoros, el oso hormiguero gigante y los perezosos. Lo mismo se puede decir respecto de los pequeños mamíferos y los murciélagos, aún prácticamente desconocidos (ver "Murciélagos"). Además, se requiere la confirmación de la existencia de muchas especies amenazadas esperadas en el área, como los manatíes, el perezoso de dos dedos y diversos marsupiales y pequeños roedores.

Para el manejo y conservación de los mamíferos grandes es vital continuar la colaboración con las comunidades locales en la cuenca del Yavarí Mirín y monitorear constantemente el uso que se le dá a la vida silvestre. En la actualidad el uso de los recursos de fauna silvestre vienen siendo monitoreados en colaboración con las poblaciones locales, pero sería beneficioso intensificar el monitoreo de poblaciones para especies como el mono huapo colorado, el lobo de río, el jaguar y el tapir de llanura. La población local debe tener un rol activo en los programas de conservación y manejo de la vida silvestre. Este rol activo debe traducirse en el monitoreo de los cazadores que ingresan al área, principalmente por vía fluvial desde el bajo Yavarí y por tierra cruzando desde el río Tamshiyacu hasta el alto Yavarí Mirín.

El trabajo de educación y extensión en las comunidades debe continuar para apoyar los demás esfuerzos de conservación. El lobo de río, por ejemplo, no es cazado en la actualidad por su piel o su carne, pero tampoco cuenta con la simpatía de la población, que a veces los mata en las cercanías a los poblados. Para prevenir conflictos en el futuro sería beneficioso desarrollar más programas de educación ambiental en las comunidades locales.

Por ahora, los habitantes locales mantienen una actitud positiva hacia los esfuerzos de conservación, y esperan de ellos beneficios para sus remotas comunidades, carentes de servicios básicos de salud y educación. Su participación en los programas de manejo y conservación es esencial. Si las comunidades crecen o cambian su modo de explotación de los recursos, será necesario manejar y redirigir sus actividades extractivas. Esta tarea se facilitará si los habitantes reconocen la importancia del medio ambiente para su bienestar presente y futuro, así como los objetivos de conservación en un contexto más amplio.

MURCIÉLAGOS

Autor: Mario Escobedo

Objetos de conservación: Especies presentes en la Lista Roja de la UICN, como *Tonatia carrekeri* (Vulnerable), *Artibeus obscurus* y *Sturnira magna* (ambas Casi Amenazadas); agentes de dispersión de semillas de plantas ecológica y económicamente importantes como *Carollia perspicillata* (dispersador de *Piper* y *Cecropia* spp.), *Artibeus jamaicensis* (dispersador de *Ficus insipida*) y *S. magna* (dispersador de *Cecropia* y *Ficus* spp. y de *Psidium guajaba* [Loja 1997])

INTRODUCCIÓN

Actualmente existen 152 especies de murciélagos reportados para el Perú (Hutson et al. 2001). Hay un conocimiento limitado del estado y la distribución de la gran mayoría de las especies, y aún quedan muchas áreas donde la fauna de Chiroptera es inexplorada.

Tal es el caso de los sitios visitados por el inventario biológico rápido en el río Yavarí, y de toda la propuesta Zona Reservada del Yavarí.

Sin embargo, se han realizado inventarios de murciélagos en por lo menos tres sitios muy cerca de la propuesta Zona Reservada. Fleck et al. (2002) reportan 57 especies de murciélagos para la comunidad Matsés de Nuevo San Juan en el río Gálvez, al suroeste de la propuesta Zona Reservada Yavarí. Gorchov et al. (1995) reportan 57 especies de murciélagos pertenecientes a siete familias en Jenaro Herrerra. Cevallos (1968) reporta 15 especies de murciélagos para la zona del río Orosa, pero el valor de esa lista es dudoso, ya que incluye especies de distribución mayormente andina, como *Vampyressa thyone* y *Micronycteris brosseti*. Al otro lado del río Ucayali-Amazonas, 39 especies de murciélagos han sido registrados hasta la fecha en la Reserva Nacional Pacaya Samiria y 49 especies en la Zona Reservada Allpahuayo-Mishana (Escobedo 2002).

MÉTODOS

Por diez días durante el inventario biológico rápido se realizaron capturas de murciélagos con dos redes de neblina de 12 m de largo cada una. Las redes fueron instaladas en forma linear o en forma de "T" dentro del bosque y abiertas entre las 17 y 21 horas. Se revisaron las redes cada diez minutos en horas de mayor actividad de vuelo (entre las 18 y 20 horas) y posteriormente cada 15 minutos.

Previa a la instalación de las redes, se tomaron datos de la zona de muestreo (tipo de bosque, vegetación predominante, características del terreno y clima). Los ambientes muestreados incluyen en su gran mayoría a bosques de tierra firme, pero ocasionalmente a bosques periodicamente inundados por quebradas. Los sitios de muestreo fueron mayormente a menos de 500 m del río. Generalmente las redes fueron instaladas en trayectorias potenciales de vuelo de los murciélagos, como claros, quebradas, e incluso las mismas trochas. Para la captura de murciélagos de vuelo alto, se empleó un sistema de poleas para colocar las redes a 10–12 m de altura cerca de árboles en proceso de floración y/o fructificación, como *Cecropia* spp. y *Ficus insipida*. Como el tiempo de muestreo fue muy limitado, se tuvieron que obviar algunos hábitats de interés para los murciélagos, como los aguajales, cochas, y bosques netamente de altura.

Las especies capturadas con mayor frecuencia y fáciles de reconocer se identificaron *in situ*. Para todos los individuos capturados se tomaron datos biométricos (longitud total, longitud de antebrazo, etc.) y morfológicos (coloración, presencia o ausencia de cola, etc.). Los que no podían ser identificados en el campo fueron llevados en bolsas de tela al barco, donde se los identificó con la ayuda de claves (Pacheco y Solari 1997). Terminada la identificación todos los especímenes eran marcados con tinta blanca y liberados.

RESULTADOS

Durante el muestreo se registraron 51 especímenes pertenecientes a tres familias, tres subfamilias y 20 especies de murciélagos (véase el Apéndice 7). En la lista se incluyen no solamente las especies capturadas sino también varias especies observadas en el campo pero no capturadas. Tal es el caso de *Rhynchonycterix naso* y *Saccopterix biliniata*, ambas especies insectívoras observadas durante el día en sus dormideros en ramas de *Cecropia* sp. que colgaban hacia el río. Además incluimos a *Noctilio* sp., observado a primeras horas de la tarde en el campamento Quebrada Buenavista en sobrevuelo sobre el río Yavarí.

En esta lista preliminar se presenta una mezcla de especies generalistas y especies con preferencias de hábitat más especializadas. Entre las generalistas se encuentran *Phyllostomus elongatus*, *Carollia perspicillata* (ver Figura 7B) y *Artibeus jamaicensis*. Entre las especializadas se registró a *Trachops cirrhosus*, un murciélago que se alimenta de ranas, y que prefiere por lo tanto hábitats cerca de cochas, quebradas y ríos. También se capturaron algunas especies de vuelo alto, como *Artibeus hartii* y *Vampyressa brocki*, a 10 m de altura, muy cerca de un *Ficus insipida* con frutos.

AMENAZAS Y RECOMENDACIONES

Las tres amenazas principales para los murciélagos en la Amazonía son la agricultura intensiva, la eutroficación de los cuerpos de agua y la erosión de las riberas de los ríos. Debido a la ausencia de influencia humana en la zona, ninguna de estas amenazas eran observadas comunmente en los sitios de muestreo. La amenaza más grande que podría representar en un futuro no muy lejano son las concesiones forestales, ya que esta actividad fomentaría la tala de muchas especies arbóreas de importancia alimenticia para los murciélagos.

Para comprender mejor a las comunidades de murciélagos que se encuentran en la cuenca del río Yavarí y en la Zona Reservada propuesta serán necesarios estudios más intensivos. Con estudios de largo plazo se podrá empezar a comprender el valor de los servicios ecológicos que cumplen los murciélagos, como la dispersión de semillas y el control biológico de insectos.

COMUNIDADES HUMANAS

Participantes/Autores: Hilary del Campo, Zina Valverde, Arsenio Calle y Alaka Wali

Objetos de conservación: La práctica de pesca artesanal; la rotación de zonas de caza (para la reproducción de la vida silvestre de la zona); la reforestación en las chacras diversificadas con árboles frutales

INTRODUCCIÓN

La propuesta Zona Reservada Yavarí se ubica en una zona fronteriza casi totalmente despoblada. El pueblo de Nueva Esperanza, ubicado en el límite noreste y con 179 habitantes, es la comunidad más cercana a los límites propuestos. Según informes anteriores y reportes de los comuneros de Nueva Esperanza, existe un caserío de cinco habitantes de nombre Pavaico (también conocido como San Francisco de las Mercedes), ubicado a la orilla del río Yavarí Mirín, dentro del área propuesta. Por lo tanto, la densidad poblacional dentro de la propuesta Zona Reservada es ínfima. Esta bajísima densidad humana se considera como un fenómeno relativamente reciente (ver "Una Breve Historia del Valle del Río Yavarí"); debido al difícil acceso al mercado exterior, al temor a las enfermedades graves y por ser una zona endémica de malaria resistente al tratamiento con cloroquina.

La población de las áreas circundantes también es reducida. Estimamos que entre 1.000 y 2.000 personas habitan lo que en el futuro podría representar una zona de amortiguamiento de la Zona Reservada, quiere decir, la región ubicada a 20 km de los linderos propuestos. Esta población comprende aproximadamente diez comunidades, así como algunas bases militares y caseríos. La población es heterogénea e incluye comunidades indígenas (Matsés, o Mayoruna), ribereñas y de colonos. Además, existen rumores de poblaciones Matsés en aislamiento voluntario dentro, o en la periferia de la propuesta área de conservación. El grupo social no pudo averiguar la existencia de estas poblaciones, pero es necesaria una zonificación apropiada que provea la más alta protección del territorio, respetando los derechos de los no contactados.

Con el propósito de conocer y comprender el marco económico, social y político de estas comunidades, el equipo de campo social realizó un levantamiento de información relacionado con las fortalezas sociales, capacidades y el uso de los recursos naturales. La información recolectada encaja en las siguientes categorías: historia, demografía, economía, organización e instituciones sociales y el uso de recursos. En base a estos datos, realizamos un análisis de las fortalezas principales de las comunidades, actitudes hacia el medio ambiente y su entorno, las amenazas presentes para las gestiones comunales a favor de la conservación y los objetos de conservación con respecto a las prácticas humanas.

MÉTODOS

El estudio social de la región de Yavarí duró tres semanas y se realizó en 11 comunidades. Posteriormente, se visitaron dos comunidades adicionales en la zona occidental de la propuesta Zona Reservada, en el río Tahuayo y la quebrada Blanco, por dos días. Nuestras técnicas principales fueron la observación sistemática y participación en la vida cotidiana; entrevistas con moradores, autoridades, líderes y otras personas claves; grupos focales; asambleas comunales y visitas a las chacras. También usamos ilustraciones de aves y mamíferos para investigar el conocimiento de la gente sobre la fauna regional, e hicimos una recolección sistemática de información sobre la caza, pesca y el uso de recursos a través de encuestas.

RESULTADOS

Sector Yavarí: 8 comunidades, ~1.210 habitantes

Entre el 21 y el 31 de marzo, el grupo social realizó estudios sociales intensivos en el pueblo de Angamos (ver Figura 9A) y en cinco comunidades Matsés: Fray Pedro, Las Malvinas, San José de Añushi, Paujil y Jorge Chávez. Además, realizamos visitas y/o entrevistas en la base militar Palmeiras, la cual cuenta con población civil, y en el asentamiento de la familia Manihuari Pinches, ambos en el lado brasileño. Durante el viaje por el río Yavarí, el grupo social conversó con varios pescadores y/o cazadores que surcaban el río para entender mejor el uso de recursos a ambos lados del río.

Angamos

El pueblo más grande del distrito de Yaquerana, Angamos es una base militar y población civil con un poco menos de 1.000 habitantes. El 66% de la población está representada por efectivos militares y sus familias. Otros habitantes de Angamos parecen haber llegado en los últimos diez años para trabajar en la extracción de la madera. La localidad representa un pueblo bien formado y está físicamente dividida entre base militar y población civil.

Angamos es un pueblo mayormente concentrado con un patrón de vivienda de tipo familias nucleares. Existen tres mujeres que representan autoridades (Jueza de Paz, Alcaldeza y Gobernadora), quienes forman la base del patrón político de Angamos y ayudan a mantener vinculaciones socioeconómicas con Iquitos y la Municipalidad del distrito. La gente se organiza básicamente con la Municipalidad, las tres iglesias evangélicas y la base militar. También existen

estructuras de servicios básicos como un centro de estudios de primaria, de secundaria y ocupacional; un Centro de Salud con cinco profesionales; y la Subregión de Yaquerana. Existen asociaciones y agrupaciones formales e informales, formadas para realizar actividades sociales, económicas, políticas y de salud. En Angamos se encuentra el Comité de Agricultores de Angamos, el Frente Patriótico de Yaquerana, equipos de fútbol y voley, y programas incentivados por la municipalidad como el Club de Madres y el Vaso de Leche.

Actualmente, Angamos es un centro comercial importante de la zona y tiene vinculaciones económicas y redes sociales fuertes con Iquitos. Los pobladores nos contaron que en los años 1990–96 la extracción de madera como el cedro (*Cedrela* spp.) y la caoba (*Swietenia macrophylla*) predominaba en la región. Esto correspondió a una incrementada taza poblacional y un mejorado desarrollo de la infraestructura de Angamos. Desde el establecimiento de la veda en los bosques de la región en 1996, la economía de Angamos depende del empleo en las oficinas gubernamentales como la base militar, la Municipalidad, la Subregión de Yaquerana e INRENA. Otras fuentes de trabajo vienen de la caza, la pesca, actividades agrícolas de pequeña escala y negocios pequeños como restaurantes y bodegas.

Los vuelos comerciales entre Angamos e Iquitos representan la fuente principal de actividad económica para el pueblo, ya que se transportan pieles, carne y peces ornamentales para vender en Iquitos aproximadamente ocho veces por mes. Una lancha trae productos comerciales de Iquitos aproximadamente una vez por mes, pero su llegada es impredecible y muchas veces atrasada. Debido al acceso difícil, los precios de los productos comerciales están altamente inflados, hasta un 250% (durante nuestra visita). Sin embargo, todos los residentes con los cuales hablamos nos contaron que esperan una mejor situación económica en un futuro cercano y la mayoría de ellos ha decidido mantener su residencia a pesar de los problemas económicos.

Las comunidades Matsés

El grupo indígena Matsés, también conocido como Mayoruna en estudios previos, son los habitantes originales de la región. Según Romanoff (1984), los Matsés tenían contacto esporádico con caucheros entre los años 1920 y 1930, y es probable que sus antepasados hayan sido diezmados y forzados a vivir en las Reducciones (pueblos concentrados establecidos por los misioneros españoles quienes llegaron con los conquistadores). Según los habitantes, entre 1980 y 1990 muchos Matsés se mudaron de la comunidad de Buenas Lomas ubicado en el río Chobayacu al río Gálvez en busca de un mejor servicio de salud y acceso al mercado de Angamos. La titulación de la Comunidad Nativa Matsés, un área de 452.735 ha, ocurrió en 1993 con el apoyo de la organización CEDIA (Centro para el Desarrollo del Indígena Amazónico). Actualmente hay una propuesta para una Reserva Comunal Matsés adyacente al territorio titulado. CEDIA está realizando las gestiones para lograr esta reserva.

Hoy en día, las poblaciones Matsés representan un 70% de la población del Distrito de Yaquerana en el Departamento de Loreto. El territorio Matsés titulado contiene más de 2.100 personas dividas entre 12 "anexos," o comunidades distintas, y dos que están en proceso de formarse. Visitamos cinco comunidades a unos 20 km de los linderos de la propuesta Zona Reservada. Tres de las mismas son anexos dentro del territorio titulado Matsés en el río Gálvez: Paujil (~45 individuos), San José de Añushi (~55) y Jorge Chávez (~65). Las dos comunidades no tituladas que visitamos son Fray Pedro (~40) y Las Malvinas (~50), en las afueras de Angamos. Las comunidades tienen veredas, postas médicas, escuelas y algunas tienen casas comunales construidas por el gobierno regional.

Las comunidades Matsés mantienen un estilo de vida mayormente basado en la agricultura de subsistencia; cada familia cultiva una chacra creada por el sistema de roce y quema. La gente depende de la venta de carne de monte en Angamos para comprar productos como kerosene, jabón y sal. La venta de carne y la compra de bienes se realizan aproximadamente una vez por semana, dependiendo de la distancia entre Angamos y la comunidad. Las actividades económicas son manejadas por cada casa (no es trabajo comunal).

Todas las comunidades Matsés que visitamos mantienen un patrón de asentamiento concentrado con familias extendidas. La estructura comunal y la familiar son dominadas por las reglas de parentesco, las cuales han sido profundamente exploradas en estudios previos (Fields y Merrifield 1980, Romanoff 1976). Los Matsés se encuentran organizados en linajes patrilineales y muchos hombres tienen más de una esposa. Los recién casados viven a veces con los padres del novio y a veces con los de la novia. Existe un jefe por cada anexo y uno que tiene la jurisdicción sobre todo el territorio titulado, y las vinculaciones entre comunidades Matsés son fuertes por las redes de parentesco.

Los Matsés que viven cerca de Angamos también tienen vinculaciones con ese pueblo para servicios de salud y razones sociales. Tanto en las comunidades Matsés como en Angamos, la religión forma una parte importante de la vida social y cultos ocurren tres veces por semana. Desde el contacto entre los misioneros del Instituto Lingüístico de Verano y los Matsés en 1969 (Vivar 1975), por ejemplo, los cultos evangélicos representan eventos importantes. Los equipos de fútbol y programas gubernamentales como el Vaso de Leche también son considerados importantes por los comuneros.

Sector Yavarí Mirín: 3 comunidades, ~214 habitantes

Entre el 8 y el 13 de abril, el grupo social visitó a tres comunidades ribereñas en el río Yavarí Mirín: Nueva Esperanza, San Felipe y Carolina, todas con personería jurídica. Nueva Esperanza es la comunidad más grande de la zona, con 179 habitantes y una extensión aproximada de 7.500 ha (75 km²) considerada un área de influencia hasta donde los residentes mantienen sus chacras. San Felipe cuenta con 18 personas y Carolina con 17, además de los siete miembros de la Policía Nacional que se encuentran en un puesto de vigilancia.

La zona del Yavarí Mirín forma parte del territorio ancestral de los Matsés. Sin embargo, la información recogida en el campo indica que las familias que ahora viven en estas comunidades tienen sus antecedentes en los grupos étnicos Yagua y Cocama. Estas comunidades, en su mayor parte, están formadas por personas que abandonaron las comunidades de la cuenca alta del Yavarí Mirín en la década de los setenta, por su aislamiento extremo y por el temor a la malaria. El aislamiento económico y político, junto con la alta taza de mortalidad, siguen siendo factores importantes en estas comunidades. En Nueva Esperanza, con una población de 179 habitantes, se registraron 347 casos de malaria entre 2001 y 2002. La resistencia a la cloroquina parece ser un problema endémico de la región y durante nuestra estadía había varios casos graves de malaria. Por lo general esta enfermedad aparece con más fuerza en épocas de invierno (diciembre–abril).

La vida cotidiana es de subsistencia, a base de caza, pesca y agricultura a pequeña escala. Nueva Esperanza tiene como principal actividad la caza. La economía local es dirigida por tres moradores quienes compran carne y pieles de huanganas y sajinos para venderlas en los mercados tri-nacionales de la zona fronteriza entre el Perú, Brasil y Colombia ubicada a tres días continuos río abajo en peque-peque. Otras pieles son vendidas a un acopiador que trabaja con el comprador de cueros de Angamos. La caza de animales menores y primates para su consumo en el hogar se realiza de manera esporádica ya que consideran que matar a un animal pequeño no compensa el gasto realizado por la compra del cartucho. La pesca por lo general se realiza con anzuelo, flecha y arpón. La pesca de peces grandes como zúngaro (*Pseudoplatystoma tigrinum*), doncella (*Pseudoplatystoma fasciatum*), paiche (*Arapaima gigas*) y gamitana (*Colossoma macropomum*) se realiza con redes grandes; esta carne también se vende en los mercados de la zona fronteriza tri-nacional. Para la caza y pesca todos tienen derecho al uso de los recursos de fauna y flora, cochas y quebradas. Sin embargo, existen acuerdos informales respecto a las zonas de caza entre los comuneros.

A diferencia de la pesca y la caza, las chacras son principalmente para el consumo local. También existe una persona que trabaja en la venta de madera blanca; sin embargo, por lo general sus habitantes extraen madera sólo para construir sus casas. Además, INRENA está investigando reportes de extracción ilegal de madera en el alto Yavarí Mirín en la quebrada Pavaico, pero hasta ahora no tenemos detalles de estos reportes.

La principal problemática económica para estas comunidades es la enorme distancia que tienen que recorrer sus pobladores hasta los mercados de la zona fronteriza para poder llegar a una zona comercial, con el riesgo que a veces no puedan vender todo lo que llevan. Como la vida está mayormente basada en la subsistencia, el sistema de trueque es común dentro de las comunidades. Por ejemplo, la presencia de mascotas que crían en las viviendas, como monos, huanganas, sajinos, achunis, motelos, y aves silvestres como loros, pinshas y trompeteros, entre otras, sirve para hacer trueque con productos que llevan los comerciantes o, en caso raro, con los eventuales visitantes que llegan al lugar.

Todas estas comunidades presentan un patrón de asentamientos nucleados, habiendo también un patrón de familia extendida en cada pueblo. Redes sociales en base a compadrazgo y familia unen las tres comunidades, que interactúan especialmente en juegos deportivos (fútbol y voley), fiestas de aniversario de la comunidad, o fiestas de cumpleaños. Existen además vínculos económicos y escolares. Por ejemplo, los niños de San Felipe estudian en Nueva Esperanza y migran juntos con sus padres desde su comunidad para establecerse en Nueva Esperanza y estudiar hasta que culmine la época escolar, fecha en que regresan a San Felipe.

Políticamente, Carolina y Nueva Esperanza son independientes. En San Felipe no existen autoridades, por ser un anexo de Nueva Esperanza. Carolina tiene un teniente gobernador y un agente municipal. Como no funciona la Escuela Fiscal, los padres se ven en la necesidad de mandar sus niños a estudiar en Pelotão (Brasil). Por su parte la comunidad de Nueva Esperanza cuenta con presidente, teniente gobernador, agente municipal, presidente de la Asociación del Padre de la Familia (APAFA), presidenta del Club de Madres y presidente del Club Deportivo de Fútbol "Cuenca Mirín". Nueva Esperanza también tiene una posta médica, centros educativos primario e inicial, radiofonía, iglesia, una oficina del gobierno, un local comunal y una sede agraria.

FORTALEZAS, AMENAZAS Y OBJETOS DE CONSERVACIÓN

Fortalezas

Basados en la información recolectada, hemos identificado la organización social, las prácticas conservacionistas y la voluntad de mejorar la calidad de vida a largo plazo como las principales fortalezas en los tres sectores visitados. A continuación detallamos cada fortaleza.

■ **Organización social: Las comunidades tienen fuerte identidad comunal y orgullo en mantener sus prácticas y valores culturales.**

En los tres sectores donde trabajamos, observamos que los moradores tienen la voluntad de quedarse en la región para mantener sus tradiciones, costumbres y redes de parentesco, no obstante los problemas relacionados con el hecho de ser una zona aislada, lo cual incluye poca actividad comercial, poca representación política y en algunos casos la falta de adecuado servicio de salud y educación. Por medio de las vinculaciones que mantienen con sectores gubernamentales y sus propias organizaciones informales y redes sociales, encontramos una fuerte organización comunal en base a líderes capaces. Nuestros estudios también revelaron que las poblaciones son estables y, en el caso de los Matsés y las comunidades del sector Yavarí Mirín, tienen gran conocimiento de su entorno. Los Matsés mantienen un sentimiento de orgullo con respecto a su historia y su identidad. Esto se manifiesta en la continuidad de las reglas de parentesco y la mantención del conocimiento tradicional de los recursos que tienen su principio en el idioma Matsés. Tanto los jóvenes como la gente mayor tienen el orgullo de hablar el Matsés como idioma primario y parece que el hecho que estén establecidos más cerca a Angamos no significa que posean una mayor facultad para hablar el castellano.

■ **Prácticas de subsistencia compatibles con la conservación del ecosistema**

Como su estilo de vida está basado en la subsistencia, los comuneros dependen de la salud del ecosistema que los rodea. Sus costumbres están sumamente interconectadas con el conocimiento local de los recursos naturales. Por ejemplo, la gente ha mantenido la práctica de pesca artesanal con flecha, anzuelos y arpón. Estos costumbres tienen sus raíces en valores culturales y resultan tener bajo impacto en la vida acuática de la región.

Conjuntamente, según estudios recientes, hay un vínculo estrecho entre la mantención del idioma nativo y la conservación de la biodiversidad. En los idiomas nativos, tanto en los nombres de especies como en los mitos, leyendas y tabúes, está preservado el conocimiento del ecosistema. Este conocimiento incluye la diversidad de flora y fauna, los patrones de comportamiento de los animales y las variaciones estacionales en el ecosistema local. Por eso, la preservación del idioma nativo es una fortaleza importante para la conservación.

■ **Prácticas conservacionistas locales: En toda la zona de estudio, la gente está proponiendo y gestionando proteger la flora y fauna de su entorno.**

Aunque viven una vida basada en la subsistencia, la gente reconoce que sus acciones y las de otros pueden llevar directamente a la sobreexplotación de los recursos naturales. Para enfrentar estas preocupaciones, ellos toman sus propias medidas para monitorear y diversificar áreas de escasez. Entre ellas hemos identificado dos que son objetos de conservación: la rotación de zonas de caza, protegiendo la reproducción de la fauna de la zona, y la estrategia de reforestación en las chacras diversificadas con árboles frutales.

En las comunidades Matsés que visitamos, los miembros están preocupados por la escasez de animales de monte. Para combatirla, algunos cazadores imponen restricciones de caza en ciertas zonas por ocho meses. Este plan de manejo local supuestamente está diseñado según un acuerdo basado en el voto. En Angamos, la gente decidió por acuerdo mayoritario proteger una cocha por la gran abundancia de peces ornamentales. La comunidad de Nueva Esperanza ha definido una zona reservada para la reproducción de los animales en el sector de la quebrada Esperanza por considerarla una zona con abundante vida silvestre. Los cazadores indicaron que consideran a las áreas que bordean sus chacras como zonas de "amortiguamiento" donde no se puede cazar para que los animales tengan espacio para reproducirse. Más se caza dentro de las mismas chacras cuando llegan los animales atraídos por los frutales. Además, tanto en la zona del Yavarí como en la zona del Yavarí Mirín, observamos que muchas veces, mezclados con cultivos como maíz (*Zea mays*), yuca (*Manihot esculenta*) o plátano (*Musa* spp.), la gente siembra árboles frutales, tales como papaya (*Carica papaya*), guayaba (*Psidium guajava*), caimito (*Pouteria* spp.) y pijuayo (*Bactris gasipaes*), entre otros. Esta estrategia permite que cuando están cosechados los cultivos, la purma queda "reforestada" con los árboles frutales que la gente puede seguir aprovechando.

Finalmente, en el sector Yavarí Mirín, las comunidades están participando con la Wildlife Conservation Society (WCS) y el Durrell Institute of Conservation Ecology de la Universidad de Kent de Inglaterra en estudios de uso de fauna silvestre. Por ser participativos, los estudios involucran a la gente en evaluar y reflexionar sobre sus patrones de uso del bosque mientras sirven como base de futuras gestiones del manejo participativo.

■ **Interés en mejorar la calidad de vida:** Los moradores tienen la voluntad de participar con organizaciones externas para conservar y manejar sus recursos con la meta de mejorar su calidad de vida a largo plazo.

Por su larga estadía y fuerte deseo de quedarse en la región, las comunidades representan aliadas para esfuerzos de conservación y quieren capacitarse para proteger su entorno y fortalecer sus costumbres a largo plazo. Dados sus propias preocupaciones y estrecho contacto con sus recursos naturales, la gente se ha encontrado en situaciones donde ha requerido colaboración, capacitación y apoyo con organizaciones externas. En los sectores del Yavarí y Yavarí Mirín el 88% de los entrevistados se mostraron interesados en colaborar y crear planes de manejo sostenible de los recursos. Por ejemplo, una oportunidad para esfuerzos colaborativos podría ser con los Matsés, quienes están preocupados con la sobrecaza en sus propias tierras. Relacionan esta situación con dos fenómenos: la disminución del valor de otros productos agrícolas, como plátano, yuca, maíz y arroz, la cual ha forzado a la gente a vender más carne de monte; y el aprovechamiento local de una incrementada demanda para la carne en Angamos desde la década de los noventa. Su deseo de manejar sus recursos de manera sostenible representa una oportunidad para futuras actividades de conservación y planes de manejo locales.

Amenazas

En las reuniones comunales y entrevistas, tanto con las autoridades como con los habitantes de la zona, se destacaron las siguientes amenazas a su modo de vida:

01 **La actividad maderera** a mediana y gran escala que podría aparecer otra vez en la región (ver "Amenazas" en "Panorama General de los Resultados"). Este tipo de actividad interfiere con la capacidad de la gente para autoabastecerse y restringe sus zonas de caza. Una de las principales preocupaciones de la comunidad de Nueva Esperanza, por ejemplo, es lograr en la brevedad posible la titulación de su territorio y una zona protegida alrededor ante el probable ingreso de madereros a las concesiones forestales que el INRENA y el gobierno regional podrían otorgar en un futuro cercano.

02 La posibilidad de la llegada de **gente foránea**, especialmente los comuneros de un culto religioso milenario, coloquialmente denominado como

"los Israelitas" quienes en otras partes de la región están llevando a cabo actividades agrícolas incompatibles con los recursos naturales de la zona de Yavarí. Hasta ahora, los Israelitas han llegado hasta el bajo Yavarí y parece que están expandiendo rápidamente sus colonizaciones.

03 Hemos notado que **la provisión irregular de servicios básicos** en la zona de Yavarí Mirín (tal como las medicinas para los puestos de salud, y la educación, ya que los profesores a veces no llegan a tiempo para tomar sus cargos) pone en peligro la capacidad de la gente para gestionar y organizarse en defensa de sus terrenos y modo de vida. También, el endemismo de malaria en este sector podría causar futuras migraciones dentro de la región, ampliando así el impacto sobre el medio ambiente.

04 Hemos notado que en la zona de Angamos hay un patrón de **sobrecaza**. Esto puede ser causado por la disminución del valor de otros productos agrícolas, como plátano, yuca, maíz y arroz, que ha forzado a la gente a vender más carne de monte (véase arriba). La sobrecaza puede también reflejar un crecimiento en la demanda de carne en Angamos junto con el crecimiento de la población en la década de los noventa.

En resumen, encontramos que los residentes locales están activamente involucrados en el manejo de recursos naturales, y han creado estrategias diseñadas para mantener su calidad de vida y prevenir una futura degradación de los recursos naturales. Las comunidades tienen estructuras políticas relativamente fuertes por las cuales interactúan con autoridades gubernamentales. Además, las comunidades realizan trabajos comunales, rituales públicos y otras actividades que refuerzan la identidad colectiva. Entrevistas y reuniones comunales revelaron que una amenaza principal a sus patrones de subsistencia es la reemergencia de actividades extractivas de escala mediana y grande, tales como la extracción de madera y actividades agrícolas incompatibles con la región, utilizadas por nuevos inmigrantes.

ADENDUM: VISITA A LAS COMUNIDADES DEL RÍO TAHUAYO

Luego de completar nuestro estudio social en la región del Yavarí, dos miembros del equipo (Hilary del Campo y Alaka Wali) visitaron dos comunidades en el río Tahuayo, en la zona de amortiguamiento de la Reserva Comunal Tamshiyacu-Tahuayo (RCTT). El objetivo de esta visita de dos días (13 y 14 de abril) fue observar los esfuerzos de Rainforest Conservation Fund (RCF) tanto en la colaboración con las comunidades locales para el manejo de sus recursos, como el de proveer asistencia técnica en proyectos agroforestales. Acompañados por David Meyer (presidente) y Gerardo Bértiz (agente extensionista) de RCF, y Pablo Puertas de la Wildlife Conservation Society, participamos en encuentros comunales, visitamos escuelas y conversamos informalmente con la población de Chino (en el río Tahuayo) y San Pedro (en la quebrada Blanco). En Chino visitamos las chacras de dos residentes de la comunidad para observar el proyecto agroforestal. También visitamos una instalación turística, el albergue A&E, localizada dentro de los límites de la comunidad, y entrevistamos al administrador.

Estas dos comunidades, y potencialmente las otras involucradas en la protección de la RCTT, representan un activo importante para la propuesta Zona Reservada por varias razones. La primera es la vecindad de éstas con la propuesta Zona Reservada. La segunda es la demostrada capacidad de las comunidades para proteger los hábitats y la vida silvestre. Prueba de ello son sus exitosos esfuerzos para lograr la creación de la RCTT, la continua vigilancia del área y su participación en proyectos agroforestales financiados por RCF. En tercer lugar, estas comunidades ya tienen experiencia en la participación de proyectos de investigación llevados a cabo por científicos asociados a la Universidad de Florida, en Gainesville, la Wildlife Conservation Society y el Durrell Institute of Conservation and Ecology de la Universidad de Kent. Toda esta experiencia, además de sus técnicas para el manejo de recursos y la protección de la RCTT, representan modelos valiosos para las comunidades de la región del Yavarí.

En adición a estas comunidades, el trabajo de los científicos mencionados anteriormente así como los esfuerzos de RCF pueden ser considerados como fortalezas. La investigación científica, efectuada de manera participativa, proporciona información valiosa acerca del uso de los recursos naturales y sus niveles de sostenibilidad. Los proyectos apoyados por RCF proveen a las comunidades de opciones alternativas que permiten reducir su dependencia hacia el aprovechamiento de la vida silvestre.

En los encuentros comunitarios discutimos con líderes y residentes locales sus percepciones sobre el estado de los esfuerzos para proteger la RCTT y su propio entorno. Una de sus mayores preocupaciones residía en la dificultad de mantener la vigilancia y protección por su propia cuenta. Afirmaron carecer del apoyo de las autoridades regionales, por lo que solicitaron apoyo a nivel nacional. Desean, asimismo, que se refuerce el control de la sobrepesca y caza en la zona. Para esto último cuentan con el apoyo de los administradores del albergue turístico local, quienes mostraron un gran interés en mejorar los esfuerzos de vigilancia y protección.

Historia de la Zona y Trabajos Previos

UNA BREVE HISTORIA DEL VALLE DEL RÍO YAVARÍ

Autores: Richard Bodmer y Pablo Puertas

El río Yavarí fluye a través de la Amazonía occidental y sirve de límite entre el Perú y Brasil. Aunque escasamente habitado y rara vez visitado en nuestros días, el valle del río Yavarí tiene una larga y colorida historia, la misma que cuenta con registros escritos de sus poblaciones indígenas y sus recursos naturales desde hace más de 300 años. Como la mayoría de los ríos amazónicos, la historia del Yavarí es la de los conflictos con los pueblos indígenas, enfermedades y un siglo de explotación de recursos naturales. El siguiente es un relato que resume los puntos claves de la historia de este fascinante río.

El río Yavarí fue descrito por primera vez durante la expedición de Don Pedro de Texeira en el siglo XVII, la cual fue meticulosamente documentada por el Padre Christopher D'Acuna (1698). Texeira buscaba el mítico El Dorado, "La Laguna de Oro" y "Las Amazonas", aquellas legendarias mujeres guerreras que utilizaban a los hombres sólo para satisfacer sus necesidades reproductivas. Afortunadamente el Padre D'Acuna fue un ávido naturalista que documentó con gran detalle los usos del bosque y la agricultura por parte de los pueblos nativos. Escribiendo sobre el Yavarí, se sobrecogió con la vastedad de sus recursos naturales y la abundancia de vida silvestre en la zona.

En el siglo XIX, el Yavarí fue descrito por dos grandes expediciones científicas: una francesa, liderada por F. de Castelnau (1850–51), y otra austríaca, liderada por Spix y Martius (1823–31). Al igual que el Padre D'Acuna, ambas expediciones destacaron la variedad de plantas y animales del valle, así como la vida y costumbres de las tribus que lo habitaban, entre las que destacaba la de los Mayoruna, también conocidos como Matís (Matsés). F. de Castelnau fue el primer científico en describir con detalle y precisión al mono huapo colorado (ver Figura 1), notando su división geográfica en dos coloraciones o formas, una blanca y otra roja. Spix y Martius describieron con cierto detalle a los Mayoruna y su expansión a lo largo del valle del Yavarí, destacando su ferocidad y reportando que los portugueses no podían ingresar a sus territorios por el temor de sus ataques. Los exploradores austríacos describieron cómo los Mayoruna se ocultaban en el bosque mientras las canoas de los europeos surcaban la corriente, para luego atacarlos con flechas, lanzas y mazos.

La Mayoruna fue una las principales naciones indígenas de Loreto. En el mapa publicado por A. Raimondi (circa 1888) se puede ver que habitaban todo el valle del Yavarí, cubriendo gran parte del noreste de Loreto, desde Pebas hasta Contamana y Tabatinga. Otros grupos, como los Ticuna, Chirabo y Marubo, también habitaban la región del Yavarí hacia fines del siglo XIX. Los Mayoruna eran conocidos como diestros cazadores y no como agricultores o pescadores. La primacía de la caza como fuente de subsistencia era lógica, dada la abundancia de especies de caza en la zona, en relación a otros lugares de la Amazonía (ver "Diversidad y Abundancia de Mamíferos"). Efectivamente, la producción de animales de caza en el valle del Yaraví hace que esta zona sea, aún en la actualidad, una de las principales zonas de caza en Loreto (ver "Uso y Sostenibilidad de la Caza de Especies Silvestres Dentro y en los Alrededeores de la Propuesta Zona Reservada del Yavarí").

El Yavarí ha jugado un importante papel en la historia de las relaciones diplomáticas entre el Perú y Brasil (Maúrtua 1907). En 1777, el Tratado de San Ildefonso estableció la frontera de las coronas portuguesa y española entre Leticia, Tabatinga y el río Yavarí (Public Document 1777). Empero, el temor por la expansión brasileña continuó a pesar del tratado. Francisco Requena, responsable de la región fronteriza de Loreto durante los últimos años de la Colonia, se encontraba tan preocupado por la expansión brasileña a través del valle del Yavarí y la cuenca del Ucayali que estableció el poblado de Requena, sobre el río Ucayali, como una manera de proteger el territorio peruano (Martín Rubio 1991).

En 1866, la República del Perú y el Imperio del Brasil acordaron la organización de una expedición conjunta a las regiones desconocidas del alto Yavarí, tanto con fines científicos como de delimitación de fronteras entre ambas naciones (Raimondi 1874–79). La expedición conjunta estuvo al mando de los secretarios de estado de ambos países, los doctores Manuel Rouaud y Paz Soldán del Perú, y João Soares Pinto de Brasil. La expedición remontó el río Yavarí a bordo del vapor *Napo*, luego de dejar Tabatinga el 5 de agosto de 1866. En el vigésimo tercer día la expedición pasó el río Curazao y cinco días después llegó a la desembocadura del Yavarí Mirín, bautizándole al resto del río Yavarí de ese punto para arriba como el río Yaquirana. El 8 de septiembre, la comisión conjunta alcanzó una nueva divisoria en el río y, siguiendo sus indicaciones, continuaron por el tributario más grande para determinar la frontera internacional. El tributario menor fue llamado Gálvez por Paz Soldán, en memoria del famoso oficial peruano que perdió su vida en la guerra con Chile.

A medida que el río se estrechaba Paz Soldán y Pinto eventualmente tuvieron que abandonar el vapor y proseguir el trabajo a bordo de canoas. A medida que ascendían hacia las cabeceras del río Yaquirana, observaban señales de la presencia de indígenas, a los que llamaron Matapis. El 10 de octubre de 1866 la comisión fue atacada por los indígenas, quienes escondidos en el bosque dispararon flechas a las canoas. La comisión se retiró hacia una playa para atender a los heridos y partió de inmediato aguas abajo. En una de las numerosas curvas del río la expedición fue atacada otra vez, esta vez por más de 100 indígenas—hombres y mujeres desnudos y pintados—quienes atacaron con una lluvia de flechas a los indefensos expedicionarios. Soares Pinto murió al recibir tres flechas en el pecho, en tanto que Paz Soldán pudo huir en una canoa dejando atrás todo el equipo científico y los alimentos de la expedición. Cuatro días después, los sobrevivientes lograron alcanzar el vapor y la expedición volvió a Tabatinga. Paz Soldán perdió una de sus piernas a consecuencia de las heridas sufridas durante el ataque.

No fue el brillante oro de El Dorado, como imaginó Texeira, lo que trajo riqueza al Yavarí, sino el "oro negro" del caucho ahumado (ver Figura 2D). El auge del caucho, entre fines del siglo XIX e inicios del siglo XX trajo el apogeo a la región. Muchos inmigrantes provenientes de Europa, Norteamérica y los Andes llegaron hasta la región amazónica en busca del valioso látex. El valle del Yavarí, rico en árboles de caucho, se convirtió así en un blanco de los recién llegados buscadores de fortuna. La importancia de esta zona como fuente del nuevo y valioso producto trajo como consecuencia su declaración como provincia del departamento de Loreto, estableciéndose en su interior los distritos de Caballococha, Yavarí y Yaquerana. La capital de Yavarí fue el poblado de Nazaret (hoy conocido como Amelia), y la capital de Yaquerana el pueblo de Esperanza, un rico enclave de trabajadores y comerciantes del caucho ubicado en el alto Yavarí (Fuentes 1908).

Para 1903 habían 55 estaciones de explotación de caucho a lo largo del lado peruano del Yavarí, con un total de 1.358 estradas (trochas). El volumen de extracción registrado en 1905 fue de 600.000 kg de látex de caucho. El río bullía de actividad comercial y tráfico fluvial, pues solo en el año 1905, 22 vapores y 107 embarcaciones a vapor menores acopiaban el caucho del Yavarí hacia Caballococha e Iquitos (Larrabure y Correa 1905–09).

Los indígenas del Yavarí no pudieron soportar las incursiones de los caucheros. Los Mayoruna, otrora una gran nación, fueron empujados hacia las zonas altas del Yavarí y reducidos a un conjunto de pequeños poblados aislados. Otras etnias corrieron igual suerte al no poder soportar la penetración de los extractores en su territorio.

Pero la vida era igualmente dura para los extractores de caucho. El Yavarí era famoso por sus terribles y a menudo fatales fiebres. El doctor Pesce las describió como malignas y anormales, probablemente causadas por un tipo de tifo-malaria (Fuentes 1908). Pero las fiebres no eran la única preocupación de los caucheros, pues los conflictos con los indígenas continuaron durante el auge del caucho. Algot Lange, en su fascinante libro de 1912 sobre el Yavarí, narra el ataque de un grupo de 20 indígenas contra los caucheros peruanos, matándolos con flechas, lanzas, garrotes y cerbatanas para luego desmembrar sus cuerpos y comérselos en compañía de sus familias (Lange 1912).

San Felipe, uno de los poblados del Yavarí Mirín, era la base de apoyo de un pequeño barón del caucho brasileño. Este hombre era el patrón de todos los caucheros del Yavarí Mirín y les abastecía de todo lo necesario para su supervivencia desde su puesto en San Felipe. Un día, un grupo de indígenas atacaron y masacraron a todos los habitantes del puesto, dejando atrás todas las vituallas de los caucheros. Noventa años después, todavía es posible encontrar en el lugar antiguas botellas de cerveza, ladrillos traidos de Pará, medicinas importadas desde Nueva York y los restos de un barco de hierro, con su motor totalmente oxidado.

El auge terminó en la década de los veinte, cuando la producción—masiva y a muy bajo costo—del caucho malayo eliminó económicamente al caucho amazónico. La decadencia de la industria del caucho amazónico está bien documentada en el valle del Yavarí. En 1905 las exportaciones de caucho del Yavarí se calculaban en S/. 1.500.000, que al cambio de la época representaban unas 300.000 libras esterlinas. Dos años después, las exportaciones habían caído a S/. 143.000 y para 1917 apenas alcanzaban los S/. 2.000.

A pesar de ello, la explotación del Yavarí continuó. El caucho fue reemplazado por maderas exóticas, aceite de palo de rosa y pieles de animales, valiosos productos del bosque que siguieron atrayendo a aventureros en busca de fortuna.

Entre las décadas de los cuarenta y cincuenta, la población de la zona era otra vez tan abundante en los lados peruano y brasileño como en los tiempos del caucho. En 1942 se estableció la base militar de Angamos, con el objeto de asegurar la frontera luego de la guerra contra Ecuador. El número de familias se incrementó a 710, y en 1978 se creó la comunidad civil de Angamos, siendo su primer líder municipal el señor Francisco Dámaso Portal. En 1981, Angamos tuvo su primer alcalde formal y en 1984 recibió su primera visita presidencial por parte de Alan García Pérez. En la actualidad, la población de Angamos es de 300 familias y 1.200 habitantes.

Del mismo modo, el Yavarí Mirín incrementó su población a medida que la explotación de sus recursos naturales se expandía. En la década de los cincuenta, Joaquín Abenzur Panaifo ingresó al valle del

Yavarí Mirín y construyó una planta de procesamiento de aceite de palo de rosa. Las ruinas de hierro y cemento de la planta pueden ser todavía observadas en el alto Yavarí Mirín. Abenzur usó como base de operaciones la localidad de Petrópolis, en la desembocadura del río Yavarí, debido a que era el punto intermedio entre el Yavarí Mirín y la ciudad de Iquitos. La explotación del palo de rosa y otros recursos naturales atrajo a otros, como Victoriano López, quien contrató un grupo de trabajadores para la explotación de madera y palo rosa de la región.

El interés de los explotadores de recursos naturales en el Yavarí Mirín tuvo como corolario los inevitables conflictos con los pueblos nativos. Los primeros contaban con el apoyo del Estado peruano, que afianzó su presencia en la región estableciendo la base militar de Barros en el alto Yavarí Mirín. La población del Yavarí había crecido nuevamente; en cada orilla del río se podía ver pueblos y caseríos, como el de Buen Jardín, con más de 300 habitantes. En la década de los sesenta, cerca de 1.000 personas vivían y trabajaban en las orillas del Yavarí.

Pero los problemas con los pueblos nativos continuaron, en particular con los Mayoruna. Uno de los motivos más frecuentes de disputa entre colonos y nativos era el rapto de mujeres de los poblados y caseríos para tomarlas como esposas. Durante una de nuestras visitas, tuvimos el privilegio de conocer a una de estas mujeres y escuchar la historia de su rapto. Ella cuenta que llegó al Yavarí en compañía de su esposo, quien trabajaba madera. Su marido solía internarse durante varios días en el bosque, mientras ella cuidaba su cabaña y a su hija recién nacida. Un día, mientras alimentaba sus pollos, cinco Mayoruna se lanzaron sobre ella y la arrastraron hacia el bosque. Los hombres la mantuvieron atada y desorientada, mientras caminaban por más de una semana. Cuando llegaron al poblado nativo, fue encerrada en una gran casa comunal conocida como *maloca*, cuya entrada era vigilada día y noche. En su interior conoció a otras mujeres que habían sido igualmente secuestradas. No pasó mucho tiempo y la mujer se "casó" con el hijo del jefe de la tribu,

con quien tuvo varios hijos. Tras haberse ganado la confianza de su esposo, pudo salir de la *maloca*, bañarse en el río y recolectar vegetales de las tierras comunales. Luego, por amor a sus hijos, se integró a la tribu y perdió todo interés en escapar. Algunas de las otras mujeres secuestradas, sin embargo, nunca aceptaron convertirse en Mayoruna y siguieron intentando escapar. Luego de numerosos intentos de fuga fueron golpeadas hasta morir.

Un día llegaron los misioneros. Sobrevolaron la zona en un hidroavión y arrojaron mantas, cacerolas, machetes y cuentas. Poco después aterrizaron y un grupo de hombres de largas barbas salió de la aeronave y se acercó al jefe Mayoruna. El consejo tribal discutió el destino de esos extraños hombres. Hubo una larga discusión entre los indígenas, acerca de si debían matarlos o aceptarlos. Se decidió esto último y el trabajo misionero empezó entre los Mayoruna. Los esfuerzos de los misioneros y los militares redujo paulatinamente el número de secuestros, reportándose el último de éstos a fines de la década de los sesenta.

La explotación de los recursos naturales del Yavarí alcanzó su pico a inicios de la década de los setenta, para luego iniciar una lenta declinación. El negocio del aceite de palo de rosa había sido prácticamete agotado, la caza por pieles concluyó oficialmente en 1973, cuando el Perú suscribió el CITES, y el valioso cedro (*Cedrela*) empezaba a ser cada vez más escaso en las cercanías de los ríos. En 1990, cuando se inició nuestro trabajo en el Yavarí Mirín, existían cinco pueblos en el área y tres campamentos madereros, los que totalizaban unos 400 habitantes. La operaciones forestales se hacían cada vez más difíciles, tanto, que en ocasiones se requería de hasta tres años para sacar la madera desde los pequeños ríos de tierra firme. Con el tiempo los madereros vieron más rentable dedicar su tiempo a la caza de especies de alto valor comercial que a la tala.

En 1995, una violenta epidemia de malaria cerebral golpeó a la región. Un poblado del alto Yavarí Mirín, San Francisco de las Mercedes, perdió casi la mitad de sus habitantes a causa de la epidemia. Otros caseríos fueron igualmente castigados. La explotación forestal terminó en la región y sus habitantes empezaron a solicitar apoyo del gobierno. Las autoridades de Islandia, capital del distrito, no contaban con los recursos suficientes para ayudar a todas las comunidades, así que comunicaron a los pobladores que solo se asistiría a la comunidad de Nueva Esperanza, un caserío ribereño fundado en 1971, por ser la más grande de la zona. La comunidad Yagua de San Felipe decidió mudarse a las cercanías de Islandia, en el bajo Yavarí, para mantenerse como sociedad tradicional. La comunidad de Buen Jardín se deshizo y en San Francisco de Mercedes sólo se quedaron dos familias.

En la actualidad, el Yavarí Mirín tiene el nivel poblacional más bajo desde los primeros días del auge del caucho. Actualmente hay 179 habitantes en Nueva Esperanza, 18 en San Felipe (antiguos pobladores de Buen Jardín) y siete miembros de la Policía Nacional en Carolina, cerca de la desembocadura del Yavarí Mirín, sin contar con cinco personas que escogieron permanecer en San Francisco de las Mercedes, en el alto Yavarí Mirín.

En el lado brasileño del Yavarí se observó el mismo fenómeno. Hace 48 años, José Cándido de Melo Carvalho (1955) registraba un total de 77 caseríos y asentamientos a lo largo del río Itacoaí, un tributario del Yavarí. Hoy, ninguno de estos caseríos y pueblos subsiste. El Itacoaí es parte de la Reserva Indígena Javarí y está casi desierta. De hecho, grupos de indígenas en estado de aislamiento han empezado a ingresar al área, a sabiendas de que los colonos o *caboclos* han abandonado la región.

El alto Yavarí está igualmente desolado. Años atrás, el área entre la confluencia del Yavarí Mirín y Angamos bullía de actividad extractivista. Grandes caseríos abundaban y el tráfico fluvial era constante entre Iquitos y Angamos. Los productos eran vendidos a las embarcaciones que recorrían el Yavarí y la gente mantenía ingresos respetables. Hoy, los pueblos han desaparecido de esta extensa franja del río dejando sólo porciones de *purma* o bosque secundario. Los barcos de Iquitos raramente remontan el Yavarí, a veces un viaje cada tres meses, y Angamos basa su abastecimiento en los avionetas comerciales más que del transporte fluvial.

Desde principios de la década de los noventa, los pobladores del Yavarí Mirín están involucrados en actividades de conservación lideradas por la Wildlife Conservation Society-Perú y el Durrell Institute of Conservation and Ecology (DICE). La población local ha participado en programas educativos de conservación y administración comunitaria de los recursos naturales. Las comunidades locales han desarrollado un fuerte sentido de responsabilidad y sincero interés en todos los temas concernientes a la conservación, lo que puede verse en la serie de compromisos y acuerdos que respaldan sus intenciones.

El Yavarí y el Yavarí Mirín han visto un siglo de explotación de sus recursos naturales. De ello dan testimonio los bosques ribereños que han sido explotados para extraer madera para los vapores fluviales, caucho para Iquitos y Manaus, palo de rosa para la industria de la perfumería, pieles de animales como el jaguar y el lobo de río para Norteamérica y Europa, y madera para la mueblería fina. Hoy, el silencio en los bosques anuncia el retorno paulatino pero seguro de la naturaleza donde antes reinó la actividad humana. Las comunidades animales se están recuperando a los niveles previos del auge del caucho, y los pocos seres humanos que habitan la región los cazan sólo con fines de subsistencia.

Mientras viajábamos aguas arriba del Yavarí para encontrar el helicóptero que traería al resto del equipo del inventario biológico, sólo podíamos pensar en los secretos que aún oculta este gran río. A medida que nuestros botes penetraban la neblina de aquella mañana húmeda, los bosques lucían tal y como hace 100 años atrás, cuando los primeros vapores ingresaban al valle en búsqueda del oro negro. El Yavarí parece haberse detenido en el tiempo y va recobrando, una vez más, su esplendor natural.

REPORTE SOBRE LA RESERVA COMUNAL TAMSHIYACU-TAHUAYO

Autores: David Meyer y James Penn

Desde 1991 una gran extensión de bosque dentro de los límites de la propuesta Zona Reservada del Yavarí—322.500 ha en el alto río Tamshiyacu, el río Tahuayo y la cuenca del río Yavarí Mirín—ha sido administrada como una reserva comunal por los pobladores del alto río Tahuayo y Blanco (ver mapa en la Figura 2). La Reserva Comunal Tamshiyacu-Tahuayo (RCTT) se fundó en junio de 1991 por el gobierno regional de Loreto como respuesta a la iniciativa conjunta de las comunidades locales y los investigadores que trabajaban en el área desde hace más de una década.

La creación de la reserva fue resultado de una confluencia de factores socioeconómicos y biológicos: la biodiversidad extraordinaria de la zona; el deseo de la población de convertirse en propietarios legales de sus tierras; el aumento de las incursiones de cazadores y extractores forestales foráneos; y el reconocimiento de las comunidades de que sus propias actividades de caza y de agricultura (en particular los métodos destructivos de cosecha del aguaje [*Mauritia flexuosa*]), también ponían en riesgo las comunidades naturales. Basado en su trabajo con las comunidades de Esperanza, Chino, y Buena Vista, un grupo de individuos, casi todas comprometidos con el Proyecto de Investigación sobre el Primate Peruano en la quebrada Blanco, formó una organización no-gubernamental llamada el Amazon Conservation Fund (ACF). En conjunto con los líderes de las comunidades y los abogados, ACF logró que se emitieran los títulos de propiedad correspondientes y se estableciera la Reserva Comunal Tamshiyacu-Tahuayo. Desde entonces, una porción de la reserva es accesible para la caza, la extracción forestal y otros usos diversos, todos manejados por las comunidades, mientras otra porción goza de protección estricta.

Hoy en día la RCTT es una de las reservas comunales más grandes y mejor conocidas de América del Sur. Desde su fundación, el manejo y protección de la reserva han sido dirigidos por las mismas comunidades, sin la participación del gobierno regional. Las comunidades han recibido asistencia del ACF y el Rainforest Conservation Fund (RCF), una ONG norteamericana con sede en Chicago, que asumió el rol de financiar las operaciones del ACF desde 1992. (En 1995 el ACF y el RCF unieron sus operaciones y desde entonces ambas instituciones forman el RCF.) La Wildlife Conservation Society-Perú y el Durrell Institute of Conservation and Ecology (DICE) también han prestado un valioso aporte en la administración de la reserva. Esta ayuda se ha traducido en programas de capacitación de largo plazo, en particular en el monitoreo y censo de mamíferos grandes de importancia comercial y en la elaboración de planos de manejo para asegurar que la caza y extracción de recursos sean sostenibles.

Luego de la declaración de la RCTT, las metas principales del RCF eran: ayudar con el manejo, protección y promoción de la reserva a nivel nacional e internacional; ayudar a las comunidades locales a defender sus intereses y a mantener el balance entre sus necesidades y la conservación; y proteger la reserva y su zona de amortiguamiento de los extractores ilegales de madera, frutas y animales.

Para cumplir tales metas, el RCF contrató trabajadores sociales, la mayoría ya con experiencia en los vecindarios de Iquitos, para fortalecer el vínculo establecido con las comunidades. Luego de evaluar las necesidades y metas de éstas, RCF ayudó a organizar y financiar varias actividades de corto y largo plazo, incluyendo proyectos agroforestales, planes de manejo de caza, y la formación de grupos de vigilantes para evitar la llegada de los extractores ilegales de recursos naturales, así como un programa para desarrollar fuentes alimenticias alternativas, que incluye la acuicultura y la avicultura.

Desde entonces, el RCF y la RCTT han logrado el desalojo de un gran número de colonos ilegales que habían usurpado tierras de las comunidades para la cría de ganado. Igualmente, lograron la destitución de policías corruptos, quienes extraían ilegalmente los recursos naturales de la zona. El RCF también ayudó a mejorar el nivel de vida de las comunidades proveyéndoles servicios médicos y fumigación durante la epidemia de malaria cerebral de 1995 y transporte fluvial para las emergencias médicas.

Los proyectos agroforestales en especial han tenido un impacto muy positivo en la economía local, la organización de las comunidades y el futuro de la RCTT. Por ejemplo, un gran porcentaje de familias ha adaptado métodos de limpieza, siembra y cosecha que han aumentado la producción de más de 40 especies de plantas, muchas de éstas de gran valor comercial y ecológico, evitando así que se tenga que extraerlas directamente del bosque.

Quizás el proyecto más prometedor hasta la fecha es el de la palmera de aguaje. El manejo sostenible de esta especie ha sido por muchos años una de las principales preocupaciones de las comunidades en la región de los ríos Blanco y Tahuayo, puesto que el aguaje es vital para la dieta humana y de la fauna silvestre de la zona, y que las palmeras eran cortadas en grandes cantidades para cosechar sus frutos, impidiendo así su reproducción. Desde el inicio del proyecto agroforestal del aguaje, las comunidades han sembrado miles de palmeras, las cuales recién ahora están comenzando a dar frutos. La venta de estos frutos, de gran valor en el mercado de Iquitos, será una fuente de ingreso significativo y de largo plazo para la comunidad. El RCF tiene planes similares para otras especies de palmeras y otras plantas.

Sin embargo, el panorama no es tan alentador en todos los frentes. A pesar del trabajo intenso en la zona, la RCTT es todavía vulnerable a los extractores ilegales de madera, animales y otros recursos naturales. La pobreza de los habitantes es otro de los factores que contribuye a la presión del ecosistema. Las comunidades reciben poco apoyo del gobierno para enfrentar las incursiones agresivas, y los fondos del RCF no alcanzan para cubrir las necesidades de la reserva y de las comunidades al mismo tiempo. Igual así, la mayoría de los pobladores apoya a la RCTT, reconoce su papel en mantener una rica gama de recursos naturales de los cuales ellos dependen, y son concientes de que las amenazas al bosque también lo son para la viabilidad económica de las comunidades y su forma de vida.

El RCF apoya plenamente la incorporación de la RCTT a la propuesta área protegida nacional contemplada para la zona del Yavarí (ver "Recomendaciones"), siempre y cuando: 1) se mantenga la categoría de Reserva Comunal para los territorios actualmente dentro de la RCTT; 2) se mantenga y se defina claramente los derechos legales de las comunidades; y 3) el manejo de la nueva área protegida incluya la participación activa de la RCF y la Wildlife Conservation Society. Información acerca del RCF y la RCTT está disponible en <www.rainforestconservation.org>.

USO Y SOSTENIBILIDAD DE LA CAZA DE ESPECIES SILVESTRES DENTRO Y EN LOS ALREDEDORES DE LA PROPUESTA ZONA RESERVADA DEL YAVARÍ

Autores: Richard Bodmer, Pablo Puertas y Miguel Antúnez

FACTORES IMPORTANTES EN PRO DE LA CONSERVACIÓN

01 Los criterios económicos deben ser un factor clave para la creación de una nueva área protegida en el valle del Yavarí Mirín.

02 La caza de las especies silvestres en las cabeceras de los ríos Orosa, Maniti, Tamshiyacu, Tahuayo, Yarapa, Gálvez y Yaquirana es una actividad importante para la economía y subsistencia del 25% de la población rural de Loreto.

03 Las especies cazadas en la cabeceras mencionadas proveen a muchas comunidades rurales de una importante fuente de proteína, además de ingresos económicos a través de la venta legal de carne de monte en las poblaciones de Islandia, Angamos, Caballococha, Tamshiyacu, Pebas, San Pablo, Nauta, Santa Rosa y Requena.

04 Estudios previos demuestran que la venta ilegal de carne de monte en Iquitos solo representa el 6% de todos los animales cazados en Loreto. Es en las comunidades y pueblos rurales donde la carne de monte tiene una importancia económica fundamental.

05 La propuesta Zona Reservada del Yavarí es un área fuente para los animales cazados en las cabeceras de los ríos Orosa, Maniti, Tamshiyacu, Tahuayo, Yarapa, Gálvez y Yaquirana (Figura 8). Para garantizar estos beneficios a largo plazo para la población rural en esta región de Loreto, el área fuente debe ser protegida.

06 La sostenibilidad de la vida silvestre en el valle del Yavarí Mirín y las cabeceras adyacentes debe ser estudiada para entender mejor las relaciones entre las comunidades animales, la caza y la importancia económica de los usos de la vida silvestre.

INTRODUCCIÓN

La conservación a largo plazo de la Amazonía requerirá de una combinación de estrategias que balanceen las necesidades socioeconómicas de las poblaciones urbanas y rurales con la conservación de la biodiversidad. Las áreas protegidas son de gran importancia. Sin embargo, las áreas protegidas amazónicas muchas veces entran en conflicto con la población rural, pues las necesidades de ésta no son consideradas apropiadamente dentro del plan de manejo. Existen otros casos en que no se produce este conflicto de intereses, lográndose un manejo que incorpora las necesidades de la población rural y los requerimientos biológicos de la biodiversidad (Bodmer 2000). El uso sostenible es clave para encontrar soluciones que incorporen a la población rural en los esfuerzos de conservación, y soluciones que tienen su origen y apoyo dentro de las mismas comunidades (Freese 1997).

La caza de animales silvestres es una de las fuentes de subsistencia más importantes de la población rural amazónica (Robinson y Bodmer 1999). Cuando se encuentra dentro y en los alrededores de un área protegida, esta cacería puede ser o un punto de conflictos, o un punto de valores compartidos. Por ejemplo, la población rural de la Amazonía occidental reconoce plenamente el valor de establecer zonas sin caza, para así garantizar la continuidad de las especies de caza. Por ello, las áreas protegidas que establecen áreas sin caza para el beneficio de las poblaciones rurales tendrán el apoyo de éstas y promoverán más colaboración entre las áreas protegidas y sus vecinos humanos. Estas zonas sin caza protegen no solamente los animales de caza, sino todo el complemento de la biodiversidad, y son más sostenibles a largo plazo que las áreas establecidas solamente para la conservación de la biodiversidad.

La carne de monte, en particular de los mamíferos grandes, es un recurso muy importante para la población rural de la Amazonía peruana. Cerca de 113.000 mamíferos se cazan en el departamento de Loreto anualmente, estimándose el valor económico promedio para la población rural en cerca de US$ 1.132.000 (Bodmer y Pezo 2001). El 94% de la carne de monte se usa legalmente en los pueblos y caseríos de Loreto, y tan solo el 6% se vende ilegalmente en la ciudad de Iquitos.

La importancia socioeconómica de la carne de monte como fuente de subsistencia y de ingreso es incuestionable. Sin embargo, los beneficios a largo plazo de la caza sólo pueden mantenerse si ésta se hace en niveles sostenibles. En las áreas rurales de Loreto esto es particularmente importante, puesto que las alternativas económicas son limitadas. Si la caza no es sostenible, las consecuencias en la economía rural serán muy fuertes. Por lo tanto, para mantener los beneficios a largo plazo de la carne de monte es necesario establecer un sistema de administración que asegure la sostenibilidad de los recursos de caza a través de Loreto.

Los sistemas fuente-sumidero (source-sink) representan estrategias importantes para el uso sostenible a largo plazo de la vida silvestre (McCullough 1996). Las áreas fuentes son aquellas zonas donde la presión de caza es pequeña o inexistente y tienen un excedente de producción de vida silvestre. Las áreas sumideros son zonas de caza intensiva. Las áreas fuentes ayudan a mantener la viabilidad de la vida silvestre en las áreas sumideros (Figura 8).

El valle del río Yavarí Mirín es una zona de producción de vida silvestre para las cabeceras adyacentes de los ríos Orosa, Maniti, Tamshiyacu, Tahuayo, Yarapa,

Yaquirana y Gálvez. Aproximadamente el 25% de la vida silvestre cazada en Loreto proviene de estos ríos (Verdi, com. pers.). La mayoría de la carne de monte cosechada en estos lugares es consumida en los pueblos de Islandia, Angamos, Caballococha, Tamshiyacu, Pebas, San Pablo, Nauta, Santa Rosa y Requena, mientras un porcentaje menor se vende en los mercados de Iquitos.

El valle del río Yavarí Mirín es un área fuente importante para estos ríos. La sostenibilidad de la caza de la vida silvestre en los ríos Orosa, Maniti, Tamshiyacu, Tahuayo, Yarapa, Gálvez y Yaquirana depende de la integridad del área fuente en el Yavarí Mirín. Por lo tanto, es imperativo para el bienestar socioeconómico de las áreas rurales de Loreto que se establezca en el Yavarí Mirín un área protegida constituida por zonas sin caza y zonas con caza controlada, las cuales servirán de fuentes de vida silvestre para las cabeceras de los ríos mencionados.

Este capítulo trata sobre el uso, la economía y la sostenibilidad de la caza de especies silvestres en dos sitios: uno dentro del valle del río Yavarí, y otro fuera de él, en la quebrada Blanco en las cabeceras del río Tahuayo. Se evalúa la importancia del valle del río Yavarí Mirín como un área fuente para las cabeceras de otros ríos de la zona, y se ofrece algunas recomenda- ciones correspondientes para su manejo como área protegida. El análisis nos permite una perspectiva mejor de la relación entre las poblaciones animales, la caza, la sostenibilidad, y la economía de toda la región de influencia del río Yavarí.

MÉTODOS

El análisis de la sostenibilidad de la caza requiere de información sobre la presión de caza, la captura por unidad de esfuerzo (CPUE; *catch-per-unit-effort*), las densidades de animales en las zonas con y sin caza, y la tasa de reproducción de las especies en las zonas de caza. Toda esta información ha sido recolectada en el río Yavarí Mirín y la quebrada Blanco desde hace más de diez años.

Para la recolección de la información sobre la presión de caza se contó con la colaboración de los cazadores, por medio de reuniones en las comunidades locales y presentaciones con fines educativos, así como entrevistas informales. Esta estrategia participativa ofrece muchas ventajas que no tienen los métodos no participativos: 1) permite a los investigadores obtener información directa sobre la presión de caza; 2) fomenta el trabajo cooperativo entre investigadores y cazadores y mejora el entendimiento mútuo de las necesidades de ambos grupos; 3) da un paso previo para involucrar a toda la comunidad en el futuro manejo de vida silvestre; 4) enseña a los cazadores los métodos de recolección de información que luego les serán muy útiles en sus propios análisis de sostenibilidad de la caza; y 5) facilita la recolección de cráneos y sistemas reproductivos de los animales cazados. El método participativo ha motivado a los cazadores pensar más sobre el manejo de la vida silvestre y aprender a monitorear los registros de caza (Bodmer y Puertas 2000).

En el valle del Yavarí Mirín y en la quebrada Blanco la participación de los cazadores locales permitió recolectar información sobre la presión de caza, la CPUE, el área utilizada por los cazadores y la estructura de edad de las poblaciones a través de los cráneos animales, además de recolectar los sistemas reproductivos de las hembras cazadas. Este método permite colectar muchos tipos de datos diferentes, mientras a la vez involucra a los cazadores en el manejo y el análisis de los datos. Por lo tanto, este método es fundamental para evaluar la sostenibilidad de la caza y para diseñar prácticas de manejo que ayudan a corregir la caza no sostenible.

En el valle del Yavarí Mirín y en la quebrada Blanco colectamos la CPUE usando los registros de caza (Puertas 1999). En estos registros, administrados por un inspector de caza de cada comunidad, los cazadores señalaron el número, la especie y el sexo de cada animal cazado. Cada comunidad también designó a uno o dos inspectores responsables de la coordinación de los esfuerzos locales en la materia, incluyendo patrullajes de vigilancia y los registros de caza.

Tabla 2. Número de mamíferos cazados en los alrededores de la quebrada Blanco y el río Yavarí Mirín. Los valores indican el número de individuos cazados por 100 km² por año.

Nombres Científicos	Nombres Comunes	Quebrada Blanco	Yavarí Mirín
Artiodáctilos			
Tayassu pecari	huangana	33,2	20,8
Tayassu tajacu	sajino	33,0	12,8
Mazama americana	venado colorado	12,0	2,4
Mazama gouazoubira	venado gris	5,6	0
Perissodáctilos			
Tapirus terrestris	sachavaca	7,6	2,4
Primates			
Callicebus cupreus	tocón	15,2	0,1
Cebus albifrons	machín blanco	4,0	0
Cebus apella	machín negro	9,2	0,6
Alouatta seniculus	coto	4,4	1,5
Lagothrix lagothricha	choro	11,6	6,4
Ateles paniscus	maquisapa	1,6	1,0
Pithecia monachus	huapo negro	11,4	0,4
Cacajao calvus	huapo colorado	4,6	1,6
Saimiri spp.	fraile	1,8	0,4
Aotus nancymae	musmuqui	0,8	0
Saguinus spp.	pichicos	2,2	0
Roedores			
Coendou bicolor	cashacushillo	1,6	0
Hydrochaeris hydrochaeris	ronsoco	2,0	0,4
Agouti paca	majaz	34,8	0,6
Myoprocta pratti	punchana	2,6	0
Dasyprocta fuliginosa	añuje	19,4	0,6
Sciurus spp.	ardillas	3,0	0
Marsupiales y edentatos			
Didelphidae	zorrillos	5,0	0
Dasypus novemcinctus	armadillo	3,8	0
Bradypus variegatus	pelejo	0,8	0
Myrmecophaga tridactyla	oso hormiguero	1,0	0
Priodontes maximus	carachupa mama	0,2	0
Tamandua tetradactyla	shiui	3,4	0
Carnívoros			
Canidae	perros	0,4	0
Felis spp.	tigrillo/huamburushu	5,0	0,4
Potos flavus	choshna	0,8	0
Panthera onca	otorongo	0	0,1
Puma concolor	tigre colorado, puma	0,6	0,1
Eira barbara	manco	2,8	0
Nasua nasua	achuni, coati	9,8	1,1
Lutra longicaudis	nutria	0,2	0
TOTAL		**255,4**	**53,7**

El único tipo de información que generalmente no requiere de participación comunitaria es la densidad de la población animal. Algunos proyectos han incluido a los cazadores locales en los censos, pero muchos cazadores sienten que recolectar datos de la densidad animal, además de sus otras responsabilidades, es demasiado laborioso. A menudo los cazadores son contratados para los censos en calidad de asistentes pagados.

Los modelos de sostenibilidad fueron usados para evaluar el impacto de la cacería y el papel del valle del Yavarí Mirín como área fuente para las cabeceras adyacentes. Estos modelos incluyen análisis de la CPUE, modelos de cosecha y modelos unificados de cosecha.

RESULTADOS

Uso e importancia económica de la caza de especies silvestres

Tanto en el Yavarí Mirín como en la quebrada Blanco, la importancia económica de la vida silvestre se basa mayormente en los mamíferos grandes.

En la quebrada Blanco la presión de caza es casi el 500% mayor que en el Yavarí Mirín en términos del número de individuos cazados.

En el Yavarí Mirín las especies más cazadas son la huangana, el sajino, y, en menor medida, el tapir de llanura y el venado colorado. Las demás especies, incluyendo los grandes primates y roedores, edentados, marsupiales y carnívoros, son rara vez cazadas (ver Tabla 2).

Los mamíferos cazados con más frecuencia en la quebrada Blanco son la paca, la huangana, el sajino, el añuje, el mono pichico, el venado colorado, el mono choro y el huapo negro. En contraste con el Yavarí Mirín, los cazadores en la quebrada Blanco cazan con frecuencia a los primates grandes, roedores grandes, edentados, marsupiales y carnívoros.

El valor económico de la caza de animales silvestres, como medio de subsistencia y fuente de ingresos, es 300% más alto en la quebrada Blanco que en el Yavarí Mirín. En la quebrada Blanco el estimado valor económico de la caza es US$ 5.000 por cada 100 km² de área por año, en tanto que en el Yavarí Mirín el estimado sólo alcanza alrededor de US$ 1.600 por 100 km² de área por año.

Análisis de captura por unidad de esfuerzo (CPUE)

Usamos los registros de caza para obtener el tiempo dedicado a la caza por los cazadores en el Yavarí Mirín y la quebrada Blanco, para calcular la CPUE. La CPUE es un indicador de la abundancia relativa de las especies, ya que las áreas donde son más abundantes y más fáciles de cazar tienen una CPUE mayor que las áreas con pocos animales. La CPUE también puede usarse para evaluar la sostenibilidad relativa de la caza en dos sitios. Las áreas con mayor CPUE son consideradas más sostenibles que las de menor CPUE. Sin embargo, la CPUE solo funciona para las especies preferidas de los cazadores. Las demás especies siempre tendrán una CPUE muy baja, lo cual no refleja su densidad poblacional (Puertas 1999).

La región del Yavarí Mirín tiene una CPUE mucho mayor de especies preferidas que la quebrada Blanco (ver Tabla 3). Esto es particularmente cierto en el caso de la huangana y el sajino, las especies favoritas de los cazadores en el Yavarí Mirín. Estos resultados sugieren que la caza en la región del Yavarí Mirín es mucho más sostenible que en la quebrada Blanco.

Tabla 3. Resultados del análisis captura por unidad de esfuerzo (CPUE) para las especies comunmente cazadas en los alrededores de la quebrada Blanco y el río Yavarí Mirín. Los valores indican el número de individuos cazados por 100 días-hombre. Las letras "np" significan "no preferida" e indican las especies no apropiadas para el análisis CPUE.

Especie	Quebrada Blanco	Yavarí Mirín
Huangana	11,3	64,6
Sajino	7,7	23,4
Venado colorado	2,3	5,1
Sachavaca	0,7	8,2
Añuje	1,1	np
Majaz	17,0	np
Choro	0,5	7,0
Huapo negro	0,5	np
Machín negro	0,2	np
Machín blanco	0,2	np
Total	**46,0**	**122,0**

Modelo de cosecha

El impacto de la caza puede evaluarse usando el modelo de cosecha, que examina la relación entre la producción y la cosecha. Este modelo evalúa la sostenibilidad de la caza al comparar la producción y el número de individuos cazados. Esto presenta un estimado del porcentaje de la población cosechada, y una idea de qué tan sostenible es la cosecha.

El modelo de cosecha utiliza los estimados de producción que derivan de la productividad reproductiva y la densidad poblacional. Determinamos la productividad reproductiva usando los datos reunidos sobre la actividad reproductiva de las hembras, además de la información del tamaño de la camada y la productividad reproductiva bruta (el número de animales jóvenes por cada hembra examinada). Determinamos la densidad poblacional usando los censos de campo de las especies silvestres. Luego multiplicamos la densidad animal por la productividad reproductiva para tener un estimado de producción, medida como el número de individuos producidos por km², según la siguiente fórmula:

$$P = (0.5D)(Y*g),$$

en la cual Y es el número de jóvenes documentados por hembra (o producción bruta, el número total de jóvenes por el número total de hembras); g es el número promedio de gestaciones por año; y D es la densidad de población (descontando un 50% pues se asume un ratio de población de 1:1).

Si la población está siendo sobrecazada puede determinarse comparando la cosecha con la producción. El porcentaje de producción que puede ser cosechado de una manera sostenible se estima tomando en cuenta el promedio de vida de la especie y el número de animales que mueren de causas ajenas de la intervención humana (Robinson y Redford 1991). Los estimados sugieren que los cazadores pueden matar el 60% de la producción de los animales de vida muy corta (aquellos cuya edad de última reproducción es menor de cinco años), 40% de los animales de longevidad media (aquellos cuya edad de última reproducción es entre cinco y diez años) y 20% de los animales de longevidad larga (aquellos cuya edad de última reproducción supera los diez años).

En el Yavarí Mirín los resultados de los modelos de cosecha sugieren que todas las especies cazadas estaban por debajo de los niveles sostenibles de caza, incluyendo al tapir de llanura. Los pecaríes y los venados también estaban en un rango sostenible de caza, siendo una fracción muy pequeña de su producción actualmente cazada. El tapir estaba cerca de los límites sostenibles, con un 16% de su producción cazado en el área (ver Tabla 4).

En contraste, en la quebrada Blanco los pecaríes y los venados bordean el límite sostenible de caza, mientras que los tapires y muchos primates estaban por encima de los niveles sostenibles de caza (ver Tabla 4).

Tabla 4. Resultados del análisis del modelo de cosecha para los alrededores de la quebrada Blanco y el río Yavarí Mirín. Los valores indican el porcentaje de la producción cazada.

Especie	% de la producción cosechado	
	Quebrada Blanco	Yavarí Mirín
Huangana	11,0	3,5
Sajino	31,0	7,8
Venado colorado	38,0	5,0
Sachavaca	140,0	16,0
Añuje	8,0	0,3
Machín negro	21,0	0,5
Machín blanco	15,0	0
Choro	28,0	6,0
Huapo negro	16,0	1,1

Modelo unificado de cosecha

El modelo unificado de cosecha combina el porcentaje de producción de una población cosechada con su posición relativa a la máxima cosecha sostenible (MSY, por sus siglas en inglés), y tiene por resultado la medida de la sostenibilidad actual y los riesgos de largo plazo de la cosecha. Esto puede ser muy útil, ya que todo puede ser indicada por una sola línea, la cual indica el porcentaje de producción cosechada en relación con la línea de cosecha sostenible (SY) y en relación con la MSY.

El modelo unificado de cosecha se basa en una curva modificada de crecimiento poblacional, donde el eje horizontal es el tamaño de la población desde su extirpación (0) hasta su capacidad de carga (K), y el eje vertical es el límite sostenible de explotación expresado como cosecha sostenible (Caughley 1997). La cosecha sostenible (SY) refleja el crecimiento de la población, dN/dt, y tiene un punto máximo de crecimiento o cosecha máxima sostenible (MSY). La línea de cosecha sostenible (SY) representa la proporción de la producción (el 20%, 40% o 60%) que puede ser cosechada.

El modelo unificado de cosecha también analiza el riesgo de la cosecha, en términos de sostenibilidad potencial a largo plazo, al incorporar el análisis de reclutamiento del *stock*. Este es un análisis en que se determina la proximidad de la cosecha actual hasta su capacidad de carga (K) y la MSY. Una cosecha segura es aquella que ocurre a la derecha del punto de MSY. La sostenibilidad máxima de la cosecha es específica para cada especie, calculándose en un 50% para las especies de vida corta, 60% para las de vida media y 80% para las de vida larga. El modelo de cosecha unificado puede ser usado para evaluar si el nivel de una cosecha es riesgoso o sano, dependiendo del tamaño de la población relativo al punto estimado del MSY.

El modelo unificado de cosecha es una forma práctica de evaluar la sostenibilidad de la caza. La información que debe ser recolectada para hacerlo es la presión de caza, la productividad reproductiva y densidad de especies en las zonas con y sin caza. La densidad de población en los sitios de caza se usa para calcular qué tan cerca está la especie al punto de MSY y es una variable importante para hacer los estimados de producción. La densidad de la población de las áreas protegidas se usa para estimar la capacidad de resistencia (K) y el MSY. Utilizamos los datos sobre la reproducción, tales como la productividad bruta, para calcular la producción, y la presión de cosecha para calcular el porcentaje de producción cosechado.

En el Yavarí Mirín se analizaron las especies con más del 2% de producción cosechada. La huangana, el venado colorado, el tapir de llanura y el mono choro estaban en niveles sostenibles de cosecha, en términos de cosecha actual y de sostenibilidad potencial a largo plazo (ver Apéndice 8). El sajino era la única especie con una densidad poblacional menor que su MSY. Para asegurar la sostenibilidad a largo plazo, la densidad poblacional del sajino debe aumentar en las zonas de caza del Yavarí Mirín. Sin embargo, el porcentaje de la producción cosechada estaba dentro de los límites sostenibles con solo un 7,8% de la producción siendo cosechada. La razón de la baja densidad de las poblaciones de sajinos podría deberse a la diferencia de hábitats entre las zonas con y sin caza. Se necesitan más estudios para determinar la sostenibilidad a largo plazo del sajino en el área del Yavarí Mirín.

En la quebrada Blanco sólo el sajino, el venado colorado y el añuje eran cazados de manera sostenible, es decir, que a corto y largo plazo la continuidad de la especie estaba asegurada. La huangana, el machín negro y el huapo negro igualmente estaban siendo cazados de forma sostenible en términos de porcentaje de producción cosechada. El tapir de llanura, el mono choro y el machín negro estaban siendo cazados de maneras no sostenibles, en términos de producción cosechada y de sostenibilidad a largo plazo (ver Apéndice 8).

En suma, el modelo unificado de cosecha claramente muestra que la caza en el Yavarí Mirín es mucho más sostenible que en la quebrada Blanco. La sobrecaza en este último sitio es más evidente en las especies de reproducción lenta, como el tapir de llanura y los grandes primates, concordando con análisis previos de vulnerabilidad de las especies de mamíferos amazónicos al exceso de caza (Bodmer et al. 1997a).

Análisis fuente-sumidero

Si los animales son cazados en exceso en áreas sumideros adyacentes a áreas fuentes, la cosecha del área en total podría ser sostenible, ya que los animales del área fuente podrán repoblar el área sumidero. Por eso, las áreas fuentes deben incluirse en cualquier estrategia para garantizar la caza sostenible (Novaro et al. 2000). Las áreas sumideros que son usadas de una manera sostenible deben estar adyacentes a áreas fuentes que pueden contribuir animales durante períodos de fluctuación de población y de sobreexplotación. Las áreas fuentes no deben utilizarse para sostener el exceso de caza.

El modelo de cosecha puede incorporar las áreas fuentes y sumideros al estimar el porcentaje de la producción cosechada y los riesgos de cosecha en zonas de caza excesiva, zonas de baja presión de caza y en zonas sin caza. En las áreas fuentes el porcentaje de producción cosechada es cero. Es posible entonces combinar las áreas fuentes y sumideros para obtener un aproximado del porcentaje total de la producción cosechada y los riesgos de cosecha en toda la zona.

Los sitios estudiados en el Yavarí Mirín y la quebrada Blanco demuestran cómo el análisis fuente-sumidero puede incorporarse al modelo de cosecha. La quebrada Blanco es un área de caza constante de 1.700 km^2, mientras que el Yavarí Mirín puede dividirse en dos zonas de caza: un área con poca caza de cerca de 4.000 km^2 y un área sin caza de 5.300 km^2. Estas últimas son fuentes potenciales de población para las zonas de caza persistente. Estimamos el tamaño de las zonas de caza en base a los datos sobre las cosechas y áreas de uso.

Examinamos la efectividad de la estrategia de fuente-sumidero para las poblaciones de tapires de llanura, venados y pecaríes. El modelo de cosecha indicaba que en la quebrada Blanco el 140% de la producción del tapir era cazada, y que la cosecha de la especie estaba riesgosa. Estos datos demuestran que la quebrada Blanco es una zona sumidero para el tapir de llanura. En el sitio de poca caza estimamos que un 16% de la producción del tapir de llanura era cazada, es decir, una cosecha sostenible porque el porcentaje es menor al limite del 20% para la especie. Así, el área de poca caza también pueden considerarse como áreas fuentes. El área sin caza tiene un 0% de la producción cosechado, y esta área y el área de poca caza juntas constituyen un área fuente agregada. De esta área fuente los cazadores cosechaban un 8% de la producción del tapir de llanura, lo cual está dentro de los niveles de sostenibilidad. Sumando todas las áreas fuentes y sumideros, la cosecha es el 18% de la producción para el tapir de llanura. Toda esta información sugiere que la caza del tapir de llanura es sostenible a largo plazo, y que su sostenibilidad en las zonas de mayor cacería depende de la inmigración de animales desde las áreas fuentes adyacentes. Sin embargo, esto no debe ser motivo para no tomar medidas respecto al exceso de caza del tapir en las zonas de caza.

Actualmente hay información limitada sobre el movimiento migratorio del tapir entre las áreas de caza. Por ejemplo, la persistencia del tapir en la quebrada Blanco sugiere que hay una gran actividad migratoria de las áreas fuentes. Asimismo, la población de tapires en la quebrada Blanco es más joven que en las zonas de poca caza, lo que sugiere que los animales jóvenes están migrando del área fuente al área sumidero.

La efectividad de la estrategia fuente-sumidero también se probó con las poblaciones de pecaríes y venados (ver Tabla 5). Los peligrosos niveles de caza de huangana en la quebrada Blanco y la proximidad de las cosechas de sajinos y venados colorados a sus límites sostenibles sugieren que estos animales pudieran ser sobre-explotados durante ciertos años. Sin embargo, si una estrategia de manejo incluye las zonas de poca cacería se podría repoblar las áreas de caza activa si fuera necesario hacerlo.

Tabla 5. Resultados del modelo de cosecha para los ungulados en las áreas fuente y sumidero dentro y cerca de la propuesta Zona Reservada del Yavarí. Las áreas sumidero se encuentran en los ríos adyacentes, como la quebrada Blanco, y las áreas fuente se encuentran en el Yavarí Mirín.

Especie	% de la producción cosechado		
	Sumidero	Fuente	Fuente y Sumidero
Sachavaca	140,0	8,0	18,0
Sajino	31,0	3,3	6,0
Huangana	11,0	1,5	2,3
Venado colorado	38,0	2,1	9,0

DISCUSIÓN

Los razones económicas para establecer una nueva área protegida en la región del Yavarí Mirín son muy importantes para el departamento de Loreto. La creación de nuevas áreas protegidas debe considerarse a la luz de la realidad económica de la región. Los beneficios económicos de la propuesta Zona Reservada son claros en términos de la sostenibilidad a largo plazo de la vida silvestre en la región, la cual servirá como un área fuente para el uso sostenible en zonas adyacentes.

Las consecuencias económicas de *no* proteger el valle del Yavarí Mirín también son claras. El valor económico que se obtiene a través de un uso sostenible desaparecerá, y no habrá forma de compensar la caza excesiva en las cabeceras adyacentes por la producción en un área fuente. El departamento de Loreto perderá cerca del 25% de los beneficios económicos que obtiene de la explotación de la vida silvestre. La población se verá obligada a buscar otras fuentes de subsistencia, incluso formas más destructivas para los bosques, para subsistir y mantener su forma de vida.

El uso sostenible de la vida silvestre es una poderosa razón para la conservación de la biodiversidad. Si la población rural aprecia los beneficios del uso sostenible de la vida silvestre, entonces querrá mantener los hábitats de las especies, para no perder esos beneficios. Esto se ha visto repetidas veces en los bosques tropicales a nivel mundial (Freese 1997). Si la población conserva los hábitats de la vida silvestre, también conservará todo el espectro de biodiversidad en esos hábitats.

Los resultados de este capítulo demuestran que el valle del Yavarí Mirín es un área fuente para muchos de los ríos cuyas cabeceras son vecinas (ver Figura 8). La producción de fauna silvestre del valle del río Yavarí Mirín compensa la sobrecaza actual o potencial de las áreas vecinas. Proteger el valle del río Yavarí Mirín está en consonancia con las prácticas de caza actuales de los pueblos que habitan las orillas de los ríos Orosa, Maniti, Tamshiyacu, Tahuayo, Yarapa, Gálvez y Yaquirana. Con el manejo apropiado, estas comunidades y otras de la región entenderán los beneficios económicos de proteger el valle del río Yavarí Mirín a largo plazo y apoyarán los esfuerzos de conservación.

El tapir de llanura requiere más esfuerzo de conservación y manejo en cuanto a la caza. El tapir es una de las especies más vulnerables a la sobrecaza, por su gran tamaño y su baja tasa de reproducción. Los cazadores normalmente matan a los tapires encontrados, ya que su gran tamaño ofrece una cantidad impresionante de carne. Desafortunadamente, la baja tasa de reproducción de la especie le hace muy vulnerable a la sobrecaza y sus poblaciones bajan rápidamente cuando la presión de caza es continua. Recomendamos que se reduzca la caza del tapir de llanura en las cabeceras de los ríos adyacentes a la propuesta área protegida.

Los grandes primates, igual que el tapir de llanura, también son vulnerables a la sobrecaza por su baja tasa de reproducción. Sin embargo, los primates son más fáciles de manejar, por ser más pequeños y menos apreciados para los cazadores en términos económicos. De hecho, programas comunitarios en la Reserva Comunal Tamshiyacu-Tahuayo han resultado en una disminución considerable en la caza de primates (Bodmer y Puertas 2000).

ENGLISH CONTENTS

(for Color Plates, see pages 17–32)

PARTICIPANTS

FIELD TEAM

Manuel Ahuite Reátegui *(plants)*
Universidad Nacional de la Amazonía Peruana
Iquitos, Peru

Miguel Antúnez *(field logistics, mammals)*
Wildlife Conservation Society-Peru
Iquitos, Peru

Hamilton Beltrán *(plants)*
Museo de Historia Natural
Universidad Nacional Mayor de San Marcos
Lima, Peru

Gerardo Bértiz *(conservation, fishes)*
Rainforest Conservation Fund
Tamshiyacu-Tahuayo Communal Reserve
Iquitos, Peru

Richard Bodmer *(coordinator, mammals)*
Durrell Institute of Conservation and Ecology
University of Kent, Canterbury, United Kingdom

Mark Bowler *(mammals)*
Durrell Institute of Conservation and Ecology
University of Kent, Canterbury, United Kingdom

Arsenio Calle *(social assessment)*
Wildlife Conservation Society-Peru
Iquitos, Peru

Alvaro del Campo *(field logistics)*
Environmental and Conservation Programs
The Field Museum, Chicago, IL, USA

Hilary del Campo *(social assessment)*
Center for Cultural Understanding and Change
The Field Museum, Chicago, IL, USA

Mario Escobedo Torres *(bats)*
Universidad Nacional de la Amazonía Peruana
Iquitos, Peru

Jorge Flores Villar *(birds)*
Universidad Nacional de la Amazonía Peruana
Iquitos, Peru

Robin B. Foster *(plants)*
Environmental and Conservation Programs
The Field Museum, Chicago, IL, USA

Roosevelt García *(plants)*
Universidad Nacional de la Amazonía Peruana
Iquitos, Peru

Max H. Hidalgo *(fishes)*
Museo de Historia Natural
Universidad Nacional Mayor de San Marcos
Lima, Peru

Guillermo Knell *(amphibians and reptiles)*
CIMA-Cordillera Azul
Lima, Peru

Daniel F. Lane *(birds)*
LSU Museum of Natural Science
Louisiana State University, Baton Rouge, LA, USA

David Meyer *(conservation)*
Rainforest Conservation Fund
Chicago, IL, USA

Debra K. Moskovits *(coordinator)*
Environmental and Conservation Programs
The Field Museum, Chicago, IL, USA

Hernán Ortega *(fishes)*
Museo de Historia Natural
Universidad Nacional Mayor de San Marcos
Lima, Peru

Tatiana Pequeño *(birds)*
Museo de Historia Natural
Universidad Nacional Mayor de San Marcos
Lima, Peru

Nigel Pitman *(plants)*
Center for Tropical Conservation
Duke University, Durham, NC, USA

Heinz Plenge *(photography)*
Foto Natur, Lima, Peru

Pablo Puertas *(mammals)*
Wildlife Conservation Society-Peru
Iquitos, Peru

Maribel Recharte Uscamaita *(mammals)*
Universidad Nacional de la Amazonía Peruana
Iquitos, Peru

César Reyes *(conservation, mammals)*
Oficina Regional de Medio Ambiente
Consejo Transitorio de Administración Regional
Iquitos, Peru

Lily O. Rodríguez *(amphibians and reptiles)*
CIMA-Cordillera Azul
Lima, Peru

Kati Salovaara *(mammals)*
University of Turku
Turku, Finland

Zina Valverde *(social assessment)*
Universidad Nacional de la Amazonía Peruana
Iquitos, Peru

Corine Vriesendorp *(plants)*
Environmental and Conservation Programs
The Field Museum, Chicago, IL, USA

Alaka Wali *(social assessment)*
Center for Cultural Understanding and Change
The Field Museum, Chicago, IL, USA

COLLABORATORS

Communities of Angamos, Fray Pedro, Las Malvinas,
San José de Añushi, Paujil, Jorge Chávez, Nueva Esperanza,
San Felipe, Carolina, El Chino and San Pedro
Loreto, Peru

Instituto Nacional de Recursos Naturales (INRENA)
Lima, Peru

Herbario Amazonense (AMAZ) and the
Departamento de Post-Grado
Universidad Nacional de la Amazonía Peruana
Iquitos, Peru

Policía Nacional del Perú

INSTITUTIONAL PROFILES

The Field Museum

The Field Museum is a collections-based research and educational institution devoted to natural and cultural diversity. Combining the fields of Anthropology, Botany, Geology, Zoology, and Conservation Biology, museum scientists research issues in evolution, environmental biology, and cultural anthropology. Environmental and Conservation Programs (ECP) is the branch of the museum dedicated to translating science into action that creates and supports lasting conservation. ECP works with the Museum's Center for Cultural Understanding and Change (CCUC) to involve local residents in long-term conservation of the lands that surround and sustain them. With losses of natural diversity accelerating worldwide, ECP's mission is to direct the museum's resources—scientific expertise, worldwide collections, innovative education programs—to the immediate needs of conservation at local, national, and international levels.

The Field Museum
1400 S. Lake Shore Drive
Chicago, IL 60605-2496 U.S.A.
312.922.9410 tel
www.fieldmuseum.org

Center for the Conservation, Research and Management of Natural Areas (CIMA-Cordillera Azul)

CIMA-Cordillera Azul is a Peruvian non-profit organization dedicated to the conservation of biological diversity. CIMA focuses on executing, overseeing, and monitoring the management of protected areas, as well as building strategic alliances and the capacity necessary for private and local participation in the management of protected lands. CIMA carries out and communicates the results of biological and social research, promoting conservation of important areas and implementation of economic alternatives that are compatible with biodiversity protection.

CIMA-Cordillera Azul
San Fernando 537
Miraflores, Lima, Peru
51.1.444.3441, 242.7458 tel
51.1.445.4616 fax
www.cima-cordilleraazul.org

Wildlife Conservation Society

The Wildlife Conservation Society saves wildlife and wild lands. We do so through careful science, international conservation, education, and the management of the world's largest system of urban wildlife parks, led by the flagship Bronx Zoo. Together, these activities change individual attitudes toward nature and help people imagine wildlife and humans living in sustainable interaction on both a local and a global scale. WCS is committed to this work because we believe it essential to the integrity of life on earth.

Wildlife Conservation Society-Peru
Malecón Tarapacá 332
Iquitos, Peru
51.65.235.809 tel/fax
www.wcs.org

Durrell Institute of Conservation and Ecology

DICE, the Durrell Institute of Conservation and Ecology, is dedicated to building capacity and undertaking research necessary to conserve biodiversity and the functioning ecosystems upon which people depend. DICE was established in 1989 as Britain's first research and postgraduate training center in conservation science, and named in honor of Gerald Durrell. Consequently, DICE seeks to integrate conservation and development sustainably; transfer capacity from developed to developing countries; and design and promote incentives to conserve biodiversity. In support of its mission, DICE has now trained postgraduates from over 70 different countries, and many occupy increasingly influential positions in conservation. DICE research is recognized internationally for its excellence and practical applications.

The Durrell Institute of Conservation and Ecology
Department of Anthropology
Eliot College
University of Kent at Canterbury
Canterbury, Kent CT2 7NS, UK
44.0.1227.823.942 tel
44.0.1227.827.289 fax
www.kent.ac.uk/anthropology/dice/dice.html

Rainforest Conservation Fund

The Rainforest Conservation Fund (RCF) is a Chicago-based organization dedicated to conserving tropical rainforest ecosystems and supporting the people whose lives are interwoven with them. Since its foundation in 1989, RCF has been actively involved in rainforest education and conservation field projects. Over the last decade, RCF has focused on a project in the Amazon basin in northeastern Peru, working with small communities adjacent to the Reserva Comunal Tamshiyacu-Tahuayo (RCTT), a >300,000-ha protected area established by the regional government. Through community-based agricultural, agro-forestry and other projects, RCF and the villagers have significantly decreased extraction pressures in the RCTT, one of the most biologically diverse areas on the planet.

Rainforest Conservation Fund
2038 North Clark Street, Suite 233
Chicago, IL 60614 U.S.A.
773.975.7517
www.rainforestconservation.org

Museum of Natural History of the Universidad Nacional Mayor de San Marcos

Founded in 1918, the Museum of Natural History is the principal source of information on the Peruvian flora and fauna. Its permanent exhibits are visited each year by 50,000 students, while its scientific collections—housing a million and a half plant, bird, mammal, fish, amphibian, reptile, fossil, and mineral specimens—are an invaluable resource for hundreds of Peruvian and foreign researchers. The museum's mission is to be a center of conservation, education and research on Peru's biodiversity, highlighting the fact that Peru is one of the most biologically diverse countries on the planet, and that its economic progress depends on the conservation and sustainable use of its natural riches. The museum is part of the Universidad Nacional Mayor de San Marcos, founded in 1551.

Museo de Historia Natural de la
    Universidad Nacional Mayor de San Marcos
Avenida Arenales 1256
Lince, Lima 11, Peru
51.1.471.0117 tel
www.unmsm.edu.pe/hnatural.htm

ACKNOWLEDGMENTS

With a field team of more than 40 people, this was the largest of our rapid biological inventories yet. Its success is due to the even larger team of people who helped bring it off. We are particularly grateful to our hosts during the trip: Richard Bodmer, Pablo Puertas, the Wildlife Conservation Society-Peru and the Durrell Institute of Conservation and Ecology, whose research vessels (the *Nutria* and *Lobo de Río*) served as our base and transportation on the Yavarí River and whose long experience in the region facilitated innumerable aspects of the inventory. The crew of the research boats worked double duty, both on the boats and in the field, and we are indebted to them all: Lizardo Inuacari Mozombite, Julio and Jimmy Curinuqui, Gilberto and Pablo Asipali, Reyner Huaya, Edwin Pinedo, Juan Huanaquiri, Juan Huayllahua, Teddy Yuyarima, Gonzalo Pezo, Jorge Pacaya, Justin Pinedo, and Alejando Moreno. We are extremely grateful to Comandante PNP Dario Hurtado, who coordinated our helicopter travels in and out of the field, and who made sure we were picked up despite rains and last-minute changes. Richard Alex Bracy provided additional travel via floatplane. In Iquitos, Roxana Pezo, Renata Leite Pitman, and Carlos Rannenberg provided invaluable logistical support while we were in the field via daily radio contact. Tyana Wachter, as always, was the unfailing source of support in Chicago, keeping things running smoothly no matter what the logistical tangle.

The Intendencia Forestal y de Fauna Silvestre at INRENA provided us the necessary permit for specimen collections. The botanical team thanks the Blga. Felicia Díaz and the Blgo. Manuel Flores for their kindness during our work in the Iquitos herbarium (AMAZ). We are also grateful to Hilter Yumbato Arimuya (who dried the plant specimens), and to Manuel Ahuite, Ricardo Zarate, Carlos Amasifuén, Elvis Valderrama, and Jean Vega (who mounted specimens in AMAZ). We extend special thanks to Glenda Cardenas and Hanna Tuomisto for rapidly identifying our fern collections. We are grateful to Rosario Acero for her help at INRENA, to Asunción Cano for his help at the USM herbarium, and to Tyana Wachter for her invaluable help across the board. The ichthyology team is grateful to Luis Moya of INADE for bibliography, and to Profesora Norma Arana Flores of UNAP for loaning nets. The herpetological team thanks Pekka Soini, Ron Heyer (USNM), Bill Duellman (KU), Taran Grant, Julian Faivovich, Claude Gascon (CI) and especially Marinus Hoogmoed (RMNH), for kindly helping with information and identification of some of the species reported here. Jorge Luis Martínez, Ceci Meléndez and Alessandro Catenazzi contributed in many ways to completing the herpetology report. The ornithological team thanks Tom Schulenberg, Alfredo Begazo, Bret Whitney, J. V. Remsen, Jr., José Álvarez A., Kevin Zimmer, and Mario Cohn-Haft. Robert Kirk at Princeton University Press, Tom Schulenberg and Hilary Burn kindly granted permission to use Hilary's painting of the Red-fan Parrot and Robert Kirk provided the high-resolution scan. The mammal team is grateful to Miguel Antúnez, Mark Bowler and Pablo Puertas for their help with the mammal census in the Yavarí, and to all participants of the expedition who reported their valuable observations of rare species. The mammal team is also grateful to Nicole Gottdenker, Jessica Coltrane, Alfredo Begazo, Rolando Aquino and Jorge Hurtado for their assistance with transect censuses on the Yavarí Mirín. We are indebted to the Wildlife Conservation Society and the Chicago Zoological Society for funding the mammal censuses along the Yavarí Mirín and at Lago Preto. The team is also indebted to the tremendous support provided by the communities of the Quebrada Blanco and Yavari Mirín rivers; to Tula Fang and Etersit Pezo, who helped with the market data; to Drs. K. Redford, J. Robinson and A. Novaro for discussions about source-sink systems; and to the Wildlife Conservation Society, the Chicago Zoological Society, and the Universidad Nacional de la Amazonía Peruana for logistical and financial support for data collected prior to the Rapid Biological Inventory, including hunting registers and censuses. Robert Voss (American Museum of Natural History) kindly provided details of a recent bat survey upriver from our sites.

The social team is indebted to the residents of Jorge Chávez, San Jose de Añushi, Fray Pedro, Las Malvinas, Paujil, Angamos, Carolina, San Felipe, Nueva Esperanza, El Chino and San Pedro for welcoming us into their communities and homes during the research period. The team thanks the residents of Nuevo San Felipe on the Yavarí River for sharing their experience of migration in the region; Dave Meyer and Gerardo Bértiz (Rainforest Conservation Fund) for organizing and accompanying us during visits to the communities of the Tahuayo; the staff of the mayor's office in Islandia for sharing their knowledge on existing settlements, population size, and economic and subsistence activities in the region; the staff of CEDIA (Centro de Desarrollo del Indígena Amazónico) in Iquitos for information provided on the Matsés communities; and Dr. Richard Chase Smith (Instituto del Bien Común) for providing an overview of the communities in the region and sharing his staff's excellent maps with us.

In Iquitos, we thank the Escuela de Post-Grado de la Universidad Nacional de la Amazonía Peruana for hosting the preliminary presentation and the Doral Inn for logistic support. Nélida Barbagellata and others in the Gobierno Regional of Loreto provided valuable insight on regional conservation. Rodolfo Cruz Miñán helped edit the first version of the Yavarí video. In Lima, we thank CIMA-Cordillera Azul for providing a base and coordinating countless details; INRENA, for hosting the preliminary presentation; Foto Natur, Heinz Plenge Pardo, and Juan Carlos Plenge Pardo for their assistance with Heinz Plenge's gorgeous photos in this report; Walter Peñaherrera and Ruben Carpio from Fauno Films for the post-production of the final version of the video; and the Hotel Señorial for logistic help. Lily Rodríguez (CIMA) did a fabulous job presenting the inventory results and recommendations at subsequent meetings, and Willy Llactayo (CIMA) did a superb job preparing official maps for technical reports for INRENA. César Reyes, Dave Meyer, and Pablo Puertas continued conversations with authorities and NGOs to promote conservation action.

In Chicago, we thank the staff of The Field Museum, especially Edward Czerwin at the print shop and Rob McMillan for extraordinary efforts. Jessica Smith at Futurity, Inc. provided invaluable help processing satellite images. Besides his brilliant job with logistics, Alvaro del Campo produced excellent video footage and promoted the Yavarí story with reporters. Guillermo Knell, Tatiana Pequeño, Tyana Wachter, and Lily Rodriguez helped tremendously with proofing the Spanish version. Jim Costello, as always, put extraordinary effort into this report and graciously tolerated the confusion and delays caused by our constant travels. Our work continues to benefit immensely from the enthusiastic support of John W. McCarter, Jr., and from financial support of the Gordon and Betty Moore Foundation.

The goal of rapid biological and social inventories is to catalyze effective action for conservation in threatened regions of high biological diversity and uniqueness.

Approach

During rapid biological inventories, scientific teams focus primarily on groups of organisms that indicate habitat type and condition and that can be surveyed quickly and accurately. These inventories do not attempt to produce an exhaustive list of species or higher taxa. Rather, the rapid surveys 1) identify the important biological communities in the site or region of interest, and 2) determine whether these communities are of outstanding quality and significance in a regional or global context.

During social asset inventories, scientists and local communities collaborate to identify patterns of social organization and opportunities for capacity building. The teams use participant observation and semi-structured interviews quickly to evaluate the assets of these communities that can serve as points of engagement for long-term participation in conservation.

In-country scientists are central to the field teams. The experience of local experts is crucial for understanding areas with little or no history of scientific exploration. After the inventories, protection of natural communities and engagement of social networks rely on initiatives from host-country scientists and conservationists.

Once these rapid inventories have been completed (typically within a month), the teams relay the survey information to local and international decision-makers who set priorities and guide conservation action in the host country.

Dates of field work	25 March–13 April 2003 (biological), 17 March–15 April 2003 (social)
Region	The Yavarí and Yavarí Mirín river valleys in the Amazonian lowlands of northeastern Peru (Figure 2), where a 1.1 million-ha area has been proposed as a Zona Reservada, a first step towards formal protection. The area stretches from the Peru-Brazil border in the east to the Reserva Comunal Tamshiyacu-Tahuayo (which it includes) in the west. Its western border is 60 km south of the city of Iquitos.
Sites surveyed	Four sites along the Yavarí River, between the town of Angamos and the mouth of the Yavarí Mirín. At each site we surveyed a mix of forest types and microhabitats, both in the hilly uplands and on the Yavarí's broad floodplain. Upland forests at the first site grow on steep hills with relatively poor soils, while those at the second and third sites cover rolling terrain with richer soils. At the fourth site, an old alluvial terrace overlooks a mosaic of flooded forests and oxbow lakes near the mouth of the Yavarí Mirín.
Organisms surveyed	Vascular plants, fishes, reptiles and amphibians, birds, large mammals, and bats
Highlights of results	This region of Peru holds world records for tree and mammal species richness, and every group of organisms we studied was exceedingly diverse. Despite the area's extensive use during the rubber boom—attested to by thousands of scarred rubber trees still standing throughout the area—plant and animal communities appear fully recovered and essentially indistinguishable from those in famously intact regions of Amazonian Peru, like Manu National Park.

Plants: The team registered more than 1,650 plant species in the field, of an estimated regional flora of 2,500–3,500 species. Forests along the Yavarí are floristically similar to those around Iquitos (but lack white sand soils) and are probably a good approximation of what the Iquitos area looked like many years ago. Even so, many common plant species here appear to be new records for Loreto or Peru. Upland forests are extremely diverse and heterogeneous, especially in poorer-soil areas, where tree species composition appears to turn over with soils on a very small scale.

Fishes: Despite floodwaters that prevented sampling in the Yavarí itself, the ichthyologists recorded a much richer fish fauna than expected—240 species—in the mixed-water lakes and tributaries of the Yavarí. At least ten of the species collected are new to science and about 20 others are new to Peru. Most of the new species are small, showy fish with potential as ornamentals. More than 400 fish species are expected in the region. |

Highlights of results

Reptiles and amphibians: The herpetological team recorded 77 amphibian and 43 reptile species during the inventory, and estimate a combined total of 215 species. Five amphibians appear to be new to science, including a black frog speckled with vivid yellow and white spots that belongs to a formerly monotypic genus never before collected in Peru (*Allophryne*). Apart from river turtles and caiman, which are not common along the Yavarí and may be recovering from hunting pressure, the herpetofauna appears healthy and intact.

Birds: We recorded 400 bird species in just three weeks and estimate a regional avifauna of 550 species. The Red-fan Parrot (*Deroptyus accipitrinus*, Figure 6B), known in Peru from a single record and not reported in the country for half a century, was spotted several times in the Yavarí floodplain. Many other records, like the Elusive Antpitta (*Grallaria eludens*), represent significant range extensions. During the inventory we witnessed a large-scale migration event—a curious mix of boreal, austral, and within-Amazonia migrants—that suggests the area may be an important flyway for Amazonian birds.

Large mammals: Censuses reconfirmed what a decade's worth of mammal work in the area has documented in detail: world-record diversity and robust populations of many mammals globally threatened with extinction. Thirteen species of primate have been found inside the proposed Reserved Zone; two others occur just outside its borders. At least 11 populations of the threatened red uakari monkey—*Cacajao calvus*, protected nowhere else in Peru—occur in the area, and some of these contain more than 200 individuals. During the brief inventory we sighted several rare Amazonian mammals, including jaguar, tapir, giant anteater, short-eared dog, and giant otter.

Human communities

Despite the region's proximity to Iquitos, no settlements exist inside the 1.1 million-ha proposed Reserved Zone. The *ribereño* village of Nueva Esperanza (Figure 2), with 179 inhabitants, borders the proposed area to the northeast. Several other communities that settled in the region over the last four decades have since left, largely because of endemic, chloroquine-resistant malaria and poor access to markets in Leticia and Iquitos. The social team found strong interest in the surrounding *ribereño* settlements, and in the nearby Matsés indigenous territories farther up the Yavarí, for conservation that involves and benefits local communities. The Reserva Comunal Tamshiyacu-Tahuayo, which is included in the proposed Reserved Zone, has been successfully managed for 12 years by local communities on the Tahuayo and Blanco rivers (Figure 2).

Main threats	The area is remarkably untouched at present, but two major threats are on the horizon. In the north, a segment of the proposed Reserved Zone overlaps with forestry concessions that may go into auction this year. Other forest concessions border the proposed Reserved Zone to the north, along the Esperanza and the lower Yavarí Mirín rivers. At the same time, communities on the lower Yavarí are discussing large-scale immigration projects into unoccupied areas along the Yavarí Mirín.
Current status	INRENA, the Peruvian service for protected areas, is supportive of the establishment of a Zona Reservada in Yavarí. However, a large area in the north of the proposed Zona Reservada (Figure 8)—a region of extreme biological importance and part of an AIDESEP (Asociación Interétnica de Desarrollo de la Selva Peruana) proposal to protect a non-contacted indigenous group—remains designated for logging concessions.
Principal recommendations for protection and management	01 *Provide long-term protection for forests in the proposed Reserved Zone* in association with surrounding communities, including strict protection for the upper Yavarí Mirín watershed and ecologically compatible use in buffer areas. 02 *Remove or minimize the impacts of soon-to-open forestry concessions* in the crucial "three headwaters" area between the Esperanza and Yavarí Mirín rivers. 03 *Upgrade the Reserva Comunal Tamshiyacu-Tahuayo* to a Reserva Comunal at the national level, within the Peruvian protected areas system (SINANPE).
Long-term conservation benefits	01 *A new conservation area of global importance,* protecting species and communities not present in conservation areas elsewhere in Amazonia and attracting conservation investments and ecotourism to Loreto and Peru. 02 *Permanent preservation of a source area* for commercially important fish and large mammal populations vital to the rural economy of Loreto. 03 *Watershed protection* for at least six major rivers in Loreto. 04 *Participation of local* ribereño *populations in the management of the region's natural resources,* as stakeholders in and beneficiaries of the long-term protection and sustainable use of the greater Yavarí valley.

Why Yavarí?

The world-famous forests around Iquitos, their animal communities exhausted by decades of hunting, stand eerily quiet. But just across the Amazon River, 60 km south of the city, the forests rustle with life. Here, where the Yavarí Mirín and six other rivers are born in the low hills of the Iquitos Arch, jaguar, tapir, and vast herds of white-lipped peccary roam a million-hectare wilderness with a human population density close to zero. Nowhere else in the tropics can one find such a vast back-country so close to a major urban area. Geography explains the paradox. A fisherman on the upper Yavarí Mirín, less than 100 km from Iquitos, must travel a twisting, 600-km route, skirting the Brazilian and Colombian borders and paddling up the main current of the Amazon, to sell his catch in the city.

Skimming above the mosaic of swamps and flooded forests in these headwaters, our overflights startled so many macaws and smaller parrots that for six hours we were rarely out of sight of them. On the ground, long-term inventories in the Yavarí Mirín valley have recorded healthy populations of mammals threatened by extinction nearly everywhere else in Amazonia, including 13 species of primates and the large game species that supply the rural economy in this part of Peru. For the many other groups of organisms that had never been studied in detail in the Yavarí valley—plants, fishes, amphibians and reptiles, birds, bats—our inventory provided a first glimpse at the riot of Amazonian diversity four degrees south of the equator.

Once bustling with traders drawn by its abundant natural rubber, the Yavarí region is all but deserted today. Only the occasional scarred rubber tree stands as a reminder of its working past. Yet as the Yavarí's forests grow wilder, people are planning their return. Logging concessions along the lower Yavarí Mirín are slated to become active this year, and large-scale immigration is creeping up the lower Yavarí. But a promising local alternative is at hand. Extending the success of the Reserva Comunal Tamshiyacu-Tahuayo (Figure 2)—which combines community-based management with scientific research to benefit forests and livelihoods— into the Yavarí Mirín valley will preserve a critically important area of Loreto, Peru and Amazonia for future generations.

Overview of Results

LANDSCAPE AND SITES VISITED

The rapid biological inventory team surveyed upland and floodplain forests, lakes, rivers, and swamps along a 125-km stretch of the upper Yavarí River, where it forms the Peru-Brazil border and the southeastern boundary of the 1.1 million-ha proposed Yavarí Reserved Zone (Figure 2). Over three weeks, we worked at four sites between the town of Angamos and the mouth of the Yavarí Mirín, a region previously unvisited by biologists. As the bulk of the team explored forests away from the river, the ichthyological team visited various aquatic habitats along the Yavarí and its tributaries, and the social team visited communities in the area of influence of the proposed Reserved Zone.

This area of Peru—the broad interfluvium bordered by the Ucayali, Amazon, and Yavarí rivers—is relatively homogeneous in geology and climate but a complex jumble of topography, soils, and forest types. Much of this variability is attributable to an uplifted geological structure here, the Iquitos Arch, in whose hills six major rivers—the Blanco, Tamshiyacu, Maniti, Orosa, Esperanza and Yavarí Mirín—have their headwaters. The Yavarí Mirín forms the heart of the proposed Reserved Zone, and its course follows the major abiotic gradient in the area, from the steep, less fertile hills in the south to the rolling, more fertile hills in the north.

VEGETATION AND FLORA

The most diverse tree communities in the world grow in the vicinity of Iquitos, and the number of trees and shrub species alone in the proposed Reserved Zone probably exceeds 2,000. Such an overwhelming diversity of species, most of them rare and patchily distributed, and many of them responding to small-scale variation in topography and drainage, made it a challenge for us to explore the region's vegetation effectively during such a short inventory. Though the botanical team collected >2,500 plants and carried out quantitative surveys of >1,700 trees in the field, we were left with the recognition of having only scratched the surface.

The ~1,650 species of plants we registered during the trip represent maybe half of the flora of the proposed Reserved Zone. This is a rough estimate, but based on our experience elsewhere in Amazonia and on botanical surveys in the vicinity of Iquitos, we estimate the total flora of the proposed reserve at 2,500–3,500 species. The great majority of these are trees, shrubs, and lianas; epiphytic and terrestrial herbs seem only moderately diverse by Amazonian standards. Aquatic plants are notably underrepresented, perhaps because of the nutrient-poor black waters that dominate the region's lakes.

Most of the plant specimens collected during the rapid biological inventory have not yet been reviewed by specialists, so it is not yet possible to say how many of the taxa are new records for Peru, new to science, or globally threatened. At the family and genus level, the composition of these forests is essentially identical to those around Iquitos, with the exception of a few white-sand specialists present in Iquitos and absent in the Yavarí. A surprising number of the most common species we collected along the Yavarí, however, could not be matched to material in the Iquitos herbarium, and our expectation is that several dozen collections are new to Loreto and Peru.

Upland forests in Yavarí are structurally typical of the wet tropics, with a dense shrub and pole layer, a mostly closed canopy at 25 m, and scattered giant emergents exceeding 40 m. Local diversity of upland tree communities is terrifically high. In our poorer-soil tree plot, the first 50 trees ≥10 cm dbh we looked at represented 45 species. As around Iquitos, the most important tree family here is Myristicaceae, represented primarily by *Iryanthera* and *Virola* in the poorer-soil sites, these joined by *Otoba* in the richer-soil sites. Together, Myristicaceae, Sapotaceae, and Lecythidaceae account for more than a quarter of all the trees surveyed in the upland tree plots. At the species level, compositional differences between different soil types are especially noticeable at the poorer-soil site, where near-complete compositional turnovers are sometimes apparent on single hilltops. The most common tree species throughout the uplands are the palm *Astrocaryum murumuru*, natural rubber (*Hevea* sp., Euphorbiaceae), *Senefeldera inclinata* (Euphorbiaceae), *Iryanthera*

macrophylla, *I. juruensis*, *Virola pavonis*, and *Osteophloeum platyspermum* (all Myristicaceae).

Very few plants were fruiting or flowering inside the forest at this season, with the exception of some areas of the floodplain, where we found an explosion of fruiting and carpets of recently germinated seedlings. Here the common trees are *Virola surinamensis* (Myristicaceae), *Maquira coriacea* (Moraceae), and *Pseudobombax munguba* (Bombacaceae), as well as the palms *Socratea exorrhiza*, *Euterpe precatoria* and *Astrocaryum murumuru*.

Swamp forests are mostly mixed-species, relatively diverse but palm-dominated stands intergrading with other types of flooded forest. In our swamp tree plot, just three plant families—palms, Clusiaceae, and Lepidobotryaceae—accounted for 53% of the trees. Apart from the well-known *Mauritia flexuosa* (*aguaje*), common elements of area swamps include *Symphonia globulifera* (Clusiaceae), *Ruptiliocarpon caracolito* (Lepidobotryaceae), *Virola surinamensis* (Myristicaceae), and the palms *Euterpe precatoria*, *Socratea exorrhiza* and *Attalea butyracea*.

FISHES

Apart from the Yavarí River itself, which was in full flood during the inventory, the ichthyological team covered the full spectrum of aquatic habitats, collecting standardized samples at 24 stations. The team visited six oxbow lakes and twelve large tributaries along the Yavarí, three smaller tributaries far inland and away from the river, two flooded forest sites, and a swamp. Fourteen of these sites were classified as primarily blackwater habitats, seven as primarily whitewater habitats, and three as primarily clearwater habitats.

We recorded 240 species of fish in the inventory and we estimate between 450 and 500 species in the proposed Reserved Zone. The very high diversity of fish communities along the Yavarí and the marked compositional differences between blackwater and whitewater habitats are illustrated by the low proportion of species shared by the first three sites we visited: a mere 22%.

Roughly every one in ten fish species collected on the Yavarí during the rapid biological inventory is a new record for Peru. Ten species are likely new to science, including undescribed taxa in *Characidium*, *Moenkhausia*, *Tatia*, *Ernstichthys*, *Otocinclus*, Glandulocaudinae, and Trichomycteridae. Many of the species probably new to science are small, showy fish with high potential as ornamentals.

Another important result of the rapid biological inventory was the discovery of a large number of economically important species, including *Arapaima gigas* (paiche), *Osteoglossum bicirrhosum* (arahuana), and the large catfish *Brachyplatystoma flavicans* (dorado), *Pseudoplatystoma fasciatum* (doncella), *P. tigrinum* (tigre zúngaro), and *Phractocephalus hemioliopterus* (peje torre). Many of these were found as juveniles in the flooded forest, suggesting that the extensive seasonally flooded aquatic habitats along the Yavarí and the Yavarí Mirín are important breeding grounds in the life cycles of larger migratory fish.

AMPHIBIANS AND REPTILES

Our inventory was at the height of the rainy season, and reptiles and amphibians were abundant in the leaf litter in most habitats. In only 20 field-days, the herpetological team registered more than 70 amphibian and nearly 45 reptile species, including 15 snakes. We estimate respective regional totals at 115 and 100, including some 60 species of snake.

The composition of the Yavarí herpetofauna is typical of the hyperdiverse amphibian and reptile communities of upper Amazonian terra firme sites. Even so, it differed in many respects from the closest well-known herpetofauna, at Jenaro Herrera. We registered all but four of the 18 species of *Eleutherodactylus* expected here and all but eight of the expected lizards, undoubtedly some of the highest diversities for these groups ever recorded in the Peruvian lowlands.

By contrast, the single species of microhylid, three of *Phyllomedusa*, three gekkos, and relatively few *Hyla* recorded in Yavarí indicate an absence of typical *várzea* habitats and floating aquatic vegetation. Arboreal species and amphibians with explosive reproduction were also less diverse than expected, perhaps because of poorly understood seasonal variation in their activity.

Perhaps the most important find among the amphibians—undoubtedly the most striking—was a small black frog speckled with yellow and white spots (Figure 5C), collected along a stream at Lago Preto. Initially field-identified as an undescribed species of *Hyla*, the specimen has since been classified as an undescribed species of a formerly monotypic genus known primarily from Venezuela and never before collected in Peru (*Allophryne*). We also registered at least one *Scinax* new for Peru and at least four other species probably new to science, in the genera *Scinax*, *Hyla*, *Hyalinobatrachium* and *Bufo*.

Reptiles are difficult to sample well during rapid inventories, because of their low densities and secretive lifestyles. But Yavarí was exceptionally rich in arboreal lizards (*Anolis*, *Enyaloides*) and streamside lizards, and the rarely encountered snake *Porthidium hyoprorus* was sighted on two occasions. Terrestrial tortoises (*Geochelone denticulata*) seem to have healthy populations here, with individuals spotted in the first three sites. By contrast, taricayas (*Podocnemis unifilis*), charapas (*Podocnemis expansa*, Figure 5H) and spectacled caimans (*Caiman crocodilus*), commonly hunted for food along major rivers, are rare along the Yavarí and its tributaries, and will require special attention in the protected area.

BIRDS

Despite its proximity to Iquitos, the interfluvium among the Ucayali, Amazon, and Yavarí rivers has been understudied by ornithologists. The few sites surveyed to date suggest that the region's avifauna is a unique mix of species with strong affinities to the avifauna of southeastern Peru and southwestern Brazil, but complemented by some other species typical of the north bank of the Amazon. The sites we visited along the upper Yavarí during the rapid biological inventory are distant from any locality studied extensively by ornithologists, and provide further insight into the distribution of the avifauna of this interfluvium. We found some species pairs of closely related birds that turn over between the northern and southern parts of the interfluvium, where the Amazon and Juruá watersheds meet.

During the three-week inventory we recorded 400 birds, of a likely regional avifauna of 550 species. Particularly important was the discovery of the second-known Peruvian population of *Deroptyus accipitrinus* (Red-fan Parrot, Figure 6B). Other novelties included the northernmost Peruvian records for *Grallaria eludens* (Elusive Antpitta) and *Hylexetastes stresemanni* (Bar-bellied Woodcreeper). We also discovered what appears to be the boundary between the geographic ranges of two closely related puffbirds: *Malacoptila semicincta* (Semicollared Puffbird) and *Malacoptila rufa* (Rufous-necked Puffbird).

Important habitats for birds within the proposed Reserved Zone include terra firme and seasonally flooded forest, stands of aguaje palms (*Mauritia flexuosa*), lakes, streams, and riparian habitats along the Yavarí as well as the smaller Yavarí Mirín. The aquatic habitats along the Yavarí are unusual within south-bank forests of the Peruvian Amazon in their blackwater components, which influence the composition of the local avifauna. This results in the presence of some species not regularly found elsewhere in other south-bank Amazonian forests, such as *Hemitriccus minimus* (Zimmer's Tody-Tyrant) and *Conopias parva* (Yellow-throated Flycatcher).

During the first week of fieldwork, we witnessed an impressive migration event in which thousands of birds—a mixture of boreal, austral, and within-Amazon migrants—passed northward over the Yavarí River. Among the migrants were nighthawks, swifts, swallows, and tyrant flycatchers. Some of the species are poorly known from the Peruvian Amazon, and some were not known to be migratory, including *Cypseloides lemosi* (White-chested Swift).

Commercially important species like large macaws, parrots, and cracids seem to be present here in healthy populations. Though it was not encountered during the inventory, there is evidence that the endangered *Crax globulosa* (Wattled Curassow) occurs along the Yavarí. Should this species be found within the boundaries of the proposed Reserve Zone, it would become only the second protected area in Peru to harbor the species.

MAMMALS

In contrast to the site's poorly known avifauna, mammal communities of the Yavarí valley are among the best-studied in Amazonia. Richard Bodmer and colleagues from WCS-Perú and DICE have been carrying out mammal research in the Yavarí Mirín valley since 1990. Their work has focused on the population dynamics of economically important game species, like peccary, deer, primates, and tapir, and has relied on extensive collaboration with local hunters, who register hunting pressure and collect skulls from harvested animals. A focus of recent work has been to understand how and why mammal composition and density vary from place to place in the greater Yavarí valley, both between different forest types and under different hunting regimes.

One key result of this work, described in detail in this report (see "Use and Sustainability of Wildlife Hunting in and around the Proposed Yavarí Reserved Zone"), derives from a careful comparison of the sustainability of hunting inside and outside the proposed Reserved Zone. The results indicate that all of the animals that are hunted near or above sustainable levels in the outskirts of the proposed Reserved Zone are hunted below sustainable levels within it. The Yavarí Mirín valley thus functions as a source area for large mammals, with population excess migrating into and bolstering populations in adjacent overhunted sink areas. Because the trade in wildlife meat accounts for some

25% of the rural economy in this area of Peru, the Yavarí Mirín's production of large mammals is key for the long-term stability of the rural economy in the area.

During the rapid biological inventory, the mammal team censused more than 500 km of trails at the first three sites along the Yavarí River. This area had never been censused for large mammals before, and one goal of the work was to assess the health of populations in this region, presumably impacted by hunters traveling along the Yavarí. The censuses revealed that the area's large mammal populations are at very healthy densities, with little sign of hunting impact. Most species' population densities are within the ranges documented inside the more remote and less-hunted Yavarí Mirín valley. Tapir and white-lipped peccary are less common along the Yavarí, but woolly monkeys and black spider monkeys are more common.

We registered 39 large terrestrial mammal species during the rapid biological inventory. Based on more extensive work in the adjacent Quebrada Blanco, just outside the proposed Reserved Zone (Figure 2), we estimate that approximately 150 mammal species, including bats and small terrestrial mammals, are present in the area, making it a strong contender for the world's most diverse mammal community.

The proposed Reserved Zone is a safe haven for a large number of mammal species threatened with extinction elsewhere in their ranges. Twenty-four species confirmed or expected in the area are listed as threatened by the IUCN or in the appendices of the CITES convention. Globally threatened mammal species present in the Yavarí valley include giant river otter, bush dog, lowland tapir, giant armadillo, giant anteater, and the red uakari monkey. A large number of mammal species currently listed as data deficient by the IUCN also have healthy populations here.

Of the 13 primate species present in the proposed Reserved Zone, the red uakari (*Cacajo calvus*) is of keen interest for research and conservation. Groups sighted in the Yavarí Mirín to date are some of the largest ever seen for these species, containing up to 200 individuals. This species is of key conservation importance for several reasons. First, half of the known populations within the proposed Reserved Zone occur in areas currently slated for logging concessions, and will be in severe danger of hunting when operations begin, potentially within a matter of months (Figure 8). Second, the species is ecologically restricted to a small proportion of this vast landscape—the swamps where its principal food tree, the *Mauritia* palm, grows. Third, the species is distributed in a peculiarly patchy fashion across the area, with a small number of apparently disjunct populations scattered along the Yavarí and Yavarí Mirín rivers and the Quebrada Blanco (Figure 8). Fourth, the species is not protected anywhere else in the Peruvian network of protected areas. On the basis of this species alone, the Yavarí Mirín valley merits strict, long-term protection.

In addition to the large mammal censuses, we conducted a preliminary bat survey during the rapid biological inventory. For ten nights, two mist nets in both upland and flooded forest, at ground level and in the mid-story, caught 20 species of an expected bat fauna of 60.

HUMAN COMMUNITIES

The proposed Reserved Zone is practically unoccupied by people, and the surrounding region is sparsely populated as well. This has not always been the case. From the late 19th century until the collapse of the rubber industry in the 1920s, the area was thick with rubber tappers and traders, and steamships plied the Yavarí and Yavarí Mirín regularly. As recently as the 1960s, some 1,000 people lived along the upper and lower Yavarí Mirín, in the heart of the proposed Reserved Zone, harvesting *palo de rosa* and other timber species and hunting commerically. Over the next few decades there was a gradual exodus from the region, as epidemics of chloroquine-resistant malaria and the difficulty of getting products to market made life increasingly strenuous.

Today, the last remnant of this formerly more extensive population is the small community of Nueva Esperanza, home to 179 people, which would be immediately adjacent to the protected area (see map in

Figure 2). Most of Nueva Esperanza's inhabitants are not indigenous, but rather *ribereño* settlers with a long history in the region (Figure 9H). The economy is a mix of subsistence agriculture and commercial trade in wildlife meat and skins (principally peccary), which are sold in the distant markets of Leticia, Benjamín Constant, and Tabatinga. Malaria continues to be a problem, with more than 340 cases registered in 2001 and 2002; during the social team's visit a dangerous epidemic was underway.

Apart from the settled population, there are persistent rumors that an uncontacted indigenous group may inhabit some of the proposed Reserved Zone. AIDESEP has requested protection of the northwestern sector, north of the Yavarí Mirín, as a refuge for this population.

The human population within 20 km of the proposed Reserved Zone's borders is larger and more heterogeneous, probably numbering between 1,000 and 2,000 people. The largest settlements are the border town of Angamos and the nearby Matsés indigenous communities to the south of the proposed Reserved Zone, and along the Tamshiyacu and Tahuayo rivers to the west, where a large proportion of the proposed reserve has been successfully managed by local communities as the Reserva Comunal Tamshiyacu-Tahuayo since 1991 (Figure 2). The social team visited some 11 communities here, and conducted interviews and town meetings to gauge social organization and opportunities for collaboration with a new protected area (Figure 9G).

THREATS

The threats facing forests in the Yavarí valley are the same that haunt forests across Amazonia: uncontrolled colonization and land-clearing, poorly managed commercial logging, and the unsustainable hunting that commonly accompanies them. All of these threats are insubstantial for the time being in Yavarí, in part because the region's human population is so small and in part because the proposed logging concessions along the Yavarí Mirín are not yet active. But all three factors

could become enormous threats in a matter of months, given the episodic history of immigration, timber extraction and commercial hunting on both sides of the Peru-Brazil border.

Logging is the most immediate threat. A large area of forest along the northern border of the proposed Reserved Zone has been slated by the government for logging concessions. Some of the proposed concessions overlap with the proposed Reserved Zone, on nearly 300,000 ha of forest between the Esperanza and Yavarí Mirín rivers (Figure 8). This area of overlap, which represents more than a quarter of the proposed Reserved Zone, is particularly unsuited to logging, and even well managed concessions could lead to significant ecological impacts. The area's strategic location, along more than half of the Yavarí Mirín, provides easy access to the entire watershed, the heart of the proposed Reserved Zone. More than half of the known populations of the threatened red uakari monkey in the proposed Reserved Zone occur here (Figure 8). It includes the headwaters of three major rivers—the Orosa, Maniti and Esperanza—and key breeding habitat for economically important fish and mammal species. Finally, the area's endemic malaria and remoteness from major markets will make cost-efficient, environmentally sensitive logging operations exceedingly difficult.

The threat of large-scale immigration is harder to quantify, in part because the potential immigrants are part of a religious sect, locally known as "Israelitas," whom we did not interview during our visit to the region. The sect has formed several communities on the lower Yavarí, near Islandia, and is rumored to be seeking locations for new communities on the upper Yavarí and the Yavarí Mirín.

The threat of hunting is relatively easy to quantify, thanks to the long-term detailed studies of mammal densities and current hunting levels at a regional level (see "Use and Sustainability of Wildlife Hunting in and around the Proposed Yavarí Reserved Zone"). What these analyses make clear is that an uncontrolled influx of new hunters into the region would quickly tip mammal harvests towards the unsustainable.

CONSERVATION TARGETS

The following table highlights species, forest types, and ecosystems in and around the proposed Yavarí Reserved Zone that are of special importance to conservation. Some are important because they are threatened or rare elsewhere in Peru or in Amazonia; others are unique to this area of Amazonia, key to ecosystem function, important to the local economy, or important for effective long-term management.

ORGANISM GROUP	CONSERVATION TARGETS
Biological Communities	Megadiverse plant and animal communities fully recovered from historical impacts of rubber harvesting and human occupation. Mosaics of intact flooded forest and swamp along the broad floodplains of the Yavarí, of a kind not protected elsewhere in Loreto. Seasonally flooded aquatic habitats, important in the reproductive cycles of the regional fish fauna.
Vascular Plants	Upland tree and shrub communities, perhaps the most diverse in the world. Intact floodplain and swamp forests along the Yavarí and Yavarí Mirín rivers. Populations of commercial tree species decimated elsewhere in Amazonia.
Fishes	A diverse, intact ichthyofauna in a wide variety of well-preserved aquatic habitats. Populations of commercially valuable fish species, including *paiche (Arapaima gigas)*. Spawning grounds in the headwaters of the six major rivers in the region.
Reptiles and Amphibians	Exceptionally rich communities of *Eleutherodactylus* and arboreal lizards. Nearly half a dozen undescribed amphibians, including a new frog in the genus *Allophryne*. Black caiman (*Melanosuchus niger*) and turtle (*Podocnemis* spp.) populations.
Birds	Large tracts of forest and riparian habitat that represent an important corridor for boreal, austral, and trans-Amazonian migrants. *Deroptyus accipitrinus* (Red-fan Parrot) and other bird species threatened in Peru. The globally vulnerable *Crax globulosa* (Wattled Curassow), not confirmed for the area but known to occur lower on the Yavarí River.
Mammals	The globally vulnerable red uakari monkey, *Cacajao calvus* (Figure 1). 24 other globally threatened mammal species (see Appendix 6). A source area for economically important large mammals commonly overhunted elsewhere in Amazonian Peru, such as white-lipped peccaries (*Tayassu pecari*) and tapirs (*Tapirus terrestris*).

Human Communities

Long-term community experience in protected area and large-mammal management in communities around the Reserva Comunal Tamshiyacu-Tahuayo.

Local practices to rotate areas of forest for hunting and for the recovery of game species; traditional low-impact fishing techniques.

Rotation of small-scale agriculture and reforestation of plots with fruit trees.

The conservation landscape we propose for the Yavarí region will provide **long-term protection for some of Peru's most diverse forests**, hundreds of species not protected elsewhere in the country's parks network and **dozens of globally threatened species**. There is a wealth of additional reasons—economic, cultural, and political—why the establishment of a conservation landscape in the region will benefit Loreto and Peru for the long term, including:

01 **Permanent protection and long-term monitoring of a source area for game animals**—especially peccaries, tapir, and large fish—that form the basis of Loreto's rural economy.

02 **Economic opportunities for isolated rural communities** and local control of the area's natural resources.

03 **Highest protection for lands that may be inhabited by indigenous groups who prefer to remain uncontacted.**

04 **Increased international conservation investment in Loreto,** and a windfall for Loreto's ecotourism industry—with a new, globally important tourist attraction just 60 km from Iquitos.

05 **Binational collaboration with Brazil** in conservation, management and sustainable development in the border region.

RECOMMENDATIONS

Our long-term vision of the Yavarí landscape is of a harmonious blend of land-use categories that can sustain healthy ecosystems and healthy local communities. Some areas should be set aside for the strict protection of the area's megadiverse flora and economically important fauna; others should be designated for the sustainable use of natural resources; and both should be overseen by local communities. This is not a new vision, but one pioneered—and put into practice—by the local communities that have managed the Tamshiyacu-Tahuayo Communal Reserve for a decade. Here we offer some preliminary recommendations for extending this vision to the Yavarí Mirín and Yavarí river valleys, including specific notes on protection and management, further inventory, research, and monitoring.

Protection and management

01 **Establish the proposed Zona Reservada del Yavarí inside the boundaries outlined in Figure 2.** These bear slight modifications to the boundaries proposed in the January 2003 *expediente técnico* submitted to the Peruvian parks service (INRENA), to exclude the town of Nueva Esperanza and the proposed research station at Lago Preto.

02 **Elevate the status of the Tamshiyacu-Tahuayo Communal Reserve (Figure 2) from regional to national level,** and ensure that management of the reserve remains in the hands of the communities that have managed it successfully for more than a decade. Search for sustainable funding that will provide the technical and financial assistance requested by those communities to improve the effectiveness and long-term viability of their efforts (see addendum in "Human Communities" and "An Overview of the Tamshiyacu-Tahuayo Communal Reserve").

03 **Provide strict, long-term protection for the remainder of the proposed Zona Reservada, by establishing a new national park (Figure 2).** This area merits the strongest possible protection under Peruvian law, based on its exceptional biological richness, its large and intact expanses of forest, its remoteness, and its apparent lack of human inhabitants. At present, less than one half of one percent of Loreto's megadiverse lowland forests are strictly protected. Increasing this number by just 2%—the size of the national park we propose here—will provide long-term protection for thousands of currently unprotected species in Peru's richest forests. This proposal for strict protection is consistent with recommendations made by AIDESEP (the Asociación Interétnica de Desarrollo de la Selva Peruana) to protect the uncontacted indigenous communities believed to inhabit the remote reaches of the Yavarí Mirín (see below).

04 **Involve local communities in the management of the new protected area, so that local people benefit directly and indirectly from it.** Work with communities and local authorities in and around the reserve—principally those around Nueva Esperanza, those close to the Tamshiyacu-Tahuayo Communal Reserve, Angamos,

and the Matsés communities near Angamos—to ensure that they are involved in the categorization of the new protected area, in its management and protection over the long term, and in the design and management of compatible local uses inside and outside of its boundaries. Provide local residents with strong programs and educational materials, and hire park personnel from nearby towns.

05 **Relocate logging concessions planned for the forests between the Yavarí Mirín and Esperanza rivers (Figure 8).** This area is critical for the viable conservation of the entire area because it provides access to forests throughout the Yavarí Mirín watershed; constitutes a crucial source area for game meat and fish important to the rural communities of Loreto; includes the headwaters of three important rivers (the Manití, Orosa and Esperanza); and harbors half of the known populations of the threatened red uakari monkey (*Cacajao calvus*) in the region.

06 **Minimize impacts in logging concessions and other areas adjacent to the new protected area.** Provide technical assistance to minimize direct and indirect impacts of logging, to monitor those impacts, and to adjust practices, as needed. Seek options for the long-term protection of forests northeast of the Yavarí Mirín and Esperanza, including eventual inclusion in the protected area, to facilitate conservation of the entire Yavarí Mirín watershed. Work with the Centro de Desarrollo del Indígena Amazónica (CEDIA) to establish the proposed Reserva Comunal Matsés (Matsés Communal Reserve), southwest of the proposed Zona Reservada.

07 **Prohibit logging, hunting, and fishing along a significant stretch of intact floodplain forests on the Yavarí River between Angamos and the mouth of the Yavarí Mirín.** Intact floodplain forests along large rivers are increasingly rare in Loreto and upper Amazonia. Similar protection should be given to flooded forests in the headwaters of the six rivers that originate in the area. These are critical breeding grounds for migratory and economically important fish species.

08 **Minimize impacts to the old alluvial terraces overlooking some stretches of the Yavarí and the Yavarí Mirín.** These small patches on the landscape are attractive areas for human settlement but may harbor plants and animals found nowhere else in the region.

09 **Minimize illegal incursions into the new protected area by maintaining close collaboration with local communities.** Establish park guard stations and regular patrols, and post signs at key entry points along the borders. The participation of local residents as park guards, managers, and educators in environmental education programs is essential to maximize protection of the new area.

10 **Determine the status of the uncontacted indigenous group** believed to live along the Yavarí Mirín. A management plan for the area should contain recommendations made in this respect by AIDESEP, including measures to avoid involuntary contact and a contingency plan for voluntary contact.

11 **Establish contact with the Israelita communities on the lower Yavarí** to discuss and adjust plans for settlement in the region.

12 **Promote binational conservation action,** through collaboration with Brazilian government authorities (including INPA, FUNAI, and the Brazilian army), communities, researchers and non-governmental organizations. What makes cross-border cooperation especially important in this region is that the Brazilian army bases along the Yavarí are the only authorities currently monitoring resource extraction in the area, through mandatory checks of boats that pass on the Yavarí.

Further inventory

01 **Continue basic plant and animal inventories in the heart of the proposed Reserved Zone,** where the rapid biological inventory team did not visit. Focus on forest types not well sampled by the rapid biological inventory, including the old alluvial terraces along the Yavarí and Yavarí Mirín and above Lago Preto.

02 **Conduct basic inventories during the drier months of June-September,** focusing on the habitats we could not sample satisfactorily during the rapid biological inventory because of high water levels. Carry out ichthyological collections in the main current and lateral habitats of the Yavarí River, as well as in the Yavarí Mirín and Lago Preto, which have never been visited by ichthyologists.

03 **Conduct binational inventories in association with Brazilian researchers** to assess similarities and differences between forests on the Peruvian and Brazilian banks of the Yavarí and to investigate opportunities for cross-border conservation.

04 **Confirm the presence or absence of potentially occurring species of special conservation interest,** such as the threatened game bird *Crax globulosa* and the CITES II-listed longleaf mahogany, *Swietenia macrophylla*.

05 **Continue systematic analyses of satellite imagery of the Yavarí** region to help put local inventories in a larger regional perspective and to identify areas in need of further inventory. These analyses are currently underway for much of the Yavarí Mirín drainage (K. Salovaara et al., unpublished analyses).

RECOMMENDATIONS

Research

01 **Design an integrated research program to examine relationships between plant and large-mammal communities.** Peccaries, deer, and tapir consume a huge proportion of seeds and seedlings in Amazonian forests, and the densities and behavior of these animal populations can greatly influence the composition and structure of plant communities. Because densities of large mammal have been measured continuously for nearly a decade in the Yavarí valley (see "Use and Sustainability of Wildlife Hunting in and around the Proposed Yavarí Reserved Zone"), there is a great opportunity for integrated research that can clarify the links between plant and animal conservation in these forests.

02 **Carry out additional studies on local resource use and management,** focusing on poorly studied aspects like plant use, fishing, and economically viable extractive alternatives to timber.

03 **Bring floristic data to bear on poorly understood mammal distributions in the Yavarí valley.** Two high priorities are determining whether the red uakari's patchy distribution is caused by variation in the floristic composition of regional swamp forests (or alternatively, by chance and history), and which plants in terra firme forests contribute to the predictably different mammal densities observed on different soils and topographic conditions (see "Diversity and Abundance of Mammals").

04 **Combine spatial and temporal data on flooding dynamics, tree phenology, and animal densities in floodplain forests** for a better understanding of how and when animals use flooded forests, and how and why floristic composition varies across the flooded landscape.

Monitoring

01 **Continue the long-term monitoring of hunting effort and harvest in the region,** to ensure that current uses are sustainable and to modify management, as needed, to maintain them so (see "Use and Sustainability of Wildlife Hunting in and around the Proposed Yavarí Reserved Zone").

02 **Monitor the direct and indirect impacts of logging concessions** bordering the proposed protected area to the north; adjust practices to minimize negative impact (see recommendation 6 in protection and management).

Technical Report

OVERVIEW OF INVENTORY SITES

The rapid biological inventory in March–April 2003 focused on three sites along a 125-km stretch of the Yavarí River, where it flows northeast from the town of Angamos to the mouth of the Yavarí Mirín River, forming the Peru-Brazil border. A few members of the team visited a fourth site at the mouth of the Yavarí Mirín towards the end of the inventory. In this section we give a brief description of each site visited by the rapid biological inventory team, as well as a basic overview of important physical features of the Yavarí and Yavarí Mirín drainages. Detailed descriptions of the vegetation and animal communities surveyed at each site are given in the following chapters.

GEOLOGY, CLIMATE, AND HYDROLOGY

The geology of the Yavarí valley has not been studied in detail, but it is thought to be relatively uncomplicated. Maps published by Peru's Instituto Geológico, Minero y Metalúrgico show the entire area dominated by the geological formation that covers much of northeastern Peru: the Pebas formation, a thick slab of clays and sands deposited in ancient lakes and rivers (Räsänen et al. 1998, Sánchez et al. 1999, de la Cruz et al. 1999). All of the proposed Reserved Zone, but especially the southern sector close to Angamos, is associated with an uplifted geological structure known as the Iquitos Arch, which stretches hundreds of kilometers across Loreto and into Colombia. From the air and in satellite images, much of the Iquitos Arch is identifiable as a band of steep topography extending northwest of Angamos.

Soils are more variable than the simple geology would suggest (Figure 3A). Because the Pebas formation is a jumble of deposits ranging from primarily sand to primarily clay, basic soil texture can vary dramatically over small spatial scales. This was especially obvious at the first site we visited, where the conspicuous "cicada towers" scattered around the forest floor—miniature towers built with topsoil—ranged in color from orange to grey to purple. Despite this variability, most soils in the proposed Reserved Zone, as throughout this region of Peru, are very acid, low in nutrients and high in elements toxic to plants, such as aluminum. Soils in the highest hills of the Iquitos Arch are generally older and sandier than those in the lower, rolling hills away from the arch.

Weather data do not exist for the proposed Reserved Zone, but a close approximation is given by nearby records from Jenaro Herrera (Gautier and Spichiger 1986), Angamos (ONERN 1976), and stations in and around around Iquitos (Marengo 1998). This is a technically aseasonal climate, with significant rainfall year-round and an annual total precipitation between 2000 and 3000 mm. Even so, pronounced seasonal variation in rainfall is evident. The driest months are May, June, July, and August, during which monthly rainfall falls to 30% of that in the wettest months, and monthly minima sometimes dip below 100 mm. Mean temperatures are between 24 and 26° C, but cold spells in the drier months produce minima as low as 10° C.

Water levels in the region's rivers and streams rise and fall seasonally, but neither the basic dynamics nor the mechanisms driving them are well understood. Rivers are at their lowest during the drier months, exposing large white sand beaches on point bars, and at their highest during the rainier months, covering nearly all the beaches and flooding some of the floodplain forest for extended periods, suggesting that water levels are mostly determined by rainfall in the Yavarí watershed. On the other hand, the seasonally high water in the Amazon around April and May must also play a role in flooding dynamics on the Yavarí, by reducing the elevational gradient of the Yavarí and backing up its current.

What seems clear is that rivers in the Yavarí valley are intermediate between central and upper Amazonian rivers in their flooding dynamics. These are not the central Amazonian rivers whose entire floodplains are famously underwater for months on end, though some of the Yavarí floodplain does seem to be flooded for much of the rainy season. But water level on the Yavarí does give the appearance of being more stable than that of most other rivers its size in the Peruvian Amazon, especially those closer to the Andes, where water level is mostly driven by local rainfall and flooding is restricted to a few days, or occasionally weeks, during especially rainy periods.

SITES VISITED

We selected the three main inventory sites (Figure 2) by searching satellite images for areas that allowed quick access to a variety of different forest types, streams, lakes, and other landscape features from the Yavarí River. The team traveled from site to site and stayed on the research boats *Lobo de Río* (Figure 10) and *Nutria*, operated by DICE and WCS-Peru. At each site the boats were tied up for five to seven days at a bluff that provided access to upland forest. During the day (and some of the night for the herpetology and bat teams), most of the team explored ~15 km of temporary trails at each site, while the ichthyologists visited nearby lakes, rivers, streams, and swamps. To sample a greater area undisturbed by other researchers, the mammal team established an additional trail system a short boat ride downriver at each of the three sites. In the evening we returned to the boats to discuss what we had seen, prepare collections, and make plans for the following day.

Because this stretch of the Yavarí is essentially uninhabited, the social team focused their work in the larger communities near the first and last inventory sites. The social team worked a week in the small border town of Angamos and various Matsés communities southwest of that town on the Gálvez River, then surveyed the few scattered houses between Angamos and the mouth of the Yavarí Mirín, and spent six days at the *ribereño* communities of Carolina and Nueva Esperanza.

Quebrada Curacinha
(5°03'05"S, 72°43'42"W, ~95–190 m elev.)

This was the first site we visited during the rapid biological inventory, roughly 20 km down the Yavarí from Angamos. For six days the boats were docked to a steep forested bluff on the outside bend of the river, where three trails totalling >20 km crisscrossed a complex of steep hills and valleys. This was the steepest terrain we encountered during the inventory, associated with the uplifted formation known as the Iquitos Arch (see geology section above).

Soils at this site were extremely variable in color and texture even on the same hill, ranging from orange, purple and white clays to brownish, sandier material.

A small deposit of pure white sand was exposed in the bluff where the boat was docked, but we did not see this anywhere else in the uplands. In general, soils at this site appeared nutrient-poor and badly-drained, and on many hilltops one had to cut through a dense tangle of fine roots ~4–5 cm thick to reach the underlying soils.

These hills are drained by a large number of streams (Figure 2E) with rather narrow floodplains and associated vegetation (locally called *bajiales*). A typical trail, rising and falling as it headed north from the boat site, crossed streams 21 times in the first 2.5 km. As the trails got farther from the river, the hills became higher and higher—reaching nearly 100 m above river level at their highest point—though the constant up-and-down of the trails made this hard to appreciate in the field.

To the southwest of the docking point, another trail followed the hills down into a progressively swampier floodplain forest. Near the adjacent terra firme, soils were saturated but not flooded, small pools stood here and there, and the vegetation was similar to that of occasionally flooded forest along the Yavarí. As the trail continued on, dropping imperceptibly in elevation, the soils became wetter and the forest progressively more dominated by swamp specialists like the palm *Mauritia flexuosa* (locally known as *aguaje*) and *Symphonia globulifera* (Clusiaceae), until one was up to one's knees (or waist) in water. Even where the water was deepest, *Mauritia flexuosa* did not form the pure stands (*aguajales*) commonly associated with this species (Figure 2F).

The river level was relatively high when we arrived at this site, dropping gradually and then rising again as the days went on. Much of the floodplain forest of the Yavarí was underwater during our work here. Even so, large areas of floodplain forest were not flooded, and the botanical team found an explosion of fruiting and germination there, in contrast to the relatively fruit-poor uplands (see "Flora and Vegetation").

Quebrada Buenavista
(4°50'04"S, 72°23'25"W, ~90–150 m elev.)
Following the work at Quebrada Curacinha, we continued approximately 45 km downriver to dock for seven days at another terra firme bluff overlooking the Yavarí, roughly equidistant between Angamos and the mouth of the Yavarí Mirín. Here there was more evidence of earlier human habitation than at the first site, though most of it was within ~200 m of the river. Close to the docking point were several patches of secondary forest 80–100 years old and thus dating roughly to the years of the rubber boom. Given that the name Buenavista ("Pleasant View" in Spanish) appears on modern maps of this area, it seems clear that a small community of that name, since abandoned, occupied the area some time in the last century.

At this site the upland terrain was much gentler than at the first, with mostly rolling hills under 150 m. Soils seemed less variable from place to place, had a higher clay content and were more fertile, and mostly lacked the thick layer of fine roots at Quebrada Curacinha. Consequently, the composition of the upland vegetation here was strikingly different in some aspects from that of the first site (see "Flora and Vegetation"). It was also interesting that, while streams dissected the uplands to the same degree as at the previous site, most streams had beds of reddish clay, rather than the white sand streambeds at Quebrada Curacinha. All of these changes are related to an important shift in the underlying geology, as we moved farther from the older hills of the Iquitos Arch and farther into the depositional basin it borders. Only to the northwest, where a curious long, thin strip of hilly terrain extended perpendicular to the Yavarí, did we find a few of the steep hills characteristic of the previous site.

Another feature that distinguished this site from the first was its much broader, more extensive *bajiales*. In contrast to the first site, where it was often possible to look across a stream and see terra firme on the opposite side, the floodplain of the Quebrada Buenavista at the second site was hundreds of meters wide and even fairly distinct on satellite images.

A kilometer to the southwest of the docking point, a huge swamp, measuring some 7 km^2, covered a large proportion of the Yavarí floodplain. We only explored its margins, but what we saw in the field, in the overflights, and in the satellite images of the area suggest that most of this swamp is a complicated mix of permanently flooded and occasionally flooded forests, similar to the one we visited at Quebrada Curacinha. Here too, we did not see pure *aguajales*, but mixed-species forest with a characteristically high proportion of palms.

Quebrada Limera
(4°30'53"S, 71°54'03"W, ~90–150 m elev.)

The third site was some 65 km farther downriver from Quebrada Buenavista, at a place where the last terra firme bluffs overlook the Yavarí River before its junction with the Yavarí Mirín. Most of the team spent four and a half days exploring this area, in the vicinity of the Quebrada Limera, while one member each of the botanical, herpetological, and mammal teams continued a few kilometers downriver and surveyed forests around Lago Preto (see description below), and the social team visited the communities of Carolina and Nueva Esperanza.

The upland terrain at this site, now well inside the depositional basin of the Iquitos Arch, had much more in common with the rolling, richer-soil landscape of the second site than with the steeper, poorer-soil landscape of the first. Upland vegetation, too, was similar in many respects to the second site. Many of the dominant trees, shrubs and ferns here are well-known components of richer clay soil forests in upper Amazonia.

One consequence of the gentler topography was that terra firme was dotted with natural salt licks and mud baths visited by peccaries and other mammals. Between the hills, a large number of streams with narrow channels but broad floodplains drained the landscape. In heavy rains these streams flood a very large area of inland floodplain, perhaps as much as 20% of the landscape. The Quebrada Limera, which crossed all three of our main trails, overflowed its banks during our first day at this site, and we were only able to cross it and see forests on the other side of it two days later. Three days after that flood, the Limera's very broad floodplain, >600 m wide in places and easily visible on satellite images, was still pooled with standing water.

There were no large swamps near the docking site, but just upstream was a long meander point of floodplain forest along the Yavarí. Here we encountered a low-diversity forest on waterlogged soils, with the same vine tangles and fruit and seedling boom we saw in the similar floodplain forest at Quebrada Curacinha.

Human impacts were more evident at this site than anywhere else on the trip. A group of Brazilians was hunting and fishing along the Quebrada Limera when we arrived, and a hunting camp built by a different party had been abandoned recently on the same quebrada. A short walk from the docking point, a large tropical cedar (*Cedrela* sp.) had been felled for timber, apparently two or three years earlier. In floodplain forest upriver from our docking site, we found several shotgun shells, two large trees felled for timber, and several smaller trees felled for temporary shelters.

Lago Preto
(4°28'S, 71°46'W, ~90 m elev.)

Some members of the mammal, plant, and herpetological teams visited this site for four days towards the end of the inventory. Lago Preto is one of a dozen abandoned river channels, or oxbow lakes, that dot the floodplain forests of the Yavarí River just below its junction with the Yavarí Mirín. Students and researchers from DICE have made the area a base for field expeditions in recent years, and studies to date have focused on large animals, particularly caiman and the locally abundant red uakari monkey (*Cacajao calvus*; see Figure 1). The area is a four-hour walk from the community of Carolina, where local residents are working with DICE to minimize human impacts to the plant and animal communities in the lake's vicinity.

The name Lago Preto ("Black Lake" in Portuguese) refers to the blackish water, low in nutrients and suspended sediments, which drains into the lake from the surrounding floodplain and the poor-soil upland terraces overlooking it. The area is especially attractive to researchers because it presents several different forest types—forests flooded when the Yavarí is high, swamp forests that are saturated year-round, and upland terra firme—in a relatively small area. These forest types are described in more detail in the vegetation section of this report. For more information on the Lago Preto site visit www.kent.ac.uk/anthropology/dice/lagopreto/index.html.

OVERFLIGHTS

In October 2002 we spent six hours flying over the proposed Reserved Zone and its buffer areas. The objectives were to "sky-truth" satellite images of the area, to look for appropriate sites for the ground inventory, and to assess impacts from logging and other activities visible from the air. We first surveyed forests along the Tamshiyacu, Esperanza, Yavarí Mirín, and Yavarí rivers, and then forests around Angamos, Jenaro Herrera, and Quebrada Blanco. Perhaps the most striking aspect of these overflights was the near-total absence of signs of large-scale extractive activity in the area—a heartening contrast to many other similarly remote areas in the Peruvian Amazon.

FLORA AND VEGETATION

Participants/Authors: Nigel Pitman, Hamilton Beltrán, Robin Foster, Roosevelt García, Corine Vriesendorp and Manuel Ahuite

Conservation targets: Megadiverse upland floras growing on a small-scale soils mosaic; intact floodplain and swamp forests along the Yavarí and Yavarí Mirín rivers; populations of commercially valuable timber species threatened elsewhere in Amazonian Peru

INTRODUCTION

The vegetation of the Yavarí valley and the adjacent Yavarí Mirín drainage is poorly known today, but that has not always been the case. During the rubber boom, tappers and traders explored these forests creek by creek in their search for natural rubber. Before them, the area was occupied by indigenous groups that undoubtedly knew and used hundreds of plant species on a regular basis. During our brief inventory, every rubber tree scarred by old tapping (Figure 2D) reminded us of the plant explorers who once knew this area far better than we, and whose knowledge is lost to science.

The only formal botanical expeditions to the area we know of are brief collecting trips in the 1970s by Gentry, Revilla, Prance, and Lleras, mostly along the lower Yavarí; a 1986 forestry survey and collecting trip on the lower Yavarí Mirín (Zapater Carlín 1986; R. Vásquez, pers. comm.); and a recent survey of ferns along the Yavarí Mirín (K. Salovaara and G. Cárdenas, unpublished data). This last study represents the only botanical work actually carried out inside the proposed Zona Reservada.

While forests in the Yavarí valley have only begun to be studied, forests in the surrounding region, especially in the vicinity of nearby Iquitos, are increasingly well known. Our work suggests that upland vegetation in Yavarí is compositionally and ecologically similar to those forests. Thus botanical studies in the vicinity of Iquitos (Vásquez-Martínez 1997), on the eastern bank of the Ucayali (Ruokolainen and Tuomisto 1998), and even at Jenaro Herrera (Spichiger et al. 1989, 1996) provide a better approximation of the area's plant life than those from Brazilian forests farther to the east.

METHODS

During our three weeks in the field, the botanical team's aim was to cover as much terrain and to explore as many different kinds of forest as possible. We used a range of techniques to characterize the flora, from quantitative inventories to general collections to field observations. R. Foster took some 1,500 photographs of plants, to be included in a preliminary field guide to plants of the area. R. García, H. Beltrán, C. Vriesendorp, M. Ahuite and N. Pitman inventoried >1,700 trees ≥10 cm diameter at breast height (dbh) in four tree plots at the three sites, as well as several hundred others in informal transects along the trails. C. Vriesendorp and R. Foster carried out quantitative inventories of understory plants and C. Vriesendorp made observations on seedlings and germination biology. K. Salovaara did a quantitative sample of the fern community in the tree plot at Quebrada Buenavista. Altogether we collected some 2,500 plant specimens, now deposited in the Iquitos herbarium (AMAZ), the Museum of Natural History in Lima (USM), and the Field Museum (F).

FLORISTIC RICHNESS AND ENDEMISM

A preliminary list of plant species for the Yavarí valley is given in Appendix 1. It includes plants that were identified in the field but not collected, plants that were collected or photographed in the field and identified later in herbaria, as well as some plants collected on earlier expeditions to the same area. The ~1,675 species of plants we registered during the trip represent maybe half of the flora of the proposed reserve. This is a rough estimate, but based on our experience elsewhere in Amazonia and on botanical surveys in the vicinity of Iquitos (Vásquez-Martínez 1997), we estimate a total flora of the proposed reserve at 2,500–3,500 species.

Local diversity—the number of plant species that grow together within a small area of forest—is astronomical for woody plants in both the canopy and the understory at the sites we visited, and at the high end of the gradient for this famously diverse region of Peru (Vásquez-Martínez and Phillips 2000). The first 50 trees (≥10 cm dbh) we examined in transects at the first, poorer-soil site belonged to 45 different species. The tree inventory at the second, richer-soil site proved to be even richer in species, representing one of the highest recorded diversities to date in a hectare of tropical forest. Herbarium work to date suggests this richer plot contains 27 species of Sapotaceae, 19 species of free-standing trees in the fig family (Moraceae), and 11 species of Sterculiaceae. Local diversity of woody plants in the understory was similarly high. In a terra firme transect at Quebrada Limera, 100 free-standing plants 1–10 cm dbh were sorted to 80 different species.

Family and genus level composition of forests along the Yavarí are typical of that of most of the wet Neotropics, but certain groups stood out as particularly diverse or uncharacteristically species-poor. The families Sapotaceae, Myristicaceae, Lecythidaceae are especially diverse (and abundant) in tree communities at both the richer- and poorer-soil sites, accounting for 27% of all trees in the upland inventories. Marantaceae, *Guarea*, and *Pourouma* are extraordinarily diverse at all sites. The families Lauraceae and Fabaceae and the genus *Piper* seemed under-represented at the poorer-soil site,

while Bignoniaceae seemed poorly represented at all sites.

Canopy and understory epiphytes and hemi-epiphytes are not particularly diverse or abundant, as is usual in the Amazonian lowlands, and are even less apparent at the poorer-soil site. Lianas (woody vines) are perhaps less diverse than expected, due to the uncharacteristically modest representation of Bignoniaceae, of which we saw only ~12 species. Important in the liana community are Hippocrateaceae, Malpighiaceae, Sapindaceae, Dilleniaceae (especially *Doliocarpus*), *Petrea* (Verbenaceae), *Bauhinia* (Fabaceae), and several species of *Machaerium* (Fabaceae). Aquatic plants are scarce in the streams and oxbow lakes (cochas) along the Yavarí, probably because of low nutrient levels.

Levels of endemism—the proportion of plant species that occur here and nowhere else in the world—are not well understood for the Yavarí valley, because the area has been so poorly explored to date that any endemic species are undescribed and so unrecognized in the field and herbarium. But given that weather and soils like those in Yavarí extend over the large interfluvium between the Amazon and the Yavarí (and eastward into Brazil), it is unlikely that this area will prove an important center of endemism for plants.

FOREST TYPES AND VEGETATION

Our inventory began in the midst of the geological formation known as the Iquitos Arch and moved progressively farther from it, and into the depositional basin it defines (see "Overview of Inventory Sites"). This change in the underlying geology seemed to make little difference to the composition of the flooded forest vegetation along the Yavarí, but produced a very marked change in the uplands. As we moved down the Yavarí from Angamos we seemed to be moving along a gradient from higher hills and less-fertile soils at the first site to lower hills and more fertile soils at the second and third sites. Here we focus on describing individual forest types, with notes on the sometimes significant site-to-site variation we observed in them.

Upland (terra firme) forest

The astronomical diversity and great extension of upland forests in the Yavarí valley made them the most challenging forest type we surveyed during the trip. Given that 80–90% of the region is uplands (Figure 2), that the vast majority of the regional flora grows there, and that small-scale heterogeneity in soils and vegetation can be extreme (Figure 3A), our description here is basic. Our impression is that more detailed studies of edaphic and floristic heterogeneity around Iquitos (e.g., Ruokolainen and Tuomisto 1998) are probably a good approximation of the patterns we observed in the Yavarí area, though we did not find white sand forests. The poorer-soil forests along the Yavarí seem more similar in composition to forests on the brown sands of Allpahuayo Mishana, while the richer forests resemble those on clay soils at the Explorama Lodge and Explornapo Camp near Iquitos, as well as sites much closer to the Andes, like Manu National Park in southeastern Peru and Yasuni National Park in eastern Ecuador.

In Yavarí these soil changes are broadly indicated by some large palms, with *Oenocarpus bataua* and *Astrocaryum chambira* more frequent on poorer soils and *Iriartea deltoidea* and *Euterpe precatoria* more frequent on the richer soils. Tree species relatively indifferent to soil changes and easy to find anywhere in the region include the palm *Astrocaryum murumuru*, natural rubber (*Hevea* sp., Euphorbiaceae [Figure 2D]), *Senefeldera inclinata* (Euphorbiaceae), *Iryanthera macrophylla*, *I. juruensis*, *Virola pavonis*, and *Osteophloeum platyspermum* (all Myristicaceae).

Poorer-soil upland forest (Quebrada Curacinha)

Forests on these steep hills are variable in composition and structure at small spatial scales. Hiking up one of the long, steep hills common here, one often began in a richer soil forest at the base of the hill, where a relatively open understory is shaded by giant trees and tall palms, climbed a steep incline dotted with thin, pole-like stems, and came out on a hilltop where the understory was dense with the shrubby palm *Lepidocaryum tenue*, the forest floor covered with a mat of roots, and the canopy lower and broken. Some lower hills have tall, closed-canopy forest with enormous trees, few lianas, and an open understory; others have a broken canopy of scattered, smaller trees tangled in vines and lianas. On one anomalous hill at Quebrada Curacinha we found a suite of richer-soil taxa, including the fern *Didymochlaena truncatula*, the palm *Iriartea deltoidea*, and several species typical of floodplain forests.

Documenting tree turnover between soil patches at the species level is difficult, in part because the community is so fantastically diverse, and in part because family- and genus-level (but not species-level) composition are rather consistent from patch to patch. Nearly 15% of the trees in these forests are Myristicaceae, mostly the genera *Iryanthera* and *Virola*, and half of the trees in our one-hectare sample belong to the families Myristicaceae, Sapotaceae, Moraceae, Euphorbiaceae, Lecythidaceae and Fabaceae. In our 1-ha tree sample, the most common tree species were *Senefeldera inclinata* (Euphorbiaceae), *Rinorea racemosa* (Violaceae), *Oenocarpus bataua* (Arecaceae), *Ecclinusa* cf. *lanceolata* (Sapotaceae), *Iryanthera macrophylla*, *Virola pavonis*, and *Iryanthera tricornis* (all Myristicaceae).

Turnover in the understory is more immediately obvious, because shrubs and herbs in these forests are relatively species-poor. Large areas of the understory are dominated by patches of single species, these mostly shade-tolerant ferns and grasses, some of them surely clonal. Among the locally common and widespread understory species are a low purple grass (*Pariana*), a terrestrial fern in the genus *Adiantum*, the treelet *Mouriri grandiflora* (Memecylaceae), and at least three species of *Guarea* (Meliaceae) which reach maturity as unbranched shrubs under 1.5 m tall.

Richer-soil upland forest
(Quebrada Buenavista and Quebrada Limera)

In contrast to the high, steep hills of the poorer-soil site, forests here grow on low, rolling hills that rise up only slightly between the broad *bajiales* or lowlands separating them. Soils are mostly white and orange clays, lack a root mat, and are often exposed where rainstorms sweep hillsides clean of leaf litter.

Tree communities here are dominated by many of the same families important at the poorer-soil site, but with a much higher representation of richer-soil families like Meliaceae, Annonaceae, and palms. Myristicaceae is still the most abundant family, still strongly represented by *Virola* and *Iryanthera*, but also by the rich-soil genus *Otoba*. Other fertile-soil genera important here are *Inga*, *Guarea* and *Trichilia*. The most common trees in our one-hectare sample at Quebrada Buenavista are the palms *Astrocaryum murumuru* and *Iriartea deltoidea*, *Anaueria* cf. *brasiliensis* (Lauraceae), *Nealchornea japurensis* (Euphorbiaceae), *Otoba parvifolia* and *O. glycycarpa* (Myristicaceae), *Pseudolmedia laevis* (Moraceae), *Eschweilera* cf. *coriacea* (Lecythidaceae), and *Iryanthera laevis* and *I. juruensis* (Myristicaceae). Despite some obvious compositional differences, at least a quarter of the species in this plot we also recorded in the poorer-soil plot, and at least a third of the trees belong to shared species.

Understory vegetation is denser and more diverse here, with monodominant patches much reduced and especially high diversity in Marantaceae and Rubiaceae. *Didymochlaena truncatula* and *Adiantum pulverulentum* were among the most frequently encountered ferns. All the fern species collected in the 1-ha tree plot in Buenavista are indicators of rich or intermediately rich clay soils (Tuomisto and Poulsen 1996), suggesting that the site may be exceptionally nutrient-rich for Loreto. Like the tree flora, the fern flora here resembles that of richer-soil sites in, for example, Yasuní National Park in Ecuador (Tuomisto et al. 2002).

The two richer-soil sites (Quebrada Limera and Buenavista) are much more similar to each other than to the poorer-soil site (Quebrada Curacinha), but they are far from identical. At Limera but not Buenavista, we found several typically floodplain species—including *Calycophyllum spruceanum* (Rubiaceae)—growing on hilltops in terra firme. The shrub *Psychotria iodotricha* (Rubiaceae), rare at Curacinha and Buenavista, numbered in the thousands along trails at Limera. *Hybanthus prunifolius* (Violaceae), an explosively dehiscent shrub and the most common species on Barro Colorado Island,

Panama, covered several hectares of the understory at Quebrada Buenavista, but not at the other sites. A subshrub in the genus *Besleria* with glabrous orange flowers that was common at the first two sites was absent at the third, where it was replaced by a very similar congener with pubescent yellow flowers.

Old alluvial terraces (Lago Preto)

While the rest of the botanical team was at Quebrada Limera, R. García visited this site. The forests he explored near Lago Preto represent a formation we did not get a chance to explore anywhere else—upland forest growing on old alluvial terraces visible on satellite images as scattered patches overlooking the floodplain forest to both sides of the Yavarí and the Yavarí Mirín. At Lago Preto, these terraces are drained by (and eroding into) deep ravines. Soils appear to be mostly clay, poor in nutrients, covered with a thick root mat, and poorly drained, collecting pools of water after heavy rains.

Large stands of the understory palm *Lepidocaryum tenue* grow on these terraces, together with the small palms *Iriartella setigera*, *Bactris killipii*, and *Itaya amicorum*. The fern community is dominated by the family Hymenophyllaceae. The canopy composition is similar to that at the poorer-soil site, Quebrada Curacinha. The families Myristicaceae, Lecythidaceae, Fabaceae, Euphorbiaceae, and Sapotaceae account for half of the trees in our small tree plot in this site. Common trees include *Iryanthera tricornis* and *Virola elongata* (Myristicaceae), the palms *Oenocarpus bataua* and *Astrocaryum chambira*, *Hevea* cf. *brasiliensis* (Euphorbiaceae), *Eschweilera* cf. *coriacea* (Lecythidaceae), *Parkia igneiflora* (Fabaceae), and *Cespedezia spathulata* (Ochnaceae). A small number of genera (e.g., *Ilex*, Aquifoliaceae) and even one family (Anisophylleaceae) that we did not see in terra firme elsewhere occur here. Given their patchy occurrence on the landscape and their unique soil properties, these old alluvial terraces merit more attention.

Flooded forests

There are many floristically different kinds of flooded forests along the Yavarí and its tributaries, and these grade into each other in a way that makes classification difficult. Complicating the situation further is the profusion of local terms used in Peru and Brazil, often inconsistently, to describe different kinds of flooded forests. Much of the flooded forest along the Yavarí is locally called *várzea* or *igapó*, but both terms describe rather extreme forest types not commonly found in this region. In this section we briefly describe the composition and structure of the most distinct flooded forest types we saw during the rapid biological inventory.

Successional forests along the Yavarí

The Yavarí is an actively meandering river, but it lacks the clear successional sequences that are so obvious on other such rivers in the Peruvian Amazon, where newly formed point bars are colonized by a predictable series of species that stand out in cross-section as one travels along the river. On the Yavarí, a fairly regular sequence of shrubby vegetation is apparent close to the waterline, starting with *Alchornea castanaefolia* (Euphorbiaceae) or in some places *Adenaria floribunda* (Lythraceae), then proceeding to monodominant stands of shrubby *Tabernaemontana siphilitica* (Apocynaceae), the low treelet *Annona hypoglauca* (Annonaceae), and *Margaritaria nobilis* (Euphorbiaceae). This vegetation, reaching 2–3 m in height, is followed by *Cecropia latiloba* (Cecropiaceae), *Triplaris weigeltiana* (Polygonaceae), and *Acacia* sp. (Fabaceae). The first large tree to emerge is *Maquira coriacea* (Moraceae), which sometimes forms nearly uniform stands behind the earlier successional species. Behind the *Maquira* it is not easy to pick out a next stage of succession, but rather a relatively stable, diverse mix of tree species, apparently dominated by *Virola surinamensis* (Myristicaceae).

It is not clear why successional sequences are vague on the Yavarí, but it is probably a consequence of the flooding dynamics of the river. A comparison of 1979 maps with 2002 satellite images suggest that the Yavarí meanders relatively slowly, since most of the bends and oxbow lakes mapped in 1979 are essentially identical after 23 years. This would not be the case in many other meandering rivers in Amazonian Peru, where lateral migrations of dozens of meters per year produce new point bars at a much quicker pace.

Periodically flooded forests along the Yavarí

Our limited observations in the field suggest that only a small proportion of the floodplain forests along the Yavarí are underwater for months on end, during the high-water season. Most of the periodically flooded forests appear to be underwater for a few days at a time, during especially high storm surges, as is typical of floodplains along rivers of this size in upper Amazonia.

We studied these forests from the boat as we traveled down the Yavarí from site to site, and on foot at Quebrada Curacinha and Limera. Components obvious from the boat included the palms *Socratea exorrhiza* and *Euterpe precatoria* (as well as clonal stands of *Astrocaryum jauari*), *Virola surinamensis* (Myristicaceae), and *Pseudobombax munguba* (Bombacaceae). On one stretch of the river between Quebrada Curacinha and Quebrada Buenavista, an unidentified *Tachigali* growing at the water's edge formed an almost monodominant stand extending several kilometers. We did not see the distinctive slick-barked *Calycophyllum spruceanum* (Rubiaceae), typically common and conspicuous in floodplain forests of upper Amazonia.

The composition and structure of the floodplain forests we explored on foot varied, as is typical, with minute changes in elevation. In the higher areas, structure and composition were similar to the uplands; as the ground sloped lower and lower, the canopy became lower and more uneven, and large areas were dense with vine tangles and treelets. In the higher areas the common trees were *Vochysia* sp. (Vochysiaceae), a bullate-leaved *Sterculia* sp. (Sterculiaceae), *Virola surinamensis* (Myristicaceae), *Hevea* cf. *brasiliensis* (Euphorbiaceae), *Socratea exorrhiza* (Arecaceae), and *Astrocaryum murumuru* (Arecaceae). As the ground sloped lower large palms gradually disappeared and species restricted to aquatic habitats began to appear, like *Vatairea guianensis* (Fabaceae), *Crudia glaberrima* (Fabaceae), and *Pseudobombax munguba* (Bombacaceae).

Periodically flooded forests along tributaries

Deep inside the terra firme hills and far from the influence of the Yavarí, ribbons of periodically flooded forest line the streams and small tributaries draining the landscape. These forests, briefly inundated during storm surges, range from strips a few meters wide to broad belts hundreds of meters to each side of the stream channel. At the hillier, poorer-soil site, these inland floodplains are generally narrow, and the most obvious components of their vegetation the trees *Pourouma* spp., *Astrocaryum murumuru*, *Iriartea deltoidea*, and the common terrestrial fern *Thelypteris macrophylla*.

At Quebrada Buenavista and Quebrada Limera we found much more extensive floodplains and a more distinct forest type. Some of these forests are dominated by palms to an amazing extent, with nearly half of the trees accounted for by *Astrocaryum murumuru*, *Iriartea deltoidea*, and *Socratea exorrhiza*. Also common here are typical floodplain species like *Spondias* cf. *mombin* (Anacardiaceae) and *Ficus insipida* (Moraceae). This was the only place we found the important timber tree *Cedrela odorata* (Meliaceae).

Swamp forests

Forests with permanently saturated soils cover less than 10% of the regional landscape, but 25–50% of the flood-plains of the Yavarí and Yavarí Mirín rivers. Swamps are critical for conservation in this area, because they are the only place on the landscape where the globally threatened red uakari monkey's chief food, the fruits of the palm *Mauritia flexuosa*, is available (see "Diversity and Abundance of Mammals").

Most swamps here are not pure stands of *Mauritia*, but mixed forests whose floristic composition and structure are determined by variation in elevation and flooding dynamics (Figure 2F). Given the complicated patchwork of these inundated forest types, it is hard to know how typical the half-hectare tree inventory we did in the large swamp at Quebrada Buenavista is of the area's swamps. But because diversity is low in swamp forests and we were able to identify many of the dominant species during the overflights (nearly all the palms, plus *Symphonia globulifera* [Clusiaceae, Figure 2A], which was in flower), we are fairly confident that the important species in the Buenavista swamp plot are important throughout the region's swamps, and probably represent more than three-quarters of all the trees growing there. These include, in order of decreasing abundance, *Symphonia globulifera*, *Ruptiliocarpon* cf. *caracolito* (Lepidobotryaceae), *Euterpe precatoria* (Arecaceae), *Mauritia flexuosa* (Arecaceae), *Virola surinamensis* (Myristicaceae), *Attalea butyracea* (Arecaceae), *Eriotheca macrophylla* (Bombacaceae), *Ilex* sp. (Aquifoliaceae), *Campsiandra* cf. *angustifolia* (Fabaceae), *Guatteria* aff. *multivenia* (Annonaceae), *Socratea exorrhiza* (Arecaceae), and *Buchenavia* sp. (Combretaceae). Although *Mauritia* was relatively rare (only 8% of trees), this did not result in an especially diverse swamp; the half-hectare swamp plot contained only 52 species. Palms, Fabaceae, Clusiaceae, and Myristicaceae alone accounted for 56% of the species and 70% of the trees. As in temporarily flooded forest, several species in area swamps can also be found, often at much lower densities, in upland forest.

PHENOLOGY AND SEEDLING BIOLOGY
(Corine Vriesendorp)

Because few botanists have explored the Yavarí area, this expedition provided an opportunity to encounter poorly collected species and to explore general patterns in fruiting, flowering, and seedling germination. We found few species flowering in any forested habitat, suggesting that the bulk of the forest flowering is concentrated in drier periods (June to September), which are presumably more favorable for pollinator activity. However, flowers were abundant and obvious along the river, including a white morning glory (*Ipomoea*, Convolvulaceae), a scrambling Cucurbitaceae, and a dusty yellow *Acacia* (Fabaceae). Although we found few species flowering inside the forest, some notable exceptions included a *Palmorchis* (Orchidaceae) with delicate white flowers, a *Dracontium* (Araceae) spadix encased in a smoky purple spathe, and the big raucous pink and yellow flowers of *Caryodendron* (Euphorbiaceae). Along one of the slopes at Quebrada Limera we were surprised to find *Stachyococcus adinanthus*, a rare monotypic genus in the coffee family (Rubiaceae), with tubular white flowers protruding from a spicate inflorescence (Figure 3F).

Other forest flowering records reflected species with smaller inconspicuous flowers or lone individuals flowering out of synchrony with the rest of the population.

At a community level, we found distinctly higher levels of fruit and seedling production in flooded sites than in terra firme sites. Typically we encountered flooded forests full of species with immature green and recently dropped fruits. In contrast, in terra firme forests we found few fruits on the ground, although the rotting woody capsules of *Eschweilera* and *Cariniana* (Lecythidaceae) indicated that fruiting had occurred within the last three months, at least in these species.

In flooded sites we encountered many fruiting midlevel canopy species (1–10 cm dbh), such as *Perebea* (Moraceae), *Coussarea* (Rubiaceae), *Swartzia* (Fabaceae), *Neea* (Nyctaginaceae), and *Tovomita* (Clusiaceae), compared to the few Violaceae (*Leonia* and *Gloeospermum* spp.) and Rubiaceae (*Palicourea* and *Psychotria* spp.) species fruiting in this strata of the terra firme forest.

In the flooded forest, the water had receded leaving behind extensive seedling carpets, with a single species often covering more than a 5 x 10 m area. We encountered large patches of *Simarouba amara* (Simaroubaceae) seedlings, as well as those of other animal-dispersed species including *Virola surinamensis* (Myristicaceae), *Bauhinia guianensis* (Caesalpiniaceae), *Carapa guianensis* (Meliaceae), and *Tapura* sp. (Dichapetalaceae).

Seedling species with larger, water-dispersed fruits occurred in sparser clumps than animal-dispersed ones but were encountered more consistently over a large area. The enormous spongy seed of *Vatairea guianensis* (Fabaceae) was commonly found floating in standing pools of water, and the seedling measured more than a meter in height after initial leaf expansion. Incredibly, all other species of *Vatairea* have winged samara fruits, markedly different from their large (8 x 10 cm) water-dispersed congener. In a parallel situation, we found a swamp species in the primarily wind-dispersed genus *Machaerium* with a nearly non-existent wing, certainly not substantial enough to support the weight of the large seed in the air. These observations suggest that evolving water-dispersed fruits from wind-dispersed ones could be a common evolutionary trajectory, at least within the Fabaceae. As in other flooded sites in the Amazon basin, in addition to passive dispersal by water, many of these plant species may be fish-dispersed (Goulding 1990).

Of the many poorly known species we collected, perhaps the most important fertile collection was along the banks of the Yavarí. We were fortunate to encounter several fruiting individuals of *Froesia diffusa* (Quiinaceae), a rare species that exists in few herbaria, either sterile or fertile (Figure 3H). We prepared nearly 30 collections of the meter-long compound leaves, and the spectacular three-carpellate red fruits, for distribution to herbaria worldwide.

FISHES

Participants /Authors: Hernán Ortega, Max Hidalgo and Gerardo Bértiz

Conservation targets: Commercially valuable and evolutionarily significant species like *Arapaima gigas* (*paiche*) and *Osteoglossum bicirrhosum* (*arahuana*); commercially valuable migratory species over-fished elsewhere in Amazonia, like *Pseudoplatystoma fasciatum* (*doncella*) and *P. tigrinum* (*tigre zúngaro*); a very diverse community of ornamental fish, including *Corydoras* spp. (*shirui*), *Hyphessobrycon*, *Hemigrammus*, *Thayeria* (tetras), *Otocinclus*, *Oxyropsis* (*carachamitas*) and several other small and colorful species that may include new records for Peru and undescribed taxa

INTRODUCTION

The Amazon basin is an extensive river network that serves as a source of fresh food and water, and a highway for transportation and communication. Amazonia is home to an immense variety of aquatic animals, including as many as 8,000 fish species (Schaefer 1998). At least 750 of these have been recorded to date in the Peruvian Amazon, but a conservative estimate of the regional total may exceed 1,100 species (Chang and Ortega 1995, Ortega and Chang 1998). Fish communities in many medium-sized and smaller drainages in the region, like the Yavarí River, shared with Brazil, remain poorly explored (Ortega and Vari 1986).

This study was carried out between 25 March and 12 April 2003, at three sites along a 150-km stretch of the Yavarí River between Angamos and the mouth of the Yavarí Mirín River. The inventory included lakes (cochas), swamps and tributaries of the Yavarí, all in Peruvian territory on the western side of the river. The chief goal of the study was to collect basic information on an interesting region whose fish communities are very poorly known.

DESCRIPTION OF THE STUDY SITES

The Yavarí is a whitewater river that originates in the hills east of Contamana and traces a winding, 1,050-km course, along which its principal tributary on the Peruvian side is the Yavarí Mirín. On the stretch we studied, the Yavarí meanders dramatically and varies in width from 80 to 150 m. Most of the river is less than 100 m above sea level, resulting in a very gentle gradient and a slow current.

During the rapid biological inventory the Yavarí was in full flood, with very high water levels in most aquatic habitats and much of the floodplain forest underwater. These conditions made it difficult to collect fish, because neither shoreline nor beaches were easily apparent, and as a result we made no collections in the Yavarí River itself.

We identified the most representative aquatic habitats (lakes and streams) at each site by reviewing satellite images and topographic maps at a scale of 1:100,000. We were able to sample most of the habitats identified in this way, but a few proved impossible to reach in the field.

The aquatic habitats we studied can be classified into lentic habitats (lakes and flooded forest) and lotic habitats (streams and rivers), all of them influenced by the Yavarí River. The most common aquatic habitats had still, black water. The next most common habitats were those with running white water, and the least common were those with mixed water or clear water (Appendix 2).

All of the lakes were characterized by black water, but in a few this was mixed with white. Lake water was slightly acid (between 6 and 6.5), its transparency approximately 30 cm, and its temperature between 22 and 23° C. Lake bottoms were generally clay, sand, and organic matter. In none of the lakes did we find aquatic plants like *Pistia* (Araceae) or *Eichhornia* (Pontederiaceae), which are abundant in similar habitats in the Reserva Nacional Pacaya-Samiria, but some of the streams had very small patches of *Lemna* (Lemnaceae).

Streams were generally white water and also slightly acidic. Their clay and sand streambeds had less organic matter than the lakes, because of the current. On their lower stretches many streams resembled lentic black-water habitats, because the high-water level of the Yavarí backed up their currents.

Two of our collection sites were temporary pools in periodically flooded forest in the floodplain of the Yavarí (locally called *tahuampa*). The average depth in some areas of these flooded forests exceeded 3 m.

METHODS

We sampled eight stations at each of the three sites (Figure 4A), for a total of 24. At each station we recorded metadata and basic characteristics of the aquatic habitat. Of the 24 stations, six were lakes, 12 were streams more than 2 m wide, three were streams less than 2 m wide, two were flooded forest or *tahuampas* and one was a palm swamp. Fourteen of the stations were black water, seven white water, and three clear water.

To sample fish communities we used dragnets measuring 5 x 1.5 m and 15 x 2 m, with mesh of 2 and 7 mm respectively. We continued sampling at each station until the sample appeared representative to our eyes. Occasionally we used a fixed net measuring 30 x 2 m and a mesh of 5 cm, as well as hooks and lines, to capture larger species and food species.

Collected fish were fixed immediately in a 10% formol solution for a minimum of 24 hours, and then placed in a 70% ethyl alcohol solution. We made preliminary identifications in the field using basic keys (Géry 1977, Eigenmann and Allen 1942) and based on our experience from other collecting trips in the Peruvian Amazon. A large number of the collected specimens were identified to species, especially those that are common to the neighboring drainages of Loreto, Ucayali, and Madre de Dios. Nevertheless, some of the specimens were only identified to genus and provisionally sorted to morphospecies, as is standard in such inventories (Chernoff 1997). We are currently carrying out a more in-depth identification of the material in the Ichthyology Department at the Museo de Historia Natural (UNMSM), where the specimens have been deposited.

RESULTS

During the rapid biological inventory we collected roughly 4,500 fish specimens. The preliminary species list from this material includes 240 species belonging to 134 genera, 33 families and ten orders (Appendix 3). At the first site, Quebrada Curacinha, we registered 148 species; at the second, Quebrada Buenavista, 141 species; and at the third, Quebrada Limera, 116 species.

The most diverse habitats were white water streams, lakes, and areas flooded by streams. Forests flooded by the Yavarí River were also very diverse in fish, and it was in one of these *bajiales* that our highest diversity station was located (49 species, Quebrada Limera). Apparently, these temporarily flooded habitats represent important habitats for the reproductive and juvenile stages of many fish species. Most of the specimens we collected (roughly 65%) measured less than 10 cm in both adult and juvenile stages (Figure 4D). The season allowed us to detect juveniles of large food fish (*Phractocephalus hemioliopterus*, *Mylossoma* spp., *Leporinus* spp., *Acestrorhynchus* spp., *Hoplias malabaricus*, *Aequidens tetramerus*, *Bujurquina* spp., etc.).

The most diverse orders in the inventory were Characiformes (fish with scales; 154 species and 64% of the total) and Siluriformes (catfish with smooth skin or plates; 53 species and 22% of the total). The most diverse families in the Characiformes were Characidae (112 species), Anostomidae (13), and Curimatidae (8). Of the Siluriformes, the most diverse families were

Loricariidae (17), Pimelodidae (12) and Callichthyidae (8). The family Cichlidae, in the order Perciformes (spiny-finned fish) was represented by 16 species.

Twenty-two percent of the species registered during the rapid biological inventory (53 species) were found at all three sites, while 53% (128 species) were found at just one site (31 in Q. Curacinha, 43 in Q. Buenavista and 54 in Q. Limera). The percentage of species shared between Q. Curacinha and Q. Buenavista, and by Q. Buenavista and Q. Limera, was 38%. Thirty-four percent of species were shared by Q. Curacinha and Q. Limera.

Incorporating results from previous studies of the Yavarí River (Ortega 1983, Sánchez 2002) brings the list to 301 species, 168 genera, 36 families, and ten orders, for the Peruvian half of the Yavarí drainage (Appendix 3). Characiformes remains the most diverse order, with 175 species (58% of the total), followed by Siluriformes, with 82 species (27%). Likewise, the most diverse families in Characiformes are Characidae (121 species), Anostomidae (15) and Curimatidae (12). In Siluriformes, the most diverse families are Pimelodidae (25 species), Loricariidae (20) and Callichthyidae (14). The family Cichlidae (Perciformes) is represented by 21 species.

If we also include an inventory from the Orosa River (Graham 2000), whose headwaters form part of the proposed Zona Reservada, the species list increases to 394 species (Appendix 3), which represents 53% of the valid fish names for the Peruvian Amazon. Of this total, 211 species belong to Characiformes (54% of the total), 116 to Siluriformes (29%) and 67 to other orders (14%).

NEW OR IMPORTANT RECORDS

- New records for Peru (probably 10% of the species we registered), and among them approximately ten species new to science (*Characidium* spp., *Moenkhausia* spp., *Tatia* spp., Glandulocaudinae, *Ernstichthys*, *Otocinclus*, Trichomycteridae).

- Large, commercially important catfish, including *Brachyplatystoma flavicans* (dorado), *Pseudoplatystoma fasciatum* (doncella), *P. tigrinum* (*tigre zúngaro*), and *Phractocephalus hemioliopterus* (*peje torre*).

- A large number of ornamental species in the families Characidae (*Chalceus* [tetras]), Anostomidae (*lisas*), Callichthyidae (*Corydoras* [*shiruis*]), and Loricariidae (*carachamas* and *shitaris*), among others.

- Relict species (living fossils) like *Arapaima gigas* (*paiche*) and *Osteoglossum bicirrhosum* (*arahuana*), of commercial, ecological, and evolutionary importance.

DISCUSSION

The Yavarí region has a very diverse ichthyofauna (Figure 4D) that merits conservation attention, particularly the headwaters and the floodplains. Many of the aquatic habitats we studied are seasonally flooded and very important in the reproductive cycles and juvenile stages of many commercially important species. For that reason, floodplain forests along the Yavarí River are of interest to conservation and in the future should be managed by establishing seasons and areas off-limits for fishing.

A total of 240 species for an area smaller than 60 km^2 constitutes a very diverse fish community, especially considering that the high water in the Yavarí River prevented us from sampling the river itself. A similar inventory on the Pastaza River in August 1999 registered 292 species, but the sampling effort was higher, with 38 stations (14 more than in this study; Chernoff et al., in press). An inventory in the Putumayo watershed (Ortega and Mojica 2002) reported 310 fish species, including previous collections deposited in the Museum of Natural History in Lima (UNMSM) and collections on the Colombian side of the river. When results from the present study are combined with those of earlier inventories (Ortega 1983, Graham 2000, Sánchez 2002), the total fish diversity reaches 301 for the Yavarí watershed and 394 for the proposed Reserved Zone. The latter number represents 53% of the valid names registered in the entire Peruvian Amazon to date. Were fish communities of the entire Yavarí watershed to be studied in depth, there is no doubt that the final tally would exceed 400 species.

CURRENT AND POTENTIAL USE, AND THREATS

Threats to the fish communities of the Yavarí region are minimal, considering the vast size and almost pristine state of the ecosystem, exemplified by the abundance of large fish here. One potential threat is the traditional use of toxic plant substances to poison fish, like *barbasco* (*Lonchocarpus* spp.) and *huaca* (Solanaceae). This fishing technique, while very effective at harvesting food fish, also poisons many species undesired for eating and juveniles of food fishes. Another potential threat is the large-scale extraction of fishes carried out by commercial fishermen based near the mouth of the Yavarí, in Leticia and Tabatinga. Timber extraction may also impact aquatic resources by reducing microhabitat and food for fish and increasing erosion.

Among the *ribereño* communities on the Yavarí River, some 30 fish species are regularly caught for food or for commerce (Figure 4F). The best-known species are *paiche* (*Arapaima gigas*), *arahuana* (*Osteoglossum bicirrhosum*), *paco* (*Piaractus brachypomum*), *gamitana* (*Colossoma macropomum*), *lisa* (*Leporinus* spp.), *corvina* (*Plagioscion squamossissimus*), *acarahuazú* (*Astronotus ocellatus*) and *tucunaré* (*Cichla monoculus*).

Several additional fish species could potentially be used locally for food. A much larger number of ornamental fish in the area, which we recorded in lakes and streams during the rapid biological inventory, have potential commercial use (Figure 4E). We estimate that the number of potentially useful ornamental species in the area could be twice that of the potentially useful food species. The uses of local fish species are given in Appendix 3.

AMPHIBIANS AND REPTILES

Participants /Authors: Lily O. Rodríguez and Guillermo Knell

Conservation targets: Complex communities of hilly upland forest, floodplain forest, and flooded lowlands; a diverse community of sympatric dendrobatids (especially the genera *Colostethus* and *Dendrobates*); an undescribed species of *Allophryne*, the only representative of its genus in Peru; commercially valuable species like turtles and caiman; the black caiman (*Melanosuchus niger*)

INTRODUCTION

The Amazonian plain is one of the most diverse ecosystems on the planet, and the cataloguing of its biodiversity continues to occupy researchers, who advance a little year by year. The Yavarí region is a good example of the work that remains to be done. Although some preliminary studies of the herpetofauna have been carried out in nearby sites (Dixon and Soini 1986, Lamar 1998, L. Rodríguez, unpublished data), herpetologists still consider the Yavarí basin a blank spot on the map. This impression is only reinforced by the fact that in just 20 days in the field during this rapid biological inventory, we found several species new to science, as well as some new records—including a new genus—for Peru.

METHODS

For 20 days we recorded all the amphibians and reptiles found on day- and night-time walks at four sites on the Peruvian side of the Yavarí River, between Angamos and the mouth of the Yavarí Mirín River. We sampled between eight and ten hours per day in the first week and between eight and fourteen hours per day in the second and third weeks, for a total of more than 200 hours of field work. The majority of the specimens were photographed alive and released. To ensure accurate identifications, we collected 77 voucher specimens that will be deposited in the Natural History Museum in Lima.

At each site we made an effort to cover all of the available habitats. The three first sites were dominated by diverse, heterogeneous hilly upland forest with many streams, where important microhabitats included seasonal pools in low-lying areas inside the forest, tree fall gaps, leaf litter, the bases of buttressed

trees, and old palm leaves. In Quebrada Curacinha and Quebrada Buenavista we also visited small patches of palm swamp (*aguajales*) mixed with other plant communities. The fourth site, in very homogeneous flooded forest around Lago Preto, presented a very different set of interesting habitats, as it was a mix of black and white waters. At this fourth site most of our observations were made from a canoe.

Most of the information presented here comes from the herpetological team, but other members of the rapid biological inventory team provided complementary data and observations.

RESULTS AND DISCUSSION

Herpetological diversity

Although the interfluvium between the Yavarí, Tapiche, Ucayali, and Amazon rivers appears rather homogeneous on satellite images, with some hillier areas near Angamos, field work revealed a magnificent mosaic of habitats and microhabitats, which was reflected in the diversity and distributions of amphibians and reptiles. During the rapid biological inventory we recorded 77 species of amphibians and 43 species of reptiles. Of the amphibians, 76 species were anurans and one was a salamander. Of the reptiles, 22 species were lizards, 15 were snakes, four were turtles, and one was a caiman. For the full species list see Appendix 4.

Given our limited time in the field, these preliminary results indicate very high levels of amphibian and reptile diversity in the Yavarí watershed. As more studies are carried out, more habitats are explored, and more work is done during the dry season, the list will undoubtedly lengthen. In the greater Iquitos region, some 115 species of anurans (Rodríguez and Duellman 1994) and 194 species of reptiles (Lamar 1998) are known. For the four sites we sampled along the Yavarí River during the rapid biological inventory, which seem slightly less heterogeneous in their habitats than the Iquitos region, we estimate between 100 and 115 species of anurans and roughly 100 species of reptiles.

New species and other records of special interest

Just two and a half months after returning from the field, taxonomic specialists had confirmed five of the amphibian species collected during the rapid biological inventory—three hylids, a bufonid, and a centrolenid—as new to science. At least one other species, a dendrobatid, may also turn out to be undescribed.

The most striking new species is a black hylid speckled with yellow and white spots, which belongs to the genus *Allophryne* (Figure 5C). This genus had never before been collected in Peru and was believed to be monotypic, represented only by *A. ruthveni*, endemic to the Guiana Shield in Surinam and Brazil (Hoogmoed 1969, M. Hoogmoed, pers. comm.). The new Peruvian record, from flooded forest around Lago Preto, extends the distribution of this genus significantly to the southwest. *Allophryne* is a poorly understood genus from a phylogenetic standpoint. It has been tentatively assigned to the family Hylidae, but Lynch and Freeman (1966) have suggested a relationship with Dendrobatidae.

Another undescribed hylid collected during the rapid biological inventory belongs to the genus *Scinax* (W. Duellman and J. Faivovich, pers. comm.). This species, with a characteristic yellow vocal sac, was discovered with two other species of the same genus in a low, flooded area at the Quebrada Buenavista site.

The third undescribed hylid is a blue-legged frog in the genus *Hyla* (Figure 5E). One of us (LR) recorded this species previously in Jenaro Herrera, and it is currently being described. On the Yavarí trip it was observed mating at the first two sites.

We recorded at least three species in the *Bufo typhonius* complex, including what may be *Bufo margaritifer*. A fourth species, resembling *B. dapsilis*, is new to science and currently being described by M. Hoogmoed (pers. comm.). This taxon (*Bufo* sp. nov. "Pinocchio"), remarkable for its velvety skin and long "nose", was one of the most common amphibians at the Quebrada Buenavista site (Figure 5B).

A species in the genus *Hyalinobatrachium*, collected by the ichthyological team during a daytime excursion at the Quebrada Buenavista site, has also turned out to be undescribed (J. Lynch, pers. comm.; Figure 5D). The same taxon has also been collected in Colombia.

Dendrobatids are an important group in Yavarí, with nine species registered overall. Three of these are in the genus *Colostethus*, and two of these— *C. melanolaemus* and *C.* cf. *trilineatus*—appear to share the same habitat or neighboring habitats. The sighting of *Colostethus melanolaemus* in Yavarí is only the second for the species, which was described recently from a specimen collected close to the mouth of the Napo River. Until now it was not known in which direction its geographic range was most likely to extend, whether to the north or south of the Amazon River. This new record makes it likely that the species also occurs in Brazil, unless the Yavarí River serves as a geographic barrier.

The Yavarí list includes three *Dendrobates* in the *ventrimaculatus* group, one of which may be undescribed. This taxon, which we found at the first three sites, has a distinctive dorsal pattern, with fine red lines on the head fading distally to gold. We also registered *D. tinctorius igneus*, recuperating an old name from Melin (1941) for this morphospecies discovered at the Quebrada Curacinha site; and *D. flavovittatus*, or another taxon similar to *D. imitator*, a spotted species known only from the Tahuayo River, which was observed but not collected far from the river at the Buenavista site (D. Moskovits, pers. comm.).

Among the most important reptiles we collected was the viper *Porthidium hyoporus*. Although this snake is generally reported as very rare (Schleser and Roberts 1998), it was spotted twice during the rapid biological inventory, at both Quebrada Curacinha and Quebrada Buenavista. We also registered *Micrurus putumayensis*, a rare, two-toned coral snake known from the Aucayacu, Tahuayo, and Orosa rivers, as well as the southern bank of the Amazon and the mouth of the Yavarí (P. Soini, pers. comm.; Figure 5G). The type is known from the southern bank of the Putumayo River. An interesting record among the lizards we registered was *Stenocercus fimbriatus*, known from the Juruá, Purús, and Manu drainages, and from the Itaya and Nanay rivers near Iquitos (Figure 5A).

Quebrada Curacinha

Field work at this first site lasted seven days. We visited all the surrounding habitats during the day and at night. The principal habitats were hilly upland forests, drained by clear or slightly turbid creeks, and the mixed palm swamps (*aguajales*) 4 km from the docking point.

The most common amphibians at this site were two leptodactylids (*Leptodactylus rhodomystax* and *Ischnonema quixensis*), a dendrobatid (*Epipedobates hanheli*) and the *Bufo typhonius* complex. Species found most frequently in or near water were *Leptodactylus petersi* in seasonal pools and small hylids, like *Hyla granosa*, *Hyla brevifrons* sp.1 and an unidentified *Hyla*, in the palm swamp.

Quebrada Buenavista

We spent a week at this site, sampling habitats similar to those at Quebrada Curacinha but with gentler hills. The flooded areas were larger here, the seasonal pools had more water, and the *Duroia* (*supay chacra*) clearings were larger, warmer and brighter.

The most common species at this site were toads in the Bufonidae, especially *Bufo* sp. nov. "Pinocchio"(Figure 5B), which was observed both during the day and at night, sleeping on understory plants more than a meter above the ground. We also found various individuals of the salamander *Bolitoglossa peruviana*, several individuals of the dendrobatids *Epipedobates femoralis* and *E. hanheli*, and three species in the genus *Scinax*, one of them new to science, all in a single flooded site. In the uplands here the most common species was *Osteocephalus planiceps*. Many *Anolis trachyderma* lizards were seen in the understory vegetation during walks at this site.

In several places here we detected the call of *Eleutherodactylus toftae* during the day. This represents a range extension for a species previously known from southeastern Peru, only as far north as the Purús drainage. A similar case is *Eleutherodactylus buccinator*, a species in the *conspicillatus* group that was very common here and at Quebrada Limera.

Quebrada Limera

We sampled forests at the third site for four days, exploring no more than 2 km inland. A hundred meters to the east of our docking point, a swamp associated with streams contained populations of *Hyla calcarata*, *Bufo typhonius*, *Scinax garbei* and *Hyla brevifrons*.

The most remarkable records at this site were *Colostethus melanolaemus* and *Colostethus* cf. *trilineatus*, in part because *C. melanolaemus* was previously known only from the Napo River, and in part because it was believed that the two species did not co-occur. *Dendrobates* "amazonicus" was present here along all the trails, and *Osteocephalus* "verde" was common, especially near streams. Individuals of the latter were seen calling from relatively low vegetation (2 m) rather than from tree trunks as is usual in this genus.

Dendrophriniscus minutus was common here, especially in riparian sites. Adults of an undescribed *Bufo* species (*Bufo* sp. nov. "Pinocchio") were also frequently encountered (Figure 5B). We observed two male tortoises at this site, together in the forest, and a spectacled caiman.

Lago Preto

We sampled forests at this site for four days. Because this is a floodplain forest that was mostly inundated complex of lakes and swamps during our visit, we took a different approach to sampling here. From the banks of the Yavarí we paddled by canoe until reaching the unflooded section of the floodplain. From here, we explored the forest on foot, along a trail that leads to the community of Carolina. These forests are very different in composition from the others we visited along the Yavarí, dominated by understory palms, much more poorly drained, and more homogeneous. We concentrated sampling mostly in the flooded forest and in vegetation along the blackwater lakes.

The most frequently recorded species at this site were the hylids *Hyla geographica*, *Hyla leali* and *Scinax garbei*. On several occasions we found a species in the genus *Adenomera* in the wet leaf litter of the forest. Various individuals of *Caiman crocodylus* were spotted at this site. The most remarkable record here was a spotted frog in the genus *Allophryne*, a new species to science and a new genus for Peru (see above and Figure 5C).

THREATS AND RECOMMENDATIONS

Amphibian and reptile diversity are closely related to habitat and microhabitat diversity, and the top conservation goal for this group is simply the preservation of undisturbed forest. Smaller reptile species and amphibians would likely be threatened by poorly managed timber extraction, as a result of habitat and microhabitat destruction. Timber extraction in the Yavarí area would probably also result in more hunting, with direct consequences for terrestrial and aquatic tortoises.

The long-term conservation of commercially valuable reptiles like tortoises and caimans requires some preliminary research with local communities to get a better understanding of their current status and the hunting pressure they face. One potential threat, in addition to the hunting of adults, is the over-harvest of tortoise eggs. We recommend carrying out surveys during the dry season, which is the nesting season for the globally threatened South American river turtle (*Podocnemis expansa*; Figure 5H) and the yellow-spotted Amazon River turtle (*Podocnemis unifilis*), to assess their population status and the impact of egg harvesting by local communities.

Another priority is documenting the population status of caimans (especially the black caiman, *Melanosuchus niger*, which was not observed during this inventory), for a better understanding of historical trends and the impacts of historical and current (if any) harvest of caiman skins. If the caiman community is found to be in decline, management plans should include special measures for the species, including community-based initiatives like those underway in the Pacaya-Samiria National Reserve.

BIRDS

Participants/Authors: Daniel F. Lane, Tatiana Pequeño, and Jorge Flores Villar

Conservation targets: Intact bird communities of terra firme and flooded forest; range-restricted species (e.g., *Hylexetastes stresemanni*, *Grallaria eludens*); *Deroptyus accipitrinus*; large gamebirds; *Harpia harpyja*; *Crax globulosa*

INTRODUCTION

Little ornithological work has been conducted along the Río Yavarí or elsewhere in the interfluvium between the Yavarí, Amazon and Ucayali rivers. Castelnau and Deville collected specimens at "Rio Javarri" for the Paris museum in 1846, but it is unclear how far upstream they ventured (Stevens and Traylor 1983, T. Schulenberg, pers. comm.). Bates deposited a collection in the British Museum made on the "Rio Javari" in 1857 and 1858; these specimens probably came from the mouth of the river (Stevens and Traylor 1983, T. Schulenberg, pers. comm.). On the Yavarí Mirín, a small ornithological collection was made by Kalinowski in 1957 (Stevens and Traylor 1983). Finally, Hidasi made a collection at the Brazilian town of Estirão do Equador between 1959 and 1961 (Paynter and Traylor 1991).

Elsewhere on the interfluvium, the Olallas collected birds along the Amazonas at Orosa in 1926, and various collectors have visited Quebrada Vainilla (Powlison in 1966 and 1967, and Louisiana State University in 1983) and the nearby Río Manití (Academy of Natural Sciences in 1987). Along the Ucayali, other collections have been made near Contamana (Schunke in 1947 and Hocking in the 1960s–80s) and the Río Shesha (Louisiana State University in 1987).

More recently, in 1998, A. Begazo (pers. comm.) conducted surveys in the Reserva Comunal Tamshiyacu-Tahuayo and on the Yavarí and Yavarí Mirín rivers. Finally, several ornithologists have contributed to a bird list for the new Palmarí Lodge, on the Brazilian bank of the Yavarí near its mouth (A. Whittaker, B. Whitney, K. Zimmer, et al.). Records reported here from Palmarí or the lower Yavarí are those of Whitney unless otherwise credited.

METHODS

We conducted surveys along the temporary trail system at each site, starting about an hour predawn (weather permitting) and continuing through at least mid-day. We used sound recording equipment to document species and to conduct playback for confirmation of identification. Recordings will be deposited at the Macauley Library for Natural Sounds at the Cornell Laboratory of Ornithology. During the mornings, we visited all accessible habitats at each site, including hilly and low terra firme (upland) forest, streams, flooded forest, and oxbow lakes. In the afternoons we conducted occasional sky watches from the riverside. We did not perform point counts (standardized censuses), but estimated the numbers of individuals we saw of each species each day, noted habitats in which they were encountered, and later converted these into approximate abundance and habitat preference data (Appendix 5). We have augmented our own records with sightings by other members of the RBI team, particularly Alvaro del Campo and Kati Salovaara.

RESULTS

Diversity and geographic patterns

During our three weeks in the field we observed approximately 400 species of birds, and estimate perhaps 550 species for the proposed protected area — a particularly rich avifauna for a lowland region (see Cohn-Haft et al. 1997). Based on the satellite images of the area, we had expected to encounter a relatively homogeneous forest; instead, we were surprised to discover substantial habitat heterogeneity. This heterogeneity generates patchy species distributions and elevates the overall species richness of the area. Of the several forest types we surveyed, terra firme forests had the highest species richness.

We recorded between 248 and 314 bird species at each of the three inventory sites. There was relatively high turnover of species between camps, either because many shared species were missed due to imperfect sampling, or because real changes in microhabitat from site to site caused species to drop out in some places.

The avifauna of the interfluvium between the Ucayali, Amazon, and Yavarí rivers comprises a mixture of elements from different regions of Amazonia. With few exceptions, the overall avifauna we encountered is typical of Amazonian Peru and adjacent Brazil. But bird distributions in Amazonia are not broad-brush, and many species occupy ranges in only one portion of the basin. Various authors have noted that many bird species have their distributions limited by large Amazonian rivers (e.g., Haffer 1969, 1974; Cracraft 1985; Capparella 1988, 1991). In many cases, species occur only on the north or south bank of the Marañon-Amazon-Solimões River, or are replaced on the opposite bank by a closely related species that probably occupies the same niche. One example in the Yavarí area is *Galbula cyanescens* (Bluish-fronted Jacamar), a "south-bank" species replaced on the north bank of the Río Amazonas by *G. tombacea* (White-chinned Jacamar; Haffer 1974). Another example is the Bluish-cheeked Jacamar (*G. cyanicollis*), replaced to the west of the Río Ucayali, as well as to the north of the Amazon, by the Yellow-billed Jacamar (*G. albirostris*; Haffer 1974). Thus, it is suspected by some that the rivers have created breaks in the gene flow of related forms, allowing them to speciate (Capparella 1988, 1991).

However, there are species pairs with distributions that suggest that rivers are not the ultimate cause of the current distributional patterns of Amazonian birds. In the Yavarí area species pairs that break the river-barrier pattern include *Pipra filicauda* (Wire-tailed Manakin) and *Attila citriniventris* (Citron-bellied Attila). These two species are replaced farther south in the same interfluvium by related species: *Pipra fasciicauda* (Band-tailed Manakin) and *Attila bolivianum* (Dull-capped Attila; Haffer 1997). What serves as the distributional boundary between these two pairs of species, and where that boundary lies, is not clear. Further fieldwork is needed to determine if both species turn over in the same area, suggesting some common physical barrier, either current or historical. At least one pair of closely related species, *Malacoptila semicincta* (Semicollared Puffbird) and *M. rufa* (Rufous-necked

Puffbird) seems to turn over within the stretch of the Yavarí we visited (see below).

Several areas of endemism have been identified within Amazonian South America, with the Yavarí watershed encompassed by the Inambarí area of endemism (Cracraft 1985). Some bird species characteristic of the Inambarí area are rather widespread in southwestern and western Amazonia, such as *Psophia leucoptera* (Pale-winged Trumpeter), *Galbula cyanescens* (Bluish-fronted Jacamar), *Pteroglossus beauharnaesii* (Curl-crested Aracari), *Hylexetastes stesemanni* (Bar-bellied Woodcreeper), and *Tachyphonus rufiventer* (Fulvous-crested Tanager; Haffer 1974, Cracraft 1985). Other species, including *Phaethornis philippi* (Needle-billed Hermit), *Brachygalba albogularis* (White-throated Jacamar), and *Grallaria eludens* (Elusive Antpitta), all of which we encountered at our Yavarí sites, are more restricted to the heart of this center of endemism, apparently located in southeastern Peru and adjacent Brazil and Bolivia (Haffer 1974, Cracraft 1985).

With one exception, there seem to be no species with a distribution limited by the Río Yavarí. At Palmarí Lodge, on the Brazilian side of the river, *Thryothorus griseus* (Gray Wren) inhabits vine tangles in floodplain forest. Despite Whitney's searches in those habitats on the Peruvian side of the river near Palmarí, and our own searches at the rapid inventory sites, there is still no Peruvian record for the species. The habitat used by *Thryothorus griseus*, and the relatively small width of the river, suggest that the species should also occur on the Peruvian bank. With more effort, it may yet be found there.

Migration

Migration was especially extensive and conspicuous during our first week of fieldwork, but throughout the trip we observed migrant species actively moving overhead or foraging. On the evening of 28 March, immediately after a large electrical storm had passed over, we witnessed an impressive migration event over the Yavarí. Nearly a thousand birds were observed flying roughly south to north, from the Brazilian side of the river to the Peruvian, in the space of two hours. Some species, particularly swallows and kingbirds, rested briefly in riverside vegetation before departing to the north, whereas others, most notably swifts, flew by at rather high altitudes. The bulk of the individuals included *Chordeiles minor*, *Cypseloides lemosi*, two different unidentified *Cypseloides* spp., an unidentified *Chaetura* sp., *Tyrannus savanna*, *Tyrannus tyrannus*, *Tyrannus melancholicus*, *Hirundo rustica*, *Riparia riparia*, *Notiochelidon cyanoleuca*, *Progne modesta*, *Progne tapera*, and *Tachycineta albiventer*. On the following days we saw smaller numbers of swifts and swallows, but nothing matching the huge movement of 28 March. *Tyrannus savanna*, in particular, was moving in large numbers from our arrival on 25 March through 31 March. The species was nearly absent afterwards, suggesting that its migration period had ended and that there are few or no locally wintering populations.

The migrants we observed were not all moving between the same areas. Austral migrants returning from breeding grounds in the south were mixed with boreal migrants departing for North America. Other species' movements are very poorly known, but several appear to be intra-tropical migrants within Amazonia or at least within South America. The migrating species we observed in the Yavarí can be categorized as follows:

Austral migrants
Myiodynastes maculatus solitarius (Streaked Flycatcher), *Empidonomus varius* (Variegated Flycatcher), *Empidonomus aurantioatrocristatus* (Crowned Slaty Flycatcher), *Tyrannus savanna* (Fork-tailed Flycatcher), *Tyrannus melancholicus* (Tropical Kingbird), *Notiochelidon cyanoleuca* (Blue-and-white Swallow), *Progne modesta* (Southern Martin), and *Progne tapera fusca* (Brown-chested Martin).

Boreal migrants
Pandion haliaetus (Osprey), *Falco peregrinus* (Peregrine Falcon), *Actitis macularia* (Spotted Sandpiper), *Coccyzus americanus* (Yellow-billed Cuckoo), *Chordeiles minor* (Common Nighthawk), *Contopus virens* (Eastern Wood Pewee), *Myiodynastes luteiventris* (Sulfur-bellied Flycatcher), *Tyrannus tyrannus* (Eastern Kingbird),

Pterochelidon pyrrhonota (Cliff Swallow), *Hirundo rustica* (Barn Swallow), and *Riparia riparia* (Bank Swallow).

Intra-tropical migrants

Cypseloides lemosi (White-chested Swift), *Cypseloides* sp. (short-tailed), *Cypseloides* sp. (long-tailed), *Chaetura* sp., and *Tachycineta albiventer* (White-winged Swallow).

Other patterns

Several species normally widespread and/or more common in western Amazonia were surprisingly scarce in our inventory. We encountered some only once or twice, while others appeared to be missing altogether. Perhaps absences can be explained by the lack of appropriate microhabitat, or perhaps some species move seasonally within Amazonia. Whatever the reason, we cannot provide a solid explanation for the scarcity of species like *Elanoides forficatus* (Swallow-tailed Kite), *Ara chloropterus* (Red-and-Green Macaw), *Heliornis fulica* (Sungrebe), *Columba cayennensis* (Pale-vented Pigeon), *Brotogeris versicolurus* (Canary-winged Parakeet), *Cotinga cayana* (Spangled Cotinga), *Todirostrum chrysocrotaphum* (Yellow-browed Tody-Flycatcher), and *Campylorhynchus turdinus* (Thrush-like Wren). Both the botanical and ornithological teams noted a dearth of fruiting and flowering, potentially explaining the low density and relatively poor species richness of hummingbirds and tanagers in the area. Most likely, these species undertake local movements tracking seasonally and patchily distributed food sources.

Sites visited

Quebrada Curacinha

We spent seven days at this site and tallied 314 species. It was here that we witnessed the impressive migration event described above. Among the migrants observed, *Chordeiles minor* (Common Nighthawk) and *Cypseloides lemosi* (White-chested Swift) are both poorly known in Peru. The former is known to migrate along the coast and in Amazonian Peru, but its movements are not well documented. *Cypseloides lemosi* is one of several species of large swift which are extremely poorly known overall.

It was originally recorded only from Colombia (Hilty and Brown 1986), but has since been found in Ecuador and northern Peru (Collar et al. 1992, Ridgely and Greenfield 2001, Schulenberg 2002), and at the lower Yavarí near Palmarí Lodge over both Peru and Brazil. Thus our observations are not entirely unexpected, but they may be the first to suggest that the species is an intra-tropical migrant.

We did not conclusively identify other swifts we saw migrating, but they represent records of interest nonetheless. Of the two large *Cypseloides*-like species we recorded, one with a short tail could represent *Cypseloides cryptus* (White-chinned Swift), which is not known to occur such a long distance from the Andes, although there have been large unidentified *Cypseloides* swift sightings from Palmarí Lodge thought to be *C. cryptus*. The second, longer-tailed species could have been one of several species: *Cypseloides niger*, *C. fumigatus*, *C. rothschildi*, or *Streptoprocne rutila*, none of which are known from lowland Amazonian Peru nor nearby Brazil.

Presumed migrant *Chaetura* swifts we observed were larger than the local species, *C. egregia* (Pale-rumped Swift) and *C. brachyura* (Short-tailed Swift), and seemed darker on the rump and paler on the throat and breast. This description seems to agree most with *Chaetura meridionalis* (Sick's Swift), but other large *Chaetura* species such as *C. pelagica* (Chimney Swift) and *C. viridipennis* (Amazonian Swift) cannot be ruled out (see Marín 1997). B. Whitney (pers. comm.) reported *Chaetura meridionalis* from along the Yavarí near Palmarí in early August 2000, the first record of the species in Peru.

At Curacinha, we encountered several species whose status in Peru is only becoming understood over the last decade or so. Among these were two flyover *Touit purpurata* (Sapphire-rumped Parrotlet) that we heard, but did not tape record, on our first two days at the site. This species is known from several areas in northeastern Peru, mostly from the Iquitos area west to Ecuador, and has been observed on the Brazilian bank of the lower Yavarí at Palmarí Lodge (Ridgely and Greenfield 2001; J. V. Remsen, Jr., B. Whitney, and

T. Schulenberg, pers. comm.). The species has been previously encountered in the proposed reserve area by A. Begazo (pers. comm.). Similarly, *Hemitriccus minimus* (Zimmer's Tody-Tyrant) is also known from several areas in northeastern Peru (Álvarez and Whitney, in press). This small tyrannid was frequently encountered on ridgetop terra firme, and occasionally in low terra firme forest nearby. It has been encountered previously in the Reserva Comunal Tamshiyacu-Tahuayo (A. Begazo and J. Álvarez, pers. comm.).

Our sight record of *Malacoptila semicincta* (Semi-collared Puffbird) is the northernmost of the species in Peru, and suggests that it and *Malacoptila rufa* (Rufous-necked Puffbird) may replace one another along the stretch of the Yavarí we visited. Along lake edges at this site we encountered *Myrmotherula assimilis* (Leaden Antwren), a species normally associated with river islands (Ridgely and Tudor 1994). It appears that the middle-lower Yavarí is the only area of this species' range where it has been found to be common away from river islands (B. Whitney, pers. comm.). *Nyctiprogne leucopyga* (Band-tailed Nighthawk), a poorly known nightjar that is very local in its Peruvian distribution, was encountered along the main Yavarí several times en route to or from nearby lakes and streams. It is also common along the lower Yavarí near Palmarí Lodge. Finally, our record of *Thripophaga fusciceps* (Plain Softtail) from Curacinha, and A. Begazo's earlier record from the area (pers. comm.), are quite distant from other published localities for the species—the middle and upper Río Napo in Peru and Ecuador, Madre de Díos in south-eastern Peru, and central Amazonian Brazil (Ridgely and Tudor 1994, Ridgely and Greenfield 2001). What subspecies our population represents is not clear. It may be *dimorpha*, of western Amazonia, or *obidensis*, known only from central Amazonian Brazil.

Quebrada Buenavista

We spent seven days at this site and tallied 304 species. Buenavista had the highest within-site habitat hetero-geneity of the three sites visited, including hilly and low terra firme forest, seasonally flooded forest, mixed *Mauritia* swamps, and lake and streamside habitats.

Particularly startling here was our discovery of *Deroptyus accipitrinus* (Red-fan Parrot; Figure 6B), a species known in Peru from only one specimen from the Río Pastaza nearly at the Ecuadorian border (Ridgely and Greenfield 2001). Our new record, most likely rep-resenting the subspecies *fuscifrons*, is quite distant from any other known population. The species is known primarily from northeastern South America west to Colombia, with an isolated population in the Pastaza area of Ecuador and Peru and another in Brazil south of the Amazonas and east of the Rio Madeira. Thus our record, along with another previously unreported sighting from the junction of the Yavarí and Yavarí Mirín (A. Begazo, pers. comm.), indicates a very isolated population along the Yavarí. In Ecuador this species appears to be associated with blackwater lakes, much as we found it to be here (B. Whitney, pers. comm.).

We heard another blackwater forest indicator species, *Conopias parva* (Yellow-throated Flycatcher), once at Buenavista. This species is considerably more widespread in Amazonia than is apparent from the literature, but has a highly patchy distribution restricted to blackwater drainages (Álvarez and Whitney in press). It too has been reported from Palmarí Lodge (K. Zimmer, pers. comm.).

At this site we also registered the northernmost Peruvian record of *Grallaria eludens* (Elusive Antpitta), a species described in 1969 (Lowery and O'Neill 1969) and known from fewer than ten sites worldwide. The nearest records are from Benjamin Constant, Brazil (M. Cohn-Haft, pers. comm.), and the Río Shesha, Peru (J. O'Neill et al., unpub. data; Isler and Whitney 2002), the former just east of our Yavarí sites. Another northern-most Peruvian record, and probably only the sixth for the country, is our observation of two individuals of *Hylexetastes stresemanni* (Bar-bellied Woodcreeper). This species is rare and poorly known throughout its distribution. It has been reported from the Brazilian side of the lower Yavarí.

Malacoptila rufa (Rufous-necked Puffbird) was found at this site, including a pair with a recently fledged chick, suggesting that either this species is sympatric with *M. semicincta* along the Yavarí, or that we crossed a boundary of parapatry between Curacinha and Buenavista across which one species replaces the other. However, the fact that both species were encountered in terra firme forest, rather than one in terra firme and the other in *várzea* (as has been noted at other sites where two *Malacoptila* occur together; D. Lane, pers. obs.), suggests that the first option is more likely. Perhaps the Iquitos Arch acts as a boundary between the two species (see Patton and Nazareth F. da Silva 1998). At Buenavista we also encountered species of particular interest that we first noted at Curacinha (see above): *Chordeiles minor*, *Nyctiprogne leucopyga*, and *Myrmotherula assimilis*.

Quebrada Limera

We spent five days at this site, tallying 248 species. Due to inclement weather and high water levels, we had less field time and poorer access to local habitats here than at the previous two sites. Most of the notable records were additional reports of species already noted at the previous sites (see above): *Deroptyus accipitrinus*, *Chordeiles minor*, *Nyctiprogne leucopyga*, and *Myrmotherula assimilis*.

Here we found our only pair of *Synallaxis gujanensis* (Plain-crowned Spinetail) of the inventory. This population seems to have a two-note song, as described in the species account for *gujanensis* of Ridgely and Tudor (1994), but quite different from the three-note song given by populations from the lower Río Marañon, from the middle Río Huallaga area in San Martín, from Madre de Díos, and from Santa Cruz, Bolivia (D. Lane, pers. obs.), which is more like the description of the voice of *S. albilora* (White-lored Spinetail) in Ridgely and Tudor (1994). This observation is at odds with Ridgely and Tudor's argument to maintain *albilora* as a species distinct from *gujanensis* (see also Remsen 2003). It appears that the break in vocal types occurs within Amazonian populations of the latter species, not between *gujanensis* and *albilora*.

Other important sightings came from other members of the RBI team and from local inhabitants. They suggest the presence of such rare and poorly-known species as *Harpia harpyja* (Harpy Eagle), *Morphnus*

guianensis (Crested Eagle), *Geotrygon saphirina* (Sapphire Quail-Dove), and *Neomorphus* sp. (ground-cuckoos) in the Yavarí basin. In the case of *Neomorphus*, the observer was certain that both *N. geoffroyi* and *N. pucheranii* occur in the area. If true, this would be a rare case of sympatry in the genus (see also Ridgely and Greenfield 2001). Furthermore, A. del Campo encountered captive individuals of *Amazona festiva* (Festive Parrot), *Brotogeris versicolurus* (Canary-winged Parakeet), and *B. sanctithomae* (Tui Parakeet) in the towns of Nueva Esperanza and Carolina on the Río Yavarí Mirín. All of these species probably occur in the region, although none were observed by the ornithological team.

CONSERVATION IMPORTANCE

Several species observed during our surveys along the Río Yavarí, or reliably reported to us by others, are of particular conservation interest. We found several species that are poorly known in western Amazonia or have restricted global distributions: *Touit purpurata*, *Nyctiprogne leucopyga*, *Cypseloides lemosi*, *Hylexetastes stresemanni*, *Thripophaga fusciceps*, and *Grallaria eludens*. Cracids, often among the first species to feel the effects of hunting, seem to have relatively healthy populations here, particularly the large *Mitu tuberosa* (Razor-billed Curassow). We did not find *Crax globulosa* (Wattled Curassow), listed as Vulnerable by BirdLife International (2000), but it has been recorded along the lower Yavarí (J. V. Remsen, Jr., pers. comm.) and may occur in flooded forests within the proposed protected area. Found almost exclusively in flooded forest along western Amazonian rivers, where it is easily found by hunters, *Crax globulosa* is particularly vulnerable to hunting pressure. If this magnificent curassow proves to be present in the area, the Yavarí protected zone would be only the second in Peru to harbor the species, and as such would be critically important to its long-term persistence in the country.

Local inhabitants in the towns of Carolina and Nueva Esperanza assured us that *Harpia harpyja* (Harpy Eagle) occurs in the area, and with the incredible densities of primates we saw during the inventory, we see no reason to doubt this. This rare species needs large tracts of pristine forest to support its prey base.

Habitat loss and capture for the pet trade have strong impacts on the populations of large parrots and macaws. Of particular interest is the newly-discovered population of *Deroptyus accipitrinus* (Red-fan Parrot; Figure 6B) which is extremely restricted in its distribution in western Amazonia. This parrot does not appear to be particularly common in the commercial pet trade, but may be captured for pets by locals.

THREATS AND RECOMMENDATIONS

The Yavarí and Yavarí Mirín basins are under immediate pressure from commercial logging operations, immigration, and even a projected road-building project. If timber extraction proceeds, the effects will be more far-reaching than the simple removal of trees. Degradation of the pristine forest and aquatic habitats will result in the local extinction of various bird species and hunting will cause population declines of slowly reproducing game species such as large cracids and some tinamous. Should the edges of the proposed protected area be opened to human use, the river margins of the Yavarí and Yavarí Mirín should have particular restrictions on hunting of large cracids and settling and clearing of seasonally flooded forest.

To complement our rapid inventory, a longer, more comprehensive inventorying trip is necessary in the Yavarí and Yavarí Mirín watersheds. Especially important is survey work in flooded forest habitats to determine the status of *Crax globulosa* in the region. Finally, the status of other restricted-range and poorly known species likely in the area should be determined, particularly *Hemitriccus minor* and *Thryothorus griseus*. The latter species has yet to be confirmed in Peru, despite its presence on the Brazilian bank of the Yavarí.

DIVERSITY AND ABUNDANCE OF MAMMALS

Participants/Authors: Kati Salovaara, Richard Bodmer, Maribel Recharte, and Cesar Reyes F.

Conservation targets: World-record mammal diversity; numerous endangered and rare species at relatively high frequencies; dense populations of large-bodied game species that have been overharvested in other parts of Peruvian Amazonia; intact habitat mosaic

INTRODUCTION

The vast expanses of upland forest between the Amazon, Ucayali and Yavarí rivers, like other relatively aseasonal western Amazonian sites, harbor extremely diverse mammal communities. Two previous inventories from this region of Peru, carried out within 100 km of the sites we visited in the rapid biological inventory, have confirmed 79 (Fleck and Harder 2000) and 84 (Valqui 2001) species of nonvolant mammals to date. Valqui's list is probably the longest ever reported for such a small area sampled (ca. 125 km^2), making the Yavarí valley one of the mammalian diversity hotspots in Peru, Amazonia and indeed the world.

Numerous studies on the ecology and use of large mammals have been conducted to date inside the proposed Yavarí Reserved Zone. Much of this work has focused on the Yavarí Mirín river basin at the heart of the region, where data on the density and biomass of large mammal species have been collected for many years (Bodmer et al. 1997a, 1997b). Because no such work had been carried out in the forests we visited during the rapid biological inventory, along the upper Yavarí, our first goal was to gather comparable density data for that region.

In this chapter we present the results of those inventories, discuss their relevance for conservation, and compare these new data with existing data from the Yavarí Mirín river. The aim is a better understanding of how and why the abundances, densities, and biomass of large mammals vary from site to site within the proposed Reserved Zone. This information can be used to evaluate the conservation importance of the different areas surveyed, because large mammals are sensitive to hunting and human presence and their densities are an index of human impact. The among-site comparisons also provide baseline information for wildlife management. In Amazonia, large mammals, especially ungulates and primates, are an important economic resource for the local inhabitants, and their populations are vulnerable to overexploitation (see "Use and Sustainability of Wildlife Hunting in and around the Proposed Yavarí Reserved Zone"). For conservation and management planning it is important to analyze the variation in wildlife densities between areas with differing hunting intensities (Robinson and Bodmer 1999).

METHODS

We censused large mammal communities (ungulates, primates, rodents >1 kg body weight, edentates, and carnivores) along the trail systems established in the first three study sites of the upper Yavarí River. We used the DISTANCE sampling method (Buckland et al. 1993) and conducted the surveys between 7 AM and 3 PM. Groups of one or two observers walked the transects at a pace of ca. 1.5 km/h. We censused a total of 507.2 km in the three sites. When a group of animals was encountered, we recorded the number of individuals and measured the perpendicular distance from the trail to the first individual sighted. We analyzed the data using DISTANCE 4.0 software. We did not calculate density for species with fewer than eight observations; instead, we substituted a measure of abundance (number of individuals observed/100 km censused). Although the number of observations was sometimes small, the model fit was generally good and density estimates should be reliable.

Large mammal density data for the Yavarí Mirín come from previous surveys conducted with the same methodology along 1,827 km of trails during the years 1992–1999. For the comparative analyses, we divided the Yavarí Mirín data into lower and upper regions, with the Quebrada Panguana serving as a midpoint. The lower Yavarí Mirín is an area of light hunting pressure, while the upper Yavarí Mirín has virtually no hunting pressure, with wildlife populations reaching relatively natural equilibrium densities. This allowed us to assess hunting pressure in the upper Yavarí sites, which are more accessible to people and may be more impacted from resource use, though habitat differences between the three areas may also influence wildlife densities.

We used additional mammal observations made by the rest of the rapid biological inventory team, together with the census data, to compile a species list for the sites along the upper Yavarí. We used data from previous censuses along the Yavarí Mirín and from skulls collected by local hunters (deposited in the museum of the Universidad Nacional de la Amazonía Peruana, Iquitos) to compile a species list for the Yavarí Mirín basin. In presenting these lists we also include results of a more complete inventory from the nearby site of San Pedro (Quebrada Blanco, just outside the Reserva Comunal Tamshiyacu-Tahuayo; Valqui 1999, 2001), because it represents a list of species likely to be found within the Yavarí and Yavarí Mirín basins.

Information on globally threatened species was taken from the 2002 IUCN Red List of Threatened Species website (www.redlist.org). Information on CITES appendices was taken from the CITES website, updated 13 February 2003 (www.cites.org).

RESULTS

Species observed

The censuses on the upper Yavarí and previous studies on the Yavarí Mirín show a very high diversity of nonvolant mammals (Appendix 6). We registered 39 species during the inventory on the upper Yavarí; 50 have been recorded along the Yavarí Mirín. All 39 species recorded on the upper Yavarí are also present on the Yavarí Mirín, and it is likely that the 11 additional species found on the Yavarí Mirín will be registered along the upper Yavarí river once a more complete inventory is possible.

All species encountered at both sites are present in Valqui's (1999, 2001) list from Quebrada Blanco and in Fleck and Harder's (2000) list from the Gálvez river. We believe that most species in Valqui's list are present in Yavarí and Yavarí Mirín, with at least two notable exceptions. Two primate species that have been observed in nearby sites do not seem to occur in the areas studied to date within the proposed Yavarí Reserved Zone. Goeldi's monkey (*Callimico goeldii*) has been observed on the Gálvez river (Fleck and Harder 2000), and a second species of squirrel monkey (*Saimiri boliviensis*) has been observed on the Tahuayo River (Valqui 2001). Neither species has been observed in the upper Yavarí or Yavarí Mirín sites during the 2,300 km of censuses. Despite their absence, these sites still have very high species richness of primates (13 species).

Sloths (Bradypodidae) and Amazonian manatee (*Trichechus inunguis*) have not been recorded inside the proposed Reserved Zone, but both are reported by locals and probably occur at low densities. Sloths prefer regularly inundated forests along whitewater rivers, where mammal censuses have not been extensive. Both the Yavarí and Yavarí Mirín rivers have a mixture of black and white waters, and the two sloth species on Valqui's (2001) list are likely present in very low numbers along both rivers. Confirmation of manatees in the area would require extensive sampling along the lakes and smaller rivers, because the area has little aquatic vegetation (see "Flora and Vegetation") and does not seem to offer much obvious manatee habitat. If the species is present, it is likely to be spottily distributed and rare.

Rare and threatened species encountered

Many mammals found or expected in the region are considered globally rare or threatened. Twenty-four species included in the Red Data Book of the IUCN (2002) are potentially found in the area (Valqui 2001), and 15 of these species have been recorded in the upper Yavarí and Yavarí Mirín sites (Appendix 6). The major threats to these species at a global scale, mainly habitat degradation and hunting, are weak or absent in the Yavarí and Yavarí Mirín basins, and this makes the area extremely valuable for conservation.

The only primate species in the Yavarí valley listed by the IUCN is the red uakari monkey (*Cacajao calvus*), which is considered vulnerable due to severe hunting across its range (see Figure 1). This species is one of the flagship species for conservation in the Yavarí valley, with a healthy population but a peculiar disjunct distribution inside the proposed Reserved Zone (see Figure 8). There are large populations in the Lago Preto area close to the mouth of the Yavarí Mirín, but

elsewhere in the area group size seems to be smaller and the species less abundant. Red uakari monkeys have also been observed along the middle Yavarí Mirín, on the northern side of the river, and at Quebrada Blanco, just outside the Reserva Comunal Tamshiyacu-Tahuayo. For some reason, the species is absent from all but one site on the southern side of the Yavarí Mirín river, an observation which has also been confirmed by the local people. During this inventory we encountered red uakari at Quebrada Curacinha, close to Colonia Angamos, but not at the other two sites of the upper Yavarí. The patchy distribution makes the species vulnerable to overhunting, although at the moment hunting pressure is low on the Yavarí Mirín (see "Use and Sustainability of Wildlife Hunting in and around the Proposed Yavarí Reserved Zone").

Although not listed as threatened, other large-bodied primates currently have very low densities in much of the Peruvian Amazon due to heavy hunting, and their low reproductive rates make them vulnerable to overharvesting (Bodmer et al. 1997a). The upper Yavarí and Yavarí Mirín river basins have healthy populations of black spider monkeys (*Ateles paniscus*) and woolly monkeys (*Lagothrix lagothricha*), whose populations have been severely depleted closer to Iquitos and other larger towns.

Despite the relatively short study period in the upper Yavarí sites, there were sightings of rare and threatened carnivores, such as the poorly known short-eared dog (*Atelocynus microtis*) and the near threatened jaguar (*Panthera onca*). Jaguar seem to be common in the region based on footprints and claw markings on trees (Wales 2002), and local people report that there are signs of population recovery following more intense hunting in the past. Jaguars are still occasionally hunted by local people, but along the upper Yavarí and the Yavarí Mirín rivers this may partly be compensated for by the abundance of prey, especially ungulates (*Mazama* spp., *Tayassu* spp.) and capybara (*Hydrochaeris hydrochaeris*), which are the main food resource for jaguars. The vulnerable bush dog (*Speothos venaticus*) has been observed in Yavarí Mirín, but its status in the region is not well known.

The endangered giant river otter (*Pteronura brasiliensis*) was observed three times during the inventory, first on the Quebrada Curacinha on the upper Yavarí, later at Lago Preto, and again close to the village of Carolina on the Yavarí Mirín. Isola and Benavides (2001) conducted an inventory of giant river otter on the Yavarí Mirín, where they found a healthy number of family groups and solitary individuals throughout the basin. Local people report that giant otters are increasing in numbers and are concerned about their adverse impact on fish populations; they occasionally kill them close to villages. The southern river otter (*Lutra longicaudis*) was also observed in the upper Yavarí sites, and seems to be common on the Yavarí Mirín.

The lowland tapir (*Tapirus terrestris*; Figure 7A) is considered globally vulnerable due to habitat loss through deforestation and hunting for meat. Tapir is one of the main game species in the area and vulnerable to overhunting due to its low reproductive rate (Bodmer et al. 1997a). It is likely not overhunted on the Yavarí Mirín (see "Use and Sustainability of Wildlife Hunting in and around the Proposed Yavarí Reserved Zone"), but was very rarely sighted in the upper Yavarí sites. However, tapir are difficult to observe during diurnal censuses, and based on the abundant tracks observed it seems to be quite common at all sites. Its population may best be monitored using track counts or other suitable methods. On the Yavarí Mirín, tapir populations are quite healthy, and they can often be observed visiting natural salt licks (O. Montenegro, pers. comm.).

Red and gray brocket deer (*Mazama americana* and *M. gouazoubira*) are both listed by the IUCN because there is deficient data on their populations. They are preferred game for hunters, but even so seem to have healthy populations in the region. In the upper Yavarí sites the sighting rate of brocket deer was high, as it was along sections of the Yavarí Mirín.

The giant armadillo (*Priodontes maximus*) is listed by the IUCN as endangered and the giant anteater (*Myrmecophaga tridactyla*) as vulnerable, both from habitat loss and hunting. Giant armadillo and giant anteater have been regularly sighted in the region, and there is a healthy population of giant armadillos in the Lago Preto region of the upper Yavarí (Drage 2003). These species are rarely hunted in the region, and their populations are probably at natural equilibrium levels. Emilia's short tailed opossum (*Monodelphis emiliae*) is considered globally vulnerable by the IUCN due to human-induced habitat loss. The team saw this marsupial being eaten by a pitviper (Figure 7D); its status in the proposed reserve merits further study.

The Amazonian manatee (*Trichechus inunguis*) may be present in the area, and is considered vulnerable. It was heavily hunted in the past, and is still killed occasionally. If still present in the area this species is very rare, and will require special attention. Both grey and pink river dolphins (*Sotalia fluviatilis* and *Inia geoffrensis*) are very common in both the Yavarí and the Yavarí Mirín and there are no current threats to their populations in the area.

Three species of endangered rodents are potentially found in the area. A spiny mouse, *Scolomys ucayalensis*, is considered endangered, and two echinomyid rodents near threatened or data deficient. The distribution of these species is poorly known, and their presence and status in the area require further study.

Density variation in large mammals

Census results for ten species of primates, five ungulates, and three rodents from the upper Yavarí, the lower Yavarí Mirín, and the upper Yavarí Mirín indicate high mammal density and rather low hunting pressure for the upper Yavarí (Table 1).

Primate densities on the upper Yavarí are within the range found in the Yavarí Mirín sites, except for the two larger species, woolly monkey and black spider monkey, whose densities are 1.3 and 2.6 times higher on the upper Yavarí than on the Yavarí Mirín, respectively. These large-bodied species are the most hunted primates in the region, and their populations are vulnerable to overexploitation due to their low reproductive rate. Spider monkeys were especially abundant in the second site on the upper Yavarí and in the middle part of the Yavarí Mirín (between Quebrada Panguana and Quebrada Miricillo), both of which have rather rich soils.

Table 1. Density, abundance and biomass comparisons for the most common large mammals along the Yavarí, lower Yavarí Mirín, and upper Yavarí Mirín rivers.

	Density (ind./km²)			Abundance (ind./100 km)		
	Yavarí	Lower Mirín	Upper Mirín	Yavarí	Lower Mirín	Upper Mirín
PRIMATES						
Ateles paniscus	4.06	n/a	1.58	28.39	1.24	7.24
Lagothrix lagothricha	32.68	27.61	24.50	181.78	114.26	28.31
Alouatta seniculus	n/a	0.77	0.76	1.77	3.83	3.94
Cebus apella	4.01	5.01	10.20	22.85	25.56	35.78
Cebus albifrons	2.63	2.23	5.58	19.47	13.40	28.43
Cacajao calvus	n/a	4.94	n/a	14.79	47.33	6.07
Pithecia monachus	7.18	4.41	10.51	23.86	23.76	33.12
Callicebus	11.84	5.08	11.72	23.85	12.72	23.55
Saimiri	18.63	33.07	45.90	54.23	199.05	192.96
Saguinus mystax/ S. fuscicollis	30.49	22.63	28.52	97.60	70.15	80.10
Subtotal						
UNGULATES						
Tapirus terrestris	n/a	0.31	0.31	0.20	1.35	1.17
Tayassu pecari	n/a	15.19	14.59	0.02	151.90	72.94
Tayassu tajacu	9.10	2.13	8.54	16.59	10.70	15.76
Mazama americana	0.70	1.05	0.96	2.37	2.59	2.13
Mazama gouazoubira	0.43	n/a	n/a	2.17	0.24	0.51
Subtotal						
RODENTS						
Dasyprocta fuliginosa	1.71	1.24	2.91	5.12	4.60	5.95
Myoprocta spp.	0.90	0.79	3.95	1.97	1.35	3.94
Sciurus spp.	5.22	3.11	6.70	8.08	6.64	10.44
Subtotal						
TOTAL						

This suggests variation in productivity as another possible explanation for the differences in densities of the larger primates.

The only primates whose densities are somewhat lower on the upper Yavarí than in the Yavarí Mirín sites are squirrel monkeys (*Saimiri sciureus*) and black-fronted capuchins (*Cebus apella*). Both of these species prefer inundated riverside forests, and the low densities may be because sampling on the upper Yavarí was more focused on upland forests than sampling on the Yavarí Mirín.

Compared to areas closer to Iquitos, all the Yavarí and Yavarí Mirín regions have healthy populations of ungulates. The tapir sighting rate was lower on the upper Yavarí than in the Yavarí Mirín

sites, but this may be due to chance variation. Diurnal censuses may not be the best method for estimating relative abundance of this species, which is mostly active at night. Tapir tracks were common on the upper Yavarí, especially at the second and third field sites, and outside the censuses the species was observed at all sites. White-lipped peccaries (*Tayassu pecari*) were also sighted rarely during the census walks on the upper Yavarí, which together with atypically small group size resulted in an extremely low sighting rate. By contrast, the species is common on the Yavarí Mirín. Collared peccaries (*Tayassu tajacu*) were equally common on the upper Yavarí and upper Yavarí Mirín, but less common on the lower Yavarí Mirín. Red and grey brocket deer

Body weight (kg)	Biomass (kg/km²)			Metabolic biomass (BW 0.7/km²)		
	Yavarí	Lower Mirín	Upper Mirín	Yavarí	Lower Mirín	Upper Mirín
11.0	44.6	n/a	17.4	22.3	n/a	8.7
8.0	261.5	220.9	196.0	143.1	120.8	107.2
7.8	n/a	n/a	5.9	n/a	n/a	3.3
3.5	14.0	17.5	35.7	9.8	12.2	24.8
3.0	7.9	6.7	16.7	5.7	4.9	12.2
3.0	n/a	14.8	n/a	n/a	10.8	n/a
2.0	14.4	8.8	21.0	11.7	7.2	17.2
1.0	11.8	5.1	11.7	11.8	5.1	11.7
0.8	14.9	26.5	36.7	15.9	28.2	39.2
0.5	15.2	11.3	14.3	18.6	13.8	17.4
	384.3	**311.6**	**355.5**	**238.9**	**203.0**	**241.7**
160.0	n/a	48.9	50.0	n/a	11.22	11.48
33.0	n/a	501.3	481.5	n/a	181.86	174.66
25.0	227.5	53.3	213.4	89.4	21.0	83.9
33.0	23.0	34.6	31.6	8.3	12.5	11.5
15.0	6.5	n/a	n/a	2.97	n/a	n/a
	256.9	**638.1**	**776.5**	**100.7**	**226.6**	**281.5**
5.0	8.5	6.2	14.5	5.4	3.9	9.1
1.0	0.9	0.8	3.9	0.9	0.8	3.9
0.8	4.2	2.5	5.4	4.5	2.7	5.7
	13.6	**9.5**	**23.9**	**10.7**	**7.3**	**18.8**
	654.9	**959.2**	**1155.8**	**350.3**	**436.9**	**542.0**

(*Mazama americana* and *M. gouazoubira*) were especially abundant in the upper Yavarí sites.

Of the three rodent species compared, black agoutis (*Dasyprocta fuliginosa*) were about equally common in all three regions, whereas agouchies (*Myoprocta* sp.) and red squirrels (*Sciurus igniventris* and/or *S. spadiceus*) were most abundant on the upper Yavarí Mirín. These species are rarely hunted, and the variation in densities is probably due to habitat differences between the regions.

Biomass and metabolic biomass

The importance of large mammals in an ecosystem can be determined through analyses of crude biomass and metabolic biomass, and these were calculated for the

most abundant herbivore species in the upper Yavarí and Yavarí Mirín sites (Table 1). All these species are highly frugivorous, although they include varying degrees of leaves, other plant material (such as flowers) and animal matter in their diets.

Crude biomass accounts for the variation in body size between the different species and measures how much energy the species or community makes available for the next trophic level, i.e., carnivores and humans. Metabolic biomass (calculated as body weight$^{0.71}$ x density) gives an indication of relative energy expenditure by each species and is a measure of how much of the primary production in the ecosystem is used by each species. Metabolic biomass corrects for the effects of body size, because larger species need relatively less energy per kg body weight than the smaller species.

Overall, the upper Yavarí Mirín appears to have the greatest productivity of large mammals, followed by the lower Yavarí Mirín and lastly, the upper Yavarí. This suggests that the habitats of the upper Yavarí Mirín have a combination of attributes that make them particularly productive for large-bodied mammals.

Throughout the sites, primates account for almost 40% of the crude biomass and over 50% of the metabolic biomass in the community. However, two thirds of primate biomass is accounted for by a single species, the woolly monkey. The next most important primates in terms of biomass and energy consumption are spider and squirrel monkeys.

Large terrestrial frugivores, such as tapirs, peccaries and deer, rely on the fruits that are not consumed by arboreal species and fall to the forest floor. Their share of the crude biomass and metabolic biomass in the community is approximately 60% and 46%, respectively. Peccaries are by far the most important consumers of energy among terrestrial frugivores. In the Yavarí Mirín sites they make up about 85% of the terrestrial crude biomass and metabolic biomass, with the majority being white-lipped peccaries in the Yavarí Mirín sites. The crude and metabolic biomass of the white-lipped peccary is much lower in the upper Yavarí sites. Tapir and red brocket deer are about equal in terms of their crude and metabolic biomass. The three rodent species included in the analysis have only a small share (less than 3%) of the crude and metabolic biomass in the community.

DISCUSSION

Current status of wildlife populations in the Yavarí and Yavarí Mirín basins

The proposed Yavarí Reserved Zone may have the highest diversity of mammal species in the world. Although small mammals and bats have not been studied in detail (but see "Bats"), it is likely that the total number of mammals will reach approximately 150 species. The proposed Reserved Zone still maintains its original mammal species richness (i.e., it has not suffered any local extinctions), although several of the species are now globally endangered (see above).

Population densities of large-bodied mammals in the upper Yavarí and Yavarí Mirín river basins are relatively high in comparison to areas with higher human population and hunting pressure. This suggests that the human impact on wildlife and wildlife habitat in the area is currently marginal. Permanent hunting is restricted to areas close to the communities in the lower Yavarí Mirín area, and in other areas hunting is occasional and mainly occurs close to the major rivers. The total area of cultivated or young secondary vegetation within the region probably remains less than 0.5%. At the moment, the small resident population and the few outsiders entering the area to fish and hunt are apparently not causing major threats to wildlife populations.

The situation may change drastically if the local population grows or timber operations commence in the area. It has been shown repeatedly that timber operations are accompanied by heavy wildlife hunting (Bodmer et al. 1988). Timber companies rely on hunting for subsistence and financial income, and employees of timber companies are encouraged to hunt in order to offset the debts incurred by the companies until they are able to sell their lumber. Indeed, in areas of timber extraction the majority of hunting is done by lumbermen. Since financial gain is an important driving force for timber companies, lumbermen often hunt the large primates for subsistence and sell the tapir, deer and peccary meat to city markets. Timber operations are often also involved in the illegal sale of jaguar and giant otter pelts. Thus, the impact of hunting from timber operations is often drastic and causes rapid declines in the populations of large mammals most vulnerable to overhunting, like primates and tapirs. Even limited logging could cause hunting pressure to increase to unsustainable levels within a short period of time.

For most species, the regional variation in density is probably influenced more by habitat quality than by hunting pressure. Habitat quality may vary according to soil fertility, site productivity and tree species composition. Understanding this variation in wildlife-habitat interactions is vital not only for the animals, but also for ecosystem functioning, because healthy populations of seed dispersers and predators are important for sustaining the natural dynamics and diversity of forest vegetation. The metabolic biomass analysis indicates the special importance of large primates and peccaries in the maintenance of these intact forests.

Importance of the area for wildlife conservation

The Yavarí and Yavarí Mirín basins offer an opportunity to protect a basically intact primary rainforest landscape with healthy, highly diverse mammal communities. The landscape itself is a diverse mosaic varying from nutrient-poor sandy soils to relatively nutrient-rich clay soils in the upland forests (Figure 3A), and several types of inundated forests along the rivers and streams. Maintaining the landscape's integrity would ensure the existence of all the habitats and species necessary for the survival of the mammal populations, because the area is large enough to maintain viable populations of most species even if surrounding areas are altered in the future. The only existing conservation unit protecting the extremely high mammal diversity in the region is the Tamshiyacu-Tahuayo Community Reserve, whose strictly protected zone does not offer a sufficiently extensive area for large mammal populations.

Many globally threatened species live in the proposed Yavarí Reserved Zone. The Yavarí and Yavarí Mirín region is one of the few areas in the Peruvian Amazon where the threats facing these species worldwide—habitat loss and hunting—are at a minimum. Few opportunities exist for their conservation in areas with a higher human impact closer to the Ucayali river. Especially for red uakari monkey, jaguar, giant river otter and other carnivores, this area would offer the large, intact, and continuous landscape necessary for long-term viability. For example, the red uakari monkey occurs patchily and at low densities (see Figures 1 and 8). For the long-term survival of the species, it will not be sufficient to protect the patches where the species is found, since subpopulations would then be isolated from one another.

One especially important area for conservation is the middle part of Yavarí Mirín on the northern side of the river (Figure 8). There are especially high densities of large mammals, e.g., spider monkeys and deer, here, perhaps owing to fertile soils and high productivity (K. Salovaara, unpublished data). This is also a key area for giant river otter (Isola and Benavides 2001) and red uakari monkey, and offers connectivity between red uakari populations west and east of the Yavarí Mirín river. If the narrow corridor between the Yavarí Mirín, Orosa and Tamshiyacu rivers became uninhabitable for red uakaris, it would split the known distribution of the species into two separate subpopulations. Thus, this area is important for the population connectivity and long-term survival of the red uakari not just regionally, but globally.

RECOMMENDATIONS

We recommend conserving the whole Yavarí Mirín basin, including the Esperanza River, to secure the long-term survival of the area's mammal species and communities. Although the area is largely intact today, it faces many potential threats that could best be controlled within a conservation unit. Protecting the entire proposed area is important because several species have restricted distributions within the region, and would only persist within a large continuous tract of forest.

The status of many large mammals is already well known in the area, but there is also a need for further inventories and ecological studies. For example, several threatened large mammals have been observed in the area but their population sizes are not known. These species include carnivores, giant anteater, and sloths. Also, small mammals and bats are still practically unstudied (see "Bats"), and many larger species are still not recorded although likely present. Many endangered species still require confirmation, such as manatee, two-toed sloth and several marsupials and small rodents.

For management and conservation of large mammals it is vital to continue collaboration with local communities in the Yavarí Mirín basin and to monitor their wildlife use. Wildlife use is currently monitored in collaboration with the local communities, but additional monitoring of population trends would be beneficial for red uakari monkey, giant river otter, jaguars and lowland tapir. Local people should have an active role in conservation and management programs. This would include, among other things, monitoring hunters who enter the region from outside, mainly by boats from the lower Yavarí, but also by land, crossing from the Tamshiyacu river to the upper Yavarí Mirín.

Extension and education work in the communities must be continued to support other conservation efforts. For example, giant otters are not currently hunted for pelts or meat, but local people dislike them and occasionally kill them in the areas close to the villages. To prevent conflicts in the future it would be beneficial to undertake more environmental education programs in the local communities.

At the moment local inhabitants have a positive attitude towards conservation, and expect it to bring benefits to their remote communities, where even basic education and health services are lacking. Their participation in conservation and management programs is essential. If the communities grow or change their resource use patterns in the future, it will be necessary to manage and redirect their resource extraction. This will be easier if the inhabitants recognize the importance of their environment for their well-being as well as for conservation objectives in a larger context.

BATS

Author: Mario Escobedo

Conservation targets: IUCN redlisted species, including *Tonatia carrekeri* (Vulnerable), *Artibeus obscurus* and *Sturnira magna* (both Near Threatened); seed dispersers of ecologically and economically important plants, like *Carollia perspicillata* (disperser of *Piper* and *Cecropia* spp.), *Artibeus jamaicensis* (disperser of *Ficus insipida*) and *S. magna* (disperser of *Cecropia* spp., *Ficus* spp., and *Psidium guajaba* [Loja 1997])

INTRODUCTION

One hundred and fifty-two bat species are known to occur in Peru (Hutson et al. 2001). The conservation status and distributions of the great majority of these are poorly known, and there are still large areas of the country where the bat fauna has never been studied. Such is the case for the sites we visited during the rapid biological inventory on the Yavarí River, and for the entire proposed Zona Reservada del Yavarí.

Nevertheless, intensive bat inventories have been carried out in at least three nearby sites. Fleck et al. (2002) reported 57 species in the Matsés community of Nuevo San Juan on the Gálvez River, to the southwest of the proposed Reserved Zone. Gorchov et al. (1995) reported the same number of species, in seven families, from Jenaro Herrera. Cevallos (1968) reported 15 species for the Orosa River (at Quebrada Esperanza), but his list is problematic as it includes some species with mostly Andean distributions, like *Vampyressa thyone* and *Micronycteris brosseti*. On the other side of the Ucayali and Amazon rivers, 39 bat species have been registered to date in the Reserva Nacional Pacaya-Samiria and 49 species in the Zona Reservada Allpahuayo-Mishana (Escobedo 2002).

METHODS

For ten days during the rapid biological inventory I captured bats with two 12-m mist nets. I set up the nets in a single line or in the form of a "T" inside the forest between 5 and 9 PM, and checked for bats every ten minutes during peak hours (from 6 to 8 PM) and otherwise every 15 minutes.

Before setting up the nets, I recorded the forest type, dominant vegetation, and other landscape characters of the collecting locale. Most of the sites were in upland (terra firme) forest, but a few were in forest that is periodically flooded by streams. Nearly all the sites were within 500 m of the Yavarí River. I set up the nets in potential flightpaths for bats, like natural clearings, streams, and along the trails. To capture high-flying bats, I used poles to raise the mist nets to a height of 10–12 m near flowering or fruiting trees, which included *Cecropia* spp. and *Ficus insipida*. Because our time in the field was limited, I did not sample several important habitats, including palm swamps, lakes, and hilltops in upland forest.

For all captured individuals, I recorded total length, forearm length, color, presence or absence of a tail, etc. I identified *in situ* frequently captured and easily-recognized species. Bats that could not be identified in the field were taken in cloth sacks back to camp, where I identified them with the keys in Pacheco and Solari (1997). Once the measurements and identifications were complete, all captured specimens were marked with white paint and released.

RESULTS

I registered 51 individual bats belonging to three families, three subfamilies, and 20 species (see Appendix 7). Apart from captured species, the list includes a few species that were observed in the field but not captured. For example, I observed the insectivorous bats *Rhynchonycterix naso* and *Saccopterix biliniata* sleeping in their roosts in branches of a *Cecropia* tree hanging over the river, and a species in the genus *Noctilio* flying over the Yavarí River in the early afternoon at the Quebrada Buenavista camp.

This preliminary list contains a mix of habitat generalists and specialists. Among the generalists are *Phyllostomus elongatus*, *Carollia perspicillata* (Figure 7B), and *Artibeus jamaicensis*. Among the specialists are *Trachops cirrhosus*, a frog-eating bat that prefers habitats close to lakes, streams, and rivers. *Artibeus hartii* and *Vampyressa brocki* are typically high-flying species, captured 10 m above the ground near a fruiting fig tree (*Ficus insipida*).

THREATS AND RECOMMENDATIONS

The three main threats facing Amazonian bats are intensive agriculture, the eutrophication of lakes and rivers, and erosion along riverbanks. Given the lack of human activity in the Yavarí area, none of these were observed in the sites we visited during the rapid biological inventory. The most serious threat in the near future is probably the opening of forestry concessions, because logging will have an immediate impact on many tree species important to the diet of bats.

More intensive studies are needed to understand bat communities in the Yavarí watershed and the proposed Zona Reservada, especially long-term studies that can reveal the true value of the ecological services carried out by bats, like seed dispersal and insect control.

HUMAN COMMUNITIES

Participants/Authors: Hilary del Campo, Zina Valverde, Arsenio Calle, and Alaka Wali

Conservation Targets: Traditional fishing techniques; rotation of hunting grounds; reforestation of agricultural plots with fruit trees

INTRODUCTION

The proposed Yavarí Reserved Zone is located in a remote, almost entirely unpopulated area near the Peru-Brazil border. The *ribereño* community of Nueva Esperanza, located just outside the proposed reserve's northeast border and home to 179 people, is the closest human settlement. According to residents of Nueva Esperanza and researchers who know the area, there is also a tiny, five-person outpost called Pavaico (or sometimes San Francisco de las Mercedes) inside the proposed reserve on the Yavarí Mirín River. The region's tiny population is a relatively recent phenomenon (see "A Brief History of the Yavarí Valley"); previous settlers left because of poor access to markets and healthcare and the high incidence of chloroquine-resistant malaria.

The outskirts of the proposed reserve have a similarly low human population. We estimate that 1,000–2,000 people live within 20 km of the limits of the proposed Reserved Zone. This population is concentrated in approximately ten settlements, as well as military bases and scattered homesteads. The population is heterogeneous, consisting of Matsés (Mayoruna) indigenous people, *ribereño* settlers, and more recent colonists. We were unable to confirm rumors of uncontacted Matsés in or near the proposed reserve, but these should be investigated more completely to guarantee appropriate zoning in a new protected area.

In order to outline the economic, social, and political features of these communities, we carried out a rapid inventory that focused on their social assets, skills, and natural resource use. We gathered data on history, demography, economy, social organization and institutions, and natural resource use. Based on these data, we identified and analyzed communities' strengths, local attitudes towards the environment and place, threats to local livelihood patterns, local activities compatible with conservation efforts, and conservation targets.

METHODS

Our social research in the Yavarí region took place over three weeks, in 11 communities. Subsequently, we made a two-day visit to communities west of the proposed reserve along the Tahuayo and Blanco rivers. The methods we used included systematic observation and participation in community activities, interviews with community members, local authorities, leaders and other key individuals, as well as focus groups, community assemblies, and visits to agricultural plots. We also used bird and mammal guides to document local knowledge on the area's fauna, as well as questionnaires to collect data on hunting, fishing, and resource use.

RESULTS

Yavarí sector: eight communities, ~1,210 residents

Between March 21 and 31, we conducted intensive research in the town of Angamos (Figure 9A) and five Matsés communities: Fray Pedro, Las Malvinas, San José de Añushi, Paujil and Jorge Chávez. We also visited and/or conducted interviews at the Palmeiras military base, which has a civilian population, and the Manihuari Pinches family settlement, both of these on the Brazilian side of the Yavarí River. During our time on the Yavarí River, we interviewed passing fishermen and hunters when possible to gain a better understanding of resource use on both sides of the river.

Angamos

The largest settlement in the district of Yaquirana, Angamos is a town and military base with just under 1,000 inhabitants. Two thirds of the population are military personnel and their families. Other residents of Angamos appear to have arrived within the last ten years to work in timber extraction. The town is fairly well established and is physically divided between the military base and the civilian population.

Angamos exhibits the typical settlement pattern of small Peruvian towns, with houses lined along paved walkways and a central plaza. Households are formed by nuclear families. In addition to kinship ties, the town's social organization is structured around civil and social institutions. Three female political authorities are key leaders in Angamos: the justice of the peace, the mayor, and the governor. These individuals form the political base and help maintain socioeconomic links with Iquitos and the district municipality. In addition, the municipal government of Angamos, three evangelical churches, the military base, a health center, the *Subregión* of Yaquirana, and primary, secondary and occupational schools play integral roles in the community structure. Angamos also has associations such as the *Comité de Agricultores de Angamos* (Committee of Farmers of Angamos), the *Frente Patriótico de Yaquirana* (Patriotic Front of Yaquirana), soccer and volleyball teams, and government programs such as the *Club de Madres* (Mothers' Club) and *Vaso de Leche* (Glass of Milk), both of which are national programs that promote family health.

Currently, Angamos is an important commercial center for surrounding communities, and has strong economic and social links to Iquitos. Residents told us that between 1990 and 1996, logging of hardwoods like tropical cedar (*Cedrela* spp.) and mahogany (*Swietenia macrophylla*) dominated the region. This attracted people from outside the region and resulted in an increased population and improved infrastructure. Because a logging ban was implemented by INRENA in 1996, the town now depends on government institutions like the military base, the municipal and subregional governments, and INRENA for employment. Other sources of work include hunting, fishing, small-scale agriculture, and small commercial enterprises such as restaurants and stores.

Much of the town's economy depends on commercial flights between Angamos and Iquitos, which transport animal skins, meat and ornamental fish to markets in Iquitos approximately eight times per month. A cargo ship brings commercial products from Iquitos roughly once a month, but its arrival is unpredictable and often delayed. Due to the town's remoteness, the prices of basic goods in town are highly inflated (250% during our visit). Nevertheless, all of the residents we spoke with expected the economic situation to improve in the near future, and the majority of them have decided to remain in the town despite current economic hardships.

Matsés communities

The Matsés indigenous peoples, known as the Mayoruna in prior studies, are the original inhabitants of the region. According to Romanoff (1984), the Matsés had sporadic contact with rubber tappers between 1920 and 1930, and before that it is probable that their population was decimated and forced to live in *reducciones* (towns established by Spanish missionaries who arrived with the conquistadors). According to current residents, between 1980 and 1990 many Matsés moved from the community of Buenas Lomas along the Chobayacu River to the Gálvez River in search of improved health care and access to the market in Angamos. The legal titling of the Matsés Native Community, an area of 452,735 ha, occurred in 1993 with the support from the Centro de Desarrollo del Indígena Amazónica (CEDIA, the Center for the Development of the Indigenous Amazonian). At present, the Matsés communities are proposing the creation of a Matsés Communal Reserve adjacent to their titled territory, also with the support of CEDIA.

Today, the Matsés represent 70% of the population of the district of Yaquirana in the department of Loreto. The titled Matsés territory contains more than 2,100 people in 12 communities, as well as two that are in process of becoming established. We visited five communities within 20 km of the limits of the proposed Reserve Zone. Three of these are located within the titled Matsés territory along the banks of the Gálvez River: Paujil (with ~45 people), San José de Añushi (~55), and Jorge Chávez (~40). The two untitled communities we visited are Fray Pedro (~40) and Las Malvinas (~50), both close to Angamos. All these

communities have medical centers, schools, and sidewalks and several have community meeting houses constructed by the regional government.

Life in the Matsés communities is primarily based on small-scale subsistence agriculture, and each family cultivates a small farm plot on a slash-and-burn cycle. People depend on selling game meat in Angamos to buy basic products like kerosene, soap, and salt, and this is done approximately once a week, depending on the distance of the community to Angamos. Economic activities are managed at the household level, not by the community.

All of the Matsés communities we visited are concentrated settlements with extended families living in each household. Community and household structure are dominated by kinship rules, which have been thoroughly addressed in prior research (Fields and Merrifield 1980, Romanoff 1976). The Matsés are organized patrilineally, and many men have more than one wife. Newly married couples live with the bride's or groom's family. Each Matsés community has a leader, and an elected president has jurisdiction over all the titled Matsés land. The communities maintain strong links with each other, also based on kinship.

The Matsés who live near Angamos have strong social ties with the town and visit it for healthcare. For both the Matsés and the residents of Angamos, religion is an important aspect of social life and services are conducted three times a week. Since the time of contact between missionaries from the Summer Institute of Linguistics and the Matsés in 1969 (Vivar 1975), for example, evangelical services are regarded as important community events. In addition, soccer teams and government programs such as *Vaso de Leche* ("Glass of Milk") are important to community members.

Yavarí Mirín sector: three communities, ~214 residents

Between April 8 and 13, the social team visited three *ribereño* communities on the Yavarí Mirín River: Nueva Esperanza, San Felipe and Carolina. All three communities are legally recognized by the government, although they do not hold title to their land (*personería jurídica*). Nueva Esperana is the largest of the three, with 179 residents and approximately 7,500 ha (75 km²) of land, which includes the outskirts occupied by residents' farm plots (Figure 2). San Felipe is home to 18 people and Carolina 17, not including seven policemen who staff a post on the banks of the river.

The area surrounding the Yavarí Mirín River is part of the Matsés ancestral territory, but the current inhabitants are descendents of the Yagua and Cocama peoples. The majority of these communities were established by people who left settlements farther up the Yavarí Mirín River in the 1970s because of their isolation and high incidence of malaria. Today, economic and political isolation, as well as a high mortality rate, continue to be salient concerns for the communities. In Nueva Esperanza, 347 cases of malaria were registered in the 179 inhabitants between 2001 and 2002. Resistance to choloroquine treatment appears to be a problem in the region, and during our stay there were several advanced malaria cases. Malaria incidence is highest during the rainy season (December–April).

The people of the Yavarí Mirín sector practice a subsistence-based lifestyle of hunting, fishing, and small-scale agriculture. Nueva Esperanza's principle subsistence activity is hunting. The local economy is driven by three villagers who purchase the meat and skins of peccaries to sell them in the trinational markets of Peru, Brazil and Colombia, located three days' continuous travel down the Yavarí River in a *peque-peque* (16 hp outboard motor) canoe. Other skins are sold to a man who has a partnership with a buyer in Angamos. Hunting small animals and primates for consumption is generally regarded as wasteful because it does not compensate the cost of shotgun shells. Fishing is generally practiced with hooks, bow and arrow, and spears, though large nets are used to catch larger species of fish, such as *zúngaro* (*Pseudoplatystoma tigrinum*), *doncella* (*Pseudoplatystoma fasciatum*), *paiche* (*Arapaima gigas*) and *gamitana* (*Colossoma macropomum*). These large fish are also sold in the trinational markets. All residents have the right to hunt and fish in the forests, rivers and lakes in the region, but individual fishing and hunting zones are established by informal agreements.

Unlike hunting and fishing, agricultural plots are cultivated primarily for household consumption. We were told that one individual was extracting commercial timber, but community members generally extract wood for the sole purpose of building houses. INRENA is investigating reports of illegal wood extraction along the Pavaico, a tributary of the upper Yavarí Mirín, but we have few details of these reports.

The key economic problem for these communities is the enormous distance they must travel to reach markets, where they may not even sell all of their products. Since their lifestyle is primarily based on subsistence, barter is a standard form of exchange in the communities. For example, pet monkeys, peccaries, achunis, turtles, and wild birds such as parrots, pinshas, trompeteros and other species are commonly traded with other community members or with the occasional visitor in exchange for goods.

All of the communities are nuclear settlements with extended families in the household. Communities interact during sporting events (soccer and volleyball), community anniversaries, and birthdays. Furthermore, communities are bound by commerce and education. For example, the children of San Felipe study in Nueva Esperanza until the end of the school year, at which time they return to their communities.

Carolina and Nueva Esperanza are politically independent. San Felipe's proximity to Nueva Esperanza precludes the need for community authorities. Carolina has a *teniente gobernador* (local government representative) and an *agente municipal* (municipal representative). Because public schools do not operate in this area, some parents are inclined to send their children to study in Pelotão, Brazil. Nueva Esperanza has a government representative, a community president, and a municipal representative, a president of the Asociación del Padre de la Familia (Association of Fathers of Families), a president of the Club de Madres (Mothers' Club), and a president of the local soccer team. Nueva Esperanza also has a medical center, pre-elementary and elementary schools, a radiophone, a church, a government office, a community meeting house and an agrarian office branch.

ASSETS, THREATS AND CONSERVATION TARGETS

Assets

Based on our work in the field, we identified several primary assets in the three sectors: a strong social organization, local practices aligned with conservation efforts, and the desire to improve quality of life in the long-term. Each of these is developed in further detail below.

- **Social organization: The communities maintain a strong community identity and take pride in maintaining their cultural values and practices.**

In the three sectors we visited, residents are choosing to remain in the region to maintain their traditions, customs and kinship networks despite the problems associated with life in an isolated region, including a dearth of commercial activity, weak political representation, and in some cases lack of adequate healthcare and educational services. Through people's links with government institutions and their own informal organizations and social networks, the communities possess capable, effective leadership which maintains strong community organization.

In the Matsés communities and the communities on the Yavarí Mirín, inhabitants possess a great deal of knowledge about their natural surroundings. Furthermore, the Matsés take pride in their history and identity. This pride is manifested in their knowledge of natural resources, which surfaces in the Matsés language. Finally, both young and old utilize Matsés as their first language, and it appears that living closer to Angamos does not lead to a preference for Spanish or a loss of the Matsés language.

- **Subsistence practices that are compatible with the conservation of the ecosystem**

Since the majority of the communities practice a subsistence-based lifestyle, the people depend upon the health of the surrounding ecosystem. Their practices and traditions are completely interconnected with local knowledge systems pertaining to natural resources. For example, people maintain the practice of fishing with bow and arrow, spears, and hooks.

These customs have their roots in cultural values and have a low impact on aquatic life.

Recent studies have suggested a strong link between the maintenance of native languages and the conservation of biodiversity. Knowledge of the ecosystem is preserved in indigenous languages, both in the names of species as well as in myths, legends and taboos. This knowledge includes an intimate familiarity with the diversity of flora and fauna, animal behavior, and the ways in which seasonal variations affect the ecosystem. For these reasons, the maintenance of indigenous languages is an extremely important asset for conservation.

- **Local practices in favor of conservation: Throughout the area people are taking steps to protect the regional flora and fauna.**

Residents of the communities we visited recognize that their actions and those of others can lead to the overexploitation of the region's natural resources, and they are already taking steps to monitor and diversify areas at risk. We identified two specific measures that are conservation targets: the rotation of hunting areas, which allows animal populations to recover after hunting, and the reforestation of agricultural plots with fruit trees.

In the Matsés communities we visited, residents are concerned about the decline in the populations of important game animals. As a result, hunters enforce restrictions in certain areas, leaving the area undisturbed for eight months. This local management plan is implemented by majority vote when community members perceive a decline in local fauna. In Angamos, residents voted to protect a nearby lake due to its abundance of ornamental fish. Nueva Esperanza has taken similar measures to protect local wildlife populations by establishing a local "reserved zone" near the Esperanza stream, where wildlife populations are especially robust. In addition, hunters informed us that they consider the forests that border their agricultural plots as "buffer zones" where hunting is restricted so that animals have space to reproduce.

People prefer to hunt animals that are attracted to the fruit and crops inside their agricultural plots.

In the communities along the Yavarí and Yavarí Mirín rivers, community members cultivate fruit trees, such as papaya (*Carica papaya*), guayaba (*Psidium guajava*), caimito (*Pouteria* spp.) and pijuayo (*Bactris gasipaes*), among others, alongside a diverse array of other crops including corn (*Zea mays*), manioc (*Manihot esculenta*) and banana (*Musa* spp.). This strategy helps reforest agricultural land after the soil no longer supports other crops.

In the Yavarí Mirín sector, local communities are participating in wildlife management research with the Wildlife Conservation Society (WCS) and the Durrell Institute of Ecology and Conservation at the University of Kent, England. These studies provide an opportunity for local people to evaluate and reflect upon their resource use, and serve as a base for future participatory management and conservation partnerships.

■ **Interest in improving quality of life: Local residents are eager to work with outside organizations to manage and conserve their natural resources, with the long-term objective of improving their quality of life.**

Because of their long-term presence in the region and desire to uphold their communities, local residents are natural allies of conservation efforts. They are eager to protect their natural surroundings and maintain their customs over the long-term. Given their concern over the long-term sustainability of these forests, we found the communities eager to work with and receive support from conservation organizations. In the Yavarí and Yavarí Mirín sectors, 88% of residents interviewed stated they would be interested in working together with and creating sustainable management plans with outside groups like conservation organizations.

One opportunity for collaborative conservation work is with the Matsés people, who are very concerned about excessive hunting in their territory. They attribute this to two factors: the low value of agricultural products, such as bananas, manioc, corn and rice, which has forced them to sell more game meat; and a growing demand for game meat in Angamos since the increase in the town's population during the 1990s. Their desire to manage their resources in a sustainable manner represents an opportunity for conservation collaboration and the development of local management plans.

Threats

In community meetings and interviews, regional authorities and local residents listed the following threats to local lifestyle practices:

01 **Medium- and large-scale logging**, which may soon return to the region (see "Threats" in "Overview"). Logging interferes with people's subsistence activities because it restricts their hunting zones, among other impacts. One of the immediate goals of the people of Nueva Esperanza, for example, is to acquire legal title to their land as well as a government-authorized protected area for the region, because they fear that INRENA and the regional government could grant logging concessions in the near future.

02 The **immigration** to the region of outsiders and the arrival with them of agricultural practices that are incompatible with local natural resources. For example, the members of a religious sect, colloquially referred to as the "Israelitas", have settled on the lower Yavarí River, and appear to be expanding their colonist territories.

03 The **irregular provision of basic services** (such as medicines for the health center and education, since schoolteachers sometimes do not arrive when the school year begins) impacts the communities on the Yavarí Mirín and endangers people's ability to organize in defense of their lands and lifestyle. Furthermore, the high incidence of malaria in these communities could cause future migration inside the region, spreading the impact of human settlements on the surrounding forest.

04 In the area surrounding Angamos, **over-hunting** is a problem that may be caused by the depressed value of agricultural products like banana, manioc, corn

and rice, forcing community members to hunt and sell more game meat (see above). Over-hunting could also reflect an increased demand for game meat in Angamos, associated with the increase in population during the 1990s.

To conclude, we found that local residents are actively involved in the management of natural resources and have designed strategies to maintain their lifestyle and quality of life in ways that minimize the degradation of natural resources. Communities maintain contact with government authorities through internal political institutions, and carry out community work and other activities in a collective manner that reinforces community identity. Interviews and community meetings revealed that a prime threat to subsistence practices is the reemergence of medium- and large-scale extractive activities, especially logging and high-impact agriculture practiced by new settlers.

ADDENDUM: VISIT TO THE TAHUAYO REGION

After completing the social assessment in the Yavarí region, two members of the social group (Hilary del Campo and Alaka Wali), visited two communities on the Tahuayo River, within the buffer zone of the Reserva Comunal Tamshiyacu-Tahuayo (RCTT) and the buffer zone of the proposed Reserved Zone. The objective of the two day (April 13–14) visit was to observe the efforts of the Rainforest Conservation Fund (RCF) to both organize the communities to manage their resources and to provide technical assistance in agroforestry projects. Accompanied by David Meyer (president) and Gerardo Bértiz (extension agent) of the RCF and Pablo Puertas of the Wildlife Conservation Society (WCS), we held community meetings, visited and spoke with school children and their teachers, and conversed informally with people in Chino (on the Tahuayo River) and San Pedro (on the Quebrada Blanco). In Chino, we also visited the nearby fields of two community residents to observe the agroforestry project. We also visited a tourist installation, the A&E lodge, located within the bounds of the community of Chino and interviewed the agent.

These two communities and potentially the others in the region involved with the protection of the RCTT represent an important asset to the proposed Reserved Zone for several reasons. First, these communities will be adjacent to the proposed area and a significant part of its buffer zone. Second, these communities have already demonstrated the capacity to organize to protect habitats and wildlife through their successful efforts to create the RCTT, their ongoing vigilance of the RCTT and their participation in the agroforestry projects supported by RCF. Third, these communities have considerable experience participating in the research projects on resource use that are being conducted by scientists associated with the University of Florida, Gainesville, the Wildlife Conservation Society, and the Durrell Institute for Conservation Ecology at the University of Kent. All of these experiences as well as their approach to resource management and protection of the RCTT can provide valuable models for the communities in the Yavarí region.

In addition to these communities, the work of the scientists mentioned above as well as the work of RCF can also be considered assets. The scientific research, conducted in a participatory manner, provides insights into patterns of natural resource use and levels of sustainability. The RCF-supported projects are providing communities with options for sustainable sources of livelihood that may ultimately reduce their dependence on wildlife harvesting.

In the community meetings, we discussed with residents and leaders their perceptions of the current status of their efforts to protect the RCTT and their own habitats. A major concern they expressed was their difficulty in maintaining vigilance and protection on their own. They stated that they felt that the regional authorities were not providing sufficient support and they would like to seek support on a national level. They would like reinforcement for their efforts to control excessive fishing and hunting in the zone. In this, they received support from the administration of the tourist lodge, which also expressed a great interest in having renewed vigilance and protection efforts.

History and Previous Work in the Region

A BRIEF HISTORY OF THE YAVARÍ VALLEY

Authors: Richard Bodmer and Pablo Puertas

The Yavarí River flows through western Amazonia, forming the border between Brazil and Peru. Although sparsely inhabited and rarely visited today, the Yavarí River valley has a long and colorful history, with written accounts of its indigenous inhabitants and natural resources dating back more than 300 years. As on many Amazonian rivers, recorded history along the Yavarí involves conflicts with indigenous people, disease, and a century of natural resource extraction. In the following pages we describe some key points in the history of this fascinating river.

The Yavarí was first described during the expedition of Don Pedro de Texeira, documented by Padre Christopher D'Acuna (1698), in the mid-seventeenth century. Texeira's chief interests were finding El Dorado, "The Lake of Gold," and the "Amazons," a warlike tribe of women that reportedly used men only for their reproductive functions. Fortunately, Padre D'Acuna was a keen naturalist and described the manners of the people and their use of forest products and agriculture in amazing detail. Writing about the Yavarí, he noted the vast natural resources and the abundance of wildlife.

During the 1800s, the Yavarí was described by two major scientific expeditions: a French team led by F. Castelnau (1850–51) and an Austrian team led by Spix and Martius (1823–31). As with D'Acuna, these 19th century explorers noted both the variety of animals and plants of the Yavarí valley and the indigenous tribes there, dominated by the Mayorunas, also known as the Matís (Matsés). F. Castelnau was the first scientist to describe in detail the red uakari monkey (see Figure 1), and reported on the geographic division between the red and white forms. Spix and Martius described in some detail the Mayoruna nation, and its vast expanse through the Yavarí valley. They noted the ferocity of this tribe and reported that Portuguese could not enter the Yavarí River for fear of attacks. The Austrian explorers described how the Mayoruna would hide in the forest as Portuguese canoes ascended the currents, and then attack them with arrows, spears and clubs.

The Mayoruna were one of the major indigenous nations of Loreto. In the map published by A. Raimondi (ca. 1888) one can see that they inhabited the entire Yavarí valley, covering most of northeastern Loreto, from Pebas to Contamana to

Tabatinga. Other groups, including the Ticunas, Chirabos and Marubos, also inhabited the region at the end of the 19th century. The Mayoruna were known for their skills as hunters, not as farmers or fishermen. This is undoubtedly related to the abundant production of large mammals in the Yavarí valley relative to other Amazonian sites (see "Diversity and Abundance of Mammals"). Indeed, the abundance of game mammals in the Yavarí valley still makes it one of the most important areas for wild meat hunting in Loreto (see "Use and Sustainability of Wildlife Hunting in and around the Proposed Yavarí Reserved Zone").

The Yavarí River has played an important part in diplomatic relations between Peru and Brazil (Maúrtua 1907). In 1777, the two colonies signed the treaty of San Ildefonso to settle the border between the Spanish and Portuguese crowns, including the division between Leticia and Tabatinga and the Yavarí River (Public document 1777). But the fear of Brazilian expansion continued, despite the Ildefonso agreement. Francisco Requena, responsible for the frontier region of Loreto during the end of the colonial period, was so concerned about Brazilian expansion across the Yavarí valley and into the Ucayali basin that he established the town of Requena along the Ucayali River as a means of protecting Peruvian territory (Martín Rubio 1991).

In 1866, the Republic of Peru and the Emperor of Brazil agreed on a joint expedition to the unknown regions of the upper Yavarí, both for the enhancement of scientific knowledge and to determine the true limits between the two nations (Raimondi 1874–79). The joint expedition was led by the secretaries of state for both countries, Dr. Manuel Rouaud y Paz-Soldán from Peru, and Dr. João Soares Pinto from Brazil. The expedition ascended the Yavarí in the steamship *Napo* after leaving Tabatinga on the 5th of August 1866. On the 23rd day of the expedition they passed the Curuzao River and five days later passed the mouth of the Yavarí Mirín; from this confluence the river was referred to as the Yaquirana. On the 8th of September, the joint commission reached another division in the river, and as instructed, they followed the larger tributary to determine the international

border. The smaller tributary was named Río Gálvez by Paz-Soldán, in memory of the famous Peruvian officer who lost his life in the war with Chile.

As the river narrowed Paz-Soldán and Pinto eventually had to leave the larger steamship and continue their explorations in canoes. As they ascended the headwaters of the Yaquirana, they frequently noticed signs of indigenous people, whom they called Matapis. On the 10th of October, the commission was attacked by indigenous warriors who hid in the forest and shot arrows at the canoes. The commission retreated to a beach to aid the wounded and rapidly returned downstream. On one of the numerous bends of the river the expedition was attacked again, this time by over 100 indigenous men and women, naked and painted, who rained down arrows on the defenseless expedition. Pinto was killed by three arrows to his chest, and Paz-Soldán escaped in a small canoe, leaving behind the log books, scientific equipment, and food. Four days later, the survivors arrived at the steamship and promptly returned to Tabatinga. Paz-Soldán lost one of his legs from an injury sustained during the attack.

It was not the brilliant gold of El Dorado that brought riches to the Yavarí, as Texeira had hoped, but the "black gold" of smoked rubber (Figure 2D). During the end of the 19th and the start of the 20th century the rubber boom engulfed the region. People from Europe, North America, and the Peruvian Andes immigrated to the Amazon in search of rubber. The Yavarí valley, rich in natural rubber, was a prime target for the newly arrived rubber tappers. The importance of the Yavarí as a source of this newly found treasure resulted in its declaration as a province of Loreto in 1906, with the districts of Caballococha, Yavarí and Yaquirana. The capital of Yavarí was Nazaret (now known as Amelia) and the capital of Yaquirana was Esperanza, a prominent rubber estate on the upper Yavarí (Fuentes 1908).

In 1903 there were 55 rubber estates along the Peruvian side of the Yavarí, with a total of 1,358 *estradas* (trails), and in 1905 the rubber harvest totaled 600,000 kg. The river was booming with activity and fluvial travel. In 1905, 22 steamships and 107 smaller steamboats collected rubber in the Yavarí for delivery to Caballococha and Iquitos (Larrabure y Correa 1905–09).

The indigenous inhabitants of the Yavarí did not fare well during the incursions of rubber tappers. The Mayoruna, once a great nation, were pushed back into the upper reaches of the Yavarí and reduced to small isolated villages. Other tribes experienced a similar fate as the rubber tappers set up their posts and *estradas*.

But life was often equally hard for the rubber tappers. The Yavarí was famous for its terrible, often fatal, fevers. Dr. Pesce described these fevers as malignant and abnormal, likely caused by a strain of "tifo-malaria" (Fuentes 1908). But fevers were not the rubber tappers' only concerns, as conflicts with the indigenous inhabitants continued through the rubber boom. Algot Lange, in his fascinating 1912 book on the Yavarí, describes witnessing a group of warriors from the Yavarí attack 20 Peruvian rubber tappers, killing the lot with blowguns, arrows, spears and clubs, dismembering the bodies, and eating them with their wives and children (Lange 1912).

One of the villages on the Yavarí Mirín, San Felipe, was the base of a small Brazilian rubber baron. He was patron to the rubber tappers of the Yavarí Mirín and supplied them from this outpost. One day a group of warriors attacked and killed everybody in the post, leaving behind all the rubber tappers' goods. Today, one can still find 90 year-old beer bottles, bricks from Pará, medicine bottles imported from New York, and the remains of an iron boat, complete with its rusted engine.

The boom ended by the 1920s, when cheaper rubber from the Malaysian plantations out-competed Amazonian rubber. The decline in the Amazonian rubber business was clearly documented in the Yavarí. In 1905, the commercial export of rubber from the Yavarí was calculated at S/.1,500,000, equivalent to £300,000. Two years later it had declined to S/.143,000, and by 1917 it amounted to only S/. 2,000.

But the exploitation of the Yavarí continued. Timber, rosewood oil, and animal pelts were among the products extracted from the Yavarí valley following the rubber boom, as people continued to look for ways of making it rich from the natural products of this great river.

By the 1940s and 1950s, the population of the Yavarí River was once again booming on both the Peruvian and Brazilian sides. In 1942, the military base of Angamos was created to secure the Peruvian borders after the war with Ecuador. The number of families rose to 710 and in 1978 the civil community of Angamos was formed, with Sr. Francisco Dámaso Portal as its first municipal leader. In 1981, Angamos was formally organized with its first major and in 1984 it received its first presidential visit by Alan García Pérez. Currently, the population of Angamos is at ~1,000 inhabitants, in 300 families.

The Yavarí Mirín saw a similar rise in its population as natural resource extraction expanded. In the 1950s, Joaquín Abenzur Panaifo entered the Yavarí Mirín and constructed an industrial plant for the extraction of rosewood oil. The cement and iron remains of this plant can still be found on the upper Yavarí Mirín. Sr. Abenzur used Petrópolis, at the mouth of the Yavarí, as a base for his timber operations, as it was the mid-point between the Yavarí Mirín and Iquitos. Other people also began to extract natural resources from the Yavarí Mirín, such as Sr. Victoriano López, who hired people to collect timber and rosewood oil from the region.

With increasing conflicts between the indigenous inhabitants and commercial operations, the government of Peru established the military base of Barros in the upper Yavarí Mirín to protect the economic interests. The population of the Yavarí Mirín was booming, with families living on every bend of the river and villages such as Buen Jardin having over 300 inhabitants. It is said that over 1,000 people were living and working along the Yavarí Mirín in the 1960s.

But the problems with the indigenous people continued. The Mayoruna were notorious for kidnapping women from villages and towns, and taking them as wives. We had the privilege to meet one of these women and hear the story of her kidnapping. She had gone to the Yavarí to accompany her young husband, who was working lumber. He would go off into the forest for several days at a time, while she watched their small hut and newborn child. One day, when she went out to feed the chickens, five Mayoruna men descended on her and carried her off into the forest. The men kept her restrained and disoriented, and walked for over a week. When they arrived at the indigenous village, she was kept in the large communal house known as a *maloca*, whose door was guarded day and night. Other kidnapped women were also there. The woman was then "married" to the chief's son, and soon bore children. When her new husband had enough confidence in her, she was allowed to go outside the *maloca*, bathe in the streams and collect vegetables from the gardens. She loved her children, became integrated in the tribe, and soon lost interest in escaping. Some of her fellow kidnapped women, however, were never content to become Mayoruna and kept trying to escape. Eventually, after numerous attempts, they were beaten to death.

One day the missionaries arrived, flying over in their hydroplane and dropping blankets, pots, pans, machetes, beads, and the like. Some time later they landed, and long-bearded men got out of the plane and approached the Mayoruna chief. There was much discussion among the Mayoruna, as to whether they should kill these men or accept them. The latter was decided and the missionaries started their work. The efforts of the military and missionaries eventually stopped the kidnapping, with the last reported cases being in the late 1960s.

Resource extraction in the Yavarí peaked in the 1970s and then began a slow decline. The rosewood oil was exhausted, the professional pelt hunting officially ended in 1973 as Peru entered CITES, and the valuable *Cedrela* timber was becoming scarce close to the rivers. In 1990, when we first started working in the Yavarí Mirín, there were five villages and three timber operations and a population of around 400 inhabitants. The timber operations were finding it increasingly difficult to extract lumber, sometimes taking up to three years to float the timber out of the small upland forest streams. Indeed, the timber operations relied more on income from hunting of wild game meat than they did on timber extraction.

Then, in 1995, a deadly outbreak of cerebral malaria hit the region. One village on the upper Yavarí Mirín, San Francisco de las Mercedes, lost almost half of its inhabitants to the epidemic. Other villages were hit equally hard. The timber companies left the Yavarí Mirín and the villages began to look for governmental support. However, the district capital of Islandia could not provide support to all the communities and advised people that they would only support the largest community of Nueva Esperanza, a *ribereño* village founded in 1971. The Yagua community of San Felipe decided to move their entire village closer to Islandia on the lower Yavarí in order to maintain their traditional society. The village of Buen Jardin broke up and the village of San Francisco de las Mercedes disintegrated and only two families remained.

Today, the Yavarí Mirín is probably at its lowest population levels since the beginning of the rubber boom. At present there are 179 inhabitants in Nueva Esperanza, 18 inhabitants in San Felipe (who moved down from Buen Jardin), 17 inhabitants and seven policemen in Carolina, close to the mouth of the Yavarí Mirín, and five people who remain in San Francisco de las Mercedes, on the upper Yavarí Mirín.

A similar trend in human population decline also occurred on the Brazilian side of the Yavarí. Fifty years ago, José Candido de Melo Carvalho (1955) noted inhabitants along every bend of the Itacoaí, a tributary of the Yavarí, with 77 different houses and settlements. Today, the same river is part of the Javari indigenous reserve and is almost void of settlements. In fact, uncontacted indigenous groups have moved back into the area, now that the *caboclos* have left the region.

The upper Yavarí River is equally desolate. Once, the area between the mouth of the Yavarí Mirín and Angamos was teeming with resource extraction. Large villages were abundant and fluvial navigation was regular, with ships traveling weekly from Iquitos to Angamos. Resources were sold to ships travelling up and down the Yavarí and people had a regular economic income. Today, there are no villages left in this long stretch of the river, and only patches of secondary forest remain. Ships from Iquitos rarely travel up the Yavarí, at most once every three months, and Angamos is supplied by commercial planes rather than fluvial transport.

Since the early 1990s, the villages of the Yavarí Mirín have been involved with participatory conservation activities led by the Wildlife Conservation Society-Peru and the Durrell Institute of Conservation and Ecology (DICE). Local people have taken part in conservation education programs and community-based wildlife management. The communities have a strong sense of conservation responsibility and have shown sincere interest in community-based conservation, including signed agreements demonstrating their intentions.

The Yavarí and Yavarí Mirín rivers have seen a century of resource extraction. The forests, especially those close to the rivers, are not pristine untouched wilderness. They are forests that have been used to supply firewood for steamships, rubber to Iquitos and Manaus, rosewood oil for perfume, jaguar, otter and peccary pelts for North America and Europe, and timber for fine grade furniture. But today, once again, the forests are quiet from the bustle of human activity. The animals are returning to pre-rubber boom numbers and the few people who continue to use the forest resources are doing so more at subsistence than commercial levels.

As we traveled up the Yavarí to meet the helicopter that was bringing the remainder of the rapid inventory team, we could only think about the secrets that this great river holds. As our boats penetrated the misty morning fog, the forests looked as they did 100 years ago, when the first steamships pushed up the Yavarí to collect black gold. The Yavarí feels as if it is lost in time, and has once again returned to its natural splendor.

AN OVERVIEW OF THE TAMSHIYACU-TAHUAYO COMMUNAL RESERVE

Authors: David Meyer and James Penn

For the last twelve years, a large section of the forest inside the limits recently proposed as the Zona Reservada del Yavarí—322,500 ha in the upper Tamshiyacu, Tahuayo, and Yavarí Mirín watersheds—has been managed as a community reserve by the *ribereño* villagers of the upper Tahuayo and Blanco rivers (see map in Figure 2). This area, the Tamshiyacu-Tahuayo Communal Reserve (RCTT), was created in June 1991 by the regional government of Loreto, in response to the combined efforts of local communities and researchers who had been working in the area for more than a decade.

The reserve's creation was prompted by a confluence of biological and socioeconomic factors: the extraordinary biodiversity of the region; the desire of local communities to gain legal title to their lands; increasing incursions of commercial logging and hunting teams from outside the region; and the recognition of local communities that their own hunting and agricultural practices (especially the destructive harvest of *aguaje* [*Mauritia flexuosa*] palms) were putting the region's abundant natural resources at risk. Based on their work with the communities of Esperanza, Chino, and Buena Vista, a group of interested individuals, many involved with the Peruvian Primate Project research in the Quebrada Blanco area, formed a non-governmental organization, the Amazon Conservation Fund (ACF). Together with community leaders and lawyers, ACF succeeded in obtaining legal communal title for the land which the communities occupied, as well as establishing the community-run reserve, in which portions of the reserve were accessible to the communities for managed hunting, logging and other uses, and other portions were strictly protected.

Now one of the largest and best-known community reserves in South America, the RCTT has been community-managed from its inception. The regional government of Loreto has not actively participated in managing or protecting the reserve. Those tasks are carried out by the communities themselves, with assistance from the ACF and the Rainforest Conservation Fund (RCF), a non-governmental organization based in Chicago, USA, that assumed the principal role of funding ACF in 1992. (In 1995 ACF merged its operations with RCF; from this point on in the chapter the organizations will be referred to as RCF.) The Wildlife Conservation Society-Peru (WCS) and the Durrell Institute of Conservation Ecology (DICE) have also provided long-term assistance in the management of the reserve, with a special focus on helping local communities to monitor populations of large, commercially important mammal species, and to devise management plans to keep wildlife harvests sustainable.

Following the declaration of the RCTT, RCF's two broad goals were: to serve as a "watchdog" organization that could help protect the reserve and promote it within Peru and internationally, and to help the local communities defend their interests, meet their economic and cultural needs, and keep outsiders from extracting resources (lumber, fruits, animals, etc.) from the reserve and its buffer zone. RCF hired social workers, many of whom had extensive experience in Iquitos neighborhoods, to begin strengthening relationships with the communities. After helping interested communities evaluate their goals and needs, RCF helped organize and fund a variety of short- and long-term activities, including various agroforestry projects, community management plans to regulate hunting, the formation of "watch groups" to deter outsiders interested in extracting timber, game or other forest products, and projects to provide alternative food sources, including the construction of fish ponds and assistance in raising chickens.

Through legal action, RCF and the RCTT removed large-scale squatters who had illegally taken over thousands of acres of community property for raising cattle. They also obtained governmental support to remove police who were abusing their authority to extract timber and other resources illegally. RCF provided a variety of services to the communities in times of emergency, such as fumigation during malarial outbreaks and motorized river transportation for villagers in medical emergencies.

The agroforestry projects have had an especially positive impact, both on the local economies and organization of these communities and on the long-term prospects for the RCTT. For example, a large percentage of local families have implemented clearing, planting and harvesting practices which have increased production of more than 40 plant species. Many of these are commercially valuable and ecologically important species which would otherwise be extracted from the forest.

Perhaps the most encouraging agroforestry project to date in the communities of the RCTT concerns the *aguaje* palm. The sustainable management of this species was a long-term concern in the Tahuayo and Blanco region that predated the creation of the reserve, since the palms—whose fruits are an important source of food for people and wildlife—were cut down each year by the hundreds, rather than harvested sustainably. Since 1993, the communities and RCF have planted several thousand aguaje palms, which are today beginning to bear fruit. Fruit from these palms, which is highly valued in markets in Iquitos, will be a significant and long-term source of income for the communities. Similar programs are now underway for other economically and ecologically important palms and other plants.

In spite of past and continuing efforts, the RCTT remains threatened by illegal extraction of timber, animals and other resources. Poverty is also a persistent problem which contributes to pressure for both small- and large-scale extraction. The local villagers receive little assistance from the government to prevent aggressive incursions, and RCF's funding is not sufficient to combat the continuing pressures and provide all of the extension work necessary to meet the needs of the communities. Nevertheless, most villagers in the adjacent communities are supportive of the RCTT and recognize the role it plays in maintaining a rich supply of forest resources upon which they depend. They are well aware of the threats to their economic viability and way of life.

RCF strongly supports the proposal to incorporate the RCTT into the national-level protected area proposed for the Yavarí region (see "Recommendations"), if a) community reserve status is maintained for what is now the RCTT; b) rights of the communities are clearly articulated; and c) management includes active participation by a consortium of involved organizations including RCF and WCS. Additional information regarding the RCF and the RCTT is available at the website <www.rainforestconservation.org>.

USE AND SUSTAINABILITY OF WILDLIFE HUNTING IN AND AROUND THE PROPOSED YAVARÍ RESERVED ZONE

Participants/Authors: Richard Bodmer, Pablo Puertas and Miguel Antúnez

IMPORTANT CONSERVATION ISSUES

01 Economic arguments should be a key reason for the creation of a new protected area in the Yavarí Mirín valley.

02 Game meat use from the headwaters of the Orosa, Maniti, Tamshiyacu, Tahuayo, Yarapa, Gálvez and Yaquirana rivers in the Yavarí valley is an important subsistence and economic activity for the rural populations of about 25% of the department of Loreto.

03 Game meat extracted from these headwaters in the Yavarí valley supplies many rural communities with an important source of protein, and economic income through the legal sale of game meat in the towns of Islandia, Angamos, Caballococha, Tamshiyacu, Pebas, San Pablo, Nauta, Santa Rosa and Requena.

04 Previous studies have shown that the illegal sale of game meat in Iquitos only accounts for around 6% of the total number of animals hunted in Loreto, and it is the use of game meat in the rural communities and towns that is of major economic importance.

05 The proposed Yavarí Reserved Zone is a major source area for animals hunted in the headwaters of the Orosa, Maniti, Tamshiyacu, Tahuayo, Yarapa, Gálvez and Yaquirana rivers (Figure 8). To guarantee the long-term benefits of wildlife use for rural people in the greater Yavarí valley of Loreto, this source area must be protected.

06 The sustainability of wildlife use in the headwater regions and within the Yavarí Mirín valley must be understood to determine the relationships between animal populations, hunting, and the economics of wildlife use.

INTRODUCTION

The long-term conservation of the Amazon will require a combination of landscape strategies that balance the socio-economic needs of rural and urban populations with the conservation of biodiversity. Protected areas play an important role in biodiversity conservation. However, throughout Amazonia there are numerous examples where the rural population is in conflict with protected area management, because the needs of local people are not considered appropriately within protected area management. In contrast, there are also many cases where the protected areas are managed in a way that incorporates both the needs of rural people and the biological requirements of biodiversity (Bodmer 2000). Sustainable use is key in finding conservation solutions that not only incorporate rural people in conservation, but have rural communities actually promoting conservation initiatives (Freese 1997).

One of the important resources that rural people use from Amazonian forests is wildlife meat (Robinson and Bodmer 1999). Interestingly, hunting of wildlife in and around protected areas can either be full of conflicts, or on the other hand quite harmonious. For example, rural people who live in the vast expanses of western Amazonia naturally recognize the value of setting aside non-hunted areas, because they understand that these areas will help guarantee the long-term use of their wildlife resources. Protected areas that set aside non-hunted areas to benefit the long-term wildlife use of rural people will have the full support of the local people and will promote more harmonious conservation strategies between the protected area and the rural communities. These non-hunted areas effectively preserve the entire complement of biodiversity, but are more sustainable in the long term than areas set aside chiefly to preserve biodiversity.

Meat obtained from wildlife, especially large-bodied mammals, is an important resource for rural people in the Peruvian Amazon. Around 113,000 mammals are estimated to be hunted annually in the department of Loreto, with an annual value for the rural population of around US$1,132,000 (Bodmer and Pezo

2001). The majority of wildlife meat, 94%, is used legally in the rural villages and towns of Loreto, and only 6% is sold illegally in the city of Iquitos.

The socio-economic importance of wildlife meat for subsistence and financial income is unquestionable. However, the long-term benefits that people gain from wildlife meat will only be realized if hunting is maintained at sustainable levels. In rural Loreto this is particularly important, since economic alternatives are limited. If wildlife hunting is unsustainable, the consequences will be significant for the rural economy. Thus, to maintain the long-term benefits of wildlife meat it is necessary to set up management systems that ensure sustainable use throughout most of Loreto.

Source-sink management systems are important landuse strategies that help secure the long-term sustainable use of wildlife (McCullough 1996). Source areas are non-hunted or slightly hunted areas that have a surplus of wildlife production. Sink areas are places where wildlife is hunted more intensively. In turn, source areas help maintain viable wildlife populations in sink areas (Figure 8).

The Yavarí valley is a major area of wildlife production for rural Loreto. Large quantities of wildlife meat are extracted annually from the Orosa, Maniti, Tamshiyacu, Tahuayo, Yarapa, Gálvez and Yaquirana rivers. Approximately 25% of the wildlife hunted in Loreto is estimated to come from these headwater rivers (Verdi, pers. comm.). Wildlife meat obtained from these rivers is used in the rural villages and in the towns of Islandia, Angamos, Caballococha, Tamshiyacu, Pebas, San Pablo, Nauta, Santa Rosa, and Requena. Some of the wildlife meat obtained from these headwater rivers is also sold in the markets of Iquitos.

The Yavarí Mirín valley is an important source area for the headwater rivers. The sustainability of wildlife hunting in the Orosa, Maniti, Tamshiyacu, Tahuayo, Yarapa, Gálvez and Yaquirana rivers will depend on the maintenance of the Yavarí Mirín source area. Thus, for the socio-economics of rural Loreto it is imperative that the Yavarí Mirín valley is set aside as a protected area with non-hunted and slightly hunted zones that act as wildlife sources for the headwater rivers outside the proposed protected area.

This chapter will analyze the use, economics and sustainability of wildlife hunting within the Yavarí Mirín valley, and a representative site within the adjacent headwater river region, the Quebrada Blanco of the Tahuayo river. This analysis will evaluate the importance of the Yavarí Mirín valley as a source area for the headwater rivers and help guide management recommendations for the proposed protected area. The analysis will also allow us better to understand the relationships between animal populations, hunting, sustainability and economics in the Greater Yavarí valley.

METHODS

Analysis of sustainability of hunting requires data on hunting pressure, catch-per-unit-effort, animal densities in hunted and non-hunted areas, and reproductive rates of species in hunted sites. These data have been collected in the Yavarí Mirín and Quebrada Blanco for over a decade.

We collected hunting pressure data in the Yavarí Mirín and Quebrada Blanco by involving hunters in the study, through community meetings, educational presentations, and informal interviews. This participatory approach has several advantages over non-participatory methods: 1) it permits researchers to collect direct information on hunting pressure; 2) it allows researchers and hunters to work together and understand each other's needs; 3) it sets the stage for local involvement in future management of wildlife resources; 4) it teaches hunters how to collect data so that in the future they will be directly involved with analysing the sustainability of their own hunting; and 5) hunters can easily collect animal parts such as skulls and reproductive tracts. The participatory approach was instrumental in getting hunters thinking about wildlife management and for them to learn about hunting registers (Bodmer and Puertas 2000).

In the Yavarí Mirín valley and the Quebrada Blanco the participatory hunting studies have been used to collect data on hunting pressure, catch-per-unit-effort, catchment area, age structure from skulls, and reproductive tracts of female animals that were harvested. This one method allows many types of data to be collected, while at the same time involving hunters in the initiation of management and the analysis of data. It is for those reasons that this method becomes so vital in evaluating the sustainability of hunting and initiating management practices to convert unsustainable hunting to more sustainable hunting.

In the Yavarí Mirín valley and the Quebrada Blanco, we collected catch-per-unit-effort data using hunting registers (Puertas 1999). Hunters recorded the number, species, and sex of animals they hunted in written registers that the community wildlife inspector administered. The village designated one or two wildlife inspectors responsible for coordinating the community wildlife efforts, including vigilance patrols and hunting registers.

The one type of data that usually requires non-participatory approaches is estimating animal density. While some projects have involved hunters in censuses, many hunters find that the extra work involved in collecting census data is an additional task that cannot be assimilated easily into their lives. Local hunters are often employed as assistants in censuses, but this is more of paid service than local participation.

Sustainability models were used to evaluate the impact of hunting and the potential for the Yavarí Mirín valley as a source area for the headwater rivers. These models include catch-per-unit-effort analysis, harvest models, and unified harvest models.

RESULTS

Use and economic importance of wildlife hunting
The economic importance of wildlife derives mostly from larger mammal species in both the Yavarí Mirín and in the Quebrada Blanco.

Hunting pressure in the Quebrada Blanco is almost 500% greater than hunting pressure in the Yavarí Mirín, in terms of individual mammals hunted.

In the Yavarí Mirín the most frequently hunted mammals are the white-lipped peccary, collared peccary, and to a lesser extent, the lowland tapir and red brocket

deer. All of the other species, including large primate, large rodent, edentate, marsupial, and carnivore species are rarely hunted in the Yavarí Mirín (Table 2).

The most frequently hunted mammals in the Quebrada Blanco are the paca, white-lipped peccary, collared peccary, agouti, titi monkey, red brocket deer, woolly monkey and saki monkey. In contrast to the Yavarí Mirín, hunters in the Quebrada Blanco frequently hunt large primate, large rodent, edentate, marsupial, and carnivore species. Indeed, the number of species hunted in the Quebrada Blanco is considerably greater than that in the Yavarí Mirín.

The economic value of wildlife hunting, in terms of both subsistence and financial values, is almost 300% greater in the Quebrada Blanco than in the Yavarí Mirín. In the Quebrada Blanco the estimated economic value of wildlife hunting is around US$5,000 per 100 km^2 of catchment area per year, whereas the economic value in the Yavarí Mirín is around US$1,600 per 100 km^2 of catchment area per year.

Catch-per-unit-effort analysis
We used hunting registers to obtain hunting offtakes and effort (time spent hunting), to develop catch-per-unit-effort (CPUE) relationships in the Yavarí Mirín and Quebrada Blanco. CPUE reflects the relative abundance of species, since areas where animals are more abundant are easier to hunt and have higher CPUE than areas that have fewer animals. CPUE can also be used to assess the relative sustainability of hunting between sites. Areas with higher CPUE are deemed more sustainable than those with lower CPUE. However, CPUE only works for species that are preferred by hunters. Non-preferred species will always have low CPUE, irrespective of their densities (Puertas 1999).

The Yavarí Mirín region has much greater CPUE of preferred species than the Quebrada Blanco region (Table 3). This is especially true for white-lipped and collared peccaries, which are the preferred species on the Yavarí Mirín. These results suggest that hunting in the Yavarí Mirín region is considerably more sustainable than hunting in the Quebrada Blanco region.

Table 2. Number of mammals hunted in the Quebrada Blanco and Yavarí Mirín.
Values are in individuals hunted per 100 km^2 per year.

Latin Names	Common Names	Quebrada Blanco	Yavarí Mirín
Artiodactyls			
Tayassu pecari	white-lipped peccary	33.2	20.8
Tayassu tajacu	collared peccary	33	12.8
Mazama americana	red brocket deer	12	2.4
Mazama gouazoubira	grey brocket deer	5.6	0
Perissodactyls			
Tapirus terrestris	lowland tapir	7.6	2.4
Primates			
Callicebus cupreus	titi monkey	15.2	0.1
Cebus albifrons	white capuchin	4	0
Cebus apella	brown capuchin	9.2	0.6
Alouatta seniculus	howler monkey	4.4	1.5
Lagothrix lagothricha	woolly monkey	11.6	6.4
Ateles paniscus	spider monkey	1.6	1
Pithecia monachus	saki monkey	11.4	0.4
Cacajao calvus	uakari monkey	4.6	1.6
Saimiri spp.	squirrel monkey	1.8	0.4
Aotus nancymae	night monkey	0.8	0
Saguinus spp.	tamarin	2.2	0
Rodents			
Coendou bicolor	bicolored porcupine	1.6	0
Hydrochaeris hydrochaeris	capybara	2	0.4
Agouti paca	paca	34.8	0.6
Myoprocta pratti	acouchy	2.6	0
Dasyprocta fuliginosa	agouti	19.4	0.6
Sciurus spp.	Amazon squirrel	3	0
Marsupials and edentates			
Didelphidae	opossums	5	0
Dasypus novemcinctus	armadillo	3.8	0
Bradypus variegatus	three-toed sloth	0.8	0
Myrmecophaga tridactyla	giant anteater	1	0
Priodontes maximus	giant armadillo	0.2	0
Tamandua tetradactyla	collared anteater	3.4	0
Carnivores			
Canidae	dogs	0.4	0
Felis spp.	ocelot/margay	5	0.4
Potos flavus	kinkajou	0.8	0
Panthera onca	jaguar	0	0.1
Puma concolor	puma	0.6	0.1
Eira barbara	tayra	2.8	0
Nasua nasua	coati	9.8	1.1
Lutra longicaudis	southern river otter	0.2	0
TOTAL		**255.4**	**53.7**

Table 3. Results of catch-per-unit-effort analysis of species commonly hunted in the Quebrada Blanco and Yavarí Mirín. Units are in number of individuals hunted per 100 man-days. The abbreviation "np" denotes "not preferred" and indicates species that are not appropriate for CPUE analysis.

Species		
	Quebrada Blanco	Yavarí Mirín
White-lipped peccary	11.3	64.6
Collared peccary	7.7	23.4
Red brocket deer	2.3	5.1
Lowland tapir	0.7	8.2
Agouti	1.1	np
Paca	17	np
Woolly monkey	0.5	7
Saki monkey	0.5	np
Brown capuchin	0.2	np
White capuchin	0.2	np
Total for all hunted species	46	122

Harvest model

The impact of hunting can be evaluated using the harvest model, which examines the relationship between production and harvest. This model evaluates the sustainability of hunting by comparing the actual production at the population size being harvested. The harvest can then be compared to production to obtain a measure of the percent of production harvested, and whether this percent is within sustainable limits.

The harvest model uses production estimates that are derived from reproductive productivity and population density. We determined reproductive productivity from data on reproductive activity of females, along with information on litter size and gross reproductive productivity (the number of young per number of females examined). We determined population density from field censuses of wildlife species. We then multiplied animal densities by reproductive productivity to yield an estimate of production, measured as individuals produced per km², as:

$$P= (0.5D)(Y*g),$$

where Y is the number of young recorded per female (or as gross production, which is the total number of young per total number of females), g is the average number of gestations per year, and D is the population density (discounted by 50% under the assumption that the population sex ratio is 1:1).

Whether the population is being overhunted can then be determined by comparing harvest with production. The percentage of production that can be harvested sustainably is estimated using the average lifespan of a species, which can be used as an index of the number of animals that would have died in the absence of human hunting (Robinson and Redford 1991). These estimates suggest that hunters can take 60% of the production of very short-lived animals (those whose age of last reproduction is less than five years), 40% of the production of short-lived animals (those whose age of last reproduction is between five and ten years), and 20% of the production of long-lived animals (those whose age of last reproduction is greater than ten years).

In the Yavarí Mirín the results from the harvest model suggest that all of the species hunted were within sustainable levels, including the lowland tapir. The peccaries and deer were hunted well within sustainable limits, with a small fraction of their production being harvested. The lowland tapir was closer to the sustainable limits, with 16% of their production being harvested in the catchment area (Table 4).

Table 4. Results of the harvest model analysis for Quebrada Blanco and Yavarí Mirín. Units are in percent of production hunted.

Species	% of production hunted	
	Quebrada Blanco	Yavari Mirín
White-lipped peccary	11	3.5
Collared peccary	31	7.8
Red brocket deer	38	5
Lowland tapir	140	16
Agouti	8	0.3
Brown capuchin	21	0.5
White capuchin	15	0
Woolly monkey	28	6
Saki monkey	16	1.1

In contrast, in the Quebrada Blanco the peccaries and deer were much closer to sustainable limits. The lowland tapir and many of the primates were being harvested above sustainable limits and are clearly overhunted in the catchment area (Table 4).

Unified harvest model

The unified harvest model combines the percent of production of a harvested population with its position relative to maximum sustainable yield (MSY) to give both a measure of the current sustainability and the long-term riskiness of the harvest. This can be very useful, since it can all be represented by a single line, which indicates both the percent of production harvested in relation to the sustainable yield (SY) line and relative to the species' MSY.

The unified harvest model uses a modified population growth curve, where the horizontal axis is the population size from extirpation (0) to carrying capacity (K) and the vertical axis is the sustainable limit of exploitation expressed as SY (Caughley 1997). The SY mirrors the growth of the population, dN/dt, and has a maximum point of growth or a maximum sustainable yield (MSY). The SY line is in fact the 20%, 40%, or 60% limits of the percent of production that can be harvested.

The unified harvest model also analyzes the riskiness of the harvests in terms of the potential for long-term sustainability by incorporating a stock-recruitment analysis. This is done by determining the proximity of the current harvest to carrying capacity (K) and to the MSY. A safe harvest is one that occurs to the right of the MSY point. MSY is species-specific and is predicted to be at 50% for very short-lived species, 60% for short-lived species and 80% for long-lived species. The unified harvest model can be used to evaluate whether a harvest level is risky or safe depending on the population size relative to the predicted MSY.

The unified harvest model is a practical way to evaluate the sustainability of hunting. The information that needs to be collected for the unified harvest model is hunting pressure, reproductive productivity, and density at hunted and non-hunted sites. The density at hunted sites is used to calculate the species proximity to MSY and as an important variable in estimating production. The density in non-hunted sites is used to estimate the K and in turn the MSY. We used data on reproduction, such as gross productivity, to calculate production, and harvest pressure to calculate the percent of production harvested.

In the Yavarí Mirín site, the species with greater than 2% of production harvested were analyzed. The white-lipped peccary, red brocket deer, lowland tapir, and woolly monkey were all harvested at sustainable levels, both in terms of their current harvests and potential for long-term sustainability (see figures in Appendix 8). The collared peccary was the only species that had a population density less than its MSY. In terms of long-term sustainability, the collared peccary densities should be allowed to increase in the catchment area of the Yavarí Mirín. However, the percent of production harvested was well within sustainable limits with only 7.8 percent of production being harvested. It could be that habitat differences are responsible for the variance in density of collared peccaries between the hunted and non-hunted sites and that this is confounding the results. Further studies are needed to determine the actual long-term sustainability of collared peccary in the catchment area of the Yavarí Mirín.

In the Quebrada Blanco site, only collared peccary, red brocket deer and agouti were hunted sustainably in terms of both current harvests and potential for long term sustainability. White-lipped peccary, white-capuchin, and saki monkey were hunted sustainably in terms of their percent of production harvested; however, their base populations should be increased above the predicted MSY for long-term sustainability. Lowland tapir, woolly monkey, and brown capuchin were all hunted unsustainably, both in terms of the production harvested and for long-term sustainability (see figures in Appendix 8).

Overall, the unified harvest model clearly shows that the hunting in the Yavarí Mirín site is much more sustainable than the hunting in the Quebrada Blanco site. The overhunting in Quebrada Blanco is particularly evident with slow reproducing species such as the lowland tapir and large primates, and agrees with previous analyses on the vulnerability of mammals to overhunting in Amazonia (Bodmer et al. 1997a).

Source-sink analysis

If animals are overhunted in sink areas adjacent to sources, the larger source-sink area might be sustainably used, since animals from the source area can replenish the sink area. Source areas should be incorporated into sustainable hunting strategies as a way to guarantee long-term sustainable hunting (Novaro et al. 2000). Sink areas that are sustainably used should be adjacent to source areas that can replenish animals as populations go through fluctuations and for periods become overhunted. Source areas should not be used to sustain overhunting.

The harvest model can incorporate source and sink areas by estimating the percent of production harvested and the riskiness of harvests in heavily hunted sinks, slightly hunted sources and non-hunted sources. In non-hunted sources the percent of production harvested is zero. It is then possible to combine source and sink areas to get an approximation of the percent of production harvested and the riskiness of the harvest throughout the entire source-sink area.

The Yavarí Mirín and Quebrada Blanco sites demonstrate how source-sink analysis can incorporate the harvest model. The Quebrada Blanco site is a persistently hunted area of 1,700 km², and the Yavarí Mirín site can be divided into two hunting zones: 1) a slightly hunted area totalling 4,000 km², and 2) a non-hunted area totalling 5,300 km². The non-hunted and slightly hunted areas are potential source populations for the persistently hunted area. We estimated the size of hunting zones from data on harvests and catchment area.

We examined the effectiveness of the source-sink strategy for lowland tapir, peccary and deer populations. The harvest model showed that in the persistently hunted Quebrada Blanco site 140% of lowland tapir production was hunted, and the harvest was risky. This is clearly a sink area for lowland tapir. The slightly hunted site had an estimated 16% of lowland tapir production hunted, which is below the 20% limit, and the hunting was deemed safe. Thus, the slightly hunted Yavarí Mirín site can be

considered part of the source area. The non-hunted site had 0% of production hunted, and the slightly hunted plus non-hunted site together made up the aggregate source area. Hunters were taking an estimated 8% of the lowland tapir production from this aggregate source area, which is within sustainable levels. Within the entire source-sink area including the persistently hunted, slightly hunted and non-hunted sites hunters were taking an estimated 18% of lowland tapir production. This suggests that hunting of lowland tapir in the entire source-sink area appears to be sustainable and the sustainability of hunting in the persistently hunted area depends largely on immigration (or replenishment) from adjoining source areas. However, overhunting of tapir in the persistently hunted area should be remedied and regional sustainability should not rely solely on the source areas.

Currently, there is some limited information on lowland tapir moving between the hunting zones. First, the continued persistence of tapir in the Quebrada Blanco site suggests that recruitment by immigration from the source area is important. Second, tapir populations in the Quebrada Blanco site are considerably younger than tapir populations in the slightly hunted area, which suggests that younger animals are moving from the source to the sink.

The effectiveness of the source-sink strategy was also examined with peccary and deer populations (Table 5). The risky hunting levels of white-lipped peccary harvests in the Quebrada Blanco, and the proximity of collared peccary and brocket deer harvests to the sustainable limits, suggest that these animals

Table 5. Results of the harvest model for ungulates in source and sink areas in and around the proposed Yavarí Reserved Zone. Sink areas are adjacent to the Yavarí valley, such as the Quebrada Blanco, and source areas are in the Yavarí Mirín.

Species	% of production harvested		
	Sink	Source	Sink and Source
Lowland tapir	140.0	8.0	18.0
Collared peccary	31.0	3.3	6.0
White-lipped peccary	11.0	1.5	2.3
Red brocket deer	38.0	2.1	9.0

might be at risk of overhunting during some years. However, if a management strategy includes the slightly hunted and non-hunted source areas, this strategy is less risky, because source areas could replenish overhunting of the persistently hunted populations if necessary.

DISCUSSION

Economic arguments for establishing a new protected area in the Yavarí Mirín area are essential for the region of Loreto. New protected areas should be considered in light of the economic realities of the region. The economic benefits of the proposed Reserved Zone are clear in terms of the long-term sustainability of wildlife use in the Greater Yavarí valley and the importance of the proposed protected area as a source that allows for more sustainable use.

The economic consequences of *not* protecting the Yavarí Mirín valley are also clear. The economic value provided through sustainable use will disappear, and overhunting in many headwater rivers will not be compensated for by production of a source area. The department of Loreto will lose about 25% of its current benefits from wildlife use. Rural people will need to find other, often more destructive, uses of the forest to maintain their subsistence and livelihoods.

Sustainable use of wildlife is a strong argument for biodiversity conservation. If rural people appreciate the benefits provided through the sustainable use of wildlife, then they will want to maintain wildlife habitats in order not to lose those benefits. This has been shown repeatedly throughout tropical regions of the world (Freese 1997). If people conserve wildlife habitats then they also conserve the entire complement of biodiversity of those habitats.

The results of this chapter show that the Yavarí Mirín valley is acting as a source area for the many rivers whose headwaters are contiguous to it (Figure 8). The wildlife production of the Yavarí Mirín valley is buffering overhunting, or potential overhunting, in adjacent areas. Protecting the Yavarí Mirín valley would agree with the current wildlife use practices of the people living in the Orosa, Maniti, Tamshiyacu, Tahuayo, Yarapa, Gálvez and Yaquirana rivers. With appropriate management, these communities and others in the region will clearly see the economic benefits of protecting the Yavarí Mirín valley for the long term and will support conservation efforts.

Lowland tapir is one species that requires further conservation and management actions with regard to hunting. The species is particularly vulnerable to overhunting, because of its large body size and slow reproduction. Hunters will usually take lowland tapirs they encounter, since the large body size provides a significant amount of meat. Unfortunately, the slow reproductive rates of lowland tapir make them very vulnerable to overhunting and their populations rapidly decline under persistent hunting pressure. One important management recommendation is the reduction of lowland tapir hunting in the headwater rivers outside the proposed protected area.

Whilst the large primates are equally vulnerable to overhunting as the lowland tapir, in terms of their slow reproductive rates, they are easier to manage because of their smaller body size. Hunters are more willing to reduce hunting of large primates, since they do not provide as much meat and are not nearly as economically important as the lowland tapir. Indeed, community-based programs in the Reserva Comunal Tamshiyacu-Tahuayo have resulted in a significant decrease in primate hunting (Bodmer and Puertas 2000).

Apéndices/Appendices

Plantas/Plants

Plantas vasculares registradas en los bosques peruanos del río Yavarí, entre el poblado de Angamos y la desembocadura del río Yavarí Mirín, durante el inventario biológico rápido entre el 25 de marzo y el 13 de abril de 2003. Compilación por R. Foster. Miembros del equipo botánico: R. Foster, H. Beltrán, R. García, C. Vriesendorp, N. Pitman y M. Ahuite. Se agradece la ayuda de R. García, G. Cárdenas y H. Tuomisto en la identificación de muestras en el herbario. La información presentada aquí se irá actualizando y estará disponible en la página Web en *www.fieldmuseum.org/rbi*.

PLANTAS / PLANTS

Familia/Family	Género/Genus	Especie/Species	Forma de Vida/Habit	Fuente/Source
Acanthaceae	*Fittonia*	*albivenis*	H	HB5710
Acanthaceae	*Justicia*	(3 unidentified spp.)	H	HB5429/5475/5500
Acanthaceae	*Mendoncia*	(1 unidentified sp.)	V	RF
Acanthaceae	*Ruellia*	(1 unidentified sp.)	H	HB5708
Acanthaceae	*Sanchezia*	(1 unidentified sp.)	S	HB5763
Amaranthaceae	*Chamissoa*	*altissima*	V	HB5628
Amaranthaceae	*Cyathula*	(1 unidentified sp.)	H	RF
Amaryllidaceae	*Eucharis*	(1 unidentified sp.)	H	HB5341
Anacardiaceae	*Anacardium*	*giganteum*	T	NP8510
Anacardiaceae	*Anacardium*	(1 unidentified sp.)	T	NP8809
Anacardiaceae	*Astronium*	*graveolens*	T	RF
Anacardiaceae	*Astronium*	(1 unidentified sp.)	T	RF
Anacardiaceae	*Spondias*	*venosa*	T	RF
Anacardiaceae	*Tapirira*	*guianensis*	T	NP8278/8635/8742, RG1833
Anacardiaceae	*Tapirira*	*myriantha* cf.	T	NP8277/8288/8292/8415
Anacardiaceae	*Thyrsodium*	(1 unidentified sp.)	T	NP8325/8678
Anisophylleaceae	*Anisophyllea*	*guianensis*	T	RG1772
Annonaceae	*Annona*	*hypoglauca*	T/S	RF
Annonaceae	*Annona*	(3 unidentified spp.)	T	NP8770, RF
Annonaceae	*Cremastosperma*	*cauliflorum*	T	NP8801
Annonaceae	*Cremastosperma*	(1 unidentified sp.)	S	NP8894
Annonaceae	*Cymbopetalum*	*odoratissimum*	T	HB5555
Annonaceae	*Cymbopetalum*	(1 unidentified sp.)	S	HB5411
Annonaceae	*Diclinanona*	*tessmannii*	T	NP8548, RG1825
Annonaceae	*Duguetia*	*macrophylla*	T	HB5721
Annonaceae	*Duguetia*	*quitarensis* cf.	T	RF
Annonaceae	*Duguetia*	*spixiana*	T	NP8789
Annonaceae	*Duguetia*	(3 unidentified spp.)	T	HB5771, NP8663/8605
Annonaceae	*Guatteria*	*decurrens*	T	NP8629
Annonaceae	*Guatteria*	*elata*	T	NP8548
Annonaceae	*Guatteria*	*hyposericea*	T	NP8239/8362
Annonaceae	*Guatteria*	*multivenia* cf.	T	NP8910
Annonaceae	*Guatteria*	*stipitata* cf.	T	NP8679
Annonaceae	*Guatteria*	(6 unidentified spp.)	T	NP8752/8628/9054, RF
Annonaceae	*Oxandra*	*mediocris*	T	RF
Annonaceae	*Oxandra*	*riedeliana*	T	NP8709
Annonaceae	*Oxandra*	*xylopioides*	T	NP8318
Annonaceae	*Rollinia*	*edulis*	T	NP8226
Annonaceae	*Rollinia*	*pittieri* cf.	T	NP8763

Vascular plants recorded in the forests on the Peruvian side of the Yavarí River, between the town of Angamos and the mouth of the Yavarí Mirín River, in a rapid biological inventory from 25 March to 13 April 2003. Compiled by R. Foster. Rapid biological inventory botany team members: R. Foster, H. Beltrán, R. García, C. Vriesendorp, N. Pitman and M. Ahuite. We are grateful to R. García, G. Cárdenas, and H. Tuomisto for identifying herbarium specimens following the inventory. Updated information will be posted at *www.fieldmuseum.org/rbi*.

PLANTAS / PLANTS

Familia/Family	Género/Genus	Especie/Species	Forma de Vida/Habit	Fuente/Source
Annonaceae	*Ruizodendron*	*ovale*	T	NP8812
Annonaceae	*Tetrameranthus*	*laomae* cf.	T	RG1807
Annonaceae	*Trigynaea*	*duckei*	T/S	HB5385
Annonaceae	*Unonopsis*	*floribunda*	T	NP8719/8823/8896
Annonaceae	*Unonopsis*	(3 unidentified spp.)	T	HB5488, RF
Annonaceae	*Xylopia*	*cuspidata*	T/S	RF
Annonaceae	*Xylopia*	*ligustrifolia*	T	RF
Annonaceae	*Xylopia*	*multiflora*	T	NP8762
Annonaceae	*Xylopia*	*sericea* cf.	T	NP8576
Annonaceae	*Xylopia*	(2 unidentified spp.)	T	NP8402/8870/8724
Annonaceae	(9 unidentified spp.)		T/S	HB, NP, RG, RF
Apocynaceae	*Aspidosperma*	(5 unidentified spp.)	T	NP8416/8941/8617/8744, RF
Apocynaceae	*Couma*	*macrocarpa*	T	NP8323
Apocynaceae	*Forsteronia*	(2 unidentified spp.)	V	RF
Apocynaceae	*Himatanthus*	*bracteatus* cf.	T	NP8688/9058
Apocynaceae	*Himatanthus*	*sucuuba*	T	RF
Apocynaceae	*Lacmellea*	*floribunda* cf.	T	NP8559
Apocynaceae	*Malouetia*	*tamaquarina*	T	NP8916
Apocynaceae	*Mesechites*	*trifida* cf.	V	RF
Apocynaceae	*Parahancornia*	*peruviana* cf.	T	NP8233
Apocynaceae	*Rauvolfia*	*sprucei*	T/S	RF
Apocynaceae	*Tabernaemontana*	*sananho*	T/S	RF
Apocynaceae	*Tabernaemontana*	*siphilitica*	S	RF
Apocynaceae	*Tabernaemontana*	*undulata*	S	RF
Apocynaceae	*Tabernaemontana*	(1 unidentified sp.)	T	RF
Apocynaceae	(2 unidentified spp.)		V	RF
Aquifoliaceae	*Ilex*	(2 unidentified spp.)	T	NP8925, RG1780
Araceae	*Anthurium*	*brevipedunculatum*	E	RF
Araceae	*Anthurium*	*clavigerum*	E	RF
Araceae	*Anthurium*	*eminens*	E	HB5677
Araceae	*Anthurium*	*gracile*	E	RF
Araceae	*Anthurium*	*kunthii*	E	HB5441

LEYENDA/
LEGEND

Forma de Vida/Habit

E = Epífita/Epiphyte
H = Hierba terrestre/ Terrestrial herb
S = Arbusto/Shrub
T = Árbol/Tree
V = Trepadora/Climber

Fuente/Source

HB = Colecciones de Hamilton Beltrán/ Hamilton Beltrán collections
NP = Colecciones de Nigel Pitman/ Nigel Pitman collections
RF = Fotos u observaciones de campo de Robin Foster/Robin Foster photographs or field identifications

RG = Colecciones u observaciones de campo de Roosevelt García/ Roosevelt García collections or field identifications

PLANTAS/PLANTS				
Familia/Family	Género/Genus	Especie/Species	Forma de Vida/Habit	Fuente/Source
Araceae	*Anthurium*	*oxycarpum*	E	HB5377
Araceae	*Anthurium*	(8 unidentified spp.)	E	HB5557/5600/5588, RF
Araceae	*Caladium*	*smaragdinum*	H	RF
Araceae	*Dieffenbachia*	(3 unidentified spp.)	H	RF
Araceae	*Dracontium*	(2 unidentified spp.)	H	HB5612/5453
Araceae	*Heteropsis*	*flexuosa*	E	HB5739/5375
Araceae	*Heteropsis*	*spruceana*	E	HB5540/5300
Araceae	*Heteropsis*	(1 unidentified sp.)	E	RF
Araceae	*Homalomena*	(1 unidentified sp.)	H	RF
Araceae	*Monstera*	*dilacerata*	E	RF
Araceae	*Monstera*	*lechleriana*	E	RF
Araceae	*Monstera*	*obliqua*	E	HB5491
Araceae	*Monstera*	*spruceana*	E	HB5415
Araceae	*Philodendron*	*asplundii*	E	RF
Araceae	*Philodendron*	*campii*	E	RF
Araceae	*Philodendron*	*cataniapoense*	E	RF
Araceae	*Philodendron*	*ernestii*	E	RF
Araceae	*Philodendron*	*goeldii*	E	RF
Araceae	*Philodendron*	*panduriforme*	E	RF
Araceae	*Philodendron*	*paxianum*	E	RF
Araceae	*Philodendron*	*wittianum*	E	HB5528
Araceae	*Philodendron*	(9 unidentified spp.)	E	HB5618/5350/5480, RF
Araceae	*Rhodospatha*	*latifolia*	E	RF
Araceae	*Stenospermation*	*amomifolium* cf.	E	HB5689
Araceae	*Syngonium*	(1 unidentified sp.)	E	RF
Araceae	*Urospatha*	*sagittifolia*	H	RF
Araceae	*Xanthosoma*	*trichophyllum*	H	HB5688
Araceae	*Xanthosoma*	*viviparum*	H	HB5707
Araliaceae	*Dendropanax*	*caucanus* cf.	T	NP8401
Araliaceae	*Dendropanax*	(1 unidentified sp.)	T	RF
Araliaceae	*Schefflera*	*megacarpa*	T	RF
Araliaceae	*Schefflera*	*morototoni*	T	RF
Araliaceae	*Schefflera*	(1 unidentified sp.)	E	RF
Arecaceae	*Aiphanes*	*weberbaueri*	S	HB5703
Arecaceae	*Astrocaryum*	*chambira*	T	RF
Arecaceae	*Astrocaryum*	*jauari*	T	RF
Arecaceae	*Astrocaryum*	*murumuru*	T	RF
Arecaceae	*Attalea*	*butyracea*	T	RF
Arecaceae	*Attalea*	*maripa*	T	RF
Arecaceae	*Attalea*	*tessmannii*	T	RF

PLANTAS / PLANTS

Familia/Family	Género/Genus	Especie/Species	Forma de Vida/Habit	Fuente/Source
Arecaceae	*Bactris*	*killipii*	S	HB5404/5448, RG1906
Arecaceae	*Bactris*	*maraja*	S	RF
Arecaceae	*Bactris*	*simplicifrons*	S	RF
Arecaceae	*Bactris*	(5 unidentified spp.)	S	RF
Arecaceae	*Chamaedorea*	*pauciflora*	S	RF
Arecaceae	*Chamaedorea*	*pinnatifrons*	S	RF
Arecaceae	*Chelyocarpus*	*ulei*	S	RF
Arecaceae	*Desmoncus*	*giganteus*	V	RF
Arecaceae	*Desmoncus*	*mitis*	V	RF
Arecaceae	*Desmoncus*	*orthacanthos*	V	RF
Arecaceae	*Desmoncus*	(1 unidentified sp.)	V	HB5723
Arecaceae	*Euterpe*	*precatoria*	T	RF
Arecaceae	*Geonoma*	*aspidifolia*	S	RF
Arecaceae	*Geonoma*	*brongniartii*	H	HB5418/5558
Arecaceae	*Geonoma*	*camana*	S	RF
Arecaceae	*Geonoma*	*deversa*	S	RF
Arecaceae	*Geonoma*	*macrostachys*	H	RF
Arecaceae	*Geonoma*	*maxima*	S	RF
Arecaceae	*Geonoma*	*stricta*	S	RF
Arecaceae	*Geonoma*	*triglochin*	S	RF
Arecaceae	*Geonoma*	(6 unidentified spp.)	S/H	RF
Arecaceae	*Hyospathe*	*elegans*	S	RF
Arecaceae	*Iriartea*	*deltoidea*	T	RF
Arecaceae	*Iriartella*	*setigera*	T/S	RG1905
Arecaceae	*Itaya*	*amicorum*	S	RG1841
Arecaceae	*Lepidocaryum*	*tenue*	S	RF
Arecaceae	*Mauritia*	*flexuosa*	T	RF
Arecaceae	*Oenocarpus*	*bataua*	T	RF
Arecaceae	*Oenocarpus*	*mapora*	T	RF
Arecaceae	*Phytelephas*	*macrocarpa*	S	RF
Arecaceae	*Prestoea*	*schultzeana*	S	RF
Arecaceae	*Socratea*	*exorrhiza*	T	RF
Arecaceae	*Socratea*	*salazarii*	T	RF

LEYENDA/
LEGEND

Forma de Vida/Habit

E = Epífita/Epiphyte
H = Hierba terrestre/
    Terrestrial herb
S = Arbusto/Shrub
T = Árbol/Tree
V = Trepadora/Climber

Fuente/Source

HB = Colecciones de Hamilton Beltrán/
     Hamilton Beltrán collections
NP = Colecciones de Nigel Pitman/
     Nigel Pitman collections
RF = Fotos o observaciones de campo
     de Robin Foster/Robin Foster
     photographs or field identifications

RG = Colecciones o observaciones de
     campo de Roosevelt García/
     Roosevelt García collections or
     field identifications

PLANTAS / PLANTS				
Familia/Family	**Género/Genus**	**Especie/Species**	**Forma de Vida/Habit**	**Fuente/Source**
Arecaceae	*Wendlandiella*	*gracilis*	H	HB5785
Arecaceae	*Wettinia*	*augusta*	T	RF
Arecaceae	*Wettinia*	*drudei*	T/S	HB5522
Aristolochiaceae	*Aristolochia*	(1 unidentified sp.)	V	HB5490
Asclepiadaceae	(6 unidentified spp.)		V	HB5651/5761, RF
Asteraceae	*Clibadium*	(1 unidentified sp.)	S	HB5768
Asteraceae	*Mikania*	(3 unidentified sp.)	V	HB5769, RF
Asteraceae	*Piptocarpha*	(1 unidentified sp.)	V	RF
Asteraceae	*Piptocoma*	*discolor*	T/S	HB5308
Asteraceae	*Pseudelephantopus*	(1 unidentified sp.)	H	RF
Asteraceae	*Tilesia*	*baccata*	V	HB5744
Balanophoraceae	*Helosis*	*cayennensis*	H	HB5712
Begoniaceae	*Begonia*	*glabra*	V	RF
Begoniaceae	*Begonia*	*maynensis* cf.	H	HB5699
Bignoniaceae	*Amphilophium*	*paniculatum*	V	RF
Bignoniaceae	*Arrabidaea*	(1 unidentified sp.)	V	HB5654
Bignoniaceae	*Callichlamys*	*latifolia*	V	RF
Bignoniaceae	*Jacaranda*	*copaia*	T	RF
Bignoniaceae	*Jacaranda*	*obtusifolia*	T	NP8359
Bignoniaceae	*Schlegelia*	*cauliflora*	T	HB5484
Bignoniaceae	*Tabebuia*	*serratifolia*	T	NP8477/8754
Bignoniaceae	*Tabebuia*	(2 unidentified spp.)	T	NP9040, RF
Bignoniaceae	(4 unidentified spp.)		V	RF
Bixaceae	*Bixa*	*platycarpa*	T	RF
Bixaceae	*Cochlospermum*	*orinocense*	T	HB5691, NP9006
Bombacaceae	*Cavanillesia*	*umbellata*	T	HB5697
Bombacaceae	*Ceiba*	*pentandra*	T	RF
Bombacaceae	*Ceiba*	*samauma*	T	RF
Bombacaceae	*Eriotheca*	*macrophylla*	T	NP8915
Bombacaceae	*Eriotheca*	(1 unidentified sp.)	T	HB5572
Bombacaceae	*Huberodendron*	*swietenioides*	T	NP8571
Bombacaceae	*Matisia*	*bicolor*	T	RF
Bombacaceae	*Matisia*	*bracteolosa*	T	NP8579/8612/8727/9025
Bombacaceae	*Matisia*	*cordata*	T	RF
Bombacaceae	*Matisia*	*lecythicarpa*	T	HB5715
Bombacaceae	*Matisia*	*malacocalyx*	T	NP8374/8440
Bombacaceae	*Matisia*	*obliquifolia*	T	RF
Bombacaceae	*Matisia*	(1 unidentified sp.)	S	NP8692
Bombacaceae	*Ochroma*	*pyramidale*	T	RF

PLANTAS / PLANTS

Familia/Family	Género/Genus	Especie/Species	Forma de Vida/Habit	Fuente/Source
Bombacaceae	*Pachira*	*aquatica*	T	RF
Bombacaceae	*Pachira*	*insignis*	T	NP8745
Bombacaceae	*Pachira*	(1 unidentified sp.)	T	NP8915
Bombacaceae	*Patinoa*	*sphaerocarpa*	T	NP8256/8331/8608/8660
Bombacaceae	*Phragmotheca*	*mammosa*	T	NP8826
Bombacaceae	*Pseudobombax*	*munguba*	T	HB5653
Bombacaceae	*Quararibea*	*wittii*	T	RF
Bombacaceae	*Quararibea*	(3 unidentified spp.)	T	HB5505, NP8658/8820, RF
Bombacaceae	(3 unidentified spp.)		T	NP8686/8613, RF
Boraginaceae	*Cordia*	*alliodora*	T	RF
Boraginaceae	*Cordia*	*bicolor*	T	RF
Boraginaceae	*Cordia*	*nodosa*	T/S	RF
Boraginaceae	*Cordia*	*ucayaliensis*	T	NP8357
Boraginaceae	*Cordia*	(3 unidentified spp.)	T	HB5695/5727, NP9029/8299
Bromeliaceae	*Aechmea*	*longifolia*	E	RF
Bromeliaceae	*Aechmea*	(2 unidentified spp.)	E/H	HB5289, RF
Bromeliaceae	*Billbergia*	(1 unidentified sp.)	E	RF
Bromeliaceae	*Bromelia*	(1 unidentified sp.)	H	RF
Bromeliaceae	*Pitcairnia*	(1 unidentified sp.)	E/H	RF
Bromeliaceae	*Vriesia*	(1 unidentified sp.)	E	RF
Bromeliaceae	(1 unidentified sp.)		E	HB5434
Burseraceae	*Crepidospermum*	*goudotianum*	T	NP8610
Burseraceae	*Crepidospermum*	*prancei*	T	RG1766
Burseraceae	*Crepidospermum*	*rhoifolium*	T	RF
Burseraceae	*Dacryodes*	*nitens* cf.	T	NP8572
Burseraceae	*Dacryodes*	(1 unidentified sp.)	T	NP8319
Burseraceae	*Protium*	*altsonii*	T	NP8646
Burseraceae	*Protium*	*amazonicum*	T	NP8633/8638
Burseraceae	*Protium*	*apiculatum*	T	RG1835
Burseraceae	*Protium*	*aracouchini*	T	NP8884
Burseraceae	*Protium*	*carnosum* cf.	T	RG1785

LEYENDA/
LEGEND

Forma de Vida/Habit

E = Epífita/Epiphyte
H = Hierba terrestre/
     Terrestrial herb
S = Arbusto/Shrub
T = Árbol/Tree
V = Trepadora/Climber

Fuente/Source

HB = Colecciones de Hamilton Beltrán/
      Hamilton Beltrán collections
NP = Colecciones de Nigel Pitman/
      Nigel Pitman collections
RF = Fotos o observaciones de campo
      de Robin Foster/Robin Foster
      photographs or field identifications

RG = Colecciones o observaciones de
      campo de Roosevelt García/
      Roosevelt García collections or
      field identifications

PLANTAS / PLANTS				
Familia/Family	Género/Genus	Especie/Species	Forma de Vida/Habit	Fuente/Source
Burseraceae	*Protium*	*crassipetalum*	T	RF
Burseraceae	*Protium*	*divaricatum*	T	NP8566
Burseraceae	*Protium*	*ferrugineum*	T	RF
Burseraceae	*Protium*	*gallosum*	T	NP8332/8394
Burseraceae	*Protium*	*grandifolium*	T	RF
Burseraceae	*Protium*	*hebetatum*	T	RF
Burseraceae	*Protium*	*nodulosum*	T	RF
Burseraceae	*Protium*	*opacum*	T	NP8622/8816
Burseraceae	*Protium*	*sagotianum*	T	RF
Burseraceae	*Protium*	*spruceanum* cf.	T	NP8304/8314/8364
Burseraceae	*Protium*	*subserratum*	T	HB5787
Burseraceae	*Protium*	*tenuifolium*	T	RF
Burseraceae	*Protium*	*trifoliolatum* cf.	T	RF
Burseraceae	*Protium*	*unifoliolatum*	T	HB5783
Burseraceae	*Protium*	(5 unidentified spp.)	T	NP, RG
Burseraceae	*Tetragastris*	*panamensis*	T	NP8536
Burseraceae	*Trattinnickia*	*aspera*	T	RG
Burseraceae	*Trattinnickia*	*peruviana*	T	RF
Burseraceae	*Trattinnickia*	(1 unidentified sp.)	T	NP8710
Cactaceae	*Disocactus*	*amazonicus*	E	HB5582
Cactaceae	*Epiphyllum*	*phyllanthus*	E	RF
Cactaceae	(1 unidentified sp.)		E	RF
Capparaceae	*Capparis*	*schunkei*	T	NP8271/8322
Capparaceae	*Capparis*	*sola*	S	RF
Capparaceae	*Crataeva*	*tapia*	T/S	RF
Caricaceae	*Jacaratia*	*digitata*	T	RF
Caryocaraceae	*Anthodiscus*	*klugii* cf.	T	NP8518
Caryocaraceae	*Caryocar*	*amygdaliforme*	T	RF
Caryocaraceae	*Caryocar*	*glabrum*	T	NP8386
Cecropiaceae	*Cecropia*	*engleriana*	T	RF
Cecropiaceae	*Cecropia*	*ficifolia*	T	RF
Cecropiaceae	*Cecropia*	*latiloba*	T	RF
Cecropiaceae	*Cecropia*	*membranacea*	T	RF
Cecropiaceae	*Cecropia*	*sciadophylla*	T	RF
Cecropiaceae	*Cecropia*	(4 unidentified spp.)	T	HB, NP, RG
Cecropiaceae	*Coussapoa*	*orthoneura*	E	RF
Cecropiaceae	*Coussapoa*	*trinervia*	E	RF
Cecropiaceae	*Coussapoa*	*villosa*	E	RF
Cecropiaceae	*Coussapoa*	(1 unidentified sp.)	E	RF
Cecropiaceae	*Pourouma*	*acuminata*	T	RF

PLANTAS / PLANTS

Familia/Family	Género/Genus	Especie/Species	Forma de Vida/Habit	Fuente/Source
Cecropiaceae	*Pourouma*	aspera	T	RG
Cecropiaceae	*Pourouma*	cecropiifolia	T	RF
Cecropiaceae	*Pourouma*	guianensis	T	RF
Cecropiaceae	*Pourouma*	minor	T	RF
Cecropiaceae	*Pourouma*	(9 unidentied spp.)	T	NP, RG, RF
Chrysobalanaceae	*Couepia*	parillo	T	NP8242/8328, RG1780
Chrysobalanaceae	*Couepia*	(2 unidentified spp.)	T	RF
Chrysobalanaceae	*Hirtella*	(4 unidentified spp.)	T	HB5410, RF
Chrysobalanaceae	*Licania*	arachnoidea	T	NP8445/8464
Chrysobalanaceae	*Licania*	egleri	T	NP8258/8497/8538
Chrysobalanaceae	*Licania*	harlingii cf.	T	NP8601
Chrysobalanaceae	*Licania*	heteromorpha	T	NP8375, RG1778
Chrysobalanaceae	*Licania*	macrocarpa	T	NP8657
Chrysobalanaceae	*Licania*	micrantha	T	NP8260/8453/8454/8529
Chrysobalanaceae	*Licania*	(6 unidentified spp.)	T	NP8383/8423/8804/8856, RF
Chrysobalanaceae	*Parinari*	klugii	T	RF
Chrysobalanaceae	(12 unidentified spp.)		T	NP, RG
Clusiaceae	*Calophyllum*	brasiliense	T	NP8940/8950
Clusiaceae	*Calophyllum*	longifolium	T	RF
Clusiaceae	*Chrysochlamys*	ulei	T	RF
Clusiaceae	*Clusia*	(4 unidentified spp.)	E	HB5518, RF
Clusiaceae	*Garcinia*	macrophylla	T	RF
Clusiaceae	*Garcinia*	madruno	T	RF
Clusiaceae	*Marila*	laxiflora	T	HB5395
Clusiaceae	*Symphonia*	globulifera	T	NP8478/8560
Clusiaceae	*Tovomita*	stylosa cf.	T/S	RF
Clusiaceae	*Tovomita*	(3 unidentified spp.)	T	HB5456/5593, RG1800
Clusiaceae	*Vismia*	macrophylla	T	RF
Clusiaceae	*Vismia*	(4 unidentified spp.)	T/S	NP8528/8662/8917, RG1779
Combretaceae	*Buchenavia*	grandis	T	RG
Combretaceae	*Buchenavia*	macrophylla	T	NP8644

LEYENDA/LEGEND

Forma de Vida/Habit
E = Epífita/Epiphyte
H = Hierba terrestre/Terrestrial herb
S = Arbusto/Shrub
T = Árbol/Tree
V = Trepadora/Climber

Fuente/Source
HB = Colecciones de Hamilton Beltrán/Hamilton Beltrán collections
NP = Colecciones de Nigel Pitman/Nigel Pitman collections
RF = Fotos o observaciones de campo de Robin Foster/Robin Foster photographs or field identifications
RG = Colecciones o observaciones de campo de Roosevelt García/Roosevelt García collections or field identifications

PLANTAS / PLANTS				
Familia/Family	Género/Genus	Especie/Species	Forma de Vida/Habit	Fuente/Source
Combretaceae	*Buchenavia*	*sericocarpa* cf.	T	HB5613
Combretaceae	*Buchenavia*	(5 unidentified spp.)	T	HB, NP
Combretaceae	*Combretum*	(1 unidentified sp.)	V	RF
Combretaceae	*Terminalia*	(1 unidentified sp.)	T	RF
Commelinaceae	*Dichorisandra*	*hexandra*	V	RF
Commelinaceae	*Dichorisandra*	(3 unidentified spp.)	H/V	HB5526/5722, RF
Commelinaceae	*Floscopa*	*peruviana*	H	RF
Commelinaceae	*Floscopa*	(1 unidentified sp.)	H	HB5597
Commelinaceae	*Geogenanthus*	(1 unidentified sp.)	H	HB5383
Commelinaceae	(1 unidentified sp.)		H	RF
Connaraceae	*Connarus*	*fasciculatus*	V	RF
Connaraceae	*Rourea*	(1 unidentified sp.)	V	HB5440
Convolvulaceae	*Dicranostyles*	(2 unidentified spp.)	V	RF
Convolvulaceae	*Ipomoea*	(1 unidentified sp.)	V	HB5663
Convolvulaceae	*Maripa*	*glabra* cf.	V	HB5657
Convolvulaceae	*Maripa*	*peruviana*	V	RF
Costaceae	*Costus*	*arabicus*	H	HB5655
Costaceae	*Costus*	*longebracteolatus*	H	RF
Costaceae	*Costus*	*scaber*	H	RF
Costaceae	*Costus*	(6 unidentified spp.)	H	HB5781/5529, RF
Costaceae	*Dimerocostus*	*strobilaceus*	H	HB5669
Cucurbitaceae	*Cayaponia*	(1 unidentified sp.)	V	HB5641
Cucurbitaceae	*Gurania*	*eriantha*	V	RF
Cucurbitaceae	*Gurania*	*lobata*	V	HB5554
Cucurbitaceae	*Gurania*	*rhizantha*	V	RF
Cucurbitaceae	*Gurania*	(1 unidentified sp.)	V	HB5745
Cucurbitaceae	(1 unidentified sp.)		V	HB5666
Cycadaceae	*Zamia*	(1 unidentified sp.)	H/S	HB5414
Cyclanthaceae	*Asplundia*	(2 unidentified spp.)	E/H	HB5469/5790
Cyclanthaceae	*Cyclanthus*	*bipartitus*	H	RF
Cyclanthaceae	*Evodianthus*	*funifer*	E	HB5474
Cyclanthaceae	*Ludovia*	(2 unidentified spp.)	E	HB5416, RF
Cyclanthaceae	*Thoracocarpus*	*bissectus*	E	RF
Cyclanthaceae	(1 unidentified sp.)		E	HB5437
Cyperaceae	*Calyptrocarya*	*aschersoniana*	H	HB5421
Cyperaceae	*Calyptrocarya*	(1 unidentified sp.)	H	RF
Cyperaceae	*Cyperus*	(1 unidentified sp.)	H	RF
Cyperaceae	*Kyllinga*	(1 unidentified sp.)	H	RF
Cyperaceae	*Scleria*	*microcarpa*	H	RF
Cyperaceae	*Scleria*	*secans*	V	RF

PLANTAS / PLANTS

Familia/Family	Género/Genus	Especie/Species	Forma de Vida/Habit	Fuente/Source
Dichapetalaceae	*Dichapetalum*	(2 unidentified spp.)	V	RF
Dichapetalaceae	*Tapura*	*amazonica*	T	RF
Dichapetalaceae	*Tapura*	(2 unidentified spp.)	T/S	HB5574, RF
Dilleniaceae	*Davilla*	*nitida* cf.	V	RF
Dilleniaceae	*Doliocarpus*	*major*	V	RF
Dilleniaceae	*Doliocarpus*	(3 unidentified spp.)	V	RF
Dilleniaceae	*Tetracera*	(1 unidentified sp.)	V	RF
Dilleniaceae	(1 unidentified sp.)		V	RF
Dioscoreaceae	*Dioscorea*	(2 unidentified spp.)	V	RF
Ebenaceae	*Diospyros*	*engleriana*	T/S	HB5567
Ebenaceae	*Diospyros*	(3 unidentified spp.)	T	HB5569, RF
Ebenaceae	*Lissocarpa*	*jensonii*	T	NP8248
Elaeocarpaceae	*Sloanea*	*fragrans*	T	HB5579
Elaeocarpaceae	*Sloanea*	*pubescens* cf.	T	NP8378/8944
Elaeocarpaceae	*Sloanea*	(7 unidentified spp.)	T	HB, NP, RG
Erythroxylaceae	*Erythroxylum*	*macrophyllum*	T/S	HB5455
Erythroxylaceae	*Erythroxylum*	(2 unidentified spp.)	T/S	HB5564/5532
Euphorbiaceae	*Acalypha*	(2 unidentified spp.)	S	HB5662, RF
Euphorbiaceae	*Acidoton*	*nicaraguensis*	S	RF
Euphorbiaceae	*Alchornea*	*castaneifolia*	S/T	RF
Euphorbiaceae	*Alchornea*	*glandulosa*	T	RF
Euphorbiaceae	*Alchornea*	*latifolia*	T	RF
Euphorbiaceae	*Alchornea*	*triplinervia*	T	RF
Euphorbiaceae	*Alchorneopsis*	*floribunda*	T	NP8743
Euphorbiaceae	*Aparisthmium*	*cordatum*	T	NP8519
Euphorbiaceae	*Caperonia*	*castaneifolia*	H	HB5660
Euphorbiaceae	*Caryodendron*	*orinocense*	T	RF
Euphorbiaceae	*Conceveiba*	*martiana*	T	HB5286, NP8565/8748
Euphorbiaceae	*Conceveiba*	*rhytidocarpa*	T	NP8582/8776/8780, RG1786
Euphorbiaceae	*Croizatia*	sp.nov.	S	HB5784
Euphorbiaceae	*Croton*	*lechleri*	T	NP8410
Euphorbiaceae	*Croton*	(3 unidentified spp.)	T	HB5471/5595, RF

LEYENDA/LEGEND

Forma de Vida/Habit
E = Epífita/Epiphyte
H = Hierba terrestre/Terrestrial herb
S = Arbusto/Shrub
T = Árbol/Tree
V = Trepadora/Climber

Fuente/Source
HB = Colecciones de Hamilton Beltrán/Hamilton Beltrán collections
NP = Colecciones de Nigel Pitman/Nigel Pitman collections
RF = Fotos o observaciones de campo de Robin Foster/Robin Foster photographs or field identifications
RG = Colecciones o observaciones de campo de Roosevelt García/Roosevelt García collections or field identifications

PLANTAS / PLANTS				
Familia/Family	**Género/Genus**	**Especie/Species**	**Forma de Vida/Habit**	**Fuente/Source**
Euphorbiaceae	*Dalechampia*	*dioscoreifolia*	V	HB5671
Euphorbiaceae	*Drypetes*	*amazonica*	T	HB5590, NP8882
Euphorbiaceae	*Drypetes*	*gentryi*	I	RF
Euphorbiaceae	*Drypetes*	(1 unidentified sp.)	T	NP8749
Euphorbiaceae	*Euphorbia*	*elata*	S	HB5784
Euphorbiaceae	*Glycydendron*	*amazonicum* cf.	T	NP8830, RG1762
Euphorbiaceae	*Hevea*	*brasiliensis*	T	RF
Euphorbiaceae	*Hevea*	*guianensis*	T	NP8282/8918, RG1759
Euphorbiaceae	*Hyeronima*	*alchorneoides*	T	RF
Euphorbiaceae	*Hyeronima*	*oblonga* cf.	T	RG1787
Euphorbiaceae	*Jablonskia*	*congesta*	S/T	HB5443
Euphorbiaceae	*Mabea*	*angularis*	T	NP8395
Euphorbiaceae	*Mabea*	(4 unidentified spp.)	T	HB5426, RF
Euphorbiaceae	*Manihot*	*brachyloba*	V	RF
Euphorbiaceae	*Maprounea*	*guianensis*	T	RF
Euphorbiaceae	*Margaritaria*	*nobilis*	T	RF
Euphorbiaceae	*Micrandra*	*spruceana*	T	RG
Euphorbiaceae	*Nealchornea*	*yapurensis*	T	RG
Euphorbiaceae	*Omphalea*	*diandra*	V	RF
Euphorbiaceae	*Pausandra*	*trianae*	T	RF
Euphorbiaceae	*Pausandra*	(1 unidentified sp.)	T/S	RF
Euphorbiaceae	*Pera*	(1 unidentified sp.)	T	NP8942
Euphorbiaceae	*Sagotia*	*racemosa*	T	RF
Euphorbiaceae	*Sapium*	*glandulosum*	T	RG
Euphorbiaceae	*Sapium*	*marmieri*	T	RF
Euphorbiaceae	*Sapium*	(2 unidentified spp.)	T	RF
Euphorbiaceae	*Senefeldera*	*inclinata*	T	RF
Euphorbiaceae	*Senefeldera*	(1 unidentified sp.)	T	RF
Euphorbiaceae	*Tetrorchidium*	(1 unidentified sp.)	T	RF
Euphorbiaceae	(4 unidentified spp.)		T/S	NP8385/8519/8450, RG1804
Fabaceae (Caesalpinoid)	*Apuleia*	*leiocarpa*	T	NP8824
Fabaceae (Caesalpinoid)	*Bauhinia*	*brachycalyx*	V	RG
Fabaceae (Caesalpinoid)	*Bauhinia*	*guianensis*	V	HB5638
Fabaceae (Caesalpinoid)	*Bauhinia*	*microstachya*	V	RF
Fabaceae (Caesalpinoid)	*Bauhinia*	*rutilans*	V	RF
Fabaceae (Caesalpinoid)	*Bauhinia*	(4 unidentified spp.)	T/V	HB5566, RF
Fabaceae (Caesalpinoid)	*Campsiandra*	*angustifolia* cf.	T	NP8901
Fabaceae (Caesalpinoid)	*Cassia*	*cowanii*	T	NP8803
Fabaceae (Caesalpinoid)	*Cassia*	*swartzioides*	T	NP8600

PLANTAS / PLANTS				
Familia/Family	**Género/Genus**	**Especie/Species**	**Forma de Vida/Habit**	**Fuente/Source**
Fabaceae (Caesalpinoid)	*Crudia*	*glaberrima*	T	NP8923
Fabaceae (Caesalpinoid)	*Dialium*	*guianense*	T	NP8263
Fabaceae (Caesalpinoid)	*Hymenaea*	*palustris*	T	HB5492
Fabaceae (Caesalpinoid)	*Macrolobium*	*acaciifolium*	T	RF
Fabaceae (Caesalpinoid)	*Macrolobium*	*angustifolium*	T	NP8927, RG1771
Fabaceae (Caesalpinoid)	*Macrolobium*	(2 unidentified spp.)	T	NP8413, RF
Fabaceae (Caesalpinoid)	*Schizolobium*	*parahyba*	T	RF
Fabaceae (Caesalpinoid)	*Senna*	*silvestris*	T	RF
Fabaceae (Caesalpinoid)	*Senna*	(2 unidentified spp.)	S	RF
Fabaceae (Caesalpinoid)	*Tachigali*	*formicarum*	T	HB5399
Fabaceae (Caesalpinoid)	*Tachigali*	*guianensis* cf.	T	HB5381, HB5565
Fabaceae (Caesalpinoid)	*Tachigali*	*polyphylla* cf.	T	RF
Fabaceae (Caesalpinoid)	*Tachigali*	*tessmannii* cf.	T	HB5363
Fabaceae (Caesalpinoid)	*Tachigali*	*vasquezii*	T	RF
Fabaceae (Caesalpinoid)	*Tachigali*	(2 unidentified spp.)	T	NP8781/8456/8222/8586, RF
Fabaceae (Caesalpinoid)	(2 unidentified spp.)		T	RF
Fabaceae (Mimosoid)	*Abarema*	*auriculata*	T	NP8611
Fabaceae (Mimosoid)	*Abarema*	*laeta*	S	HB5378
Fabaceae (Mimosoid)	*Acacia*	*loretensis*	T	HB5635
Fabaceae (Mimosoid)	*Calliandra*	*tenuifolia* cf.	T	NP9059
Fabaceae (Mimosoid)	*Cedrelinga*	*cateniformis*	T	RF
Fabaceae (Mimosoid)	*Entada*	*polystachya*	V	RF
Fabaceae (Mimosoid)	*Inga*	*acrocephala* cf.	T	NP8726
Fabaceae (Mimosoid)	*Inga*	*acuminata*	T	RF
Fabaceae (Mimosoid)	*Inga*	*auristellae*	T	RF
Fabaceae (Mimosoid)	*Inga*	*brachyrhachis*	T	RF
Fabaceae (Mimosoid)	*Inga*	*capitata*	T	RF
Fabaceae (Mimosoid)	*Inga*	*cayennensis*	T	NP8681/9061/9017
Fabaceae (Mimosoid)	*Inga*	*ciliata*	T	RF
Fabaceae (Mimosoid)	*Inga*	*cordatoalata*	T	RG
Fabaceae (Mimosoid)	*Inga*	*marginata*	T	HB5643
Fabaceae (Mimosoid)	*Inga*	*nobilis*	T	NP8937

LEYENDA/LEGEND

Forma de Vida/Habit
E = Epífita/Epiphyte
H = Hierba terrestre/Terrestrial herb
S = Arbusto/Shrub
T = Árbol/Tree
V = Trepadora/Climber

Fuente/Source
HB = Colecciones de Hamilton Beltrán/Hamilton Beltrán collections
NP = Colecciones de Nigel Pitman/Nigel Pitman collections
RF = Fotos o observaciones de campo de Robin Foster/Robin Foster photographs or field identifications
RG = Colecciones o observaciones de campo de Roosevelt García/Roosevelt García collections or field identifications

PLANTAS / PLANTS				
Familia / Family	Género / Genus	Especie / Species	Forma de Vida / Habit	Fuente / Source
Fabaceae (Mimosoid)	Inga	peltadenia	T	RG
Fabaceae (Mimosoid)	Inga	ruiziana	T	RF
Fabaceae (Mimosoid)	Inga	velutina cf.	T	HB5609
Fabaceae (Mimosoid)	Inga	(16 unidentified spp.)	T	HB, NP, RG, RF
Fabaceae (Mimosoid)	Marmaroxylon	basijugum	T	NP8264, RG1803
Fabaceae (Mimosoid)	Marmaroxylon	ramiflorum cf.	T	RF
Fabaceae (Mimosoid)	Mimosa	pigra	S	RF
Fabaceae (Mimosoid)	Parkia	igneiflora	T	RG1760
Fabaceae (Mimosoid)	Parkia	multijuga	T	NP8531/8632
Fabaceae (Mimosoid)	Parkia	nitida	T	NP9042
Fabaceae (Mimosoid)	Parkia	panurensis cf.	T	NP8379/8873
Fabaceae (Mimosoid)	Piptadenia	suaveolens cf.	T	NP9053
Fabaceae (Mimosoid)	Piptadenia	(3 unidentified spp.)	V	HB5630, RF
Fabaceae (Mimosoid)	Zapoteca	amazonica	S/V	RF
Fabaceac (Mimosoid)	Zygia	juruana cf.	T	NP9013
Fabaceae (Mimosoid)	Zygia	(4 unidentified spp.)	T	NP8929, RF
Fabaceae (Mimosoid)	(3 unidentified spp.)		T/V	NP8902/8426, RG1777, RF
Fabaceae (Papilionoid)	Andira	inermis	T	NP8247
Fabaceae (Papilionoid)	Clitoria	falcata	V	HB5645
Fabaceae (Papilionoid)	Cymbosema	roseum	V	HB5640
Fabaceae (Papilionoid)	Dalbergia	(1 unidentified sp.)	T	RF
Fabaceae (Papilionoid)	Dussia	tessmannii	T	NP8746
Fabaceae (Papilionoid)	Erythrina	poeppigiana	T	NP8881
Fabaceae (Papilionoid)	Erythrina	(1 unidentified sp.)	T	HB5747
Fabaceae (Papilionoid)	Hymenolobium	pulcherrimum	T	NP8224/8365
Fabaceae (Papilionoid)	Lonchocarpus	(1 unidentified sp.)	T	NP8315
Fabaceae (Papilionoid)	Machaerium	floribundum	V	RF
Fabaceae (Papilionoid)	Machaerium	macrophyllum	V	RF
Fabaceae (Papilionoid)	Machaerium	(3 unidentified spp.)	V	RF
Fabaceae (Papilionoid)	Ormosia	(2 unidentified spp.)	T	RF
Fabaceae (Papilionoid)	Platymiscium	stipulare	T	HB5581, NP8264
Fabaceae (Papilionoid)	Pterocarpus	amazonum	T	HB5659
Fabaceae (Papilionoid)	Pterocarpus	rohrii	T	NP8729/8791/8889/ 8892
Fabaceae (Papilionoid)	Pterocarpus	(1 unidentified sp.)	T	NP8936
Fabaceae (Papilionoid)	Swartzia	arborescens	T	NP8311/8368
Fabaceae (Papilionoid)	Swartzia	auriculata cf.	T	HB5776
Fabaceae (Papilionoid)	Swartzia	benthamiana	T	NP8234/8819
Fabaceae (Papilionoid)	Swartzia	cardiosperma cf.	T	NP8883
Fabaceae (Papilionoid)	Swartzia	tessmannii	T	NP8339

PLANTAS / PLANTS

Familia/Family	Género/Genus	Especie/Species	Forma de Vida/Habit	Fuente/Source
Fabaceae (Papilionoid)	*Swartzia*	(4 unidentified spp.)	T	HB5466/5741, NP8250, RF
Fabaceae (Papilionoid)	*Vatairea*	*guianensis*	T	NP8924
Fabaceae (Papilionoid)	*Vatairea*	(1 unidentified sp.)	T	RF
Fabaceae (Papilionoid)	(17 unidentified spp.)		V/T	HB, NP, RF
Fabaceae –	(10 unidentified spp.)		T	NP, RG
Flacourtiaceae	*Banara*	*guianensis*	T	NP9048
Flacourtiaceae	*Banara*	*nitida* cf.	T	NP8844
Flacourtiaceae	*Carpotroche*	(2 unidentified spp.)	S	HB5396, RF
Flacourtiaceae	*Casearia*	*arborea*	T	RF
Flacourtiaceae	*Casearia*	*javitensis*	T	RF
Flacourtiaceae	*Casearia*	*nitida* cf.	T	RF
Flacourtiaceae	*Casearia*	*pitumba*	T	NP8765/8773/8822, RG1775
Flacourtiaceae	*Casearia*	*sylvestris*	T	RF
Flacourtiaceae	*Casearia*	*uleana* cf.	T	NP8802
Flacourtiaceae	*Casearia*	*ulmifolia*	T	NP8872/8874
Flacourtiaceae	*Casearia*	(2 unidentified spp.)	T	HB5729, RF
Flacourtiaceae	*Hasseltia*	*floribunda*	T	NP8684
Flacourtiaceae	*Lacistema*	*aggregatum*	T/S	RF
Flacourtiaceae	*Laetia*	*procera*	T	RF
Flacourtiaceae	*Lindackeria*	*paludosa*	T	RF
Flacourtiaceae	*Lunania*	*parviflora*	T	HB5694, RF
Flacourtiaceae	*Mayna*	*odorata*	S	RF
Flacourtiaceae	*Pleuranthodendron*	*lindenii*	T	NP8609/8618
Flacourtiaceae	*Ryania*	*speciosa*	S	RF
Flacourtiaceae	*Tetrathylacium*	*macrophyllum*	T	NP9019
Flacourtiaceae	(2 unidentified spp.)		T	NP8777, RF
Gentianaceae	*Potalia*	*resinifera*	S	RF
Gentianaceae	*Voyria*	*tenella*	H	RF
Gentianaceae	*Voyria*	(1 unidentified sp.)	H	HB5298
Gesneriaceae	*Besleria*	*aggregata* cf.	S	HB5329
Gesneriaceae	*Besleria*	*quadrangulata* cf.	S	HB5684

LEYENDA/
LEGEND

Forma de Vida/Habit

E = Epífita/Epiphyte
H = Hierba terrestre/ Terrestrial herb
S = Arbusto/Shrub
T = Árbol/Tree
V = Trepadora/Climber

Fuente/Source

HB = Colecciones de Hamilton Beltrán/ Hamilton Beltrán collections
NP = Colecciones de Nigel Pitman/ Nigel Pitman collections
RF = Fotos o observaciones de campo de Robin Foster/Robin Foster photographs or field identifications

RG = Colecciones o observaciones de campo de Roosevelt García/ Roosevelt García collections or field identifications

PLANTAS / PLANTS				
Familia/Family	Género/Genus	Especie/Species	Forma de Vida/Habit	Fuente/Source
Gesneriaceae	*Codonanthe*	(1 unidentified sp.)	E	RF
Gesneriaceae	*Codonanthopsis*	*ulei*	E	HB5427
Gesneriaceae	*Columnea*	*anisophylla*	E	HB5678
Gesneriaceae	*Drymonia*	*anisophylla*	E	HB5604
Gesneriaceae	*Drymonia*	*coccinea*	E	RF
Gesneriaceae	*Drymonia*	*macrophylla* cf.	E	HB5303
Gesneriaceae	*Drymonia*	*pendula*	E	HB5682
Gesneriaceae	*Drymonia*	(4 unidentified spp.)	E/H	HB5713/5531/5303/ 5295/5509
Gesneriaceae	*Nautilocalyx*	(2 unidentified spp.)	H	HB5294/5473
Gesneriaceae	*Paradrymonia*	*longifolia*	E	HB5772
Gesneriaceae	(1 unidentified sp.)		E	HB5762
Gnetaceae	*Gnetum*	*nodiflorum*	V	RF
Heliconiaceae	*Heliconia*	*aemygdiana*	H	RF
Heliconiaceae	*Heliconia*	*chartacea*	H	RF
Heliconiaceae	*Heliconia*	*hirsuta*	H	HB5519
Heliconiaceae	*Heliconia*	*juruana*	H	RF
Heliconiaceae	*Heliconia*	*lasiorachis*	H	RF
Heliconiaceae	*Heliconia*	*lourteigiae*	H	HB5468
Heliconiaceae	*Heliconia*	*pruinosa*	H	RF
Heliconiaceae	*Heliconia*	*rostrata*	H	RF
Heliconiaceae	*Heliconia*	*spathocircinata*	H	RF
Heliconiaceae	*Heliconia*	*standleyi*	H	RF
Heliconiaceae	*Heliconia*	*stricta*	H	RF
Heliconiaceae	*Heliconia*	*tenebrosa*	H	HB5786
Heliconiaceae	*Heliconia*	*velutina*	H	RF
Heliconiaceae	*Heliconia*	(2 unidentified spp.)	H	HB5483, RF
Hernandiaceae	*Sparattanthelium*	(1 unidentified sp.)	V	RF
Hippocrateaceae	*Cheiloclinium*	*lineolatum*	S	HB5436
Hippocrateaceae	*Cheiloclinium*	(2 unidentified spp.)	T/V	HB5748, NP8845
Hippocrateaceae	*Hippocratea*	*volubilis*	V	RF
Hippocrateaceae	*Salacia*	(3 unidentified spp.)	T/V	HB5667, RF
Hippocrateaceae	*Tontelea*	(2 unidentified spp.)	V	HB5749, RF
Hippocrateaceae	(3 unidentified spp.)		V	RF
Hugoniaceae	*Roucheria*	*punctata*	T	RG
Hugoniaceae	*Roucheria*	*schomburgkii*	T	RG
Hugoniaceae	*Roucheria*	(1 unidentified sp.)	T	RF
Humiriaceae	*Saccoglottis*	(1 unidentified sp.)	T	RG1776
Humiriaceae	*Vantanea*	*peruviana* cf.	T	NP8436
Icacinaceae	*Citronella*	*incarum*	T	RF

PLANTAS / PLANTS

Familia/Family	Género/Genus	Especie/Species	Forma de Vida/Habit	Fuente/Source
Icacinaceae	*Dendrobangia*	*boliviana* cf.	T	NP8293
Icacinaceae	*Dendrobangia*	*multinervia*	T	RG1810
Icacinaceae	*Discophora*	*guianensis*	T	NP8606/8695
Lamiaceae	*Hyptis*	(1 unidentified sp.)	H	RF
Lamiaceae	*Ocimum*	*campechianum*	H	HB5355
Lauraceae	*Anaueria*	*brasiliensis*	T	NP8245/8261/8425/8554/8585
Lauraceae	*Aniba*	*cylindrifolia*	T	NP8334/8361/8524/8557/8583
Lauraceae	*Aniba*	*heterotepala* cf.	T	NP8300
Lauraceae	*Aniba*	(2 unidentified spp.)	T	NP8680/8855
Lauraceae	*Caryodaphnopsis*	*fosteri*	T	HB5380
Lauraceae	*Endlicheria*	*bracteolata* cf.	T	NP8848
Lauraceae	*Mezilaurus*	(1 unidentified sp.)	T	NP8450
Lauraceae	*Nectandra*	*globosa* cf.	T	HB5649
Lauraceae	*Nectandra*	*pulverulenta* cf.	T	HB5458
Lauraceae	*Nectandra*	(2 unidentified spp.)	T	HB5592, RF
Lauraceae	*Ocotea*	*cernua*	T	RF
Lauraceae	*Ocotea*	*javitensis*	T	NP8251/8508/8551
Lauraceae	*Ocotea*	*oblonga*	T	RF
Lauraceae	*Ocotea*	*rhodophylla* cf.	T	NP8240/8344/8502/8517/8526
Lauraceae	*Ocotea*	(1 unidentified sp.)	T	RF
Lauraceae	*Pleurothyrium*	(2 unidentified spp.)	T	RF
Lauraceae	(25 unidentified spp.)		T	NP, RF
Lecythidaceae	*Cariniana*	*decandra*	T	RF
Lecythidaceae	*Couratari*	*guianensis*	T	RF
Lecythidaceae	*Couratari*	*oligantha* cf.	T	RF
Lecythidaceae	*Couroupita*	*guianensis*	T	RF
Lecythidaceae	*Eschweilera*	*albiflora* cf.	T	RF
Lecythidaceae	*Eschweilera*	*coriacea*	T	NP8223/8404, RG1765/1791
Lecythidaceae	*Eschweilera*	*gigantea*	T	NP8641
Lecythidaceae	*Eschweilera*	*itayensis* cf.	T	NP8253/8535

LEYENDA/
LEGEND

Forma de Vida/Habit

E = Epífita/Epiphyte
H = Hierba terrestre/Terrestrial herb
S = Arbusto/Shrub
T = Árbol/Tree
V = Trepadora/Climber

Fuente/Source

HB = Colecciones de Hamilton Beltrán/Hamilton Beltrán collections
NP = Colecciones de Nigel Pitman/Nigel Pitman collections
RF = Fotos o observaciones de campo de Robin Foster/Robin Foster photographs or field identifications
RG = Colecciones o observaciones de campo de Roosevelt García/Roosevelt García collections or field identifications

PLANTAS / PLANTS

Familia/Family	Género/Genus	Especie/Species	Forma de Vida/Habit	Fuente/Source
Lecythidaceae	*Eschweilera*	*laevicarpa* cf.	T	NP8652/8703
Lecythidaceae	*Eschweilera*	*parviflora* cf.	T	NP8235/8486/8489/ 8490/8492
Lecythidaceae	*Eschweilera*	*rufifolia*	T	NP8474/8475/8500/ 8573
Lecythidaceae	*Eschweilera*	*tessmannii* cf.	T	NP8320, RG1763/1806
Lecythidaceae	*Eschweilera*	(6 unidentified spp.)	T	NP, RG, RF
Lecythidaceae	*Gustavia*	*augusta*	T	RF
Lepidobotryaceae	*Ruptiliocarpon*	*caracolito* cf.	T	NP8904/8945
Loganiaceae	*Strychnos*	*toxifera*	V	RF
Loganiaceae	*Strychnos*	(5 unidentified spp.)	V	RF
Loranthaceae	*Psittacanthus*	(2 unidentified spp.)	E	HB5356, RF
Lythraceae	*Adenaria*	*floribunda*	S	RF
Lythraceae	*Cuphea*	*setosa*	S	HB5661
Magnoliaceae	*Talauma*	(1 unidentified sp.)	T	NP8747
Malpighiaceae	*Bunchosia*	*argentea*	T	NP8718
Malpighiaceae	*Byrsonima*	*arthropoda*	T	NP8911
Malpighiaceae	*Byrsonima*	*poeppigiana*	T	NP8563
Malpighiaceae	*Byrsonima*	(1 unidentified sp.)	T	RF
Malpighiaceae	*Dicella*	(1 unidentified sp.)	V	RF
Malpighiaceae	*Hiraea*	*fagifolia*	V	RF
Malpighiaceae	*Hiraea*	*grandifolia*	V	RF
Malpighiaceae	*Hiraea*	(3 unidentified spp.)	V	RF
Malpighiaceae	*Mascagnia*	(1 unidentified sp.)	V	RF
Malpighiaceae	*Spachea*	*tricarpa*	S/T	HB5702
Malpighiaceae	*Tetrapterys*	(1 unidentified sp.)	V	RF
Malpighiaceae	(2 unidentified spp.)		V	RF
Malvaceae	*Malvaviscus*	*williamsii* cf.	V	HB5700
Malvaceae	*Urena*	*lobata*	S	RF
Malvaceae	(1 unidentified sp.)		S	HB5576
Marantaceae	*Calathea*	*altissima*	H	HB5446
Marantaceae	*Calathea*	*crotalifera*	H	RF
Marantaceae	*Calathea*	*loeseneri*	H	HB5464
Marantaceae	*Calathea*	*lutea*	H	RF
Marantaceae	*Calathea*	*micans*	H	RF
Marantaceae	*Calathea*	*standleyi*	H	HB5400
Marantaceae	*Calathea*	*variegata*	H	RF
Marantaceae	*Calathea*	(15 unidentified spp.)	H	HB
Marantaceae	*Hylaeanthe*	*hexantha*	H	HB5679
Marantaceae	*Ischnosiphon*	*hirsutus*	H	HB5315
Marantaceae	*Ischnosiphon*	*killipii*	V	HB5376

PLANTAS / PLANTS

Familia/Family	Género/Genus	Especie/Species	Forma de Vida/Habit	Fuente/Source
Marantaceae	*Ischnosiphon*	*leucophaeus*	H	HB5340
Marantaceae	*Ischnosiphon*	(7 unidentified spp.)	H/V	HB5568/5760, RF
Marantaceae	*Monotagma*	*aurantiaca*	H	HB5476
Marantaceae	*Monotagma*	*juruanum*	H	HB5313
Marantaceae	*Monotagma*	*laxum*	H	HB5754
Marcgraviaceae	*Marcgravia*	*caudata* cf.	V	HB5390
Marcgraviaceae	*Marcgravia*	(1 unidentified sp.)	V	RF
Marcgraviaceae	*Souroubea*	(2 unidentified spp.)	V	RF
Melastomataceae	*Aciotis*	(1 unidentified sp.)	H	RF
Melastomataceae	*Clidemia*	*dimorphica*	S	HB5364
Melastomataceae	*Clidemia*	*septuplinervia*	S	RF
Melastomataceae	*Clidemia*	(3 unidentified spp.)	S	HB5333/5334/5525
Melastomataceae	*Leandra*	(3 unidentified spp.)	S	RF
Melastomataceae	*Loreya*	(1 unidentified sp.)	T	HB5369
Melastomataceae	*Maieta*	*guianensis*	S	HB5680
Melastomataceae	*Maieta*	*poeppigii*	S	RF
Melastomataceae	*Miconia*	*abbreviata*	S	RF
Melastomataceae	*Miconia*	*bubalina*	S	RF
Melastomataceae	*Miconia*	*fosteri*	S	RF
Melastomataceae	*Miconia*	*grandifolia*	T	RF
Melastomataceae	*Miconia*	*ternatifolia*	T/S	HB5656
Melastomataceae	*Miconia*	*tomentosa*	T/S	RF
Melastomataceae	*Miconia*	*trinervia*	S/T	RF
Melastomataceae	*Miconia*	*triplinervia*	S	RF
Melastomataceae	*Miconia*	(20 unidentified spp.)	S/T	HB, NP, RG, RF
Melastomataceae	*Mouriri*	*grandiflora*	T	RF
Melastomataceae	*Mouriri*	*myrtilloides*	T/S	HB5726
Melastomataceae	*Mouriri*	(1 unidentified sp.)	T	RF
Melastomataceae	*Ossaea*	*boliviensis*	S	RF
Melastomataceae	*Salpinga*	*secunda*	H	HB5405
Melastomataceae	*Tococa*	*caquetana*	S	RF
Melastomataceae	*Tococa*	*guianensis*	S	RF
Melastomataceae	*Tococa*	*setifera*	S	RF

LEYENDA/
LEGEND

Forma de Vida/Habit

E = Epífita/Epiphyte
H = Hierba terrestre/ Terrestrial herb
S = Arbusto/Shrub
T = Árbol/Tree
V = Trepadora/Climber

Fuente/Source

HB = Colecciones de Hamilton Beltrán/ Hamilton Beltrán collections
NP = Colecciones de Nigel Pitman/ Nigel Pitman collections
RF = Fotos o observaciones de campo de Robin Foster/Robin Foster photographs or field identifications

RG = Colecciones o observaciones de campo de Roosevelt García/ Roosevelt García collections or field identifications

Apéndice/Appendix 1

Plantas/Plants

Familia/Family	Género/Genus	Especie/Species	Forma de Vida/Habit	Fuente/Source
Melastomataceae	Triolena	amazonica	H	RF
Meliaceae	Cabralea	canjerana	T	RF
Meliaceae	Carapa	guianensis	T	NP8406
Meliaceae	Cedrela	odorata	T	RF
Meliaceae	Guarea	cristata	S	RF
Meliaceae	Guarea	grandifolia	T	RF
Meliaceae	Guarea	guentheri	T	HB5732
Meliaceae	Guarea	juglandiformis cf.	T	NP9031/9032
Meliaceae	Guarea	kunthiana	T/S	NP8701/8723/8760/8815/8836
Meliaceae	Guarea	macrophylla	T	HB5759, NP8899, RG1796
Meliaceae	Guarea	pterorhachis	T	RF
Meliaceae	Guarea	pubescens	T	RF
Meliaceae	Guarea	pyriformis cf.	T	NP9001
Meliaceae	Guarea	silvatica	T	NP8289
Meliaceae	Guarea	trunciflora cf.	T	NP8393/8501
Meliaceae	Guarea	(6 unidentified spp.)	T/S	HB, NP, RF
Meliaceae	Trichilia	hispida	T/S	HB5441
Meliaceae	Trichilia	inaequilatera cf.	T	NP8828
Meliaceae	Trichilia	maynasiana	T	NP8550/8825
Meliaceae	Trichilia	micrantha cf.	T	NP8716
Meliaceae	Trichilia	pallida	T	RF
Meliaceae	Trichilia	poeppigii	T	RF
Meliaceae	Trichilia	rubra	T	NP8418/8493/8671/8852
Meliaceae	Trichilia	septentrionalis	T	NP8411/8540/8676, RG1827
Meliaceae	Trichilia	(4 unidentified spp.)	T	NP, RG
Menispermaceae	Abuta	grandifolia	S	RF
Menispermaceae	Abuta	pahnii	V	RF
Menispermaceae	Abuta	(1 unidentified sp.)	S	HB5482
Menispermaceae	Cissampelos	(1 unidentified sp.)	V	RF
Menispermaceae	Curarea	tecunarum	V	RF
Menispermaceae	Disciphania	(1 unidentified sp.)	V	RF
Menispermaceae	Odontocarya	(1 unidentified sp.)	V	RF
Menispermaceae	Telitoxicum	(1 unidentified sp.)	V	RF
Menispermaceae	(7 unidentified spp.)		V	RF
Monimiaceae	Mollinedia	killipii	T/S	HB5302
Monimiaceae	Mollinedia	(1 unidentified sp.)	T/S	RF
Monimiaceae	Siparuna	guianensis	T/S	RF

PLANTAS / PLANTS

Familia/Family	Género/Genus	Especie/Species	Forma de Vida/Habit	Fuente/Source
Monimiaceae	*Siparuna*	*obstipa*	T/S	NP8353
Monimiaceae	*Siparuna*	(3 unidentified spp.)	S	HB5397, RF
Moraceae	*Batocarpus*	*amazonicus*	T	NP8735
Moraceae	*Batocarpus*	*orinocensis*	T	NP8441
Moraceae	*Brosimum*	*guianense*	T	NP8706/8829
Moraceae	*Brosimum*	*lactescens*	T	NP8391/8438/8446/ 8547
Moraceae	*Brosimum*	*parinarioides*	T	RF
Moraceae	*Brosimum*	*potabile*	T	NP8471/8546
Moraceae	*Brosimum*	*rubescens*	T	NP8254
Moraceae	*Brosimum*	*utile*	T	NP8467
Moraceae	*Castilla*	*ulei*	T	RF
Moraceae	*Clarisia*	*biflora*	T	RF
Moraceae	*Clarisia*	*racemosa*	T	RF
Moraceae	*Ficus*	*americana*	T	RF
Moraceae	*Ficus*	*caballina*	E	RF
Moraceae	*Ficus*	*gomelleira*	T	NP8443
Moraceae	*Ficus*	*guianensis*	T	RF
Moraceae	*Ficus*	*insipida*	T	RF
Moraceae	*Ficus*	*maxima*	T	RF
Moraceae	*Ficus*	*nymphaeifolia*	T	RF
Moraceae	*Ficus*	*paraensis*	E	RF
Moraceae	*Ficus*	*piresiana*	T	RF
Moraceae	*Ficus*	*popenoei*	T	RF
Moraceae	*Ficus*	*schultesii*	T	RF
Moraceae	*Ficus*	*sphenophylla*	T	NP8922
Moraceae	*Ficus*	*tonduzii*	T	RF
Moraceae	*Ficus*	*vitatta*	T	NP8645
Moraceae	*Ficus*	(3 unidentified spp.)	T	RF
Moraceae	*Helicostylis*	*guianensis*	T	RG
Moraceae	*Helicostylis*	*scabra*	T	NP8463/8482/8511
Moraceae	*Helicostylis*	*tomentosa*	T	NP8274, RG1801
Moraceae	*Maclura*	*tinctoria*	T	RG1752

LEYENDA/ LEGEND

Forma de Vida/Habit

E = Epífita/Epiphyte
H = Hierba terrestre/ Terrestrial herb
S = Arbusto/Shrub
T = Árbol/Tree
V = Trepadora/Climber

Fuente/Source

HB = Colecciones de Hamilton Beltrán/ Hamilton Beltrán collections
NP = Colecciones de Nigel Pitman/ Nigel Pitman collections
RF = Fotos o observaciones de campo de Robin Foster/Robin Foster photographs or field identifications

RG = Colecciones o observaciones de campo de Roosevelt García/ Roosevelt García collections or field identifications

PLANTAS / PLANTS				
Familia/Family	Género/Genus	Especie/Species	Forma de Vida/Habit	Fuente/Source
Moraceae	*Maquira*	*calophylla*	T	NP8357/8736/9050
Moraceae	*Maquira*	*coriacea*	T	RF
Moraceae	*Naucleopsis*	*concinna*	T	NP8286/8459
Moraceae	*Naucleopsis*	*glabra*	T	NP8387/9012
Moraceae	*Naucleopsis*	*imitans*	T	NP8290/8434/8741
Moraceae	*Naucleopsis*	*krukovii*	T	RG
Moraceae	*Naucleopsis*	*oblongifolia*	T	NP8584, RG1795
Moraceae	*Naucleopsis*	*ulei*	T	NP8568/8777/8347, RG1805
Moraceae	*Naucleopsis*	(2 unidentified spp.)	T	HB5583, RF
Moraceae	*Perebea*	*guianensis*-1	T	RF
Moraceae	*Perebea*	*guianensis*-2	T	NP8717/8847
Moraceae	*Perebea*	*humilis*	S	RF
Moraceae	*Perebea*	*longepedunculata*	T	NP8267
Moraceae	*Perebea*	*mennegae*	S	HB5344
Moraceae	*Perebea*	*mollis*	T	NP8832/8767
Moraceae	*Perebea*	*rubra*	T	NP8530/8648
Moraceae	*Perebea*	(2 unidentified spp.)	T/S	HB5457, RF
Moraceae	*Poulsenia*	*armata*	T	RF
Moraceae	*Poulsenia*	(1 unidentified sp.)	T	RG1748
Moraceae	*Pseudolmedia*	*laevigata*	T	NP8275/8409/8498, RG1768
Moraceae	*Pseudolmedia*	*laevis*	T	RF
Moraceae	*Pseudolmedia*	*macrophylla*	T	NP8709
Moraceae	*Pseudolmedia*	*rigida*	T	NP8634/8800
Moraceae	*Sorocea*	*muriculata*	S	RF
Moraceae	*Sorocea*	*pubivena*	T	NP8868
Moraceae	*Sorocea*	*steinbachii*	T	NP8664
Moraceae	*Sorocea*	(1 unidentified sp.)	T	RF
Moraceae	*Trophis*	*racemosa*	T	RF
Moraceae	*Trymatococcus*	*amazonicus*	T	NP8276/8577, RG1783
Moraceae	(1 unidentified sp.)		T	NP8439
Myristicaceae	*Compsoneura*	*capitellata*	T/S	RG1828
Myristicaceae	*Iryanthera*	*crassifolia*	T	RG
Myristicaceae	*Iryanthera*	*elliptica*	T	NP8521/9021
Myristicaceae	*Iryanthera*	*juruensis*	T	HB5439
Myristicaceae	*Iryanthera*	*laevis*	T	RG
Myristicaceae	*Iryanthera*	*macrophylla*	T	NP8295
Myristicaceae	*Iryanthera*	*multinervia*	T	RG1749
Myristicaceae	*Iryanthera*	*paraensis* cf.	T	NP9041, RG1829
Myristicaceae	*Iryanthera*	*tessmannii*	T	RG

PLANTAS / PLANTS

Familia/Family	Género/Genus	Especie/Species	Forma de Vida/Habit	Fuente/Source
Myristicaceae	*Iryanthera*	*tricornis*	T	RG
Myristicaceae	*Iryanthera*	*ulei* cf.	T	NP8654/8296
Myristicaceae	*Iryanthera*	(7 unidentified spp.)	T	HB, NP
Myristicaceae	*Osteophloeum*	*platyspermum*	T	RF
Myristicaceae	*Otoba*	*glycicarpa*	T	RF
Myristicaceae	*Otoba*	*parvifolia*	T	NP8712
Myristicaceae	*Virola*	*caducifolia*	T	RG1774
Myristicaceae	*Virola*	*calophylla*	T	RF
Myristicaceae	*Virola*	*decorticans*	T	RG
Myristicaceae	*Virola*	*duckei*	T	RF
Myristicaceae	*Virola*	*elongata*	T/S	NP8259/8279/8527, RG1822
Myristicaceae	*Virola*	*flexuosa*	T	RF
Myristicaceae	*Virola*	*loretensis*	T	HB5460, RG1745
Myristicaceae	*Virola*	*marlenei*	T	NP8533
Myristicaceae	*Virola*	*mollissima*	T	RF
Myristicaceae	*Virola*	*multinervia*	T	NP8775
Myristicaceae	*Virola*	*pavonis*	T	RF
Myristicaceae	*Virola*	*peruviana*	T	NP8558/8768/8795, RG1821
Myristicaceae	*Virola*	*sebifera* cf.	T	NP8457
Myristicaceae	*Virola*	*surinamensis*	T	RF
Myristicaceae	*Virola*	(5 unidentified spp.)	T	NP, RG, RF
Myrsinaceae	*Ardisia*	(1 unidentified sp.)	S	HB5608
Myrsinaceae	*Parathesis*	(1 unidentified sp.)	S	HB5559
Myrsinaceae	*Stylogyne*	*cauliflora*	S	HB5596
Myrtaceae	*Calyptranthes*	*bipennis*	S	RF
Myrtaceae	*Calyptranthes*	*plicata*	S	RF
Myrtaceae	*Calyptranthes*	*speciosa*	T	RF
Myrtaceae	*Calyptranthes*	(5 unidentified spp.)	T/S	HB5718, RF
Myrtaceae	*Campomanesia*	*lineatifolia*	T	RF
Myrtaceae	*Eugenia*	*feijoi*	T	NP8796
Myrtaceae	*Eugenia*	(12 unidentified spp.)	T/S	HB, RF

LEYENDA/
LEGEND

Forma de Vida/Habit

E = Epífita/Epiphyte
H = Hierba terrestre/ Terrestrial herb
S = Arbusto/Shrub
T = Árbol/Tree
V = Trepadora/Climber

Fuente/Source

HB = Colecciones de Hamilton Beltrán/ Hamilton Beltrán collections
NP = Colecciones de Nigel Pitman/ Nigel Pitman collections
RF = Fotos o observaciones de campo de Robin Foster/Robin Foster photographs or field identifications
RG = Colecciones o observaciones de campo de Roosevelt García/ Roosevelt García collections or field identifications

PLANTAS / PLANTS				
Familia/Family	Género/Genus	Especie/Species	Forma de Vida/Habit	Fuente/Source
Myrtaceae	*Myrcia*	(6 unidentified spp.)	T/S	RF
Myrtaceae	*Plinia*	(1 unidentified sp.)	T	RF
Myrtaceae	(17 unidentified spp.)		T/S	NP
Nyctaginaceae	*Neea*	(10 unidentified spp.)	S	HB, NP
Nyctaginaceae	(4 unidentified spp.)		T	NP8779/8369/8298/ 8444
Ochnaceae	*Cespedesia*	*spathulata*	T	RF
Ochnaceae	*Ouratea*	*amplifolia* cf.	T/S	RF
Ochnaceae	*Ouratea*	*iquitosensis* cf.	T/S	RF
Ochnaceae	*Ouratea*	(1 unidentified sp.)	T/S	HB5513
Ochnaceae	*Sauvagesia*	*erecta*	H	RF
Olacaceae	*Aptandra*	*tubicina*	T	NP8544
Olacaceae	*Cathedra*	*acuminata*	T/S	NP8437/8805/8951
Olacaceae	*Dulacia*	*candida*	S	HB5373
Olacaceae	*Heisteria*	*acuminata*	T	NP8921
Olacaceae	*Heisteria*	*duckei*	T	NP8442, RG1804
Olacaceae	*Heisteria*	*spruceana* cf.	T	NP8643
Olacaceae	*Heisteria*	(2 unidentified spp.)	T	HB5795, NP8412
Olacaceae	*Minquartia*	*guianensis*	T	RF
Olacaceae	*Tetrastylidium*	*peruvianum*	T	NP8525/8714
Olacaceae	(1 unidentified sp.)		T	NP8650
Onagraceae	*Ludwigia*	*hyssopifolia*	H	RF
Opiliaceae	*Agonandra*	*silvatica*	T	NP8237/8420/8592/ 8627
Opiliaceae	*Agonandra*	(3 unidentified spp.)	T	NP8748/8715/8737/ 8840
Orchidaceae	*Cochleanthes*	*amazonica*	E	HB
Orchidaceae	*Dichaea*	(2 unidentified spp.)	E	RF
Orchidaceae	*Maxillaria*	(4 unidentified spp.)	E	HB, RF
Orchidaceae	*Palmorchis*	(1 unidentified sp.)	H	HB
Orchidaceae	*Polystachya*	(1 unidentified sp.)	E	RF
Orchidaceae	*Sobralia*	(1 unidentified sp.)	E	RF
Orchidaceae	*Stelis*	(1 unidentified sp.)	E	RF
Orchidaceae	(1 unidentified sp.)		E	RF
Oxalidaceae	*Biophytum*	*somnians*	H	HB5444
Passifloraceae	*Dilkea*	(4 unidentified spp.)	S/V	HB5477, RF
Passifloraceae	*Passiflora*	*amalocarpa*	V	RF
Passifloraceae	*Passiflora*	*auriculata*	V	RF
Passifloraceae	*Passiflora*	*coccinea*	V	RF
Passifloraceae	*Passiflora*	*nitida*	V	HB5633
Passifloraceae	*Passiflora*	*speciosa* cf.	V	RF

PLANTAS / PLANTS

Familia/Family	Género/Genus	Especie/Species	Forma de Vida/Habit	Fuente/Source
Phytolaccaceae	*Seguiera*	(1 unidentified sp.)	V	RF
Picramniaceae	*Picramnia*	(4 unidentified spp.)	S	HB5725, RF
Picramniaceae	*Picrolemma*	*sprucei*	S	HB5625
Piperaceae	*Peperomia*	*macrostachya*	E	RF
Piperaceae	*Peperomia*	*serpens*	E	RF
Piperaceae	*Peperomia*	(4 unidentified spp.)	E	HB5547/5498, RF
Piperaceae	*Piper*	*arboreum*	S	RF
Piperaceae	*Piper*	*augustum*	S	RF
Piperaceae	*Piper*	*coruscans*	S	RF
Piperaceae	*Piper*	*hispidum* cf.	S	HB5704
Piperaceae	*Piper*	*obliquum*	S	HB5561
Piperaceae	*Piper*	*reticulatum*	S	RF
Piperaceae	*Piper*	*strigosum* cf.	S	HB5499
Piperaceae	*Piper*	(6 unidentified spp.)	S	HB, RF
Poaceae	*Olyra*	(3 unidentified spp.)	H	RF
Poaceae	*Panicum*	*grande*	H	RF
Poaceae	*Pariana*	(3 unidentified spp.)	H	HB5793/5573, RF
Poaceae	*Pharus*	*latifolius*	H	RF
Poaceae	*Pharus*	(1 unidentified sp.)	H	RF
Poaceae	(5 unidentified spp.)		H	HB5370/5372, RF
Polygalaceae	*Moutabea*	*aculeata*	V	HB5591
Polygonaceae	*Coccoloba*	*densifrons*	T	NP8602/8794/9027
Polygonaceae	*Coccoloba*	*mollis*	T	RF
Polygonaceae	*Coccoloba*	(3 unidentified spp.)	V/T	RF
Polygonaceae	*Triplaris*	*americana*	T	RF
Polygonaceae	*Triplaris*	*weigeltiana*	T	RF
Proteaceae	*Panopsis*	(1 unidentified sp.)	T	RF
Quiinaceae	*Froesia*	*diffusa*	T	HB5802
Quiinaceae	*Lacunaria*	*jenmanii*	T	HB5681
Quiinaceae	*Lacunaria*	(1 unidentified sp.)	T	HB5681, RF
Quiinaceae	*Quiina*	*amazonica*	T	HB5626
Quiinaceae	*Quiina*	*klugii*	T	HB5361
Quiinaceae	*Quiina*	*nitens*	T	NP8637/8732/9014

LEYENDA/
LEGEND

Forma de Vida/Habit

E = Epífita/Epiphyte
H = Hierba terrestre/
Terrestrial herb
S = Arbusto/Shrub
T = Árbol/Tree
V = Trepadora/Climber

Fuente/Source

HB = Colecciones de Hamilton Beltrán/
Hamilton Beltrán collections
NP = Colecciones de Nigel Pitman/
Nigel Pitman collections
RF = Fotos o observaciones de campo
de Robin Foster/Robin Foster
photographs or field identifications

RG = Colecciones o observaciones de
campo de Roosevelt García/
Roosevelt García collections or
field identifications

PLANTAS / PLANTS

Familia/Family	Género/Genus	Especie/Species	Forma de Vida/Habit	Fuente/Source
Quiinaceae	Quiina	(2 unidentified spp.)	T	RF
Quiinaceae	Touroulia	amazonica	T	RF
Rapateaceae	Rapatea	paludosa cf.	H	HB5379
Rhamnaceae	Colubrina	(1 unidentified sp.)	T	NP9023
Rhamnaceae	Gouania	cornifolia	V	HB5627
Rhamnaceae	Rhamnidium	elaeocarpum	T	HB5733
Rubiaceae	Alibertia	(1 unidentified sp.)	S	RF
Rubiaceae	Amaioua	corymbosa	T	NP8677/8682/8783/ 8864
Rubiaceae	Bothriospora	corymbosa	T/S	HB5296
Rubiaceae	Calycophyllum	megistocaulum	T	RF
Rubiaceae	Calycophyllum	spruceanum	T	RF
Rubiaceae	Capirona	decorticans	T	HB5485
Rubiaceae	Chimarrhis	glabrifolia cf.	T	NP8685/8693
Rubiaceae	Chomelia	klugii	S	RF
Rubiaceae	Coussarea	(4 unidentified spp.)	S	HB5720/5517, RF
Rubiaceae	Duroia	hirsuta	T/S	5331
Rubiaceae	Duroia	(1 unidentified sp.)	T	RF
Rubiaceae	Faramea	anisocalyx	S	HB5412
Rubiaceae	Faramea	axillaris	S	HB5737
Rubiaceae	Faramea	capillipes	S	HB5696, HB5534
Rubiaceae	Faramea	multiflora	S	HB5467
Rubiaceae	Faramea	(3 unidentified spp.)	S	HB5342/5797, RF
Rubiaceae	Ferdinandusa	(1 unidentified sp.)	S/T	RF
Rubiaceae	Geophila	cordifolia	H	RF
Rubiaceae	Geophila	repens	H	HB5354
Rubiaceae	Gonzalagunia	bunchosioides	S	HB5553
Rubiaceae	Gonzalagunia	(1 unidentified sp.)	S	RF
Rubiaceae	Hippotis	albiflora	T	HB5750
Rubiaceae	Ixora	intensa	S	HB5756, HB5496
Rubiaceae	Ixora	killipii	T/S	HB5510
Rubiaceae	Ixora	panurensis	S	HB5690, HB5402
Rubiaceae	Ixora	(2 unidentified spp.)	S	HB5349/5503
Rubiaceae	Notopleura	(4 unidentified spp.)	S	HB5527/5545/5323, RF
Rubiaceae	Palicourea	berteriana	S	HB5406
Rubiaceae	Palicourea	lachnantha	S	HB5479
Rubiaceae	Palicourea	nigricans	S	HB5292
Rubiaceae	Palicourea	subspicata	S	RF
Rubiaceae	Palicourea	(1 unidentified sp.)	S	RF
Rubiaceae	Pentagonia	gigantifolia	S	HB5685

PLANTAS / PLANTS

Familia/Family	Género/Genus	Especie/Species	Forma de Vida/Habit	Fuente/Source
Rubiaceae	*Pentagonia*	*macrophylla* cf.	S/T	NP8713
Rubiaceae	*Pentagonia*	*parvifolia* cf.	T	RF
Rubiaceae	*Posoqueria*	*latifolia*	T	RG1819
Rubiaceae	*Psychotria*	*iodotricha*	S	HB5407/5793
Rubiaceae	*Psychotria*	*lupulina*	S	HB5758
Rubiaceae	*Psychotria*	*marcgraviella*	S	HB5794/5668
Rubiaceae	*Psychotria*	*marginata*	S	RF
Rubiaceae	*Psychotria*	*poeppigiana*	S	RF
Rubiaceae	*Psychotria*	*racemosa*	S	RF
Rubiaceae	*Psychotria*	*stenostachya*	S	RF
Rubiaceae	*Psychotria*	*trichocephala*	S	RF
Rubiaceae	*Psychotria*	(23 unidentified spp.)	S	HB, RF
Rubiaceae	*Randia*	(1 unidentified sp.)	S	HB5506
Rubiaceae	*Remijia*	*peruviana*	T	NP8485
Rubiaceae	*Rudgea*	*coussarioides* cf.	S	HB5312
Rubiaceae	*Rudgea*	*sessiliflora*	S	RF
Rubiaceae	*Rudgea*	(7 unidentified spp.)	S	HB, RF
Rubiaceae	*Simira*	*rubescens*	S	NP8472
Rubiaceae	*Stachyococcus*	*adinanthus*	S/T	HB5478
Rubiaceae	*Uncaria*	*guianensis*	V	RF
Rubiaceae	*Warszewiczia*	*coccinea*	T	RF
Rubiaceae	*Warszewiczia*	*schwackei*	T	RF
Rubiaceae	(9 unidentified spp.)		T/S	NP, RF
Rutaceae	*Angostura*	(1 unidentified sp.)	S/T	HB5391
Rutaceae	*Galipea*	(1 unidentified sp.)	S	HB, NP8380
Rutaceae	*Raputia*	*hirsuta*	S	HB5743
Rutaceae	*Zanthoxylum*	(2 unidentified spp.)	T	RF
Rutaceae	(1 unidentified sp.)		T	RF
Sabiaceae	*Meliosma*	*loretoyacuensis* cf.	T	NP8225/8312/8470
Sabiaceae	*Meliosma*	(2 unidentified spp.)	T	NP8876, RF
Sabiaceae	*Ophiocaryum*	*manausense*	S/T	NP8306/8397
Sapindaceae	*Allophylus*	*dodsonii* cf.	T	RG1792
Sapindaceae	*Allophylus*	*glabratus* cf.	T	HB5571

LEYENDA/
LEGEND

Forma de Vida/Habit

E = Epífita/Epiphyte
H = Hierba terrestre/ Terrestrial herb
S = Arbusto/Shrub
T = Árbol/Tree
V = Trepadora/Climber

Fuente/Source

HB = Colecciones de Hamilton Beltrán/ Hamilton Beltrán collections
NP = Colecciones de Nigel Pitman/ Nigel Pitman collections
RF = Fotos o observaciones de campo de Robin Foster/Robin Foster photographs or field identifications

RG = Colecciones o observaciones de campo de Roosevelt García/ Roosevelt García collections or field identifications

PLANTAS / PLANTS				
Familia/Family	Género/Genus	Especie/Species	Forma de Vida/Habit	Fuente/Source
Sapindaceae	*Allophylus*	*pilosus*	T/S	HB5711
Sapindaceae	*Allophylus*	(1 unidentified sp.)	T	NP9043/8639
Sapindaceae	*Cupania*	(1 unidentified sp.)	T	RF
Sapindaceae	*Matayba*	(5 unidentified spp.)	T	HB, NP, RF
Sapindaceae	*Paullinia*	*bracteosa*	V	RF
Sapindaceae	*Paullinia*	*grandifolia*	V	RF
Sapindaceae	*Paullinia*	*rugosa*	V	RF
Sapindaceae	*Paullinia*	(13 unidentified spp.)	V	HB5751/5693/5652/5658, RF
Sapindaceae	*Serjania*	(3 unidentified spp.)	V	HB5634, RF
Sapindaceae	*Talisia*	*japurensis*	T	NP8349
Sapindaceae	*Talisia*	(2 unidentified spp.)	T	RF
Sapindaceae	(2 unidentified spp.)		T	NP8418, RF
Sapotaceae	*Ecclinusa*	*guianensis* cf.	T	NP8269
Sapotaceae	*Ecclinusa*	*lanceolata*	T	NP8269/8330/8672/8704/9036
Sapotaceae	*Ecclinusa*	(1 unidentified sp.)	T	HB5734
Sapotaceae	*Manilkara*	*bidentata*	T	RF
Sapotaceae	*Micropholis*	*cylindrocarpa*	T	NP8326
Sapotaceae	*Micropholis*	*egensis*	T	NP8229/8363/8448, RG1817
Sapotaceae	*Micropholis*	*guyanensis*	T	NP8236/8350/8753/8831
Sapotaceae	*Micropholis*	*venulosa*	T	NP8946
Sapotaceae	*Micropholis*	(3 unidentified spp.)	T	RG1826, RF
Sapotaceae	*Pouteria*	*bilocularis*	T	NP8432/8651/8863
Sapotaceae	*Pouteria*	*caimito* cf.	T	NP8358/8484/8534
Sapotaceae	*Pouteria*	*cuspidata*	T	NP8738/8813, RG1811
Sapotaceae	*Pouteria*	*durlandii* cf.	T	NP8620/8675/8879/9038
Sapotaceae	*Pouteria*	*krukovii*	T	NP8782
Sapotaceae	*Pouteria*	*oblanceolata*	T	NP8294/8479
Sapotaceae	*Pouteria*	*platyphylla* cf.	T	NP8495
Sapotaceae	*Pouteria*	*purusiana*	T	NP8396/8659/8846
Sapotaceae	*Pouteria*	*sclerocarpa*	T	NP9011
Sapotaceae	*Pouteria*	*torta*	T	NP8603/8757
Sapotaceae	*Pouteria*	*trilocularis*	T	NP8390/8696
Sapotaceae	*Pouteria*	(27 unidentified spp.)	T	NP, RG, RF
Sapotaceae	*Sarcaulus*	*brasiliensis*	T	NP8668
Sapotaceae	(10 unidentified spp.)		T	HB, NP, RG, RF
Scrophulariaceae	*Lindernia*	(1 unidentified sp.)	H	RF

PLANTAS / PLANTS

Familia/Family	Género/Genus	Especie/Species	Forma de Vida/Habit	Fuente/Source
Simaroubaceae	*Simaba*	*polyphylla* cf.	T	NP8232/8297/8615
Simaroubaceae	*Simarouba*	*amara*	T	NP8371, RG1771
Smilacaceae	*Smilax*	(2 unidentified spp.)	V	HB5764/5297
Solanaceae	*Cestrum*	*megalophyllum*	S	RF
Solanaceae	*Cestrum*	(2 unidentified spp.)	S	HB5511/5620
Solanaceae	*Cyphomandra*	(1 unidentified sp.)	S	RF
Solanaceae	*Lycianthes*	(1 unidentified sp.)	S	RF
Solanaceae	*Markea*	*ulei*	E	HB5358
Solanaceae	*Solanum*	*barbeyanum*	V	HB5730
Solanaceae	*Solanum*	*lepidotum*	S	HB5317
Solanaceae	*Solanum*	*leptopodum* cf.	S	RF
Solanaceae	*Solanum*	*monadelphum* cf.	S	HB5314
Solanaceae	*Solanum*	*nemorense*	S	RF
Solanaceae	*Solanum*	*oppositifolium*	S	HB5320
Solanaceae	*Solanum*	*pedemontanum*	S	HB5648
Solanaceae	*Solanum*	(3 unidentified spp.)	S/V	HB5504/5320/5324
Staphyleaceae	*Huertea*	*glandulosa*	T	RF
Staphyleaceae	*Turpinia*	*occidentalis*	T	RF
Sterculiaceae	*Byttneria*	*fulva*	V	HB5650
Sterculiaceae	*Byttneria*	(1 unidentified sp.)	V	RF
Sterculiaceae	*Herrania*	*nycterodendron*	S	HB5393
Sterculiaceae	*Herrania*	*mariae*	S	HB5778
Sterculiaceae	*Pterygota*	*amazonica*	T	RF
Sterculiaceae	*Sterculia*	*apetala*	T	RF
Sterculiaceae	*Sterculia*	(8 unidentified spp.)	T	NP
Sterculiaceae	*Theobroma*	*cacao*	T	NP8721/9024
Sterculiaceae	*Theobroma*	*obovatum*	T	NP8574
Sterculiaceae	*Theobroma*	*speciosum*	T	RF
Sterculiaceae	*Theobroma*	*subincanum*	T	NP8313
Sterculiaceae	*Theobroma*	(1 unidentified sp.)	T	NP8313, RG1764
Theaceae	*Gordonia*	*fruticosa*	T	NP8431
Theophrastaceae	*Clavija*	*elliptica*	S	HB5605
Theophrastaceae	*Clavija*	(2 unidentified spp.)	S	RF

LEYENDA/
LEGEND

Forma de Vida/Habit

E = Epífita/Epiphyte
H = Hierba terrestre/ Terrestrial herb
S = Arbusto/Shrub
T = Árbol/Tree
V = Trepadora/Climber

Fuente/Source

HB = Colecciones de Hamilton Beltrán/ Hamilton Beltrán collections
NP = Colecciones de Nigel Pitman/ Nigel Pitman collections
RF = Fotos o observaciones de campo de Robin Foster/Robin Foster photographs or field identifications

RG = Colecciones o observaciones de campo de Roosevelt García/ Roosevelt García collections or field identifications

PLANTAS / PLANTS				
Familia/Family	Género/Genus	Especie/Species	Forma de Vida/Habit	Fuente/Source
Thymelaeaceae	(1 unidentified sp.)		S	HB5580
Tiliaceae	Apeiba	membranacea	T	RF
Tiliaceae	Apeiba	tibourbou	T	NP9010
Tiliaceae	Luehea	cymulosa	T	RF
Tiliaceae	Lueheopsis	rosea	T	NP8285/8515
Tiliaceae	Mollia	(1 unidentified sp.)	T	RF
Triuridaceae	Sciaphila	purpurea	H	HB5352
Ulmaceae	Ampelocera	edentula	T	NP9005
Ulmaceae	Ampelocera	ruizii cf.	T	NP8880/8893
Ulmaceae	Ampelocera	(1 unidentified sp.)	T	NP8317/8871
Ulmaceae	Celtis	iguanaea	V	RF
Ulmaceae	Celtis	schippii	T	RF
Ulmaceae	Trema	micrantha	T	RF
Urticaceae	Pilea	(3 unidentified spp.)	H	HB5516, RF
Urticaceae	Pouzolzia	formicaria	S	HB5665
Urticaceae	Urera	baccifera	S	HB5639
Urticaceae	(1 unidentified sp.)		S	HB5629
Verbenaceae	Aegiphila	haughtii	S	HB5438
Verbenaceae	Aegiphila	(2 unidentified spp.)	S/V	HB5733, RF
Verbenaceae	Lantana	camara	S	RF
Verbenaceae	Petrea	(2 unidentified spp.)	V	RF
Verbenaceae	Vitex	(1 unidentified sp.)	T	RF
Violaceae	Corynostylis	arborea	V	HB5701
Violaceae	Gloeospermum	sphaerocarpum	T	HB5428
Violaceae	Gloeospermum	(2 unidentified spp.)	T	RF
Violaceae	Hybanthus	prunifolius	S	HB5512
Violaceae	Leonia	crassa	T	HB5431
Violaceae	Leonia	cymosa	S	HB5291
Violaceae	Leonia	glycycarpa	T	RF
Violaceae	Paypayrola	grandiflora	T	HB5753
Violaceae	Rinorea	apiculata	T	NP8412/8604/8687/ 8784/8887
Violaceae	Rinorea	lindeniana	S	HB5536
Violaceae	Rinorea	.racemosa	T	NP8257/8373
Violaceae	Rinorea	viridifolia	S	HB5777
Violaceae	Rinorea	(2 unidentified spp.)	S	NP8842, RG1830
Violaceae	(1 unidentified sp.)		T	NP8914
Vitaceae	Cissus	(2 unidentified spp.)	V	HB5646, RF
Vochysiaceae	Erisma	bicolor	T	NP8553
Vochysiaceae	Qualea	acuminata cf.	T	RF

PLANTAS / PLANTS

Familia/Family	Género/Genus	Especie/Species	Forma de Vida/Habit	Fuente/Source
Vochysiaceae	*Qualea*	(1 unidentified sp.)	T	RF
Vochysiaceae	*Vochysia*	*lomatophylla* cf.	T	RF
Vochysiaceae	*Vochysia*	(2 unidentified spp.)	T	NP8912/8272
Zingiberaceae	*Renealmia*	*breviscapa*	H	HB5401
Zingiberaceae	*Renealmia*	*thyrsoidea*	H	RF
Zingiberaceae	*Renealmia*	(1 unidentified sp.)	H	HB5529
–Family Indet	(15 unidentified spp.)		T/S/V	HB, NP, RF
–Pteridophyta	*Adiantum*	*latifolium*	H	HB5631
–Pteridophyta	*Adiantum*	*pulverulentum*	H	NP8958, RG1895
–Pteridophyta	*Adiantum*	*terminatum*	H	HB5311, RG1868
–Pteridophyta	*Adiantum*	*tomentosum*	H	HB5623, RG1872
–Pteridophyta	*Anetium*	*citrifolium*	E	RF
–Pteridophyta	*Antrophium*	*guyanense*	E	HB5560
–Pteridophyta	*Asplenium*	*angustum*	E	HB5327/5735
–Pteridophyta	*Asplenium*	*hallii*	E	HB5371, RG1882
–Pteridophyta	*Asplenium*	*juglandifolium*	E	HB5589
–Pteridophyta	*Asplenium*	*pearcei*	E	HB5306
–Pteridophyta	*Asplenium*	*radicans*	H	HB5305
–Pteridophyta	*Asplenium*	*serratum*	E	RG1880
–Pteridophyta	*Campyloneurum*	(2 unidentified spp.)	E	HB5309, RF
–Pteridophyta	*Cnemidaria*	*ewanii*	S	HB5368
–Pteridophyta	*Cyathea*	*bradei*	S	RG1863
–Pteridophyta	*Cyathea*	*lasiosora*	S	RF
–Pteridophyta	*Cyathea*	(2 unidentified spp.)	S	HB5549/5310
–Pteridophyta	*Cyclodium*	*meniscioides*	H	RG1888
–Pteridophyta	*Cyclopeltis*	*semicordata*	H	RG1879
–Pteridophyta	*Danaea*	(3 unidentified spp.)	H	RG1869, RF
–Pteridophyta	*Dicranopteris*	*pectinata* cf.	V	RF
–Pteridophyta	*Didymochlaena*	*truncatula*	H	HB5307
–Pteridophyta	*Diplazium*	*pinnatifidum*	H	HB5332
–Pteridophyta	*Diplazium*	(2 unidentified spp.)	H	HB5550, RF
–Pteridophyta	*Elaphoglossum*	(2 unidentified spp.)	E	HB5578, RF
–Pteridophyta	*Lindsaea*	*lancea*	H	HB5617, RG1870

LEYENDA/
LEGEND

Forma de Vida/Habit

E = Epífita/Epiphyte
H = Hierba terrestre/
    Terrestrial herb
S = Arbusto/Shrub
T = Árbol/Tree
V = Trepadora/Climber

Fuente/Source

HB = Colecciones de Hamilton Beltrán/
    Hamilton Beltrán collections
NP = Colecciones de Nigel Pitman/
    Nigel Pitman collections
RF = Fotos o observaciones de campo
    de Robin Foster/Robin Foster
    photographs or field identifications

RG = Colecciones o observaciones de
    campo de Roosevelt García/
    Roosevelt García collections or
    field identifications

Plantas/Plants

PLANTAS / PLANTS				
Familia/Family	Género/Genus	Especie/Species	Forma de Vida/Habit	Fuente/Source
−Pteridophyta	Lindsaea	ulei	H	RF
−Pteridophyta	Lomariopsis	japurensis	E	HB5686
−Pteridophyta	Lomariopsis	nigropaleata cf.	E	RG1875/1846
−Pteridophyta	Lomariopsis	prieuriana	E	RG1845
−Pteridophyta	Lomariopsis	(1 unidentified sp.)	E	RF
−Pteridophyta	Lygodium	volubile	V	HB5746
−Pteridophyta	Microgramma	fuscopunctata	E	RF
−Pteridophyta	Microgramma	megalophylla	E	HB5419
−Pteridophyta	Microgramma	percussa	E	HB5598
−Pteridophyta	Microgramma	reptans	E	RF
−Pteridophyta	Nephrolepis	(1 unidentified sp.)	E	RF
−Pteridophyta	Niphidium	(1 unidentified sp.)	E	RF
−Pteridophyta	Pityrogramma	calomelanos	H	RF
−Pteridophyta	Polybotrya	pubens	E	RG1862/1848
−Pteridophyta	Polybotrya	(1 unidentified sp.)	E	RF
−Pteridophyta	Polypodium	(1 unidentified sp.)	E	HB5687
−Pteridophyta	Saccoloma	inaequale	H	RG1850/1865
−Pteridophyta	Salpichlaena	volubilis	V	RF
−Pteridophyta	Selaginella	exaltata	V	RF
−Pteridophyta	Selaginella	parkeri	H	RG1849
−Pteridophyta	Selaginella	(2 unidentified spp.)	H	HB5740/5366/5362
−Pteridophyta	Tectaria	incisa	H	RF
−Pteridophyta	Tectaria	(1 unidentified sp.)	H	RF
−Pteridophyta	Thelypteris	macrophylla	H	HB5674, NP8589
−Pteridophyta	Trichomanes	ankersii	E	RF
−Pteridophyta	Trichomanes	carolianum	E	HB5384
−Pteridophyta	Trichomanes	elegans	H	RG1864
−Pteridophyta	Trichomanes	hostmannianum	H	HB5417
−Pteridophyta	Trichomanes	pinnatum cf.	H	NP8591, RG1871
−Pteridophyta	Trichomanes	(1 unidentified sp.)	E	RF
−Pteridophyta	Vittaria	(1 unidentified sp.)	E	RF
−Pteridophyta	(14 unidentified spp.)		H/E	HB5586/5599/5603/5549, RF

Resúmen de las características de las estaciones de muestreo de peces durante el inventario biológico rápido en marzo y abril de 2003./Summary characteristics of the fish sampling stations during the rapid biological inventory in March and April 2003.

ESTACIONES DE MUESTREO DE PECES/FISH SAMPLING STATIONS

	Quebrada Curacinha	Quebrada Buenavista	Quebrada Limera
Número de estaciones/ Number of stations	8 (E1 a E8)	8 (E9 a E16)	8 (E17 a E24)
Fechas/Dates	26–30 marzo 2003/ 26–30 March 2003	1–6 abril 2003/ 1–6 April 2003	8–10 abril 2003/ 8–10 April 2003
Ambientes/ Environments	lóticos y lénticos/ lotic and lentic	dominancia de lóticos/ mostly lotic (5)	dominancia de lóticos/ mostly lotic (5)
Tipos de agua/ Type of water	dominancia de aguas negras/ mostly black water (6)	dominancia de aguas blancas/ mostly white water (5)	dominancia de aguas negras/ mostly black water (5)
Ancho/Width (m)	2–8	5–9	3–10
Superficie total de muestreo/ Total surface area sampled (m²)	4270	4145	2370
Profundidad/Depth (m)	0.3–1.5	0.7–3	0.5–1.5
Tipo de corriente/ Type of current	lenta/slow	lenta/slow	muy lenta/very slow
Color	marrón y té oscuro/ dark brown	marrón claro/ light brown	marrón claro y té oscuro/ dark brown
Transparencia/ Transparency (cm)	15–25	10–30	15–35
Tipo de substrato/ Type of substrate	limo–arenoso/ silt and sand	limo–arcilloso/ silt and clay	limo–arenoso/ silt and sand
Tipo de orilla/ Type of bank	estrecha–nula/ narrow to none	mediana–nula/ medium to none	estrecha/narrow
Vegetación/ Vegetation	bosque primario/ primary forest	bosque primario/ primary forest	bosque primario/ primary forest
pH	6–6.6	6–6.6	6–6.5
Temperatura del agua/ Water temperature (ºC)	21.5–25	22–24	22–24

Peces/Fish

Peces registrados en la cuenca del río Yavarí durante el inventario biológico rápido de marzo y abril de 2003, por H. Ortega, M. Hidalgo y G. Bértiz, y peces registrados en otros inventarios en la misma región.

PECES / FISH

	Orden y familia/ Order and family	Especie/ Species	Nombre común/ Common name
	Rajiformes		
001	Potamotrygonidae	*Paratrygon aiereba*	Raya amazónica
002	Potamotrygonidae	*Potamotrygon motoro*	Raya amazónica
003	Potamotrygonidae	*Potamotrygon* sp.	Raya amazónica
	Osteoglossiformes		
004	Arapaimidae	*Arapaima gigas*	Paiche
005	Osteoglossidae	*Osteoglossum bicirrosum*	Arahuana
	Clupeiformes		
006	Clupeidae	*Pellona castelnaeana*	Sardina amarilla
007	Clupeidae	*Pellona flavipinnis*	Sardina amarilla
008	Clupeidae	*Pristigaster* sp.	Pechito
009	Engraulidae	*Anchoviella alleni*	Anchoveta
010	Engraulidae	*Anchoviella* sp. 1	Anchoveta
011	Engraulidae	*Anchoviella* sp. 2	Anchoveta
012	Engraulidae	*Lycengraulis batesi*	Anchoveta
	Characiformes		
013	Anostomidae	*Anostomus* aff. *fasciatus*	Anostomus
014	Anostomidae	*Anostomus taeniatus*	Anostomus
015	Anostomidae	*Anostomus trimaculatus*	Anostomus
016	Anostomidae	*Anostomus* sp.	Anostomus
017	Anostomidae	*Leporinus agassizi*	Lisa
018	Anostomidae	*Leporinus desmotes*	Lisa
019	Anostomidae	*Leporinus fasciatus*	Lisa
020	Anostomidae	*Leporinus friderici*	Lisa
021	Anostomidae	*Leporinus friderici B*	Lisa
022	Anostomidae	*Leporinus* aff. *hyophorus*	Lisa
023	Anostomidae	*Leporinus klausewitzi*	Lisa
024	Anostomidae	*Leporinus* aff. *moralesi*	Lisa
025	Anostomidae	*Leporinus trifasciatus*	Lisa
026	Anostomidae	*Leporinus wolfei*	Lisa
027	Anostomidae	*Leporinus* sp.	Lisa
028	Anostomidae	*Rhytiodus* sp.	Lisa
029	Anostomidae	*Schizodon fasciatus*	Lisa
030	Characidae	*Acestrorhynchus* aff. *falcatus*	Peje zorro

LEYENDA/LEGEND **Usos/Uses**

CS = Consumo de subsistencia/Subsistence consumption
CC = Consumo comercial/Commercial consumption
O = Ornamental

Fish species registered along the Yavarí River during the rapid biological inventory of March–April 2003, by H. Ortega, M. Hidalgo and G. Bértiz, and species recorded in earlier inventories in the same region.

	Río Yavarí, inventario de marzo–abril de 2003/ March–April 2003 inventory			Río Yavarí, inventarios anteriores/ previous inventories		Río Orosa	Usos/Uses
	Quebrada Curacinha	Quebrada Buenavista	Quebrada Limera	INADE 2002 (Sánchez 2003)	MHN-UNMSM-1982 (Ortega 1983)	Cuenca del río Amazonas (Graham 2000)	
001	–	–	–	X	–	–	CC, O
002	–	–	–	X	–	–	CC, O
003	X	–	–	–	–	X	CC, O
004	X	–	–	X	–	–	CS, CC
005	X	–	–	X	–	X	CS, CC, O
006	–	–	–	X	–	X	CS, CC
007	X	X	–	–	–	–	CS, CC
008	X	–	–	–	–	–	CS
009	–	–	–	–	–	X	–
010	X	X	–	–	–	X	–
011	–	X	–	–	–	–	–
012	–	–	–	–	–	X	–
013	–	–	X	–	–	–	CS, O
014	–	–	X	–	–	–	CS, O
015	–	–	X	–	–	–	CS, O
016	–	X	–	–	–	–	CS, O
017	–	–	–	X	–	–	O
018	–	–	–	–	–	X	–
019	–	X	X	X	X	–	O
020	X	X	–	X	–	X	CS, CC, O
021	–	X	–	–	–	–	CS, CC, O
022	–	X	–	–	–	–	O
023	–	–	–	–	–	X	–
024	X	X	X	–	–	–	O
025	–	–	–	X	–	–	CS, CC, O
026	X	–	–	–	–	–	CS, CC, O
027	–	X	–	–	–	–	–
028	X	–	–	–	–	–	CS
029	X	–	–	X	X	–	CS, CC, O
030	X	X	X	–	–	X	CS, CC, O

PECES / FISH		
Orden y familia/ **Order and family**	**Especie/** **Species**	**Nombre común/** **Common name**
031 Characidae	*Acestrorhynchus falcirostris*	Peje zorro
032 Characidae	*Acestrorhynchus sp. B*	Peje zorro
033 Characidae	*Aphyocharax albumus*	Mojarita
034 Characidae	*Aphyocharax sp.*	Mojarita
035 Characidae	*Astyanax anteroides*	Mojara
036 Characidae	*Astyanax bimaculatus*	Mojara
037 Characidae	*Astyanax fasciatus*	Mojara
038 Characidae	*Astyanax maximus*	Mojara
039 Characidae	*Astyanax sp.*	Mojara
040 Characidae	*Brachychalcinus sp.*	Mojara
041 Characidae	*Brycon cephalus*	Sábalo cola roja
042 Characidae	*Brycon melanopterum*	Sábalo cola negra
043 Characidae	*Bryconacidnus sp.*	Mojarita
044 Characidae	*Bryconamericus sp. 1*	Mojarita
045 Characidae	*Bryconamericus sp. 2*	Mojarita
046 Characidae	*Bryconella sp.*	Mojarita
047 Characidae	*Bryconops albumoides*	Mojarita
048 Characidae	*Bryconops inpai*	Mojarita
049 Characidae	*Bryconops melanurus*	Mojarita
050 Characidae	*Bryconops sp. 1*	Mojarita
051 Characidae	*Bryconops sp. 2*	Mojarita
052 Characidae	*Catoprion mento*	Paña come escamas
053 Characidae	*Chalceus macrolepidotus*	Mojara
054 Characidae	*Chalceus sp.*	Mojara
055 Characidae	*Characidium fasciatum*	Mojarita
056 Characidae	*Characidium sp. 1*	Mojarita
057 Characidae	*Characidium sp. 2*	Mojarita
058 Characidae	*Characidium sp. 3*	Mojarita
059 Characidae	*Characidium sp. 4*	Mojarita
060 Characidae	*Characidium sp. 5*	Mojarita
061 Characidae	*Characidium sp. 6*	Mojarita
062 Characidae	*Characidium sp. 7*	Mojarita
063 Characidae	*Charax tectifer*	Dentón
064 Characidae	*Cheirodon piaba*	Mojarita

LEYENDA/LEGEND · **Usos/Uses**

CS   = Consumo de subsistencia/Subsistence consumption
CC   = Consumo comercial/Commercial consumption
O   = Ornamental

	Río Yavarí, inventario de marzo–abril de 2003/ March–April 2003 inventory			Río Yavarí, inventarios anteriores/ previous inventories		Río Orosa	Usos/Uses
	Quebrada Curacinha	Quebrada Buenavista	Quebrada Limera	INADE 2002 (Sánchez 2003)	MHN-UNMSM-1982 (Ortega 1983)	Cuenca del río Amazonas (Graham 2000)	
031	–	–	–	X	–	X	CS, CC, O
032	–	–	X	–	–	–	CS, CC, O
033	–	–	–	–	–	X	O
034	X	X	X	–	–	–	O
035	X	X	–	–	–	–	O
036	X	–	–	–	–	X	O
037	X	–	–	X	–	–	O
038	X	X	–	–	–	–	O
039	X	X	X	–	–	–	O
040	X	X	–	–	–	–	O
041	–	X	X	X	–	–	CS, CC
042	–	X	–	X	–	X	CS, CC
043	X	–	–	–	–	–	O
044	X	X	X	–	–	–	O
045	–	–	X	–	–	–	O
046	X	–	–	–	–	–	O
047	–	–	–	–	–	X	O
048	–	–	–	–	–	X	O
049	X	–	X	–	–	–	O
050	X	X	X	–	–	–	O
051	–	X	–	–	–	–	O
052	–	–	–	–	–	X	O
053	–	–	–	–	–	X	O
054	–	–	X	X	–	X	O
055	–	–	–	–	–	X	O
056	X	X	X	–	–	X	O
057	–	X	–	–	–	X	O
058	X	X	X	–	–	–	O
059	–	X	X	–	–	–	O
060	–	X	X	–	–	–	O
061	X	–	–	–	–	–	O
062	X	X	–	–	–	–	O
063	X	X	X	–	–	X	O
064	–	–	X	–	–	–	O

PECES / FISH

	Orden y familia/ Order and family	Especie/ Species	Nombre común/ Common name
065	Characidae	Cheirodontinae sp. 1	Mojarita
066	Characidae	Cheirodontinae sp. 2	Mojarita
067	Characidae	Cheirodontinae sp. 3	Mojarita
068	Characidae	Cheirodontinae sp. 4	Mojarita
069	Characidae	*Colossoma macropomum*	Gamitana
070	Characidae	*Crenuchus* sp. ?	Mojarita
071	Characidae	*Ctenobrycon* sp.	Mojarita
072	Characidae	*Elacocharax* sp.	Mojarita
073	Characidae	*Galeocharax gulo*	Dentón
074	Characidae	*Gephyrocharax* sp.	Mojara
075	Characidae	Glandulocaudinae sp.	Mojarita
076	Characidae	*Gymnocorymbus* sp.	Mojarita
077	Characidae	*Hemibrycon* sp.	Mojarita
078	Characidae	*Hemigrammus marginatus*	Mojarita, tetra
079	Characidae	*Hemigrammus ocellifer*	Mojarita, tetra
080	Characidae	*Hemigrammus pulcher*	Mojarita, tetra
081	Characidae	*Hemigrammus* sp. 1	Mojarita, tetra
082	Characidae	*Hemigrammus* sp. 2	Mojarita, tetra
083	Characidae	*Hemigrammus* sp. 3	Mojarita, tetra
084	Characidae	*Hemigrammus* sp. 4	Mojarita, tetra
085	Characidae	*Hemigrammus* sp. 5	Mojarita, tetra
086	Characidae	*Hemigrammus* sp. 6	Mojarita, tetra
087	Characidae	*Hemigrammus* sp. 7	Mojarita, tetra
088	Characidae	*Hemigrammus* sp. 8	Mojarita, tetra
089	Characidae	*Holoshestes* sp.	Mojarita
090	Characidae	*Hyphessobrycon agulha*	Mojarita, tetra
091	Characidae	*Hyphessobrycon bentosi*	Mojarita, tetra
092	Characidae	*Hyphessobrycon bentosi B*	Mojarita, tetra
093	Characidae	*Hyphessobrycon copelandi*	Mojarita, tetra
094	Characidae	*Hyphessobrycon erytrostigma*	Mojarita, tetra
095	Characidae	*Hyphessobrycon laevis*	Mojarita, tetra
096	Characidae	*Hyphessobrycon* sp. 1	Mojarita, tetra
097	Characidae	*Hyphessobrycon* sp. 2	Mojarita, tetra
098	Characidae	*Hyphessobrycon* sp. 3	Mojarita, tetra

LEYENDA/LEGEND   **Usos/Uses**

CS   = Consumo de subsistencia/Subsistence consumption
CC   = Consumo comercial/Commercial consumption
O   = Ornamental

	Río Yavarí, inventario de marzo–abril de 2003/ March–April 2003 inventory			Río Yavarí, inventarios anteriories/ previous inventories		Río Orosa	Usos/Uses
	Quebrada Curacinha	Quebrada Buenavista	Quebrada Limera	INADE 2002 (Sánchez 2003)	MHN-UNMSM-1982 (Ortega 1983)	Cuenca del río Amazonas (Graham 2000)	
065	X	X	X	–	–	–	–
066	X	–	X	–	–	–	–
067	–	–	X	–	–	–	–
068	–	X	X	–	–	–	–
069	X	–	–	X	–	X	CS, CC, O
070	X	X	–	–	–	–	O
071	X	X	X	–	X	X	O
072	X	–	–	–	–	X	O
073	X	X	X	–	–	–	O
074	X	–	X	–	–	–	O
075	–	–	X	–	–	–	O
076	–	–	X	–	–	–	O
077	–	–	X	–	–	–	O
078	–	–	–	–	–	X	O
079	–	–	–	–	–	X	O
080	–	–	–	–	–	X	O
081	–	X	–	–	X	X	O
082	X	–	–	–	X	–	O
083	X	–	X	–	X	–	O
084	X	–	–	–	–	–	O
085	X	–	–	–	–	–	O
086	X	X	–	–	–	–	O
087	X	X	X	–	–	–	O
088	X	X	X	–	–	–	O
089	–	X	–	–	–	–	O
090	X	–	X	–	–	–	O
091	X	X	X	–	–	–	O
092	X	X	X	–	–	–	O
093	X	X	X	–	–	X	O
094	X	X	X	–	–	–	O
095	–	–	–	–	–	X	O
096	X	–	X	–	–	X	O
097	–	–	X	–	–	–	O
098	X	–	–	–	–	–	O

PECES / FISH

	Orden y familia/ Order and family	Especie/ Species	Nombre común/ Common name
099	Characidae	*Hyphessobrycon* sp. 4	Mojarita, tetra
100	Characidae	*Iguanodectes* sp.	Mojarita
101	Characidae	*Jupiaba* sp.	Mojarita
102	Characidae	*Knodus beta*	Mojarita
103	Characidae	*Knodus breviceps*	Mojarita
104	Characidae	*Knodus caquetae*	Mojarita
105	Characidae	*Knodus megalops*	Mojarita
106	Characidae	*Knodus moenkhausii*	Mojarita
107	Characidae	*Knodus* sp.	Mojarita
108	Characidae	*Melanocharacidium* sp.	Mojarita
109	Characidae	*Metynnis* sp.	Palometa
110	Characidae	*Microcharacidium* sp.	Mojarita
111	Characidae	*Moenkhausia chrysargyrea*	Mojara
112	Characidae	*Moenkhausia colletti*	Mojara
113	Characidae	*Moenkhausia comma*	Mojara
114	Characidae	*Moenkhausia* aff. *comma*	Mojara
115	Characidae	*Moenkhausia copei*	Mojara
116	Characidae	*Moenkahusia cotinho*	Mojara
117	Characidae	*Moenkhausia dichroura*	Mojara
118	Characidae	*Moenkhausia dichroura B*	Mojara
119	Characidae	*Moenkhausia intermedia*	Mojara
120	Characidae	*Moenkhausia lepidura*	Mojara
121	Characidae	*Moenkahusia oligolepis*	Mojara
122	Characidae	*Moenkahusia oligolepis B*	Mojara
123	Characidae	*Moenkhausia orteguasae*	Mojara
124	Characidae	*Moenkhausia sanctafilomenae*	Mojara
125	Characidae	*Moenkhausia* sp. 1	Mojara
126	Characidae	*Moenkhausia* sp. 2	Mojara
127	Characidae	*Moenkhausia* sp. 3	Mojara
128	Characidae	*Moenkhausia* sp. 4	Mojara
129	Characidae	*Moenkhausia* sp. 5	Mojara
130	Characidae	*Moenkhausia* sp. 6	Mojara
131	Characidae	*Moenkhausia* sp. 7	Mojara
132	Characidae	*Myleus rubripinnis*	Palometa

LEYENDA/LEGEND **Usos/Uses**

CS	= Consumo de subsistencia/Subsistence consumption
CC	= Consumo comercial/Commercial consumption
O	= Ornamental

	Río Yavarí, inventario de marzo–abril de 2003/ March–April 2003 inventory			Río Yavarí, inventarios anteriores/ previous inventories		Río Orosa	Usos/Uses
	Quebrada Curacinha	Quebrada Buenavista	Quebrada Limera	INADE 2002 (Sánchez 2003)	MHN-UNMSM-1982 (Ortega 1983)	Cuenca del río Amazonas (Graham 2000)	
099	X	–	–	–	–	–	O
100	X	X	X	–	–	–	O
101	X	X	–	–	–	–	O
102	–	X	–	–	–	–	O
103	X	X	X	–	–	–	O
104	–	–	–	–	–	X	O
105	–	–	–	–	–	X	O
106	–	X	–	–	–	X	O
107	X	X	X	–	–	–	O
108	X	–	X	–	–	–	O
109	X	–	–	–	–	–	CS, O
110	X	–	–	–	–	–	O
111	X	X	X	–	–	X	O
112	X	–	–	–	–	X	O
113	–	–	X	–	–	–	O
114	X	X	X	–	–	–	O
115	–	–	–	–	–	X	O
116	X	X	X	–	–	X	O
117	X	X	X	–	–	–	O
118	X	X	X	–	–	–	O
119	X	X	–	–	–	X	O
120	X	X	X	–	–	–	O
121	X	X	X	–	–	X	O
122	X	X	X	–	–	–	O
123	–	–	–	–	–	X	O
124	–	–	–	–	–	X	O
125	X	–	–	–	X	X	O
126	X	–	–	–	–	–	O
127	–	–	X	–	–	–	O
128	X	–	–	–	–	–	O
129	–	X	X	–	–	–	O
130	X	X	X	–	–	–	O
131	–	X	–	–	–	–	O
132	–	–	–	X	–	X	CS, CC, O

PECES / FISH		
Orden y familia/ **Order and family**	**Especie/** **Species**	**Nombre común/** **Common name**
133 Characidae	*Myleus schomburgki*	Palometa
134 Characidae	*Mylossoma aureum*	Palometa
135 Characidae	*Mylossoma duriventre*	Palometa
136 Characidae	*Odonstostilbe* sp.	Mojarita
137 Characidae	*Paragoniates alburnus*	Mojara
138 Characidae	*Petitella* sp. 1	Mojarita
139 Characidae	*Petitella* sp. 2	Mojarita
140 Characidae	*Phenacogaster pectinatus*	Mojarita, pez vidrio
141 Characidae	*Phenacogaster* sp.	Mojarita, pez vidrio
142 Characidae	*Piaractus brachypomum*	Paco
143 Characidae	*Poptella* sp.	Mojara
144 Characidae	*Prionobrama filigera*	Mojarita
145 Characidae	*Pristobrycon serrulatus*	Paña
146 Characidae	*Pygocentrus nattereri*	Piraña roja
147 Characidae	*Roeboides affinis*	Dentón
148 Characidae	*Roeboides cauca*	Dentón
149 Characidae	*Roeboides myersii*	Dentón
150 Characidae	*Roeboides* sp.	Dentón
151 Characidae	*Serrapinnus* sp. 1	Mojarita
152 Characidae	*Serrapinnus* sp. 2	Mojarita
153 Characidae	*Serrasalmus elongatus*	Paña
154 Characidae	*Serrasalmus rhombeus*	Paña blanca
155 Characidae	*Serrasalmus spilopleura*	Paña
156 Characidae	*Serrasalmus* sp. 1	Paña
157 Characidae	*Serrasalmus* sp. 2	Paña
158 Characidae	*Stethaprion erythrops*	Mojarita
159 Characidae	Tetragonopterinae sp.	–
160 Characidae	*Tetragonopterus argenteus*	Mojara
161 Characidae	*Thayeria obliqua*	Mojara
162 Characidae	*Triportheus albus*	Sardina
163 Characidae	*Triportheus angulatus*	Sardina
164 Characidae	*Triportheus elongatus*	Sardina
165 Characidae	*Triportheus rotundatus*	Sardina
166 Characidae	*Triportheus* sp.	Sardina

LEYENDA/LEGEND **Usos/Uses**

CS = Consumo de subsistencia/Subsistence consumption
CC = Consumo comercial/Commercial consumption
O = Ornamental

	Río Yavarí, inventario de marzo–abril de 2003/ March–April 2003 inventory			Río Yavarí, inventarios anteriories/ previous inventories		Río Orosa	Usos/Uses
	Quebrada Curacinha	Quebrada Buenavista	Quebrada Limera	INADE 2002 (Sánchez 2003)	MHN-UNMSM-1982 (Ortega 1983)	Cuenca del río Amazonas (Graham 2000)	
133	–	–	–	–	–	X	CS, CC, O
134	–	–	–	X	X	X	CS, CC, O
135	X	X	–	X	–	X	CS, CC, O
136	–	–	X	–	–	–	O
137	X	–	–	–	–	–	O
138	X	X	X	–	–	–	O
139	–	X	X	–	–	–	O
140	–	–	–	–	–	X	O
141	X	X	X	–	–	X	O
142	X	–	–	X	–	–	CS, CC, O
143	X	–	–	–	–	–	O
144	–	X	X	–	–	X	O
145	–	–	–	–	–	X	O
146	X	–	–	X	–	X	CS, CC, O
147	–	–	–	–	–	X	O
148	–	–	–	–	–	X	O
149	–	–	–	–	–	X	O
150	–	X	–	–	X	–	O
151	–	X	X	–	–	–	O
152	–	–	X	–	–	–	O
153	–	–	–	–	–	X	CS, CC, O
154	X	X	–	X	X	X	CS, CC, O
155	–	–	–	X	–	X	CS, CC, O
156	–	X	–	–	X	–	CS, CC, O
157	X	X	–	–	–	–	CS, CC, O
158	–	–	–	X	–	X	O
159	X	X	X	–	–	–	–
160	–	X	X	X	–	X	CS, O
161	X	X	X	–	–	–	O
162	–	–	–	X	X	X	CS, CC, O
163	–	–	–	X	–	X	CS, CC, O
164	–	X	–	X	–	X	CS, CC, O
165	–	X	–	–	–	X	CS, CC, O
166	X	–	X	–	X	–	CS, CC, O

PECES / FISH		
Orden y familia/ Order and family	Especie/ Species	Nombre común/ Common name
167 Characidae	*Tyttocharax madeirae*	Mojadita
168 Characidae	*Tyttocharax* sp.	Mojadita
169 Characidae	*Xenurobrycon* sp.	–
170 Characidae	Characidae sp.	Mojarita transparente
171 Chilodontidae	*Caenotropus* sp.	Chilodus
172 Ctenoluciidae	*Boulengerella lateristriga*	Picudo
173 Ctenoluciidae	*Boulengerella lucia*	Picudo
174 Ctenoluciidae	*Boulengerella maculata*	Picudo
175 Ctenoluciidae	*Boulengerella* sp.	Picudo
176 Curimatidae	*Curimata cyprinoides*	Ractacara
177 Curimatidae	*Curimata romboides*	Ractacara
178 Curimatidae	*Curimata vittata*	Ractacara
179 Curimatidae	*Curimata* sp.	Ractacara
180 Curimatidae	*Curimatella* sp.	Yahuarachi
181 Curimatidae	*Curimatopsis macrolepidotus*	Chio chio
182 Curimatidae	*Cyphocharax festivus*	Chio chio
183 Curimatidae	*Cyphocharax spiluropsis*	Chio chio
184 Curimatidae	*Potamorhina altamazonica*	Llambina
185 Curimatidae	*Potamorhina latior*	Yahuarachi
186 Curimatidae	*Potamorhina pristigaster*	Yahuarachi
187 Curimatidae	*Psectrogaster amazonica*	Ractacara
188 Curimatidae	*Psectrogaster rutiloides*	Chio chio
189 Curimatidae	*Steindachnerina bimaculata*	Yahuarachi
190 Curimatidae	*Steindachnerina guentheri*	Yahuarachi
191 Curimatidae	*Steindachnerina quasimodoi*	Yahuarachi
192 Curimatidae	*Steindachnerina* sp. 1	Yahuarachi
193 Curimatidae	*Steindachnerina* sp. 2	Yahuarachi
194 Cynodontidae	*Gilbertolus alatus*	Chambira
195 Cynodontidae	*Hydrolicus armatus*	Chambira
196 Cynodontidae	*Hydrolicus* sp.	Chambira
197 Cynodontidae	*Rhaphiodon vulpinus*	Chambira, machete
198 Cynodontidae	Cynodontidae sp. (alevino)	Chambira
199 Erythrinidae	*Hoplias macrophthalmus*	Fasaco
200 Erythrinidae	*Hoplias malabaricus*	Fasaco

LEYENDA/LEGEND **Usos/Uses**

CS = Consumo de subsistencia/Subsistence consumption
CC = Consumo comercial/Commercial consumption
O = Ornamental

	Río Yavarí, inventario de marzo–abril de 2003/ March–April 2003 inventory			Río Yavarí, inventarios anteriories/ previous inventories		Río Orosa	Usos/Uses
	Quebrada Curacinha	Quebrada Buenavista	Quebrada Limera	INADE 2002 (Sánchez 2003)	MHN-UNMSM-1982 (Ortega 1983)	Cuenca del río Amazonas (Graham 2000)	
167	–	X	–	–	–	–	O
168	X	X	X	–	–	–	O
169	X	X	–	–	–	–	–
170	–	X	–	–	–	–	–
171	–	X	X	–	–	–	O
172	–	–	–	–	–	X	CS, O
173	–	–	–	–	X	X	CS, O
174	–	–	–	–	–	X	CS, O
175	X	X	X	X	–	–	CS, O
176	–	–	–	–	–	X	CS
177	–	–	–	–	–	X	CS
178	–	–	X	–	–	–	CS, O
179	–	X	–	–	–	–	CS
180	–	X	X	–	–	X	CS
181	X	X	X	–	–	X	CS, O
182	–	–	–	–	–	X	CS
183	–	–	–	–	–	X	CS
184	X	X	X	X	–	–	CS, CC
185	–	X	–	X	–	–	CS, CC
186	–	–	–	X	–	–	CS, CC
187	–	–	–	X	X	–	CS, CC
188	–	–	–	X	–	–	CS, CC
189	–	–	–	–	–	X	CS
190	–	–	–	–	–	X	CS
191	–	–	–	–	X	–	CS
192	X	X	–	–	–	–	CS
193	X	X	X	–	–	–	CS
194	–	–	–	–	–	X	–
195	–	–	–	–	–	X	CS, CC, O
196	–	X	–	X	–	–	CS, CC, O
197	X	X	X	X	–	X	CS, CC, O
198	–	–	X	–	–	–	–
199	–	–	–	–	–	X	CS, CC, O
200	X	X	X	X	–	–	CS, CC, O

PECES / FISH

	Orden y familia/ Order and family	Especie/ Species	Nombre común/ Common name
201	Erythrinidae	*Hoploerythrinus unitaeniatus*	Shuyo
202	Gasteropelecidae	*Carnegiella marthae*	Pechito
203	Gasteropelecidae	*Carnegiella myersii*	Pechito
204	Gasteropelecidae	*Carnegiella strigata*	Pechito
205	Gasteropelecidae	*Gasteropelecus* sp.	Pechito
206	Gasteropelecidae	*Thoracocharax stellatus*	Pechito
207	Gasteropelecidae	*Thoracocharax* sp.	Pechito
208	Hemiodontidae	*Anodus elongatus*	Julilla
209	Hemiodontidae	*Eigenmannina* sp.	Julilla
210	Hemiodontidae	*Hemiodopsis goeldi*	Julilla
211	Hemiodontidae	*Hemiodopsis microlepis*	Julilla
212	Hemiodontidae	*Hemiodopsis* sp. 1	Julilla
213	Hemiodontidae	*Hemiodopsis* sp. 2	Julilla
214	Hemiodontidae	*Hemiodopsis* sp. 3	Julilla
215	Hemiodontidae	*Hemiodus* sp.	Julilla
216	Lebiasinidae	*Copeina* sp.	Urquisho
217	Lebiasinidae	*Nannostomus eques*	Pez lapiz
218	Lebiasinidae	*Nannostomus trifasciatus*	Pez lapiz
219	Lebiasinidae	*Nannostomus* sp.	Pez lapiz
220	Lebiasinidae	*Pyrrhulina* aff. *brevis*	Flechita
221	Lebiasinidae	*Pyrrhulina semifasciata*	Flechita
222	Prochilodontidae	*Prochilodus nigricans*	Boquichico
223	Prochilodontidae	*Semaprochilodus* sp.	Boquichico
Gymnotiformes			
224	Electrophoridae	*Electrophorus electricus*	Anguila eléctrica
225	Gymnotidae	*Gymnotus carapo*	Macana
226	Hypopomidae	*Apteronotus albifrons*	Macana
227	Hypopomidae	*Apteronotus leptorhynchus*	Macana
228	Hypopomidae	*Brachyhypopomus* sp.	Macana
229	Hypopomidae	*Steatogenys* sp.	Macana
230	Rhamphychthyidae	*Rhamphychthis* aff. *marmoratus*	Macana
231	Rhamphychthyidae	*Rhamphychthis rostratus*	Macana
232	Sternopygidae	*Eigenmannia macrops*	Macana
233	Sternopygidae	*Eigenmannia* aff. *virescens*	Macana

LEYENDA/LEGEND   **Usos/Uses**

CS = Consumo de subsistencia/Subsistence consumption
CC = Consumo comercial/Commercial consumption
O = Ornamental

	Río Yavarí, inventario de marzo–abril de 2003/ March–April 2003 inventory			Río Yavarí, inventarios anteriories/ previous inventories		Río Orosa	Usos/Uses
	Quebrada Curacinha	Quebrada Buenavista	Quebrada Limera	INADE 2002 (Sánchez 2003)	MHN-UNMSM-1982 (Ortega 1983)	Cuenca del río Amazonas (Graham 2000)	
201	–	–	–	X	–	–	CS, CC, O
202	–	–	–	–	–	X	O
203	X	X	X	–	–	X	O
204	X	X	X	–	–	X	O
205	–	X	X	–	–	X	O
206	–	X	X	–	X	X	O
207	–	–	–	–	X	–	O
208	–	–	–	X	–	–	CS, CC
209	–	–	X	–	–	–	–
210	–	–	–	–	–	X	–
211	–	–	X	–	–	–	CS
212	X	–	–	–	X	–	–
213	–	–	X	–	–	–	–
214	–	–	X	–	–	–	–
215	X	–	–	–	X	–	CS, CC
216	–	–	X	–	–	–	O
217	–	–	–	–	X	–	O
218	–	–	–	–	X	–	O
219	X	X	X	–	–	–	O
220	X	X	X	–	–	X	O
221	–	–	–	–	–	X	O
222	X	–	–	X	–	X	CS, CC
223	X	–	–	X	–	–	CS, CC, O
224	X	X	–	X	–	X	–
225	–	–	–	X	–	X	O
226	–	–	–	–	–	X	O
227	–	–	–	–	–	X	–
228	X	–	–	–	–	X	O
229	X	–	–	–	–	–	O
230	–	–	–	–	–	X	–
231	–	–	–	X	–	–	–
232	–	–	–	–	–	X	O
233	–	–	–	–	–	X	O

PECES / FISH

Orden y familia/ Order and family	Especie/ Species	Nombre común/ Common name
234 Sternopygidae	*Sternopygus* sp.	Macana
Siluriformes		
235 Ageneiosidae	*Ageneiosus atronasus*	Bocón
236 Ageneiosidae	*Ageneiosus brevis*	Bocón
237 Ageneiosidae	*Ageneiosus* sp. 1	Bocón
238 Ageneiosidae	*Ageneiosus* sp. 2	Bocón
239 Ageneiosidae	*Tympanopleura alta*	–
240 Aspredinidae	*Agmus* sp.	Banjo
241 Aspredinidae	*Bunocephalus* sp.	Banjo
242 Aspredinidae	*Ernstichthys* sp.	Banjo
243 Aspredinidae	*Pterobunocephalus depressus*	Banjo
244 Auchenipteridae	*Auchenipterichthys thoracathus*	Leguia
245 Auchenipteridae	*Auchenipterus nuchalis*	Leguia
246 Auchenipteridae	*Centromochlus heckellii*	Bagre, cunshi
247 Auchenipteridae	*Pseudoauchenipterus nodosus*	Cunchi novia
248 Auchenipteridae	*Tatia perugiae*	Bagrecito
249 Auchenipteridae	*Tatia* sp. 1	Bagrecito
250 Auchenipteridae	*Tatia* sp. 2	Bagrecito
251 Auchenipteridae	*Tatia* sp. 3	Bagrecito
252 Callichthyidae	*Brochis multiradiatus*	Shirui
253 Callichthyidae	*Brochis splendens*	Shirui
254 Callichthyidae	*Callichthys callichthys*	Shirui
255 Callichthyidae	*Corydoras* aff. *acutus*	Shirui, corydora
256 Callichthyidae	*Corydoras arcuatus*	Shirui, corydora
257 Callichthyidae	*Corydoras elegans*	Shirui, corydora
258 Callichthyidae	*Corydoras hastatus*	Shirui, corydora
259 Callichthyidae	*Corydoras loretoensis*	Shirui, corydora
260 Callichthyidae	*Corydoras pastazensis*	Shirui, corydora
261 Callichthyidae	*Corydoras reticulatus*	Shirui, corydora
262 Callichthyidae	*Corydoras stenocephalus*	Shirui, corydora
263 Callichthyidae	*Corydoras trilineatus*	Shirui, corydora
264 Callichthyidae	*Corydoras* sp. 1	Shirui, corydora
265 Callichthyidae	*Corydoras* sp. 2	Shirui, corydora
266 Callichthyidae	*Corydoras* sp. 3	Shirui, corydora

LEYENDA/LEGEND **Usos/Uses**

CS = Consumo de subsistencia/Subsistence consumption
CC = Consumo comercial/Commercial consumption
O = Ornamental

	Río Yavarí, inventario de marzo–abril de 2003/ March–April 2003 inventory			Río Yavarí, inventarios anteriories/ previous inventories		Río Orosa	Usos/Uses
	Quebrada Curacinha	Quebrada Buenavista	Quebrada Limera	INADE 2002 (Sánchez 2003)	MHN-UNMSM-1982 (Ortega 1983)	Cuenca del río Amazonas (Graham 2000)	
234	X	–	–	–	–	–	O
235	–	–	–	–	–	X	–
236	–	–	–	–	–	X	CS, CC, O
237	X	–	–	X	–	X	CS, CC
238	X	X	–	–	–	–	CS, CC
239	–	–	–	–	–	X	–
240	–	X	X	–	–	–	O
241	X	X	–	–	–	X	O
242	–	X	X	–	–	–	O
243	–	–	–	–	–	X	–
244	–	–	–	–	–	X	O
245	–	–	–	X	–	X	CS, CC
246	–	–	–	–	–	X	O
247	–	–	–	–	–	X	–
248	–	–	–	–	–	X	O
249	X	–	–	–	–	–	O
250	–	–	X	–	–	–	O
251	–	X	–	–	–	–	O
252	–	–	–	X	–	–	O
253	–	–	–	X	–	X	O
254	–	–	–	–	–	X	O
255	X	–	–	–	X	X	O
256	X	X	–	–	X	–	O
257	–	–	–	–	X	–	O
258	–	–	–	–	–	X	O
259	–	–	–	–	–	X	O
260	X	X	–	–	X	–	O
261	–	–	–	–	–	X	O
262	–	–	–	–	X	–	O
263	X	–	X	X	–	–	O
264	–	–	X	–	X	–	O
265	–	–	X	–	–	–	O
266	–	X	–	–	–	–	O

PECES / FISH

	Orden y familia/ Order and family	Especie/ Species	Nombre común/ Common name
267	Callichthyidae	*Dianema longibarbis*	Shirui
268	Callichthyidae	*Hoplosternum littorale*	Shirui
269	Callichthyidae	*Megalechis thoracata*	Shirui
270	Cetopsidae	*Cetopsis* sp.	Canero
271	Cetopsidae	*Hemicetopsis* sp.	Canero
272	Doradidae	*Acanthodoras cataphractus*	Doras
273	Doradidae	*Amblydoras* sp.	Doras
274	Doradidae	*Doras punctatus*	Doras
275	Doradidae	*Doras* sp. 1	Doras
276	Doradidae	*Doras* sp. 2	Doras
277	Doradidae	*Hassar* sp.	Doras
278	Doradidae	*Megalodoras irwini*	Piro
279	Doradidae	*Opsodoras trimaculatus*	Bagre churero
280	Doradidae	*Pseudodoras niger*	Bagre churero
281	Doradidae	*Pterodoras granulosus*	Bagre churero
282	Doradidae	*Pterodoras lentiginosus*	–
283	Doradidae	*Trachydoras* sp.	Pirillo
284	Loricariidae	*Ancistrus dolychopterus*	Carachama
285	Loricariidae	*Ancistrus temmincki*	Carachama
286	Loricariidae	*Ancistrus* sp.	Carachama
287	Loricariidae	*Cochliodon* sp.	Carachama
288	Loricariidae	*Farlowella acus*	Shitari
289	Loricariidae	*Farlowella platirhyncha*	Shitari
290	Loricariidae	*Farlowella* sp. 1	Shitari
291	Loricariidae	*Farlowella* sp. 2	Shitari
292	Loricariidae	*Farlowella* sp. 3	Shitari
293	Loricariidae	*Hemiodontichthys* sp.	Shitari
294	Loricariidae	*Hypoptopoma guentheri*	Carachamita
295	Loricariidae	*Hypoptopoma gulare*	Carachamita
296	Loricariidae	*Hypoptopoma* sp.	Carachamita
297	Loricariidae	*Hypostomus emarginatus*	Carachama
298	Loricariidae	*Hypostomus* sp.	Carachama
299	Loricariidae	*Limatulichthys punctatus*	Shitari
300	Loricariidae	*Loricaria simillima*	Shitari

LEYENDA/LEGEND **Usos/Uses**

CS = Consumo de subsistencia/Subsistence consumption
CC = Consumo comercial/Commercial consumption
O = Ornamental

	Río Yavarí, inventario de marzo–abril de 2003/ March–April 2003 inventory			Río Yavarí, inventarios anteriores/ previous inventories		Río Orosa	Usos/Uses
	Quebrada Curacinha	Quebrada Buenavista	Quebrada Limera	INADE 2002 (Sánchez 2003)	MHN-UNMSM-1982 (Ortega 1983)	Cuenca del río Amazonas (Graham 2000)	
267	X	–	–	X	–	X	O
268	–	–	–	X	–	–	CS, O
269	–	–	–	X	–	X	O
270	–	X	–	–	–	X	–
271	X	–	–	–	–	–	–
272	–	–	–	–	–	X	CS
273	X	–	–	X	–	X	O
274	–	–	–	–	–	X	O
275	–	X	–	–	–	X	O
276	–	X	–	–	–	–	O
277	–	–	–	X	–	–	O
278	–	–	–	X	–	X	CS, CC, O
279	–	–	–	–	X	–	O
280	–	–	–	X	–	–	CS, CC, O
281	–	–	–	X	–	–	CS
282	–	–	–	–	–	X	CS
283	–	–	–	–	X	–	–
284	–	–	–	–	–	X	O
285	–	–	–	–	–	X	O
286	–	–	–	–	–	X	O
287	–	X	–	–	–	X	O
288	–	–	–	–	–	X	O
289	–	–	–	–	–	X	O
290	X	–	X	–	–	–	O
291	–	X	–	–	–	–	O
292	–	X	–	–	–	–	O
293	–	–	–	–	X	X	O
294	–	–	–	–	–	X	O
295	–	–	–	–	–	X	O
296	–	–	–	–	X	X	O
297	–	–	–	X	–	–	CS, O
298	X	X	X	X	–	X	CS, O
299	X	–	–	–	X	–	O
300	–	–	–	–	–	X	O

PECES / FISH		
Orden y familia/ Order and family	Especie/ Species	Nombre común/ Common name
301 Loricariidae	Loricaria sp.	Shitari
302 Loricariidae	Loricariinae sp.	Shitari
303 Loricariidae	Otocinclus vestitus	Carachamita
304 Loricariidae	Otocinclus sp. 1	Carachamita
305 Loricariidae	Otocinclus sp. 2	Carachamita
306 Loricariidae	Otocinclus sp. 3	Carachamita
307 Loricariidae	Oxyropsis sp. 1	Carachamita
308 Loricariidae	Oxyropsis sp. 2	Carachamita
309 Loricariidae	Oxyropsis sp. 3	Carachamita
310 Loricariidae	Panaque sp.	Carachama
311 Loricariidae	Peckoltia sp.	Carachama
312 Pimelodidae	Brachyplatystoma filamentosum	Saltón
313 Pimelodidae	Brachyplatystoma flavicans	Dorado
314 Pimelodidae	Brachyplatystoma juruense	Bagre alianza
315 Pimelodidae	Brachyplatystoma vaillantii	Manitoa
316 Pimelodidae	Calophysus macropterus	Mota
317 Pimelodidae	Goslinea platynema	Mota
318 Pimelodidae	Hemirosubim platyrhynchos	Toa
319 Pimelodidae	Heptapterus armillatus	Bagrecito
320 Pimelodidae	Hypophthalmus edentatus	Maparate
321 Pimelodidae	Hypophthalmus marginatus	Maparate
322 Pimelodidae	Leiarius marmoratus	Ashara
323 Pimelodidae	Merodontotus tigrinus	Bagre tigre, tigrinus
324 Pimelodidae	Microglanis sp.	Bagrecito
325 Pimelodidae	Phractocephalus hemioliopterus	Peje torre
326 Pimelodidae	Pimelodella altissima	Cunshi
327 Pimelodidae	Pimelodella gracilis	Cunshi
328 Pimelodidae	Pimelodella sp. 1	Cunshi
329 Pimelodidae	Pimelodella sp. 2	Cunshi
330 Pimelodidae	Pimelodus sp.	Cunshi
331 Pimelodidae	Pinirampus pinirampus	Mota
332 Pimelodidae	Pimelodina flavipinnis	Mota
333 Pimelodidae	Platynematichthys notatus	Bagre
334 Pimelodidae	Platystomatichthys sturio	Bagre

LEYENDA/LEGEND   Usos/Uses

CS   = Consumo de subsistencia/Subsistence consumption
CC   = Consumo comercial/Commercial consumption
O   = Ornamental

	Río Yavarí, inventario de marzo–abril de 2003/ March–April 2003 inventory			Río Yavarí, inventarios anteriories/ previous inventories		Río Orosa	Usos/Uses
	Quebrada Curacinha	Quebrada Buenavista	Quebrada Limera	INADE 2002 (Sánchez 2003)	MHN-UNMSM-1982 (Ortega 1983)	Cuenca del río Amazonas (Graham 2000)	
301	–	X	–	–	–	–	O
302	–	X	–	–	–	–	–
303	–	–	–	–	–	X	O
304	X	–	–	–	–	–	O
305	X	X	X	–	–	–	O
306	–	X	–	–	–	–	O
307	–	X	–	–	–	–	O
308	X	X	–	–	–	–	O
309	X	–	–	–	–	–	O
310	–	X	–	–	–	–	CS, O
311	–	–	–	–	–	X	O
312	–	–	–	X	–	X	CS, CC, O
313	–	–	–	X	–	–	CS, CC, O
314	–	–	–	X	–	–	CS, CC, O
315	–	–	–	X	–	–	CS, CC, O
316	X	X	–	X	–	X	CS, CC, O
317	–	–	–	X	–	–	CS, CC, O
318	–	X	–	X	–	X	CS, CC, O
319	–	–	–	–	–	X	–
320	–	–	–	X	–	–	CS, CC
321	–	–	–	X	–	–	CS, CC
322	X	–	–	X	–	–	CS, CC, O
323	–	–	–	X	–	–	CS, CC, O
324	X	–	X	–	–	X	O
325	X	–	X	X	–	X	CS, CC, O
326	–	–	–	–	–	X	CS, O
327	X	X	X	X	–	–	CS, O
328	X	–	–	–	–	X	CS, O
329	X	–	–	–	–	–	CS, O
330	–	–	X	X	X	X	CS, O
331	–	–	–	X	–	X	CS, CC
332	–	–	–	X	–	–	CS, CC
333	–	–	–	X	–	–	CS, CC, O
334	–	X	–	X	–	–	CS, CC, O

PECES / FISH

	Orden y familia/ Order and family	Especie/ Species	Nombre común/ Common name
335	Pimelodidae	*Pseudoplatystoma fasciatum*	Doncella
336	Pimelodidae	*Pseudoplatystoma tigrinum*	Tigre zúngaro
337	Pimelodidae	*Rhamdella* sp.	Bagrecito
338	Pimelodidae	*Sorubim lima*	Shiripira
339	Pimelodidae	*Sorubimichthys planiceps*	Achacubo
340	Trichomycteridae	*Ochmacanthus* sp.	Canero
341	Trichomycteridae	*Stegophilus* sp.	Canero
342	Trichomycteridae	*Trichomycterus* sp.	Canero
	Atheriniformes		
343	Belonidae	*Potamorhaphis guianensis*	Pez lápiz
344	Belonidae	*Pseudohemiodon lamina*	Shitari
345	Belonidae	*Pseudohemiodon laticeps*	Shitari
346	Belonidae	*Pseudotylosurus angusticeps*	Pez lápiz
347	Belonidae	*Rineloricaria* cf. *hasemani*	Shitari
348	Belonidae	*Rineloricaria lanceolata*	Shitari
349	Belonidae	*Rineloricaria microlepidogaster*	Shitari
350	Belonidae	*Rineloricaria* aff. *morrowi*	Shitari
351	Belonidae	*Rineloricaria* sp.	Shitari
	Cyprinodontiformes		
352	Rivulidae	*Rivulus atratus*	Rivulus
353	Rivulidae	*Rivulus elongatus*	Rivulus
354	Rivulidae	*Rivulus urophthalmus*	Rivulus
355	Rivulidae	*Rivulus* sp.	Rivulus
	Synbranchiformes		
356	Synbranchidae	*Synbranchus marmoratus*	Atinga
	Perciformes		
357	Cichlidae	*Aequidens tetramerus*	Bujurqui
358	Cichlidae	*Apistogramma* aff. *agassii*	Bujurqui
359	Cichlidae	*Apistogramma bitaeniata*	Bujurqui
360	Cichlidae	*Apistogramma cacatuoides*	Bujurqui
361	Cichlidae	*Apistogramma eunotus*	Bujurqui
362	Cichlidae	*Apistogramma* aff. *trilineatus*	Bujurqui
363	Cichlidae	*Apistogramma* sp.	Bujurqui
364	Cichlidae	*Apistogrammoides* sp.	Bujurqui

LEYENDA/LEGEND   **Usos/Uses**

CS   = Consumo de subsistencia/Subsistence consumption
CC   = Consumo comercial/Commercial consumption
O   = Ornamental

	Río Yavarí, inventario de marzo–abril de 2003/ March–April 2003 inventory			Río Yavarí, inventarios anteriories/ previous inventories		Río Orosa	Usos/Uses
	Quebrada Curacinha	Quebrada Buenavista	Quebrada Limera	INADE 2002 (Sánchez 2003)	MHN-UNMSM-1982 (Ortega 1983)	Cuenca del río Amazonas (Graham 2000)	
335	X	X	–	X	–	X	CS, CC, O
336	X	–	–	X	–	X	CS, CC, O
337	–	X	–	–	–	–	O
338	–	–	–	X	X	–	CS, CC, O
339	–	–	–	–	–	X	CS, CC, O
340	X	–	X	–	–	–	–
341	–	X	–	–	–	–	–
342	X	X	X	–	–	–	–
343	X	X	X	X	–	–	–
344	–	–	–	–	–	X	–
345	–	–	–	–	–	X	–
346	X	X	X	–	–	–	O
347	–	–	–	–	–	X	O
348	–	X	–	–	–	X	O
349	–	–	–	–	–	X	O
350	–	X	–	–	–	–	O
351	–	–	–	–	–	X	O
352	–	–	–	–	–	X	O
353	–	–	–	–	–	X	O
354	–	–	X	–	–	–	O
355	–	–	X	–	–	–	O
356	–	X	–	X	–	–	–
357	X	X	X	X	–	X	CS, O
358	–	–	X	–	–	–	O
359	–	–	–	–	–	X	O
360	–	–	–	–	–	X	O
361	–	–	–	–	–	X	O
362	X	X	X	–	–	–	O
363	–	X	–	–	–	–	O
364	X	–	–	–	–	–	O

PECES / FISH		
Orden y familia/ **Order and family**	**Especie/** **Species**	**Nombre común/** **Common name**
365 Cichlidae	*Astronotus ocellatus*	Bujurqui
366 Cichlidae	*Biotodoma cupido*	Bujurqui
367 Cichlidae	*Bujurquina moriorum*	Bujurqui
368 Cichlidae	*Bujurquina peregrinabunda*	Bujurqui
369 Cichlidae	*Bujurquina syspilus*	Bujurqui
370 Cichlidae	*Bujurquina* sp. 1	Bujurqui
371 Cichlidae	*Bujurquina* sp. 2	Bujurqui
372 Cichlidae	*Chaetobranchus flavescens*	Bujurqui
373 Cichlidae	*Chaetobranchus* sp.	Bujurqui
374 Cichlidae	*Cichla monoculus*	Tucunaré
375 Cichlidae	*Cichlasoma amazonarum*	Bujurqui
376 Cichlidae	*Crenicara* sp.	Bujurqui
377 Cichlidae	*Crenicichla cincta*	Añashua
378 Cichlidae	*Crenicichla proteus*	Añashua
379 Cichlidae	*Crenicichla* sp. 1	Añashua
380 Cichlidae	*Crenicichla* sp. 2 (*C. johanna*)	Añashua
381 Cichlidae	*Geophagus* sp.	Bujurqui
382 Cichlidae	*Heros appendiculatus*	Bujurqui
383 Cichlidae	*Hypselacara temporalis*	Bujurqui
384 Cichlidae	*Laetacara thayeri*	Bujurqui
385 Cichlidae	*Laetacara* sp.	Bujurqui
386 Cichlidae	*Mesonauta festivum*	Bujurqui
387 Cichlidae	*Mesonauta mirificus*	Bujurqui
388 Cichlidae	*Pterophyllum scalare*	Escalar
389 Cichlidae	*Satanoperca* sp.	Bujurqui
390 Sciaenidae	*Plagioscion squamossisimus*	Corvina
Tetraodontiformes		
391 Tetraodontidae	*Colomesus asellus*	Pez globito
Pleuronectiformes		
392 Soleidae	*Achirus elongatus*	Panga raya, lenguado
393 Soleidae	*Trinectes maculatus*	Panga raya, lenguado

LEYENDA/LEGEND   **Usos/Uses**

CS   = Consumo de subsistencia/Subsistence consumption
CC   = Consumo comercial/Commercial consumption
O   = Ornamental

	Río Yavarí, inventario de marzo–abril de 2003/ March–April 2003 inventory			Río Yavarí, inventarios anteriories/ previous inventories		Río Orosa	Usos/Uses
	Quebrada Curacinha	Quebrada Buenavista	Quebrada Limera	INADE 2002 (Sánchez 2003)	MHN-UNMSM-1982 (Ortega 1983)	Cuenca del río Amazonas (Graham 2000)	
365	X	–	–	X	–	X	CS, CC, O
366	–	–	–	–	–	X	O
367	–	–	–	–	–	X	O
368	–	–	–	–	–	X	O
369	–	–	–	–	–	X	O
370	X	X	–	–	–	–	O
371	X	–	X	–	–	–	O
372	–	–	–	X	–	–	CS, CC, O
373	X	–	–	X	–	–	CS, CC, O
374	X	–	–	X	–	X	CS, CC, O
375	–	–	–	–	–	X	CS, O
376	–	X	X	–	–	X	O
377	–	–	–	–	–	X	CS, O
378	–	–	–	–	–	X	CS, O
379	X	X	–	–	–	–	CS, O
380	–	–	X	X	–	X	CS, O
381	–	X	–	–	–	–	–
382	–	–	–	X	–	X	O
383	–	–	–	X	–	–	O
384	–	–	–	–	–	X	O
385	X	–	–	–	–	–	O
386	–	–	–	X	X	–	O
387	–	–	–	–	–	X	O
388	–	–	–	X	–	X	O
389	–	X	X	X	–	X	CS, O
390	X	X	–	X	–	X	CS, CC
391	–	–	–	–	X	–	O
392	–	–	–	–	–	X	O
393	–	–	–	–	–	X	–

**Anfibios y Reptiles/
Amphibians and Reptiles**

Anfibios y reptiles observados en cuatro sitios durante el inventario biológico rápido en el río Yavarí, Perú, entre marzo y abril de 2003, por L. Rodríguez y G. Knell.

ANFIBIOS Y REPTILES / AMPHIBIANS AND REPTILES

	Especie/ Species	Localidades visitadas/ Sites visited			
		Quebrada Curacinha	Quebrada Buenavista	Quebrada Limera	Lago Preto
	AMPHIBIA				
	Bufonidae				
001	*Bufo glaberrimus*	–	X	–	–
002	*Bufo marinus*	X	–	X	–
003	*Bufo typhonius* (chest-belly dark spotted)	X	–	X	–
004	*Bufo typhonius* (marbled belly)	X	X	X	–
005	*Bufo typhonius* (tres crestas)	–	X	X	–
006	*Bufo* sp. nov. (pinocho)	–	X	X	X
007	*Dendrophryniscus minutus*	X	X	X	X
	Centrolenidae				
008	*Hyalinobatrachium* sp. nov.	–	X	–	–
	Dendrobatidae				
009	*Colostethus* cf. *marchesianus*	X	X	–	–
010	*Colostethus melanolaemus*	–	–	X	–
011	*Colostethus trilineatus*	X	–	X	–
012	*Dendrobates* cf. *amazonicus*	X	X	–	–
013	*Dendrobates* cf. *flavovittatus*	–	X	–	–
014	*Dendrobates tinctorius igneus*	X	–	–	–
015	*Epipedobates femoralis*	X	X	X	–
016	*Epipedobates hanheli*	X	X	X	–
017	*Epipedobates trivittatus*	X	X	–	X
	Hylidae				
018	*Allophryne* sp. nov.	–	–	–	X
019	*Hyla* cf. *albopunctulata*	X	–	–	–
020	*Hyla boans*	X	X	–	X
021	*Hyla* cf. *brevifrons*	X	–	X	–
022	*Hyla calcarata*	–	–	X	X
023	*Hyla fasciata*	–	–	–	X
024	*Hyla geographica*	X	X	–	X
025	*Hyla granosa*	X	–	–	–
026	*Hyla lanciformis*	X	X	–	X
027	*Hyla leali*	–	–	–	X

LEYENDA/LEGEND

Abundancia/Abundance

L	= Baja/Low
M	= Mediana/Medium
H	= Alta/High
VH	= Muy Alta/Very High

Microhabitats

A	= Arbóreo/Arboreal
F	– Fossorial
LV	= Vegetación baja/ Low vegetation
R	= Ripario/Riparian
T	= Terrestre/Terrestrial

Amphibians and reptiles observed at four sites along the Yavarí River, Peru, during the rapid biological inventory in March–April 2003, by L. Rodríguez and G. Knell.

	Abundancia/ Abundance	Microhábitat/ Microhabitat	Actividad/ Activity	Fuente/ Source	Voucher (L. Rodríguez)
001	L	T	N	F	–
002	L	T	N	O	–
003	VH	T	D	E, F	–
004	H	T	D	E, F	–
005	L	T	D	E, F	–
006	M	T	D	E, F	10257
007	H	T	D	E, F	10246
008	?	R	N	E, F	10276
009	M	T	D	E, F	10247
010	H	T	D	E	10296
011	M	T	D	E, F	10228, 10297
012	M	T	D	E, F	10257
013	L	T	D	O	–
014	L	T	D	E, F	10237
015	H	T	D	F	–
016	VH	T	D	E, F	10232
017	M	T	D	F	–
018	L	LV	N	E, F	10292
019	L	LV	N	E, F	10265
020	M	R	N	O	–
021	L	LV	N	E, F	10240
022	M	LV	N	F	–
023	L	LV	N	F	–
024	H	A, R	N	F	–
025	M	LV	N	F	–
026	M	LV	N	O	–
027	L	LV	N	E, F	10291

Actividad/Activity

D   = Diurna/Diurnal
N   = Nocturna/Nocturnal

Fuentes/Sources

C   = Canto/Song
E   = Espécimen/Specimen
F   = Foto/Photo
O   = Observación en el campo/ Field observation

*   Reportado en la comunidad de Angamos/Reported in the community of Angamos
** Reportado en la comunidad de Nueva Esperanza/Reported in the community of Nueva Esperanza

ANFIBIOS Y REPTILES / AMPHIBIANS AND REPTILES				
Especie/ **Species**	**Localidades visitadas/** **Sites visited**			
	Quebrada Curacinha	Quebrada Buenavista	Quebrada Limera	Lago Preto
028 *Hyla parviceps*	X	–	–	–
029 *Hyla rhodopepla*	X	–	–	–
030 *Hyla rossalleni*	–	–	–	–
031 *Hyla sarayacuensis*	X	–	–	–
032 *Hyla* sp. nov. (piernas azules)	X	X	–	–
033 *Hyla* sp. (rojita)	X	–	–	–
034 *Osteocephalus* cf. *cabrerai*	–	X	–	X
035 *Osteocephalus* cf. *diridens*	X	–	–	–
036 *Osteocephalus leprieurii*	–	–	–	–
037 *Osteocephalus planiceps*	–	X	–	–
038 *Osteocephalus taurinus*	X	X	–	X
039 *Phrynohyas resinifictrix*	X	X	–	–
040 *Phyllomedusa bicolor*	X	–	–	–
041 *Phyllomedusa tomopterna*	X	–	–	–
042 *Phyllomedusa vaillanti*	–	X	–	–
043 *Scinax cruentomma*	–	X	–	–
044 *Scinax garbei*	–	–	–	X
045 *Scinax* sp. (negrita)	–	X	–	–
046 *Scinax rubra*	X	–	–	–
047 *Scinax* sp. nov. ? (saco amarillo)	–	X	–	X
Leptodactylidae				
048 *Adenomera* sp. 1	X	–	–	–
049 *Adenomera* sp. 2 (piernas naranjas)	X	X	–	–
050 *Adenomera* sp. 3 (hojarasca, bosque inundable)	–	–	–	X
051 *Edalorhina perezi*	X	X	X	–
052 *Eleutherodactylus acuminatus*	–	X	X	–
053 *Eleutherodactylus* cf. *buccinator*	–	X	X	–
054 *Eleutherodactylus carvalhoi*	X	–	–	–
055 *Eleutherodactylus* cf. *conspicillatus*	X	X	?	–
056 *Eleutherodactylus lacrimosus*	–	–	X	–
057 *Eleutherodactylus malkini*	–	X	–	–

LEYENDA/LEGEND

Abundancia/Abundance

L　　– Baja/Low
M　　= Mediana/Medium
H　　= Alta/High
VH　　= Muy Alta/Very High

Microhabitats

A　　= Arbóreo/Arboreal
F　　= Fossorial
LV　　= Vegetación baja/
　　　　Low vegetation
R　　= Ripario/Riparian
T　　= Terrestre/Terrestrial

	Abundancia/ Abundance	Microhábitat/ Microhabitat	Actividad/ Activity	Fuente/ Source	Voucher (L. Rodríguez)
028	L	LV	N	F	10243
029	L	LV	N	F	–
030	–	–	–	F	–
031	L	LV	N	E, F	10290
032	L	A	N	E, F	10249, 10250
033	M	A	N	E, F	10241
034	L	A	N	F	–
035	M	A	N	E, F	10224
036	L	A	N	–	–
037	L	A	N	E, F	10283
038	M	A	N	E, F	10231, 10277
039	M	A	N	C	–
040	L	A	N	C	–
041	L	A	N	O	–
042	L	A	N	F	–
043	L	LV	N	E, F	10293, 10279
044	M	R	N	E, F	10289
045	L	LV	N	E, F	10280
046	L	LV	N	O	–
047	L	LV	N	E, F	10294, 10281
048	L	T	D	E, F	10255
049	M	T	D	E, F	10248, 10282
050	M	T	D	E, F	10287
051	L	T	N	C	–
052	L	LV	N	E, F	10275
053	H	LV	N	E, F	10258, 10254
054	L	LV	N	E, F	10285
055	M	LV	N	E, F	10233
056	L	LV	N	F	–
057	L	LV	N	E	10273

Actividad/Activity

D = Diurna/Diurnal
N = Nocturna/Nocturnal

Fuentes/Sources

C = Canto/Song
E = Espécimen/Specimen
F = Foto/Photo
O = Observación en el campo/ Field observation

* Reportado en la comunidad de Angamos/Reported in the community of Angamos
** Reportado en la comunidad de Nueva Esperanza/Reported in the community of Nueva Esperanza

ANFIBIOS Y REPTILES / AMPHIBIANS AND REPTILES

	Especie/ Species	Localidades visitadas/ Sites visited			
		Quebrada Curacinha	Quebrada Buenavista	Quebrada Limera	Lago Preto
058	*Eleutherodactylus* cf. *martiae*	X	–	–	–
059	*Eleutherodactylus* cf. *ockendeni*	X	–	–	–
060	*Eleutherodactylus* cf. *toftae*	X	–	–	–
061	*Eleutherodactylus variabilis*	X	–	–	–
062	*Eleutherodactylus* sp. 1	X	–	–	–
063	*Eleutherodactylus* sp. 2	X	X	–	–
064	*Eleutherodactylus* sp. 3	X	–	–	–
065	*Eleutherodactylus* "diadematus"	–	–	X	–
066	*Hydrolaetare schmidti*	–	–	–	X
067	*Ischnocnema quixensis*	X	X	–	X
068	*Leptodactylus diedrus* ?	–	–	–	–
069	*Leptodactylus leptodactyloides*	X	–	–	–
070	*Leptodactylus pentadactylus*	X	X	–	X
071	*Leptodactylus petersi*	X	X	–	X
072	*Leptodactylus rhodomystax*	X	X	–	–
073	*Leptodactylus wagneri* ?	X	X	–	X
074	*Lithodytes lineatus*	–	X	–	–
075	*Phyllonastes myrmecoides*	X	–	–	–
076	*Physalaemus petersi*	X	X	–	X
077	*Vanzolinius discodactylus*	X	X	–	–
	Microhylidae				
078	*Chiasmocleis bassleri*	–	X	–	–
	Plethodontidae				
079	*Bolitoglossa peruviana*	–	X	–	X
	REPTILIA				
	Boidae				
080	*Boa constrictor*	X	X	–	–
081	*Eunectes murinus*	X	–	–	–
	Chelidae				
082	*Chelus fimbriatus***	–	–	–	–
	Colubridae				
083	*Chironius* sp.	–	–	X	–

LEYENDA/LEGEND

Abundancia/Abundance

L = Baja/Low
M = Mediana/Medium
H = Alta/High
VH = Muy Alta/Very High

Microhabitats

A = Arbóreo/Arboreal
F = Fossorial
LV = Vegetación baja/
Low vegetation
R = Ripario/Riparian
T = Terrestre/Terrestrial

	Abundancia/ Abundance	Microhábitat/ Microhabitat	Actividad/ Activity	Fuente/ Source	Voucher (L. Rodríguez)
058	L	LV	N	E	10271
059	L	LV	N	E	10234, 10235
060	L	T	N	E, F	10245
061	L	LV	N	E	10272
062	L	LV	N	E	10251
063	L	LV	N	E	10261
064	L	LV	N	E, F	10267
065	L	LV	N	F	–
066	L	R	N	F	–
067	VH	T	N	F	–
068	–	–	–	E	–
069	M	R	N	F	–
070	M	T	N	O	–
071	M	R	N	F	–
072	M	T	N	F	–
073	H	R	N	F	–
074	L	T	N	F	10253
075	L	T	N	F	10236
076	M	T	N	F	–
077	L	T	N	E, F	10244
078	L	F	N	E, F	10278
				C, E, F	
079	M	LV	N	E, F	10260, 10259
080	L	T	D	O	–
081	L	R	D	O	–
082	L	R	D	O	–
083	L	T	D	O	–

Actividad/Activity

D = Diurna/Diurnal
N = Nocturna/Nocturnal

Fuentes/Sources

C = Canto/Song
E = Espécimen/Specimen
F = Foto/Photo
O = Observación en el campo/ Field observation

* Reportado en la comunidad de Angamos/Reported in the community of Angamos
** Reportado en la comunidad de Nueva Esperanza/Reported in the community of Nueva Esperanza

ANFIBIOS Y REPTILES / AMPHIBIANS AND REPTILES

	Especie/ Species	Localidades visitadas/ Sites visited			
		Quebrada Curacinha	Quebrada Buenavista	Quebrada Limera	Lago Preto
084	*Dipsas catesbyi*	X	–	–	–
085	*Drepanoides anomalus*	X	–	–	–
086	*Drymarchon corais*	–	–	X	–
087	*Imantodes cenchoa*	X	–	–	–
088	*Leptodeira annulata*	X	–	–	–
089	*Liophis reginae*	–	X	–	–
090	*Xenoxybelis argenteus*	–	X	–	–
	Crocodylidae				
091	*Caiman crocodilus*	–	X	X	X
	Elapidae				
092	*Micrurus putumayensis*	–	X	–	–
	Gekkonidae				
093	*Gonatodes annularis*	–	X	–	–
094	*Gonatodes humeralis*	X	X	–	X
095	*Thecadactylus rapicauda*	X	X	–	–
	Gymnophthalmidae				
096	*Arthrosaura ocellata*	–	–	–	–
097	*Arthrosaura reticulata*	X	–	–	–
098	*Cercosaura ocellata*	X	X	–	–
099	*Leposoma parietale*	X	–	–	–
100	*Neustricurus ecpleopus*	X	X	–	–
101	*Prionodactylus argulus*	X	X	–	–
	Hoplocercidae				
102	*Enyalioides laticeps*	X	–	X	–
	Pelomedusidae				
103	*Podocnemis expansa**	–	–	–	–
104	*Podocnemis unifilis**	–	–	–	–
	Polychrotidae				
105	*Anolis fuscoauratus*	X	X	–	–
106	*Anolis nitens chrysolepis*	X	–	–	–
107	*Anolis nitens tandai*	–	–	–	X
108	*Anolis trachyderma*	X	X	–	–

LEYENDA/LEGEND

Abundancia/Abundance
L = Baja/Low
M = Mediana/Medium
H = Alta/High
VH = Muy Alta/Very High

Microhabitats
A = Arbóreo/Arboreal
F = Fossorial
LV = Vegetación baja/Low vegetation
R = Ripario/Riparian
T = Terrestre/Terrestrial

	Abundancia/ Abundance	Microhábitat/ Microhabitat	Actividad/ Activity	Fuente/ Source	Voucher (L. Rodríguez)
084	L	T	N	F	–
085	L	T	N	F	–
086	L	T	D	O	–
087	L	LV	N	F	–
088	L	LV, T	N	O	–
089	L	T	N	F	–
090	L	A	D	F	–
091	H	R	N	O	–
092	L	T	D	F	10286
093	M	A, LV	D	F	–
094	M	A, LV	D	F	–
095	L	A	N	O	–
096	–	–	–	O	
097	L	T	D	F	–
098	L	T	D	F	–
099	L	T	D	F	–
100	M	T	D	F	–
101	M	T	D	F	–
102	L	T, LV	D	F	–
103	L	R	D	O	–
104	L	R	D	O	–
105	L	LV	D	O	–
106	L	LV	D	F	–
107	L	LV	D	F	–
108	M	A, LV	D	F	–

Actividad/Activity
D = Diurna/Diurnal
N = Nocturna/Nocturnal

Fuentes/Sources
C = Canto/Song
E = Espécimen/Specimen
F = Foto/Photo
O = Observación en el campo/ Field observation

* Reportado en la comunidad de Angamos/Reported in the community of Angamos
** Reportado en la comunidad de Nueva Esperanza/Reported in the community of Nueva Esperanza

ANFIBIOS Y REPTILES / AMPHIBIANS AND REPTILES

	Especie/ Species	Localidades visitadas/ Sites visited			
		Quebrada Curacinha	Quebrada Buenavista	Quebrada Limera	Lago Preto
109	*Anolis transversalis*	–	X	–	–
	Scincidae				
110	*Mabuya nigropunctata ?*	X	X	–	–
	Teiidae				
111	*Ameiva ameiva*	X	X	–	–
112	*Kentropix altamazonica*	–	–	–	X
113	*Kentropix pelviceps*	X	X	X	X
114	*Tupinambis teguixin*	X	–	–	–
	Testudinidae				
115	*Geochelone denticulata*	X	X	–	X
	Tropiduridae				
116	*Plica plica*	–	X	–	–
117	*Plica umbra*	–	X	–	–
118	*Stenocercus fimbriatus*	X	X	–	–
	Viperidae				
119	*Bothriopsis bilineata*	X	–	–	–
120	*Bothriopsis taeniata*	X	–	–	–
121	*Bothrops atrox*	X	–	–	–
122	*Lachesis muta*	X	–	–	–
123	*Porthidium hyoprora*	X	X	–	–

LEYENDA/LEGEND

Abundancia/Abundance		Microhabitats	
L	= Baja/Low	A	= Arbóreo/Arboreal
M	= Mediana/Medium	F	= Fossorial
H	= Alta/High	LV	= Vegetación baja/ Low vegetation
VH	= Muy Alta/Very High	R	= Ripario/Riparian
		T	= Terrestre/Terrestrial

	Abundancia/ Abundance	Microhábitat/ Microhabitat	Actividad/ Activity	Fuente/ Source	Voucher (L. Rodríguez)
109	L	A, LV	D	F	–
110	H	T	D	O	–
111	L	T	D	O	–
112	L	R, T	D	O	–
113	H	T	D	O	–
114	L	T	D	O	–
115	L	T	D	O	–
116	L	A	D	F	–
117	L	A	D	F	–
118	L	T	D	F	–
119	L	A, LV	N	O	–
120	L	T	D	F	–
121	L	T	D	O	–
122	L	T	N	O	–
123	L	T	N	F	10230

Actividad/Activity

D = Diurna/Diurnal
N = Nocturna/Nocturnal

Fuentes/Sources

C = Canto/Song
E = Espécimen/Specimen
F = Foto/Photo
O = Observación en el campo/ Field observation

* Reportado en la comunidad de Angamos/Reported in the community of Angamos
** Reportado en la comunidad de Nueva Esperanza/Reported in the community of Nueva Esperanza

Aves/Birds

Aves observadas en tres sitios en el río Yavarí, Perú, entre marzo y abril de 2003, por D. Lane, T. Pequeño y W. Flores.

AVES / BIRDS							
Especie/Species	**Abundancia relativa/Relative abundance**						**Hábitat/Habitat**
	Yavarí	Yavarí Mirín	En camino/ En route	Quebrada Curacinha	Quebrada Buenavista	Quebrada Limera	
Tinamidae (6)							
Tinamus major	X	*	–	U	R	U	TFC, TFB, OR
Tinamus guttatus	X	*	–	R	–	R	TFC
Crypturellus cinereus	X	*	–	FC	FC	U	OR, CO
Crypturellus undulatus	X	–	X	FC	FC	FC	OR, CO
Crypturellus bartletti	X	–	–	R	R	R	TFC, TFB
Crypturellus variegatus	X	*	–	FC	U	U	TFC
Anhingidae (1)							
Anhinga anhinga	X	*	X	R	R	R	OR
Ardeidae (9)							
Ardea cocoi	X	*	X	–	U	R	OR, CO
Ardea alba	X	*	X	R	R	–	OR, CO
Egretta thula	X	–	X	–	–	–	OR
Agamia agami	–	*	–	–	–	–	–
Butorides striatus	X	*	X	U	U	U	OR, QU, CO
Bubulcus ibis	X	*	–	–	R	–	OR
Pilherodias pileatus	X	*	X	U	–	–	OR
Tigrisoma lineatum	X	*	–	–	R	R	QU, CO
Nycticorax nycticorax	X	–	X	–	–	–	OR
Threskiornithidae (1)							
Mesembrinibis cayennensis	X	*	X	R	R	U	OR, CO
Anatidae (1)							
Cairina moschata	X	–	–	R	R	–	OR, CO
Ciconiidae (2)							
Mycteria americana	X	*	–	–	R	–	O
Jabiru mycteria	–	*	–	–	–	–	–
Cathartidae (4)							
Coragyps atratus	X	X	X	R	U	U	OR, O
Cathartes aura	X	X	X	R	U	U	OR, O
Cathartes melambrotus	X	X	X	FC	FC	FC	OR, O
Sarcoramphus papa	X	*	–	R	U	–	TFC, O
Accipitridae (14)							
Pandion haliaetus	X	*	X	–	R	R	OR, CO
Harpagus bidentatus	X	–	–	–	R	R	O
Elanoides forficatus	–	*	–	–	–	–	–
Ictinia plumbea	X	X	X	FC	FC	FC	OR, QU, CO
Geranospiza caerulescens	X	–	X	–	R	–	OR, CO
Accipiter superciliosus	X	–	X	–	–	–	OR

Birds observed at three sites along the Yavarí River, Peru, in March-April 2003,
by D. Lane, T. Pequeño and W. Flores.

AVES/BIRDS							
Especie/Species	Abundancia relativa/Relative abundance						Hábitat/Habitat
	Yavarí	Yavarí Mirín	En camino/ En route	Quebrada Curacinha	Quebrada Buenavista	Quebrada Limera	
Buteo brachyurus	X	–	–	–	R	R	OR
Buteo magnirostris	X	X	–	U	U	U	OR, QU, CO
Leucopternis schistacea	X	–	–	R	R	–	OR, QU
Leucopternis kuhli	X	–	–	R	–	–	TFC
Buteogallus urubitinga	X	*	–	R	R	R	OR
Spizaetus tyrannus	X	–	–	R	R	–	O
Spizaetus ornatus	X	*	–	R	R	–	O
Morphnus guianensis	*	*	–	–	–	–	–
Falconidae (9)							
Milvago chimachima	X	X	X	–	–	–	AB
Daptrius ater	X	*	–	FC	FC	FC	OR, QU, CO
Ibycter americanus	X	*	–	FC	FC	FC	M
Falco rufigularis	X	–	X	R	R	R	OR
Falco peregrinus	X	–	–	–	–	R	O
Herpetotheres cachinnans	X	–	–	U	R	R	OR, CO
Micrastur ruficollis	X	–	–	R	R	R	TFC, TFB
Micrastur gilvicollis	X	*	–	R	R	–	TFC, TFB
Micrastur mirandollei	X	–	–	R	–	–	TFC
Cracidae (4)							
Ortalis guttata	X	–	–	U	U	–	OR
Crax tuberosa	X	*	–	R	R	–	TFC, QU
Penelope jacquacu	X	*	–	FC	FC	FC	M
Pipile cumanensis	X	*	–	–	U	–	OR, QU, CO
Odontophoridae (1)							
Odontophorus stellatus	X	–	X	R	U	R	TFC, TFB, OR
Psophiidae (1)							
Psophia leucoptera	X	*	–	U	U	–	TFC

LEYENDA/
LEGEND

Abundancia/Abundance

FC = Común en hábitat propio/
Fairly common (daily in habitat)

U = Irregular en hábitat/
Uncommon (irregularly in habitat)

R = Raro (pocos registros)/
Rare (few records)

X = Presente (estatus desconocido)/
Present (status unclear)

* = Observado, pero no por un
ornitólogo/Observed by non-
ornithologist

Hábitat/Habitat

TFC = Tierra firme de colinas/
Hilly terra firme

TFB = Tierra firme baja/Low terra firme

BI = Bosque inundado/Flooded forest

AG = Aguajal/*Mauritia* palm swamp

AB = Hábitat abierto/
Human-created clearing

O = Aire/Overhead

QU = Quebrada/Stream

CO = Cocha/Lake

OR = Orilla de río/River edge

M = Hábitats multiples/
Multiple habitats (>4)

AVES / BIRDS							
Especie/Species	Abundancia relativa/Relative abundance						Hábitat/Habitat
	Yavarí	Yavarí Mirín	En camino/ En route	Quebrada Curacinha	Quebrada Buenavista	Quebrada Limera	
Heliornithidae (1)							
Heliornis fulica	–	*	–	–	–	–	–
Eurypygidae (1)							
Eurypyga helias	X	*	–	R	R	R	OR, QU, CO
Rallidae (1)							
Aramides cajanea	X	–	–	R	U	–	OR, TFB
Charadriidae (2)							
Vanellus cayanus	X	–	R	–	–	–	OR
Actitis macularia	X	*	R	–	–	R	OR
Columbidae (6)							
Columba plumbea	X	*	X	FC	FC	FC	M
Columba subvinacea	X	*	X	FC	FC	FC	M
Leptotila rufaxilla	X	–	–	U	U	U	OR, QU, CO
Geotrygon montana	X	*	–	–	R	–	TFB
Geotrygon saphirina	*	*	–	–	–	–	–
Columbina tapalcoti	X	–	X	–	–	–	AB
Psittacidae (21)							
Ara macao	X	*	–	FC	FC	FC	M
Ara ararauna	X	*	–	FC	FC	FC	M
Ara severa	X	*	–	U	U	R	OR
Ara manilata	X	–	–	FC	U	–	OR
Aratinga leucopthalmus	X	–	–	R	R	–	TFB, OR
Aratinga weddellii	X	–	X	–	–	–	OR
Pyrrhura picta roseifrons	X	*	X	FC	FC	FC	M
Brotogeris cyanoptera	X	X	X	FC	FC	FC	M
Brotogeris sanctithomae	–	*	–	–	–	–	–
Brotogeris versicolurus	–	*	–	–	–	–	–
Touit purpurata	X	–	–	R	–	–	O
Forpus sclateri	X	–	X	U	U	?	OR, QU, CO
Pionus menstruus	X	*	X	FC	FC	FC	M
Pionopsitta barrabandi	X	*	X	FC	FC	U	OR, CO
Pionites leucogaster	X	*	X	FC	FC	FC	M
Amazona farinosa	X	–	X	FC	R	FC	M
Amazona ochrocephala	X	–	–	–	U	–	TFB
Amazona festiva	–	–	–	–	–	–	–
Amazona amazonica	X	–	X	FC	–	R	OR
Deroptyus accipitrinus	X	–	–	–	U	R	OR, CO

AVES / BIRDS

Especie/Species	Abundancia relativa/Relative abundance						Hábitat/Habitat
	Yavarí	Yavarí Mirín	En camino/ En route	Quebrada Curacinha	Quebrada Buenavista	Quebrada Limera	
Cuculidae (7)							
Piaya cayana	X	*	–	FC	FC	FC	M
Piaya melanogaster	X	–	–	U	U	–	TFC, TFB
Piaya minuta	X	–	–	R	R	–	OR, CO
Crotophaga ani	X	–	X	U	–	–	AB, OR
Crotophaga major	X	*	–	FC	FC	FC	OR, QU, CO
Coccyzus americanus	X	–	–	R	R	R	QU, CO
Neomorphus sp.	–	*	–	–	–	–	–
Opisthocomidae (1)							
Opisthocomus hoazin	X	*	–	U	U	U	QU, CO
Strigidae (7)							
Otus watsonii	X	*	–	FC	FC	FC	TFC, TFB
Otus choliba	X	–	–	R	R	–	OR
Pulsatrix perspicillata	X	–	–	–	R	–	OR
Lophostrix cristata	–	*	–	–	–	–	–
Glaucidium brasilianum	X	–	–	–	–	R	BI
Glaucidium hardyi	X	–	–	–	R	R	TFC
Ciccaba huhula	X	–	–	R	R	R	TFB
Nyctibiidae (2)							
Nyctibius grandis	X	*	–	R	R	R	OR
Nyctibius griseus	X	–	–	R	–	–	OR
Caprimulgidae (7)							
Chordeiles rupestris	X	–	–	R	–	–	OR
Chordeiles minor	X	–	X	U	U	U	O
Lurocalis semitorquatus	X	–	–	–	R	R	OR, CO
Nyctiprogne leucopyga	X	X	X	FC	U	–	OR, CO
Nyctidromus albicollis	X	*	–	FC	FC	U	OR, TFC
Nyctiphrynus ocellatus	X	–	–	R	R	–	TFB

LEYENDA/ LEGEND

Abundancia/Abundance

FC = Común en hábitat propio/ Fairly common (daily in habitat)

U = Irregular en hábitat/ Uncommon (irregularly in habitat)

R = Raro (pocos registros)/ Rare (few records)

X = Presente (estatus desconocido)/ Present (status unclear)

* = Observado, pero no por un ornitólogo/Observed by non-ornithologist

Hábitat/Habitat

TFC = Tierra firme de colinas/ Hilly terra firme

TFB = Tierra firme baja/Low terra firme

BI = Bosque inundado/Flooded forest

AG = Aguajal/*Mauritia* palm swamp

AB = Hábitat abierto/ Human-created clearing

O = Aire/Overhead

QU = Quebrada/Stream

CO = Cocha/Lake

OR = Orilla de río/River edge

M = Hábitats multiples/ Multiple habitats (>4)

AVES / BIRDS							
Especie/Species	**Abundancia relativa/Relative abundance**						**Hábitat/Habitat**
	Yavarí	Yavarí Mirín	En camino/ En route	Quebrada Curacinha	Quebrada Buenavista	Quebrada Limera	
Hydropsalis climacocerca	X	–	X	FC	FC	R	OR, CO
Apodidae (9)							
Streptoprocne zonaris	X	–	–	X	–	–	O
Cypseloides lemosi	X	–	–	X	–	–	O
Cypseloides sp. 1	X	–	–	X	–	–	O
Cypseloides sp. 2	X	–	–	X	–	–	O
Tachornis squamata	X	–	X	FC	U	U	O
Panyptila cayennensis	X	–	X	U	R	R	O
Chaetura brachyura	X	–	X	FC	FC	FC	O
Chaetura egregia	X	–	X	FC	FC	FC	O
Chaetura sp.	X	–	X	U	–	–	O
Trochilidae (9)							
Glaucis hirsuta	X	–	–	R	R	–	TFB
Threnetes leucurus	X	–	–	FC	–	–	TFB
Phaethornis philippii	X	*	–	R	–	–	TFC, TFB
Phaethornis hispidus	X	–	–	–	–	U	BI
Phaethornis ruber	X	*	–	R	–	R	TFB
Heliothryx aurita	X	X	X	R	–	–	OR, CO
Chlorostilbon mellisugus	X	–	–	U	U	–	QU, CO
Thalurania furcata	X	*	–	FC	U	–	M
Amazilia fimbriata	X	–	–	R	–	–	OR
Trogonidae (7)							
Pharomachrus pavoninus	X	*	–	R	R	–	TFC, TFB
Trogon viridis	X	*	–	U	U	U	TFB
Trogon melanurus	X	*	–	U	U	FC	M
Trogon violaceus	X	*	–	U	U	U	TFB
Trogon curucui	X	–	–	R	R	–	QU
Trogon rufus	X	*	–	–	R	R	TFC
Trogon collaris	X	–	–	U	U	FC	M
Alcedinidae (5)							
Ceryle torquata	X	*	X	U	U	U	OR, QU, CO
Chloroceryle amazona	X	*	X	FC	FC	FC	OR, QU, CO
Chloroceryle americana	X	–	X	U	FC	U	OR, QU, CO
Chloroceryle inda	X	*	–	R	R	R	QU, CO, BI
Chloroceryle aenea	X	*	–	R	–	R	CO, BI
Momotidae (3)							
Momotus momota	X	–	–	U	FC	U	TFB, OR, QU
Baryphthengus martii	X	*	–	U	U	U	TFC, TFB

AVES / BIRDS

Especie/Species	Abundancia relativa/Relative abundance						Hábitat/Habitat
	Yavarí	Yavarí Mirín	En camino/ En route	Quebrada Curacinha	Quebrada Buenavista	Quebrada Limera	
Electron platyrhynchum	X	–	–	U	U	FC	TFB
Galbulidae (6)							
Galbula cyanescens	X	*	–	FC	U	FC	OR, QU, CO
Galbula cyanicollis	X	*	–	U	–	R	TFC, TFB
Galbula chalcothorax	X	–	–	FC	U	U	TFB, QU, CO
Galbula dea	X	–	–	U	U	U	M
Brachygalba albogularis	X	*	–	U	R	–	OR, QU
Jacamerops aurea	X	*	–	R	R	–	TFB
Bucconidae (9)							
Monasa nigrifrons	X	*	X	FC	FC	FC	OR, QU, CO
Monasa morphoeus	X	*	–	U	U	U	TFC
Notharchus macrorhynchos	X	–	–	U	R	–	TFC, TFB
Bucco macrodactylus	X	–	–	–	R	–	OR , QU
Bucco capensis	X	*	–	–	–	R	TFC
Nystalus striolatus	X	–	–	R	R	–	TFC
Malacoptila rufa	X	*	–	–	U	U	TFC
Malacoptila semicincta	X	–	–	R	–	–	TFC
Chelidoptera tenebrosa	X	*	X	FC	FC	FC	OR, QU, CO
Ramphastidae (8)							
Capito auratus orosae	X	*	–	U	FC	FC	M
Eubucco richardsoni aurantiicollis	X	–	–	U	FC	U	TFB/QU/CO
Pteroglossus castanotis	X	*	X	U	U	–	OR
Pteroglossus azara/ beauharnaesii	h	–	–	R	–	R	TFC
Pteroglossus inscriptus	X	*	–	R	U	–	QU, CO
Selenidera reinwardtii	X	*	–	U	U	U	M
Ramphastos vitellinus culminatus	X	–	X	FC	FC	FC	M
Ramphastos tucanus cuvieri	X	*	X	FC	FC	FC	M

LEYENDA/ LEGEND

Abundancia/Abundance

FC = Común en hábitat propio/ Fairly common (daily in habitat)
U = Irregular en hábitat/ Uncommon (irregularly in habitat)
R = Raro (pocos registros)/ Rare (few records)
X = Presente (estatus desconocido)/ Present (status unclear)
* = Observado, pero no por un ornitólogo/Observed by non-ornithologist

Hábitat/Habitat

TFC = Tierra firme de colinas/ Hilly terra firme
TFB = Tierra firme baja/Low terra firme
BI = Bosque inundado/Flooded forest
AG = Aguajal/*Mauritia* palm swamp
AB = Hábitat abierto/ Human-created clearing
O = Aire/Overhead
QU = Quebrada/Stream
CO = Cocha/Lake
OR = Orilla de río/River edge

M = Hábitats multiples/ Multiple habitats (>4)

AVES / BIRDS							
Especie/Species	**Abundancia relativa/Relative abundance**						**Hábitat/Habitat**
	Yavarí	Yavarí Mirín	En camino/ En route	Quebrada Curacinha	Quebrada Buenavista	Quebrada Limera	
Picidae (12)							
Picumnus aurifrons	X	–	–	U	–	–	TFB, QU, CO
Melanerpes cruentatus	X	*	X	FC	FC	FC	M
Veniliornis affinis	X	–	–	U	U	R	M
Piculus flavigula	X	–	–	R	R	–	TFB
Colaptes punctigula	X	*	–	–	R	–	QU
Celeus elegans	X	–	–	R	R	R	TFB, CO
Celeus grammicus	X	–	–	FC	FC	FC	M
Celeus flavus	X	*	–	U	FC	U	TFB, CO, QU
Celeus torquatus	X	–	–	–	–	R	BI
Dryocopus lineatus	X	–	–	–	R	–	OR
Campephilus melanoleucos	X	*	–	FC	FC	FC	M
Campephilus rubricollis	X	*	–	R	U	U	TFC, TFB, CO
Dendrocolaptidae (14)							
Dendrocincla merula	X	–	–	U	R	–	TFC, TFB
Dendrocincla fuliginosa	X	–	–	R	R	–	TFC, TFB
Deconychura longicauda	X	–	–	R	–	R	TFB
Nasica longirostris	X	*	–	R	U	U	TFB, OR, CO
Dendrexetastes rufigula	X	–	–	R	U	R	TFB, OR, CO
Hylexetastes stresemanni	X	–	–	–	R	–	TFC
Xiphocolaptes promeropirhynchus	X	–	–	U	U	U	TFB, OR
Dendrocolaptes certhia	X	–	–	R	R	–	TFB
Dendrocolaptes picumnus	X	–	–	U	–	–	TFC
Xiphorhynchus guttatus	X	–	–	FC	FC	FC	M
Xiphorhynchus elegans juruanus	X	–	–	FC	FC	FC	TFC, TFB
Xiphorhynchus obsoletus	X	–	–	U	U	U	OR, QU, CO
Glyphorynchus spirurus	X	*	–	FC	FC	FC	M
Sittasomus griseicapillus	X	–	–	R	R	R	OR, QU, CO
Furnariidae (17)							
Synallaxis albigularis	X	–	X	–	–	–	OR
Synallaxis gujanensis	X	–	–	–	–	R	OR
Cranioleuca gutturata	X	–	–	R	U	R	TFB, QU
Automolus infuscatus	X	–	–	U	U	U	TFC, TFB
Automolus ochrolaemus	X	–	–	R	R	R	TFB
Automolus rubiginosus	X	–	–	R	–	–	TFC
Automolus rufipileatus	X	–	–	R	–	–	QU
Philydor erythropterum	X	–	–	–	R	–	TFC
Philydor erythrocercum	X	–	–	R	–	–	TFC
Philydor pyrrhodes	X	–	–	–	R	–	TFC

AVES / BIRDS							
Especie/Species	Abundancia relativa/Relative abundance						Hábitat/Habitat
	Yavarí	Yavarí Mirín	En camino/ En route	Quebrada Curacinha	Quebrada Buenavista	Quebrada Limera	
Hyloctistes subulatus	X	–	–	U	U	–	TFB, OR
Thripophaga fusciceps	X	–	–	U	–	–	TFB, OR, QU
Xenops minutus	X	–	–	U	–	R	TFC
Xenops milleri	X	–	–	–	–	R	TFC
Berlepschia rikeri	X	–	–	–	R	–	AG
Sclerurus caudacutus	X	–	–	U	R	–	TFB
Sclerurus mexicanus	X	–	–	–	–	R	TFC
Thamnophilidae (45)							
Cymbilaimus lineatus	X	–	–	FC	FC	FC	M
Taraba major	X	*	–	U	R	R	OR
Thamnophilus doliatus	X	–	–	R	R	R	OR
Thamnophilus murinus	X	–	–	FC	U	FC	TFC, TFB
Thamnophilus schistaceus	X	–	–	FC	U	R	TFC, TFB
Thamnophilus aethiops	X	–	–	–	R	R	TFC
Thamnophilus amazonicus	X	–	–	U	U	U	QU, CO
Pygiptila stellaris	X	*	–	U	FC	FC	M
Neoctantes niger	X	–	–	–	–	R	QU
Thamnomanes saturninus	X	–	–	FC	FC	FC	TFC, TFB
Thamnomanes schistogynus	X	–	–	R	U	U	TFC, TFB
Myrmotherula ignota	X	–	–	–	R	R	TFB, OR
Myrmotherula brachyura	X	–	–	FC	FC	FC	M
Myrmotherula multostriata	X	*	–	FC	FC	FC	OR, QU, CO
Myrmotherula sclateri	X	–	–	U	U	U	TFB
Myrmotherula axillaris	X	–	–	FC	FC	FC	TFC, TFB
Myrmotherula assimilis	X	–	–	U	U	U	CO, QU
Myrmotherula haematonota	X	–	–	U	U	U	TFC, TFB
Myrmotherula erythrura	X	–	–	U	U	U	TFC, TFB
Myrmotherula menetriesii	X	–	–	U	U	U	TFC, TFB

LEYENDA/ LEGEND

Abundancia/Abundance
FC = Común en hábitat propio/ Fairly common (daily in habitat)
U = Irregular en hábitat/ Uncommon (irregularly in habitat)
R = Raro (pocos registros)/ Rare (few records)
X = Presente (estatus desconocido)/ Present (status unclear)
* = Observado, pero no por un ornitólogo/Observed by non-ornithologist

Hábitat/Habitat
TFC = Tierra firme de colinas/ Hilly terra firme
TFB = Tierra firme baja/Low terra firme
BI = Bosque inundado/Flooded forest
AG = Aguajal/*Mauritia* palm swamp
AB = Hábitat abierto/ Human-created clearing
O = Aire/Overhead
QU = Quebrada/Stream
CO = Cocha/Lake
OR = Orilla de río/River edge

M = Hábitats multiples/ Multiple habitats (>4)

AVES / BIRDS

Especie/Species	Abundancia relativa/Relative abundance						Hábitat/Habitat
	Yavarí	Yavarí Mirín	En camino/ En route	Quebrada Curacinha	Quebrada Buenavista	Quebrada Limera	
Myrmotherula hauxwelli	X	–	–	U	U	U	TFB
Terenura humeralis	X	–	–	–	R	–	TFB
Cercomacra cinerascens	X	–	–	FC	FC	FC	M
Cercomacra serva	X	–	–	U	–	U	TFC, TFB
Cercomacra nigrescens	X	–	–	FC	–	R	OR
Myrmoborus leucophrys	X	*	–	U	U	U	BI, QU
Myrmoborus myotherinus	X	*	–	U	U	U	TFC, TFB
Hypocnemis cantator	X	*	–	FC	FC	FC	M
Hypocnemis hypoxantha	X	–	–	U	–	R	TFC, TFB
Hypocnemoides maculicauda	X	–	–	FC	U	–	QU, CO
Percnostola schistacea	X	–	–	FC	U	U	TFC
Percnostola leucostigma	X	–	–	–	U	U	TFB
Sclateria naevia	X	*	–	U	U	–	TFB, QU
Hylophylax naevia	X	*	–	U	U	U	TFC, TFB
Hylophylax punctulata	X	–	–	U	U	R	TFB, BI, QU
Hylophylax poecilinota	X	–	–	U	U	R	TFC, TFB
Dichrozona cincta	X	–	–	–	R	–	TFC
Myrmeciza hemimelaena	X	–	–	FC	U	U	TFC
Myrmeciza melanoceps	X	–	–	R	R	–	CO, BI
Myrmeciza hyperythra	X	–	–	U	U	–	OR, QU, CO
Myrmeciza fortis	X	–	–	U	U	U	TFC, TFB
Gymnopithys salvini	X	–	–	U	U	U	TFC, TFB
Phlegopsis erythroptera	X	–	–	–	R	–	TFB
Phlegopsis nigromaculata	X	*	–	R	R	–	TFB, QU
Rhegmatorhina melanosticta	X	*	–	U	U	U	TFC, TFB
Conopophagidae (1)							
Conopophaga peruviana	X	–	–	–	R	–	TFB
Formicariidae (5)							
Formicarius analis	X	*	–	FC	FC	FC	TFC, TFB
Formicarius colma	X	*	–	FC	FC	FC	TFC, TFB
Chamaeza nobilis	X	–	–	U	U	U	TFC, TFB
Myrmothera campanisona	X	–	–	U	U	U	TFC, TFB
Grallaria eludens	X	–	–	–	R	–	TFB
Rhinocryptidae (1)							
Liosceles thoracicus	X	*	–	FC	FC	FC	TFB
Pipridae (5)							
Pipra rubrocapilla	X	–	–	FC	U	U	TFC, TFB
Pipra filicauda	X	–	–	U	U	–	TFB, BI

AVES / BIRDS							
Especie/Species	Abundancia relativa/Relative abundance						Hábitat/Habitat
	Yavarí	Yavarí Mirín	En camino/ En route	Quebrada Curacinha	Quebrada Buenavista	Quebrada Limera	
Dixiphia pipra	X	*	–	U	R	R	TFC, TFB
Lepidothryx coronata	X	*	–	U	U	U	M
Chiroxiphia pareola regina	X	–	–	U	U	U	TFC, TFB
"Schiffornidae" (7)							
Piprites chloris	X	–	–	R	U	R	TFC, TFB
Tyranneutes stolzmanni	X	–	–	FC	FC	FC	TFC, TFB, QU
Schiffornis major	X	–	X	R	U	U	OR, QU, CO
Schiffornis turdinus	X	–	–	R	R	–	TFB
Laniocera hypopyrra	X	–	–	–	–	R	TFB
Lipaugus vociferans	X	*	–	FC	FC	FC	TFC, TFB
Iodopleura isabellae	X	–	–	–	R	–	CO
Cotingidae (5)							
Gymnoderus foetidus	X	*	–	FC	FC	FC	OR, QU, CO
Querula purpurata	X	–	–	U	U	U	TFB, QU
Cephalopterus ornatus	X	–	–	R	R	–	OR
Cotinga maynana	X	–	X	U	U	R	OR
Porphyrolaema porphyrolaema	X	–	X	–	–	–	OR
Tyrannidae (54)							
Zimmerius gracilipes	X	–	–	FC	FC	FC	M
Ornithion inerme	X	–	–	U	U	R	TFB, OR, QU
Camptostoma obsoletum	X	–	–	U	–	R	OR
Tyrannulus elatus	X	–	–	U	U	U	M
Elaenia parvirostris	X	–	–	X	–	–	OR
Myiopagis gaimardii	X	–	–	U	FC	FC	TFB, OR, QU
Myiopagis caniceps	X	–	–	?	U	R	TFB, QU, CO
Myiopagis flavivertex	X	–	–	R	U	U	QU, CO
Mionectes oleagineus	X	–	–	R	R	–	TFB
Mionectes macconnelli	X	–	–	R	–	–	TFC

LEYENDA/LEGEND

Abundancia/Abundance
FC = Común en hábitat propio/ Fairly common (daily in habitat)
U = Irregular en hábitat/ Uncommon (irregularly in habitat)
R = Raro (pocos registros)/ Rare (few records)
X = Presente (estatus desconocido)/ Present (status unclear)
* = Observado, pero no por un ornitólogo/Observed by non-ornithologist

Hábitat/Habitat
TFC = Tierra firme de colinas/ Hilly terra firme
TFB = Tierra firme baja/Low terra firme
BI = Bosque inundado/Flooded forest
AG = Aguajal/*Mauritia* palm swamp
AB = Hábitat abierto/ Human-created clearing
O = Aire/Overhead
QU = Quebrada/Stream
CO = Cocha/Lake
OR = Orilla de río/River edge

M = Hábitats multiples/ Multiple habitats (>4)

AVES / BIRDS

Especie/Species	Abundancia relativa/Relative abundance						Hábitat/Habitat
	Yavarí	Yavarí Mirín	En camino/ En route	Quebrada Curacinha	Quebrada Buenavista	Quebrada Limera	
Myiornis ecaudatus	X	–	–	R	U	U	TFB
Lophotriccus vitiosus	X	–	–	FC	FC	FC	M
Hemitriccus iohannis	X	–	–	U	–	U	QU
Hemitriccus minimus	X	–	–	U	–	–	TFC
Todirostrum maculatum	X	*	X	FC	FC	FC	OR, CO
Poecilotriccus latirostris	X	–	–	R	–	R	OR, QU
Corythopis torquata	X	*	–	U	U	U	TFC, TFB
Cnipodectes subbrunneus	X	–	–	–	R	R	TFC, TFB
Ramphotrigon ruficauda	X	–	–	–	U	R	TFC, TFB
Tolmomyias assimilis	X	–	–	U	U	FC	TFC, TFB
Tolmomyias poliocephalus	X	–	–	U	FC	U	M
Tolmomyias flaviventris	X	–	–	U	U	R	OR, QU, CO
Platyrinchus platyrhynchos	X	–	–	–	R	R	TFB
Platyrinchus coronatus	X	–	–	R	R	R	TFC
Terenotriccus erythrurus	X	–	–	U	U	U	TFC, TFB
Myiobius barbatus	X	–	–	–	–	R	TFB
Contopus virens	X	–	–	U	U	–	TFC, TFB
Ochthornis littoralis	X	*	X	FC	FC	FC	OR
Muscisaxicola fluviatilis	X	–	X	–	–	–	OR
Attila spadiceus	X	–	–	FC	FC	FC	TFC, TFB
Attila citriniventris	X	–	–	R	–	–	TFB
Rhytipterna simplex	X	–	–	U	–	R	TFC
Myiarchus tuberculifer	X	–	–	U	?	–	TFB
Myiarchus ferox	X	–	X	U	R	R	OR, QU, CO
Sirystes sibilator	X	–	–	X	–	–	TFB
Philohydor lictor	X	–	–	–	U	R	CO, QU
Pitangus sulphuratus	X	–	X	FC	U	U	OR, CO
Myiozetetes similis	X	–	X	FC	U	U	OR
Myiozetetes granadensis	X	–	X	FC	FC	FC	OR, QU
Myiozetetes luteiventris	X	–	–	R	U	U	TFC, TFB
Myiodynastes maculatus	X	–	X	R	R	R	OR, QU
Myiodynastes luteiventris	X	–	–	X	–	–	QU
Conopias parva	X	–	–	–	R	–	TFB
Legatus leucophaius	X	–	X	U	U	–	OR
Empidonomus varius	X	–	–	R	–	–	QU
Empidonomus aurantioatrocristatus	X	–	X	R	R	R	OR, QU, CO
Tyrannus melancholicus	X	X	X	FC	FC	FC	OR, QU, CO
Tyrannus savana	X	*	X	FC	–	R	OR

AVES / BIRDS

Especie/Species	Abundancia relativa/Relative abundance						Hábitat/Habitat
	Yavarí	Yavarí Mirín	En camino/ En route	Quebrada Curacinha	Quebrada Buenavista	Quebrada Limera	
Tyrannus tyrannus	X	–	X	FC	R	–	OR
Pachyramphus castaneus	X	–	–	U	–	–	OR
Pachyramphus marginatus	X	–	–	–	X	–	TFB
Pachyramphus polychopterus	X	–	–	X	X	–	TFC, CO
Tityra semifasciata	X	–	X	–	X	–	TFB, OR
Tityra cayana	X	–	–	X	X	–	CO
Hirundinidae (10)							
Tachycineta albiventer	X	X	X	FC	FC	FC	OR, CO
Atticora fasciata	X	X	X	FC	FC	FC	OR, CO
Stelgidopteryx ruficollis	X	–	X	U	U	R	OR
Progne modesta	X	–	X	R	R	R	OR
Progne chalybea	X	–	X	U	R	–	OR
Phaeoprogne tapera	X	–	X	U	U	U	OR
Hirundo rustica	X	*	–	U	R	U	O
Notiochelidon cyanoleuca	X	–	X	U	R	–	OR
Riparia riparia	X	–	–	X	X	U	O
Petrochelidon pyrrhonota	X	–	–	–	–	U	O
Corvidae (1)							
Cyanocorax violaceus	X	*	X	FC	FC	FC	OR, QU, CO
Vireonidae (5)							
Vireo olivaceus	X	–	–	U	R	R	QU, CO
Vireolanius leucotis	X	–	–	–	R	–	TFC
Hylophilus hypoxanthus	X	–	–	U	FC	FC	M
Hylophilus ochraceiceps	X	–	–	U	R	–	TFB
Hylophilus thoracicus	X	–	–	U	U	FC	TFB, QU, CO
Troglodytidae (4)							
Thryothorus leucotis	X	–	X	FC	FC	FC	OR, QU
Thryothorus genibarbis	X	–	–	FC	FC	FC	TFB, OR, QU

LEYENDA/ LEGEND

Abundancia/Abundance

FC = Común en hábitat propio/ Fairly common (daily in habitat)

U = Irregular en hábitat/ Uncommon (irregularly in habitat)

R = Raro (pocos registros)/ Rare (few records)

X = Presente (estatus desconocido)/ Present (status unclear)

* = Observado, pero no por un ornitólogo/Observed by non-ornithologist

Hábitat/Habitat

TFC = Tierra firme de colinas/ Hilly terra firme

TFB = Tierra firme baja/Low terra firme

BI = Bosque inundado/Flooded forest

AG = Aguajal/*Mauritia* palm swamp

AB = Hábitat abierto/ Human-created clearing

O = Aire/Overhead

QU = Quebrada/Stream

CO = Cocha/Lake

OR = Orilla de río/River edge

M = Hábitats multiples/ Multiple habitats (>4)

AVES / BIRDS						
Especie/Species	Abundancia relativa/Relative abundance					Hábitat/Habitat
	Yavarí	Yavarí Mirín	En camino/ En route	Quebrada Curacinha	Quebrada Buenavista	Quebrada Limera	
Microcerculus marginatus	X	–	–	U	U	U	TFC, TFB
Campylorhynchus turdinus	X	–	–	R	–	–	TFB
Turdidae (3)							
Turdus ignobilis	X	–	–	R	R	–	OR, QU
Turdus lawrencii	X	–	–	FC	R	–	TFB
Turdus albicollis	X	–	–	U	U	U	TFC, TFB
Polioptilidae (2)							
Polioptila plumbea	X	–	–	–	–	R	TFB, QU
Ramphocaenus melanurus	X	*	–	FC	FC	FC	TFB, QU
Parulidae (1)							
Basileuterus fulvicaudus	X	–	–	U	U	U	QU
Thraupidae (28)							
Cyanerpes caeruleus	X	*	–	X	–	–	TFB
Chlorophanes spiza	X	–	–	X	–	–	TFC
Dacnis flaviventer	X	*	–	U	U	U	QU, CO
Dacnis lineata	X	–	–	U	U	U	M
Dacnis cayana	X	–	–	R	R	–	QU, CO
Hemithraupis flavicollis	X	–	–	–	R	–	TFC
Hemithraupis guira	X	–	–	R	–	R	TFC, CO
Tangara mexicana	X	*	–	U	R	–	M
Tangara chilensis	X	*	X	FC	FC	FC	M
Tangara schrankii	X	*	–	U	FC	FC	M
Tangara callophrys	X	–	–	R	R	–	TFB, QU
Thraupis palmarum	X	–	–	R	R	–	AG
Thraupis episcopus	X	–	X	R	–	–	OR, AB
Ramphocelus carbo	X	–	X	FC	FC	R	OR
Ramphocelus nigrogularis	X	*	–	U	U	–	QU, CO
Tachyphonus surinamus	X	*	–	U	U	U	TFC, TFB
Tachyphonus rufiventer	X	–	–	–	R	–	CO
Tachyphonus luctuosus	X	–	–	–	R	–	TFB
Lanio versicolor	X	–	–	FC	U	R	TFC, TFB
Eucometis penicillata	X	–	–	R	R	R	QU, CO
Cissopis leveriana	X	–	X	–	R	?	QU
Habia rubica	X	–	–	U	R	R	TFC, TFB
Tersina viridis	X	–	X	U	X	X	OR, TFB
Euphonia rufiventris	X	–	–	U	U	–	TFC, TFB
Euphonia minuta	X	–	–	–	X	–	CO
Euphonia chrysopasta	X	–	–	X	–	–	TFB

Especie/Species	Abundancia relativa/Relative abundance						Hábitat/Habitat
	Yavarí	Yavarí Mirín	En camino/ En route	Quebrada Curacinha	Quebrada Buenavista	Quebrada Limera	
AVES / BIRDS							
Euphonia xanthogaster	X	–	–	X	X	–	CO
Euphonia laniirostris	X	–	–	–	X	–	CO
Euphonia sp.	h	–	–	X	X	X	–
Emberizidae (3)							
Sporophila castaneiventris	X	X	X	–	–	–	AB
Paroaria gularis	X	*	X	–	–	–	OR
Ammodramus aurifrons	X	–	X	–	–	–	AB
Cardinalidae (4)							
Saltator maximus	X	–	–	–	–	–	OR, QU
Saltator coerulescens	–	X	X	–	–	–	AB
Saltator grossus	X	–	–	–	–	–	TFC, TFB
Cyanocompsa cyanoides	X	–	–	–	–	–	TFB
Icteridae (9)							
Icterus cayanensis	X	–	–	–	–	–	TFB
Cacicus cela	X	–	X	–	–	X	OR
Cacicus solitarius	X	–	–	–	–	X	OR
Psarocolius decumanus	X	–	X	U	U	–	OR
Psarocolius angustifrons	X	–	X	R	–	–	OR
Psarocolius viridis	X	–	–	–	R	U	TFB
Psarocolius yuracares	X	–	X	FC	FC	FC	OR, BI
Molothrus bonariensis	X	–	X	–	X	–	OR
Molothrus oryzivorus	X	–	X	X	–	–	OR
TOTALES/TOTALS	**392**	**136**	**95**	**313**	**304**	**248**	**389**

LEYENDA/ LEGEND

Abundancia/Abundance

FC = Común en hábitat propio/ Fairly common (daily in habitat)

U = Irregular en hábitat/ Uncommon (irregularly in habitat)

R = Raro (pocos registros)/ Rare (few records)

X = Presente (estatus desconocido)/ Present (status unclear)

* = Observado, pero no por un ornitólogo/Observed by non-ornithologist

Hábitat/Habitat

TFC = Tierra firme de colinas/ Hilly terra firme

TFB = Tierra firme baja/Low terra firme

BI = Bosque inundado/Flooded forest

AG = Aguajal/*Mauritia* palm swamp

AB = Hábitat abierto/ Human-created clearing

O = Aire/Overhead

QU = Quebrada/Stream

CO = Cocha/Lake

OR = Orilla de río/River edge

M = Hábitats multiples/ Multiple habitats (>4)

**Mamíferos Grandes/
Large Mammals**

Mamíferos observados y potencialmente presentes en los ríos Yavarí y Yavarí Mirín, y su estatus de
conservación a nivel mundial. La nomenclatura taxonómica y los nombres en inglés son de Emmons (1990);
los nombres en castellano son de las comunidades locales. La lista de especies registradas es basada en los
inventarios de K. Salovaara, R. Bodmer, P. Puertas, M. Antunez, O. Montenegro, C. Reyes y M. Recharte.
La lista de las especies potenciales es de Valqui (2001). La información de la UICN y de CITES es de
2003 y disponible en *www.redlist.org* y *www.cites.org*.

MAMÍFEROS GRANDES / LARGE MAMMALS

	Nombre científico/ Scientific name	Nombre local/ Local name	Nombre en inglés/ English name
	MARSUPIALIA		
	Didelphidae		
001	*Marmosops impavidus*	Zorrillo	Slender mouse opossum
002	*Marmosops noctivagus*	Zorrillo	White-bellied slender mouse opossu
003	*Marmosops parvidens*	Zorrillo	Delicate slender mouse opossum
004	*Marmosa murina*	Pericote	Murine mouse opossum
005	*Metachirus nudicaudatus*	Zorro	Brown four-eyed opossum
006	*Monodelphis emiliae*	Zorro	Emilia's short-tailed opossum
007	*Micoureus demererae*	Pericote	Woolly mouse opossum
008	*Calumorys lanatus*	Zorro	Western woolly opossum
009	*Philander opossum*	Zorro	Four-eyed opossum
010	*Didelphis marsupialis*	Zorro	Common opossum
011	*Chironectes minimus*	Zorro de agua	Water opossum
	XENARTHRA		
	Myrmecophagidae		
012	*Myrmecophaga tridactyla*	Oso hormiguero	Giant anteater
013	*Tamandua tetradactyla*	Shiui	Southern tamandua
014	*Cyclopes didactylus*	Serafín	Pygmy anteater
	Bradypodidae, Megalonychidae		
015	*Bradypus variegatus*	Pelejo	Brown-throated three-toed sloth
016	*Choloepus* sp.	Pelejo colorado	Two-toed sloth
	Dasypodidae		
017	*Priodontes maximus*	Carachupa mama	Giant armadillo
018	*Cabassous unicinctus*	Trueno carachupa	Southern naked-tailed armadillo
019	*Dasypus kappleri*	Carachupa	Great long-nosed armadillo
020	*Dasypus novemcinctus*	Carachupa	Nine-banded armadillo
	PRIMATES		
	Callitrichidae		
021	*Cebuella pygmaea*	Leoncito	Pygmy marmoset
022	*Saguinus fuscicollis*	Pichico común	Saddleback tamarin
023	*Saguinus mystax*	Pichico barba blanca	Black-chested mustached tamarin
	Cebidae		
024	*Saimiri sciureus*	Fraile	Squirrel monkey
025	*Aotus nancymae*	Musmuqui	Night monkey
026	*Callicebus cupreus*	Tocón	Dusky titi monkey
027	*Alouatta seniculus*	Coto	Red howler monkey
028	*Pithecia monachus*	Huapo negro	Monk saki monkey
029	*Cacajao calvus*	Huapo rojo	Red uakari monkey

List of potential and observed mammals in the Yavarí and Yavarí Mirín rivers and their global conservation status. Taxonomic nomenclature and English names are from Emmons (1990); Spanish names are from local communities. The list of registered species is based on inventories by K. Salovaara, R. Bodmer, P. Puertas, M. Antunez, O. Montenegro, C. Reyes y M. Recharte. The list of potential species is from Valqui (2001). Information from the IUCN and CITES is from 2003 and available at *www.redlist.org* and *www.cites.org*.

	Especies registradas/ Registered species		Especies potenciales/ Potential species	Categoria de UICN/ IUCN category	Apéndices CITES/ CITES Appendices
	Yavarí RBI	Yavarí Mirín			
001	–	–	X	LR/nt	–
002	–	–	X	–	–
003	–	–	X	LR/nt	–
004	–	–	X	–	–
005	–	–	X	–	–
006	–	–	X	VU A1c	–
007	–	–	X	–	–
008	–	–	X	LR/nt	–
009	–	–	X	–	–
010	–	–	X	–	–
011	–	–	X	LR/nt	–
012	O	C, O	X	VU A1cd	II
013	O	C, O	X	–	–
014	–	–	X	–	–
015	–	C	X	–	II
016	–	C	X	DD	III
017	–	C, O	X	EN A1cd	I
018	–	C	X	–	–
019	–	C	X	–	–
020	O	C	X	–	–
021	O	C, O	X	–	II
022	O	C, O	X	–	II
023	O	C, O	X	–	II
024	O	O	X	–	II
025	O	C, O	X	–	II
026	O	C, O	X	–	II
027	O	C, O	X	–	II
028	O	C, O	X	–	II
029	O	C, O	X	VU A1cd	I

LEYENDA/LEGEND

Especie/Species

X = Confirmada en la quebrada Blanco, Reserva Comunal Tamshiyacu-Tahuayo, por Valqui (2001)/Confirmed from the Quebrada Blanco, Reserva Comunal Tamshiyacu-Tahuayo, by Valqui (2001)
C = Colectada/Collected
O = Observada/Observed
NC = No confirmada/Unconfirmed

Categorías de la UICN/IUCN categories

EN = En peligro/Endangered
VU = Vulnerable
LR/nt = Riesgo menor, no amenazada/ Low Risk, not threatened
NT = Casi amenazada/ Near threatened
DD = Datos deficientes/Data Deficient

Apéndices CITES/CITES Appendices:

Appendix I lists species that are the most endangered among CITES-listed animals and plants.

Appendix II lists species that are not necessarily now threatened with extinction but that may become so unless trade is closely controlled.

International trade of species in Appendix III is allowed only on presentation of the appropriate permits or certificates.

MAMÍFEROS GRANDES / LARGE MAMMALS

	Nombre científico/ Scientific name	Nombre local/ Local name	Nombre en inglés/ English name
030	*Cebus albifrons*	Machín blanco	White-fronted capuchin monkey
031	*Cebus apella*	Machín negro	Brown capuchin monkey
032	*Lagothrix lagothricha*	Choro	Common woolly monkey
033	*Ateles paniscus*	Maquisapa	Black spider monkey
	CARNIVORA		
	Canidae		
034	*Atelocynus microtis*	Perro de monte	Short-eared dog
035	*Speothos venaticus*	Perro de monte	Bush dog
	Procyonidae		
036	*Procyon cancrivorus*	–	Crab-eating raccoon
037	*Nasua nasua*	Achuni, coati	South American coati
038	*Potos flavus*	Choshna	Kinkajou
039	*Bassaricyon gabbii*	–	Olingo
	Mustelidae		
040	*Eira barbara*	Manco	Tayra
041	*Galictis vittata*	Sacha perro	Grison, huron
042	*Lutra longicaudis*	Nutria	Southern river otter
043	*Pteronura brasiliensis*	Lobo de río	Giant otter
	Felidae		
044	*Felis pardalis*	Tigrillo	Ocelot
045	*Felis wiedii*	Huamburushu	Margay
046	*Felis yagouaroundi*	Anushi puma	Jaguarundi
047	*Felis concolor*	Tigre colorado, puma	Puma
048	*Panthera onca*	Otorongo	Jaguar
	CETACEA		
	Platanistidae		
049	*Inia geoffrensis*	Bufeo colorado	Pink river dolphin
	Delphinidae		
050	*Sotalia fluviatilis*	Bufeo	Gray dolphin
	SIRENIA		
	Trichechidae		
051	*Trichechus inunguis*	Vaca marina	Amazonian manatee
	PERISSODACTYLA		
	Tapiridae		
052	*Tapirus terrestris*	Sacha vaca	Lowland tapir
	ARTIODACTYLA		
	Tayassuidae		
053	*Tayassu pecari*	Huangana	White-lipped peccary

Mamíferos Grandes/
Large Mammals

	Especies registradas/ Registered species		Especies potenciales/ Potential species	Categoria de UICN/ IUCN category	Apéndices CITES/ CITES Appendices
	Yavarí RBI	Yavarí Mirín			
030	O	C, O	X	–	II
031	O	C, O	X	–	II
032	O	C, O	X	–	II
033	O	C, O	X	–	II
034	O	C, O	X	DD	–
035	–	C	X	VU C2a	I
036	–	–	X	–	–
037	O	C, O	X	–	–
038	–	C, O	X	–	III
039	–	–	NC	LR/nt	III
040	O	C, O	X	–	III
041	–	C, O	X	–	–
042	O	C, O	X	DD	I
043	O	C, O	X	EN A1acde	I
044	O	C, O	X	–	I
045	–	C	X	–	I
046	O	C, O	X	–	II
047	–	C	X	–	II
048	O	C, O	X	NT	I
049	O	O	X	VU A1cd	II
050	O	O	X	DD	I
051	–	NC	NC	VU A1cd	I
052	O	C, O	X	VU A2cd+3cd+4cd	II
053	O	C, O	X	–	II

LEYENDA/LEGEND

Especie/Species

X = Confirmada en la quebrada Blanco, Reserva Comunal Tamshiyacu-Tahuayo, por Valqui (2001)/Confirmed from the Quebrada Blanco, Reserva Comunal Tamshiyacu-Tahuayo, by Valqui (2001)
C = Colectada/Collected
O = Observada/Observed
NC = No confirmada/Unconfirmed

Categorías de la UICN/IUCN categories

EN = En peligro/Endangered
VU = Vulnerable
LR/nt = Riesgo menor, no amenazada/ Low Risk, not threatened
NT = Casi amenazada/ Near threatened
DD = Datos deficientes/Data Deficient

Apéndices CITES/CITES Appendices:

Appendix I lists species that are the most endangered among CITES-listed animals and plants.

Appendix II lists species that are not necessarily now threatened with extinction but that may become so unless trade is closely controlled.

International trade of species in Appendix III is allowed only on presentation of the appropriate permits or certificates.

MAMÍFEROS GRANDES / LARGE MAMMALS		
Nombre científico/ **Scientific name**	**Nombre local/** **Local name**	**Nombre en inglés/** **English name**
054 *Tayassu tajacu*	Sajino	Collared peccary
Cervidae		
055 *Mazama americana*	Venado colorado	Red brocket deer
056 *Mazama gouazoubira*	Venado gris	Gray brocket deer
RODENTIA		
Sciuridae		
057 *Sciurus igniventris*	Huayhuashi	Northern Amazon red squirrel
058 *Sciurus spadiceus*	Huayhuashi	Southern Amazon red squirrel
059 *Sciurus ignitus*	Ardilla	Bolivian squirrel
060 *Microsciurus flaviventer*	Ardilla	Amazon dwarf squirrel
061 *Sciurillus pusillus*	Ardilla	Neotropical pygmy squirrel
Muridae		
062 *Oryzomus megacephalus*	Ratón	Rice rat
063 *Oryzomus macconellii*	Ratón	Rice rat
064 *Oryzomus yunganus*	Ratón	Rice rat
065 *Oligoryzomus microtis*	Ratón	Pygmy rice rat
066 *Oecomys bicolor*	Ratón	Arboreal rice rat
067 *Oecomys sp.*	Ratón	Arboreal rice rat
068 *Neacomys spinosus*	Ratón	Spiny mouse
069 *Scolomys ucayalensis*	Ratón	Spiny mouse
070 *Nectomys squamipes*	Ratón	–
071 *Amphinectomys savanis*	Ratón	–
072 *Rhipidomys sp.*	Ratón	Climbing rat
Erethizontidae		
073 *Coendou bicolor*	Cashacushillo	Bicolored-spined porcupine
Hydrochaeridae		
074 *Hydrochaeris hydrochaeris*	Ronsoco	Capybara
Agoutidae		
075 *Agouti paca*	Majas	Paca
Dasyproctidae		
076 *Dasyprocta fuliginosa*	Añuje	Black agouti
077 *Myoprocta pratti*	Punchana	Green agouchy
Echimyidae		
078 *Proechimys brevidauda*	Sacha cuy	Spiny rat
079 *Proechimys cuvieri*	Sacha cuy	Spiny rat
080 *Proechimys simonsi*	Sacha cuy	Spiny rat
081 *Proechimys quadruplicatus*	Sacha cuy	Spiny rat
082 *Proechimys kulinae*	Sacha cuy	Spiny rat

Mamíferos Grandes/
Large Mammals

	Especies registradas/ Registered species		Especies potenciales/ Potential species	Categoria de UICN/ IUCN category	Apéndices CITES/ CITES Appendices
	Yavarí RBI	Yavarí Mirín			
054	O	C, O	X	–	II
055	O	C, O	X	DD	–
056	O	C, O	X	DD	–
057	O	O	X	–	–
058	O	O	X	–	–
059	–	O	X	–	–
060	–	–	X	–	–
061	–	–	X	–	–
062	–	–	X	–	–
063	–	–	X	–	–
064	–	–	X	–	–
065	–	–	X	–	–
066	–	–	X	–	–
067	–	–	X	–	–
068	–	–	X	–	–
069	–	–	X	EN B1+2c	–
070	–	–	X	–	–
071	–	–	X	–	–
072	–	–	X	–	–
073	–	–	X	–	–
074	O	O	X	–	–
075	O	C, O	X	–	–
076	O	C, O	X	–	–
077	O	C	X	–	–
078	–	–	X	–	–
079	–	–	X	–	–
080	–	–	X	–	–
081	–	–	X	–	–
082	–	–	X	–	–

LEYENDA/LEGEND

Especie/Species

X = Confirmada en la quebrada Blanco, Reserva Comunal Tamshiyacu-Tahuayo, por Valqui (2001)/Confirmed from the Quebrada Blanco, Reserva Comunal Tamshiyacu-Tahuayo, by Valqui (2001)
C = Colectada/Collected
O = Observada/Observed
NC = No confirmada/Unconfirmed

Categorías de la UICN/IUCN categories

EN = En peligro/Endangered
VU = Vulnerable
LR/nt = Riesgo menor, no amenazada/ Low Risk, not threatened
NT = Casi amenazada/ Near threatened
DD = Datos deficientes/Data Deficient

Apéndices CITES/CITES Appendices:

Appendix I lists species that are the most endangered among CITES-listed animals and plants.

Appendix II lists species that are not necessarily now threatened with extinction but that may become so unless trade is closely controlled.

International trade of species in Appendix III is allowed only on presentation of the appropriate permits or certificates.

MAMÍFEROS GRANDES / LARGE MAMMALS

	Nombre científico/ Scientific name	Nombre local/ Local name	Nombre en inglés/ English name
083	*Mesomys hispidus*	–	Spiny tree rat
084	*Isothrix bistriata*	–	Brush-tailed rat
085	*Echimys rhipidurus*	–	Peruvian tree rat
086	*Dactylomys dactylinus*	Conocono	Amazon bamboo rat

	Especies registradas Registered species		Especies potenciales/ Potential species	Categoria de la UICN/ IUCN category	Apéndices CITES/ CITES Appendices
	Yavarí RBI	Yavarí Mirín			
083	–	–	X	–	–
084	O	–	X	LR/nt	–
085	–	–	X	DD	–
086	O	O	X	–	–

LEYENDA/LEGEND

Especie/Species

X = Confirmada en la quebrada
Blanco, Reserva Comunal
Tamshiyacu-Tahuayo, por Valqui
(2001)/Confirmed from the
Quebrada Blanco, Reserva
Comunal Tamshiyacu-Tahuayo,
by Valqui (2001)
C = Colectada/Collected
O = Observada/Observed
NC = No confirmada/Unconfirmed

Categorías de la UICN/IUCN categories

EN = En peligro/Endangered
VU = Vulnerable
LR/nt = Riesgo menor, no amenazada/
Low Risk, not threatened
NT = Casi amenazada/
Near threatened
DD = Datos deficientes/Data Deficient

Apéndices CITES/CITES Appendices:

Appendix I lists species that are the
most endangered among CITES-listed
animals and plants.

Appendix II lists species that are
not necessarily now threatened with
extinction but that may become so
unless trade is closely controlled.

International trade of species in
Appendix III is allowed only on
presentation of the appropriate
permits or certificates.

Murciélagos / Bats

Especies de murciélagos registradas en tres sitios en el río Yavarí por M. Escobedo durante el inventario biológico rápido de marzo y abril de 2003. / Bat species registered by M. Escobedo at three sites along the Yavarí River during the rapid biological inventory in March–April 2003.

MURCIÉLAGOS / BATS				
Especie / Species	**Número de individuos registrados en cada sitio / Number of records at each inventory site**			**Preferencia de hábitat / Habitat preference**
	Quebrada Curacinha	Quebrada Buenavista	Quebrada Limera	
Emballonuridae				
Rhynchonycteris naso	–	4	–	Bosque inundable / Floodplain forest
Saccopteryx bilineata	–	3	–	Bosque inundable / Floodplain forest
Noctilionidae				
Noctilio sp.	–	1	–	Río Yavarí / Yavarí River
Phyllostomidae				
Artibeus anderseni	–	–	1	Bosque inundable / Floodplain forest
Artibeus hartii	–	1	2	Bosque inundable / Floodplain forest
Artibeus jamaicensis	1	1	–	Generalista / Generalist
Artibeus obscurus	1	3	–	Tierra firme / Upland forest
Artibeus planirostris	1	–	1	Tierra firme / Upland forest
Carollia castanea	2	–	1	Generalista / Generalist
Carollia perspicillata	2	4	3	Generalista / Generalist
Chiroderma salvini	1	–	–	Tierra firme / Upland forest
Phyllostomus discolor	–	1	2	Generalista / Generalist
Phyllostomus elongatus	1	2	–	Generalista / Generalist
Sturnira magna	–	–	1	Tierra firme / Upland forest
Tonatia carrikeri	–	1	–	Tierra firme / Upland forest
Tonatia silvicola	1	–	2	Tierra firme / Upland forest
Trachops cirrhosus	2	1	–	Cochas y quebradas / Lakes and streams
Uroderma bilobatum	1	–	–	Tierra firme / Upland forest
Uroderma magnirostrum	1	–	1	Quebradas / Streams
Vampyressa brocki	–	–	1	Bosque inundable / Floodplain forest

**Figuras del Modelo Unificado
de Cosecha de Mamíferos /
Diagrams of the Unified Harvest
Model for Mammals**

La altura de la línea entera vertical representa el porcentaje de la producción cosechado, mientras la posición de la línea vertical representa la proximidad de la población cosechada a K (la capacidad de carga) y MSY (la máxima cosecha sostenible). La línea SY es el límite estimado de las cosechas sostenibles. / The height of the solid vertical line represents the percent of production harvested, whereas the position of the vertical line represents the proximity of the harvested population to K (carrying capacity) and MSY (maximum sustainable yield). The SY line is the estimated limit of sustainable harvests.

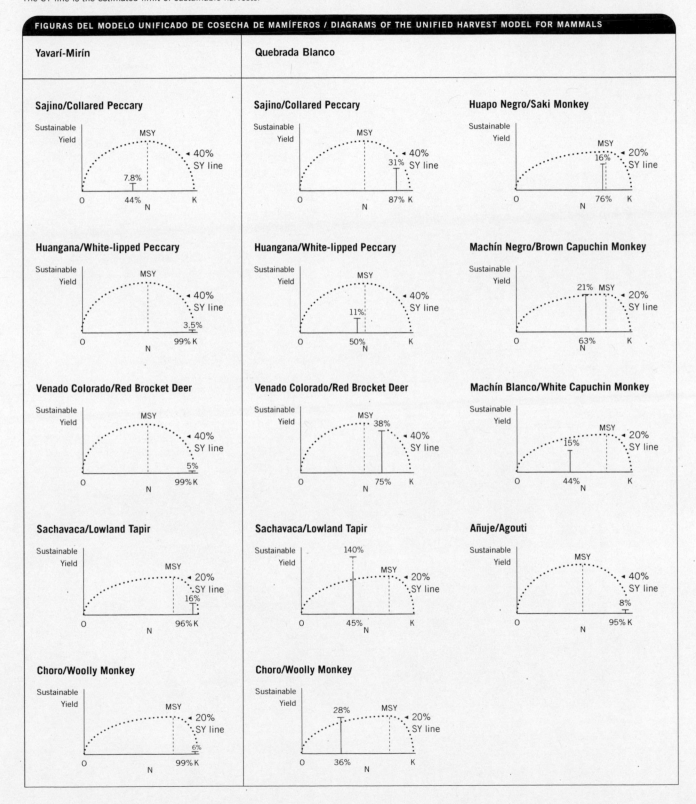

FIGURAS DEL MODELO UNIFICADO DE COSECHA DE MAMÍFEROS / DIAGRAMS OF THE UNIFIED HARVEST MODEL FOR MAMMALS

Yavarí-Mirín — Quebrada Blanco

Sajino/Collared Peccary · Huangana/White-lipped Peccary · Venado Colorado/Red Brocket Deer · Sachavaca/Lowland Tapir · Choro/Woolly Monkey · Huapo Negro/Saki Monkey · Machín Negro/Brown Capuchin Monkey · Machín Blanco/White Capuchin Monkey · Añuje/Agouti

Álvarez, J. A., and B. M. Whitney. In press. New distributional records of birds from white-sand forests of the northern Peruvian Amazon, with implications for the biogeography of northern South America. Condor.

BirdLife International. 2000. Threatened birds of the world. Barcelona and Cambridge, UK: Lynx Edicions and BirdLife International.

Bodmer, R. E., J. F. Eisenberg, and K. H. Redford. 1997a. Hunting and the likelihood of extinction of Amazonian mammals. Conservation Biology 11: 460-466.

Bodmer, R. E., R. Aquino, P. Puertas, C. Reyes, T. Fang, and N. Gottdenker. 1997b. Manejo y uso sustentable de pecaríes en la Amazonía peruana. Quito: IUCN.

Bodmer, R. E., T. G. Fang, and L. Moya I. 1988. Ungulate management and conservation in the Peruvian Amazon. Biological Conservation 45: 303-310.

Bodmer, R. 2000. Integrating hunting and protected areas in the Amazon. Pages 277-290 in N. Dunstone and A. Entwistle (eds.), Future priorities for the conservation of mammals: Has the panda had its day? Cambridge, UK: Cambridge University Press.

Bodmer, R., and E. Pezo. 2001. Rural development and sustainable wildlife use in Peru. Conservation Biology 15: 1163-1170.

Bodmer, R., and P. Puertas. 2000. Community-based comanagement of wildlife in the Peruvian Amazon. Pages 395-409 in J. Robinson and E. Bennett (eds.), Hunting for sustainability in tropical forests. New York: Columbia University Press.

Buckland, S. T., D. R. Anderson, K. P. Burnham, and J. L. Laake. 1993. Distance sampling: Estimating the abundance of biological populations. London: Chapman and Hall.

Capparella, A. P. 1988. Genetic variation in Neotropical birds: Implications for the speciation process. Acta XIX Congress of International Ornithology (Ottawa 1986), vol. 2: 1658-1664.

Capparella, A. P. 1991. Neotropical avian diversity and riverine barriers. Acta XX Congress of International Ornithology (Aukland 1990), vol. 1: 307-316.

de Castelnau, F. 1850-51. Expédition dans les partes centrales de l'Amérique du Sud, de Rio de Janeiro a Lima, et de Lima au Para. Paris: Chez P. Bertrand.

Caughley, G. 1997. Analysis of vertebrate populations. New York: John Wiley and Sons.

Cevallos, I. 1968. Chiropteros del Departamento de Loreto. Separata de la Revista de la Facultad de Ciencias (Universidad Nacional San Antonio Abad del Cuzco) 2: 7-60.

Chang, F., and H. Ortega. 1995. Additions and corrections to the list of freshwater fishes of Peru. Publicaciones del Museo de Historia Natural UNMSM (A) 50: 1-11.

Chernoff, B. (ed.). 1997. Aquatic Rapid Assessment Program: A rapid approach to identifying conservation priorities and sustainable management opportunities in tropical aquatic ecosystems. Washington, D. C.: Conservation International.

Chernoff, B., et al. (eds.). In press. Biological assessment (ichthyology and limnology) of the Pastaza River basin (Ecuador and Peru). Bulletin of Biological Assessment. Washington, D. C.: Conservation International.

Cohn-Haft, M., A. Whittaker, and P. C. Stouffer. 1997. A new look at the "species-poor" central Amazon: The avifauna north of Manaus, Brazil. Pages 205-235 in J. V. Remsen, Jr. (ed.), Ornithological Monographs 48: Studies in Neotropical Ornithology honoring Ted Parker. Washington, D. C.: American Ornithologists' Union.

Collar, N. J., L. P. Gonzaga, N. Krabbe, A. Madroño Nieto, L. G. Naranjo, T. A. Parker III, and D. Wege. 1992. Threatened birds of the Americas. Washington, D. C.: Smithsonian Institution Press.

Cracraft, J. 1985. Historical biogeography and patterns of differentiation within the South American avifauna: Areas of endemism. Ornithological Monographs 36: 49-84.

D'Acuna, C. 1698. A relation of the great river of Amazons in South-America. London: S. Buckley.

de la Cruz B., N., et al. 1999. Boletín No. 134, Serie A: Carta Geológico Nacional. Lima: Instituto Geológico, Minero y Metalúrgico.

Dixon, J. R., and P. Soini. 1986. The reptiles of the upper Amazon basin, Iquitos Region, Peru. Milwaukee: Milwaukee Public Museum.

Drage, J. 2003. Burrow characteristics and relative abundance of armadillo species at the Lago Preto study site, Peru. B. Sc. Thesis, DICE, University of Kent, Canterbury, UK.

Eigenmann, C.H., and W. R. Allen. 1942. The fishes of Western South America, part II. Lexington: University of Kentucky.

Erikson, P. 1994. Los Mayoruna. Pages 3-127 in F. Santos and F. Barclay (eds.), Guía etnográfica de la Alta Amazonía, Volumen II. Quito: FLACSO.

Escobedo T., M. 2002. Evaluación de Chiroptera en la Reserva Nacional Pacaya Samiria y la Zona Reservada Allaphuayo Mishana. Informe de Practica Pre-Profesional II. F.C.B. Universidad Nacional de la Amazonía Peruana.

Fields, H., and W. R. Merrifield. 1980. Mayoruna (Panoan) kinship. Ethnology 19: 1-28.

Fleck, D. W., and J. D. Harder. 2000. Matses Indian rainforest habitat classification and mammalian diversity in Amazonian Peru. Journal of Ethnobiology 20(1): 1-36.

Fleck, D. W., R. S. Voss and N. B. Simmons. 2002. Underdifferentiated taxa and sublexical categorization: An example from Matses classification of bats. Journal of Ethnobiology 22: 61-102.

Freese, C. H. 1997. Harvesting wild species: Implications for biodiversity conservation. Baltimore: John Hopkins University Press.

Fuentes, H. 1908. Loreto: Apuntes geográficos, históricos, estadísticos, políticos y sociales. Lima: Imprenta de la Revista.

Gautier, L., and R. Spichiger. 1986. Ritmos de reproducción en el estrato arbóreo del Arborétum Jenaro Herrera (provincia de Requena, departamento de Loreto, Perú): Contribución al estudio de la flora y de la vegetación de la Amazonía peruana X. Candollea 41(1): 193-207.

Géry, J. 1977. Characoids of the world. Neptune City: TFH Editions.

Gorchov, D., F. Cornejo, C. F. Ascorra and M. Jaramillo. 1995. Dietary overlap between frugivorous birds and bats in the Peruvian Amazon. Oikos 74: 235–250.

Goulding, M. 1990. Amazon: The Flooded Forest. New York: Sterling Publishing Co., Inc.

Graham, D. 2000. Proyecto Amazonas. Published at www.project amazonas.com.

Haffer, J. 1969. Speciation in Amazonian forest birds. Science 165: 131-137.

Haffer, J. 1974. Avian speciation in tropical South America. Cambridge, Massachusetts: Nuttall Ornithological Club.

Haffer, J. 1997. Contact zones between birds of southern Amazonia. Pages 281-305 in J. V. Remsen, Jr. (ed.), Ornithologial Monographs 48: Studies in Neotropical Ornithology honoring Ted Parker. Washington, D.C.: American Ornithologists' Union.

Hilty, S. L., and W. L. Brown. 1986. A guide to the birds of Colombia. Princeton: Princeton University Press.

Hoogmoed, M. S. 1969. Notes on the herpetofauna of Surinam II. On the occurrence of Allophryne ruthveni Gaige (Amphibia, Salientia, Hylidae) in Surinam. Zool. Med. Lieden 44(5): 75-81.

Hutson, A. M., S. P. Mickleburgh and P. A. Racey. 2001. Microchiropteran bats: Global status survey and conservation plan. Gland and Cambridge: IUCN.

Isler, P. R., and B. M. Whitney. 2002. Songs of the antbirds: Thamnophilidae, Formicariidae, and Conopophagidae (compact disk). Ithaca, New York: Cornell Laboratory of Ornithology.

Isola, S., and J. Benavides. 2001. El lobo de río: Una especie bandera para la Reserva Comunal Tamshiyacu-Tahuayo. Informe técnico no-publicado para WCS, RCF, DICE, y CDC.

Lamar, W. 1998. A checklist with common names of the reptiles of the Peruvian lower Amazon. Published on the internet at www.greentracks.com/RepList.html.

Lange, A. 1912. In the Amazon jungle: Adventures in remote parts of the upper Amazon River, including a sojourn among cannibal Indians. New York: G. P. Putnam's Sons.

Larrabure y Correa, C. 1905-09. Coleccion de leyes, decretos, resoluciones y otros documentos oficiales referentes al Departamento de Lorteo. Lima: La Opinión Nacional.

Loja, J. F. 1997. Dispersión de semillas de algunas plantas útiles para el hombre por Quirópteros frugívoros en bosques primarios, chacras y purmas del Río Napo, Loreto, Perú. Tesis para optar por el título de Biólogo. Universidad Nacional de la Amazonía Peruana.

Lowery, G. H., and J. P. O'Neill. 1969. A new species of antpitta from Peru and a revision of the subfamily Grallariinae. Auk 86: 1-12.

Lynch, J. D., and H. L. Freeman. 1966. Systematic status of a South American frog, *Allophryne ruthveni* Gaige. University of Kansas Publications 17(10): 493-502.

Marengo, J. A. 1998. Climatología de la zona de Iquitos. Pages 35-57 in R. Kalliola and S. Flores-Paitán (eds.), Geoecología y desarrollo Amazónico: Estudio integrado en la zona de Iquitos, Perú. Turku, Finland: Annales Universitatis Turkuensis Ser A II 144.

Marín, M. 1997. Species limits and distribution of some New World spine-tailed swifts (*Chaetura* spp.). Pages 431-443 in J. V. Remsen, Jr. (ed.), Ornithologial Monographs 48: Studies in Neotropical Ornithology honoring Ted Parker. Washington, D.C.: American Ornithologists' Union.

Martín Rubio, M. C. 1991. Historia de Maynas, un paraíso perdido en el Amazonas: Descripción de Francisco Requena. Madrid: Ediciones Atlas.

Maúrtua, A. 1907. Arbitraje internacional entre el Perú y el Brasil: Pruebas de las reclamaciones peruanas. Buenos Aires: G. Kraft.

McCullough, D. 1996. Spatially structured populations and harvest theory. Journal of Wildlife Management 60: 1-9.

Melin, D. 1941. Contributions to the knowledge of the Amphibia of South America. Medd. Goteborgs Mus. Zool. Avd. 88: 1-71.

de Melo Carvalho, J. C. 1955. Notas de viagem ao Javari-Itacoaí-Juruá. Museu Nacional, Publicações Avulsas No 13.

Novaro, A., Redford, K., and R. Bodmer. 2000. Effect of hunting in source-sink systems in the Neotropics. Conservation Biology 14: 713-721.

ONERN. 1976. Inventario, evaluación e integración de los recursos naturales de la Selva: Zona Iquitos, Nauta y Colonia Angamos. Lima: Oficina Nacional de Evaluación de Recursos Naturales.

Ortega, H. 1983. Los peces colectados a bordo del Barco "Calypso" en el Amazonas, entre Iquitos y Tabatinga. Libro de Resúmenes, X Congreso Latinoamericano de Zoología, Arequipa, Perú.

Ortega, H., and F. Chang. 1998. Peces de aguas continentales del Perú. Pages 151-160 in G. Halffter (ed.), La diversidad biológica de Iberoamérica III. Volumen especial de Acta Zoológica Mexicana, nueva serie. Xalapa: Instituto de Ecología, A.C.

Ortega, H., and J. I. Mojica. 2002. Evaluación taxonómica de los peces de la cuenca del Río Putumayo. Informe final. Iquitos: INADE - SINCHI – FAO.

Ortega, H., and R. P. Vari. 1986. Annotated checklist of the freshwater fishes of Peru. Smithsonian Contributions to Zoology 437: 1-25.

Pacheco, V., and S. Solari. 1997. Manual de los murciélagos peruanos con énfasis en las especies hematofagos. Organización Panamericana de la Salud.

Patton, J. L., and M. Nazareth F. da Silva. 1998. Rivers, refuges, and ridges. Pages 202-213 in D. J. Howard and S. H. Berlocher (eds.), Endless forms: Species and speciation. New York: Oxford University Press.

Paynter, R. A., Jr., and M. A. Traylor, Jr. 1991. Ornithological gazetteer of Brazil. Cambridge, Massachusetts: Harvard University Press.

Public document. 1777. Tratado de limites entre España y Portugal firmado en San Ildefonso, el 1° de Octubre de 1777, por El Conde de Florida Blanca y Don Francisco Inocencio de Souza Coutinho.

Puertas, P. 1999. Hunting effort analysis in northeastern Peru: The case of the Reserva Comunal Tamshiyacu-Tahuayo. M.Sc. thesis, University of Florida, Gainesville.

Raimondi, A. 1874-79. El Perú: Historia de la geografía del Perú. Lima: Imprenta del Estado.

Raimondi, A. circa 1888. Mapa del Perú, Hoja No. 9, Yavarí. Paris: Erhard Fres.

Räsänen, M., A. Linna, G. Irion, L. R. Hernani, R. V. Huaman, and F. Wesselingh. 1998. Geología y geoformas de la zona de Iquitos. Pages 59-137 in R. Kalliola and S. Flores-Paitán (eds.), Geoecología y desarrollo Amazónico: Estudio integrado en la zona de Iquitos, Perú. Turku, Finland: Annales Universitatis Turkuensis Ser A II 144.

Remsen, J. V., Jr. 2003 (in press). Family Furnariidae (ovenbirds). In J. del Hoyo et al. (eds.), Handbook of the Birds of the World, Vol. 8: Broadbills to Tapaculos. Barcelona: Lynx Edicions.

Ridgely, R. S., and P. J. Greenfield. 2001. The birds of Ecuador: Status, distribution, and taxonomy. Ithaca: Cornell University Press.